脳はいかに治癒をもたらすか

神経可塑性研究の最前線

ノーマン・ドイジ
高橋洋＝訳

The Brain's Way of Healing
Remarkable Discoveries and Recoveries from the Frontiers of Neuroplasticity
Norman Doidge
A James H. Silberman Book

紀伊國屋書店

脳はいかに治癒をもたらすか——神経可塑性研究の最前線

The Brain's Way of Healing
Remarkable Recoveries and Discoveries
from the Frontiers of Neuroplasticity
by Norman Doidge

最愛の妻カレンに本書を捧げる

発見について

目の前にかざされた手が
世界最高峰の姿を隠せるように、
日常のきまりきったできごとは、
私たちの目から世界を満たす広大な輝きや
神秘的な驚異を隠すことができる。

――一八世紀のハシディズムの言葉［*1］

回復について

人生は短く、術の道は長い。
好機はすぐに過ぎ去り、経験は誤解を招き、
決定は困難を極める。
自分の義務を遂行するばかりでなく、
患者、介護者、環境がおのおのの役割を果たせるよう
取り計らうのが医師に課された役割である。

——医学の父ヒポクラテス、四六〇 - 三七五BC［*2］

脳はいかに治癒をもたらすか　目次

著者より

◎本書に登場する神経可塑的変化を経験した人々の名前は、いくつかのケース、とりわけ子どもとその家族を除いて実名である〔邦訳では、仮名の場合、初出時に人名を「 」で括った〕。

◎巻末の「原注と参考文献」において、特に◉が付してある注には、各章における細かな論点が含まれている。

凡例

◎本文中の〔 〕は訳者による注を示す。

◎★は傍注があることを、[*1]は巻末に原注があることを示す。

◎本文中の書名は、邦題がないもののみ、初出時に原題を併記する。

はじめに

本書は、人間には独自の治癒《ヒーリング》メカニズムが備わっているという発見について検討する。また、この知見を活かせば、これまで治療不能、回復不可能と考えられてきた脳の問題の多くは、劇的に改善し得ること、そして場合によっては完治も可能であることを論じる。さらには、この治癒のプロセスが、高度に特殊化した脳の性質をもとに、いかに発展するのかを説明する。かつては、「脳の治癒力はきわめて高度であるために、何らかの代償を払わずして得られるはずはない。したがって、脳は他の器官とは異なり、自己修復したり失われた機能を回復したりする能力を持たない」と考えられていた。本書は、その考えがまったくの誤りであることを示す。つまり、高度に発達した脳は概して、自己修復し、機能を改善する能力を持つのである。

本書は、私の前著『脳は奇跡を起こす』が終わったところから始まる〔前作の原著刊行は二〇〇七年〕。同書では、脳、および脳と心の関係の理解に関してなされた、現代科学のもっとも重要な飛躍《ブレイクスルー》について論じた。それは、「脳は可塑性を持つ」という発見だ。神経可塑性（neuroplasticity）とは、自己の活動や心的経験に応じて、脳が自らの構造や機能を変える性質のことである。また同書では、この発見を活用して脳に驚くべき変化をもたらすことに史上初めて成功した何人かの科学者、医師、患者を取り上げた。

それ以前の時代には、このような変化はまったく考慮されなかった。というのも、「脳は変化する能力を持たない」というのが過去四〇〇年にわたる主流科学者の見解だったからだ。つまり、「脳は数々の部品から構成される輝かしき機械であり、それらのおのおのが、脳内の所定の場所で一つの心的機能を果たしている。機械には自らを修理し、新たな部品を生産する能力など備わっていない。ゆえに卒中、負傷、疾病《しっぺい》によって脳の一部が損傷を受けると、修復は不可能である」と考えられていたのだ。また科学者たちは、脳の神経回路が変更不可能、すなわち「固定配線《ハードワイヤード》」されているものと考えていた。ならば、心的な限界や学習障害を抱えて生まれた人は皆、そのまま一生を過ごさなければならない。機械のたとえが高じると、科学者たちは、今度は脳を一種のコンピューターとして、またその構造を「ハードウェア」としてとらえ、「古くなったハードウェアに可能な唯一の変化は、使用とともに劣化することだ」と論じた。確かに機械はすり減っていく。使用とともに失われるのだ。かくして、心的な活動や運動によって脳の機能低下を防ごうとする高齢者の試みは、時間の無駄だと考えられていた。

私が神経可塑性療法家《ニューロプラスティシャン》と呼ぶ科学者は、「脳は可塑性を持つ」という考えを支持し、不変の脳という見方を否定する。生きた脳のミクロの活動を観察するツールを史上初めて手にした彼らは、機能するにつれ、脳が次第に変化していくことを示した。二〇〇〇年度のノーベル生理学・医学賞は、学習するにつれ、神経細胞間の結合が増加することを実証した研究に与えられた。この発見に関与した科学者のエリック・カンデルは、学習には、神経構造を変える遺伝子の「スイッチをオン」にする効果があることを示した。その後何百もの研究によって、心的活動が脳の産物であるばかりでなく、それを形成する要因でもあることが報告されている。神経可塑性は、現代医学や日常生活において、心というものの復権をもたらしたのだ。

『脳は奇跡を起こす』で取り上げた知識革命は、序章にすぎない。本書は、可塑性の存在を証明する重荷を背負う必要がなくなったおかげで、その尋常ならざる力の理解や応用に全力を傾注することができた第二世代のニューロプラスティシャンたちの手による、驚異的な進歩を物語る。彼ら（科学者、臨床医、患者）に会ってストーリーを聞くために、私は五つの大陸を旅してきた。科学者のうちの何人かは、欧米の最先端の神経科学研究所に所属する。彼らの科学を応用する臨床医もいる。あるいは、可塑性の効果が研究室で証明される以前から、神経可塑性というアイデアに逢着《ほうちゃく》して、協力し合いながら効果的な治療法を完成させてきた臨床医や患者もいる。

本書に登場する患者の多くは、「回復する見込みはない」と言われ続けてきた人々だ。脳に関して「治癒」という言葉が使われることはこれまでほとんどなかった。この状況は、皮膚や骨や消化器官の場合とは明らかに違う。たとえば、皮膚や肝臓や血液などの組織なら、幹細胞を「交換パーツ」として用い、失われた細胞を新たに補給することで自己修復できる。ところが脳に関しては、何十年も研究されてきたにもかかわらず、それに相当する細胞は発見されなかった。失われたニューロンが置き換えられることを示す証拠は何もなかったのだ。科学者は、進化論の観点からその理由を説明しようとした。何百万もの高度に特殊化した神経回路が進化する過程で、脳は単に、神経回路を交換パーツで置き換える能力を失ったのだとされた。たとえ脳のニューロンの幹細胞（ベビーニューロン）が発見されたとしても、それがいかに役立つのかという疑問も提起された。どうすればそれを、高度で恐ろしく複雑な脳の神経回路に統合できるのか？　これまでは脳の治癒が不可能だと考えられていたために、ほとんどの治療は、投薬によって脳の化学的なバランスを一時的に変えることで「欠陥のあるシステムを支え」、症状を緩和することに終始した。だがそれでは、投薬を中止すれば、症状は舞い戻ってくる。

幸いにも、脳は融通がきかないほど精巧なものではないことが判明しつつある。本書は、細胞同士がつねに電気的に連絡を取り合い、随時新たな神経結合を形成したり作り直したりすることを可能にする脳の複雑さと精巧さこそが、独自の治癒の源泉である点を明らかにする。特殊化の過程で、他の器官に見られるような修復能力が失われたのは確かだが、得られた能力もある。そしてそのほとんどは、脳の可塑性の発現に関するものである。

本書に取り上げたストーリーは、神経可塑的な治癒のさまざまな側面を説明する。多様な治癒の側面に深く精通すればするほど、私はそれらを明確に識別できるようになり、アプローチごとに治癒プロセスの異なる段階が対象になることがはっきりとわかるようになった。第3章では、それらが全体としてどう関係するのかを理解できるよう、神経可塑的な治癒の段階を明示する最初のモデルを提示した。

新たな薬品や手術法の発見が、種々の症状を緩和する治療法の開発をもたらしてきたように、神経可塑性に関する発見も同様な進歩をもたらす。慢性疼痛《とうつう》、脳卒中、外傷性脳損傷、パーキンソン病、多発性硬化症、自閉症、注意欠如障害、学習障害（失読症を含む）、感覚処理障害、発育の遅れ、脳の一部の喪失、ダウン症候群、ある種の視覚障害を持つ読者、あるいはこれらの病気を抱える人を介護した経験を持つ読者は、それに関連する（多くの場合詳細にわたる）症例を本書に発見できるだろう。列記した症状のいくつかに関しては、大多数の患者が完治する。また、中程度から重度の症状が緩和するケースが見られる疾病もある。本書では、自閉症や脳の損傷を抱えた自分の子どもが、学校を無事に卒業できないだろうと言われながらも、義務教育を終え、大学に入り、独立し、深い人間関係を結ぶところを見届けられた両親の語るストーリーをいくつか紹介する。また、疾病そのものは治癒したわけではないものの、やっかいな症状は軽減できたケースも取り上げる。あるいは、脳の神経可塑性が低下するアルツハイマー病に罹患するリスクを大幅に低下させた事例や、神経可塑性を高める方法についても言及する（第2、4章）。

本書で紹介する介入方法のほとんどは、光、音、振動、電気、運動などのエネルギーを利用する。これらの形態のエネルギーは、感覚器官や身体を経由して脳自体が持つ治癒力を喚起する、自然で非侵襲的な手段を提供する。感覚器官のおのおのは、私たちの周りに伏在するさまざまな形態のエネルギーを、脳が用いることのできる電気シグナルに変換する。これらの多様な形態のエネルギーを利用して、脳の電気シグナルのパターン、ひいては脳の構造を変えられることを、これから明らかにしていく。

私は、次のような事例を世界各地で見たり聞いたりしてきた。音を聴かせて自閉症を、あるいは後頭部に振動を与えて注意欠如障害を完治する、舌を電気的に刺激する装置を用いて多発性硬化症の症状を逆転させたり脳卒中を治癒したりする、首のうしろに光を当てて脳損傷を治療する、鼻に光を通して安眠を確保する、〔レーザーファイバーを使い〕静脈に光を通して生命を救う、脳の大きな部分を欠いたまま生まれたために認知能力の問題を抱え、ほとんど麻痺状態にすらあった少女を、穏やかでゆっくりとした手の動きで身体をさすることによって治療する、などのケースである。本書では、これらのテクニックが、休眠中の脳の神経回路をいかに刺激し、覚醒させるかを説明する。もっとも効果的な方法の一つは、思考の力を用いて脳の神経回路を刺激することだ。私が目にした介入方法の多くは、心的な活動や気づきと、エネルギーの利用を結びつけるものであった。

ご存知のように、エネルギーと心を組み合わせた治療は、欧米では新奇なものだが、伝統的な東洋医学では中心的な役割を果たしてきた。ようやく現在になって、科学者たちは、これらの伝統的な実践方法を西洋医学のモデルで理解し始めたのである。特筆すべきことに、私が訪問したほぼすべてのニューロプラスティシャンは、伝統的な中国医学、古代仏教徒の瞑想法や視覚化、武術（太極拳、柔道）、ヨガ、エネルギー療法などの東洋の実践的な健康法から得た洞察を西洋の神経科学と結びつけることで、神経可塑性を治療に適用する方法への理解を深めていた。西洋医学は、何千年にもわたり無数の人々によって実践されてきた東洋医学とその主張を、長いあいだ無視してきた。心によって脳を変えるという原理は、受け入れるにはあまりにも信じがたく思えたのだ。本書は、神経可塑性の概念が、これまで疎遠であった二つの偉大な医学的伝統を橋渡しするものであることを明らかにする。

本書に取り上げられる治療法では、エネルギーと情報を脳に通す主要な経路として、身体と感覚器官が用いられている点を奇異に思う読者がいるかもしれない。しかしこれらは、脳が外界と結びつくために用いている経路でもあり、したがってそれらの治療法は、もっとも自然で非侵襲的な手段を提供するものなのである。

脳の治療に身体を動員する方法を臨床医が無視してきた理由の一つは、脳を身体よりもはるかに複雑な器官と見なし、人間の本質が脳にあると考える最近の傾向に求められる。この見方に従えば、「私たちは脳である」、言い換えると「脳が主人であり、身体はその臣下にすぎない。だから主人の命令に服さねばならない」のだ。

このような考え方が受け入れられてきたのは、神経科医や神経科学者たちが、一五〇年ほど前に残したもっとも偉大な業績の一つによって、脳が身体をコントロールする方法を示せるようになったからである。彼らは次のようなことを知るに至った。脳卒中患者が足を動かせないのは、その患者が感じているように足に問題があるからではなく、それをコントロールしている脳領域が損なわれたからだ。神経科学者は、一九世紀と二〇世紀を通じて身体と脳領域のマッピングを行なってきた。だが、脳のマッピングを調査するうちに生じる問題は、「すべての行動の起源は脳にある」と見なすようになることだ。神経科学者のなかには、脳をあたかも身体から切り離された器官であるかのごとくとらえる者や、身体は脳の付属器官であり、脳をサポートする下部構造にすぎないと主張する者さえ現れた。

しかしこの「脳＝帝王」という見方は、正しくない。脳は身体が形成されたあと、それをサポートするために進化したのだ。ひとたび身体が脳を備えるようになると、それらの関係は変化し、両者は相互に作用し合い、互いが互いに対して適応し始める。脳が身体に信号を送って影響を及ぼすばかりでなく、身体も脳に信号を送って影響を及ぼす。つまり両者のあいだには、双方向のコミュニケーションが恒常的に行なわれているのである。身体はニューロンに満ち、内臓だけでもその数は一億に達する。脳が身体から切り離され、頭蓋内に閉じ込められているのは、解剖学の教科書のなかだけにすぎない。機能的な観点から言えば、脳はつねに身体に結びつき、感覚器官を介して外界と通じている。ニューロプラスティシャンたちは、身体から脳に至るこの経路を利用して治癒を促す術《すべ》を学んできた。たとえば、脳の損傷のゆえに足を使えなくなった脳卒中患者は、足を動かすことで、傷ついた脳における休眠中の神経回路の覚醒を図れるかもしれない。脳の治癒において、身体と心はパートナーとなる。このようなアプローチはきわめて自然かつ非侵襲的であり、副作用はめったに見られない。

脳の問題に対処するための強力で非侵襲的な治療というアイデアができすぎた話に聞こえるなら、それには歴史的な経緯があるという点に留意されたい。現代医学は、自然を征服するためのテクニックとされてきた現代科学とともに始まる。現代科学の創始者の一人フランシス・ベーコンは、それを「人間として生きる条件の改善」と呼ぶ。マギル大学（カナダ）の元医学部長エイブラハム・フクスが指摘するように、自然の征服という概念は、日常の医療実践で口にされる数々の軍隊的なたとえ《メタファー》を生んできた[*1]。医学は疾病との「戦い」だとされた[*2]。医薬品は「魔法の弾丸」であり、医学は「がんと交戦」し、「治療法という武器」を手にし、「医師の命令」のもとに「エイズと戦う」のだ。医師が駆使する一連の医療法を指して言う「武器」という用語は、侵襲的なハイテク技術が、非侵襲的な技術より科学的に重要だと見なされていることを示す。とりわけ救急医療では、ときに医学における軍隊的な態度がはっきりと見て取れる。脳の血管が破裂した患者は、侵襲的な外科手術を執り行なう鋼《はがね》の神経を持つ神経外科医を必要とする。しかしメタファーはさまざまな問題を引き起こす。そして、自然を「征服」できるという考えそのものが、世間知らずな希望にすぎない。

これらのメタファーでは、患者の身体は味方ではなく戦場として、また患者は、医師と疾病という二つの強力な陣営のあいだで交わされる戦いによって自らの運命が決まるのを、手をこまねいて見ている受動的で無力な傍観者として扱われている。この見方は、現代の多くの医師が患者と会話する際の態度にも影響を及ぼしている。たとえば医師は、患者の話を途中でさえぎる。というのも、ときにハイテク医師は、患者の話より、実験室での検査のほうに強い関心を抱いているからだ。

それに対して神経可塑的なアプローチは、心、身体、脳のすべてを動員しながら、患者自身が積極的に治療に関わることを要請する。このアプローチは、東洋医学のみならず西洋医学の遺産でもある。科学的な医学の父ヒポクラテスは、身体を重要なヒーラーと見なし、医師と患者が協力し合いながら、自然の力を借りて、身体が治癒能力を発揮できるよう導くことを重んじた。

神経可塑的なアプローチでは、医師は、患者の欠陥に焦点を絞るだけでなく、休眠中の健康な脳領域の発見、および回復の支援に役立つ残存能力の発見を目標とする。この方針は、過去の神経学的なニヒリズムを、それと等しく極端なユートピアニズムに置き換えること、言い換えると、誤ったペシミズムを偽りの希望で糊塗することではない。脳を治療する新たな方法は、あらゆるケースでいかなる患者にも有効であるという保証が評価の絶対条件になるわけではない。そもそも、該博な知識を持つ医師に導かれながら患者が新たなアプローチを試してみるまでは、何が起こるかわからない場合も多い。

「治癒（heal）」という単語は、古英語の「haelan」に由来するが、それは「治療」ばかりでなく「統一された身体にする」ことをも意味する。この考え方は、「分断して征服する」戦略を標榜する、軍隊的なメタファーにおける「治療」の概念とはかけ離れている。

本書で紹介するのは、脳を変え、失われた機能を回復し、自分でも持っているとは考えていなかった能力を脳に発見した人々のストーリーである。しかし真に驚嘆すべきは、技術そのものより、高度な神経可塑性と、独自の回復、成長のプロセスを導く、心というものを備えた脳が、数百万年のあいだに進化したという、まさにその事実だ。

第1章

ある医師の負傷と治癒

マイケル・モスコヴィッツは慢性疼痛を脱学習できることを発見する

医学博士のマイケル・モスコヴィッツは、精神科医から痛みの専門家に転じた医師で、しばしば自分を実験台にする破目に陥った人物だ。

身長一八三センチメートルのがっしりした体で快活な性格のモスコヴィッツは、六〇歳を少し超えているが一〇歳は若く見える。口ひげをたくわえ、ジョン・レノン風の丸いメガネをかけ、ロマンス・グレーの長い髪はカールし、口から下はビート族の魂が宿っているかのように見える。そして笑いを絶やさない。彼とはハワイで初めて出会った。彼はそのとき、米国疼痛医学会で厳粛な討論会の司会を務めていた。スーツを着ていたが、その姿は彼の器量の大きさと、天真爛漫さとはまったくマッチしていなかった。しかしその数時間後、一緒にビーチへ繰り出したときには、派手なシャツを着て自由奔放に振る舞い、ジョークを飛ばしていた。私自身も彼の影響を受けて、若かりし頃に戻ったような気がした。そのとき、誰にも通用する理想的な形態で定義されるべきであるという前提に基づく診断カテゴリーに強く依存する医師には、「十人十色」であるという事実をいとも簡単に見逃す傾向が見られるという話が出た。「たとえば、私だ」と彼は言う。

「どういう意味ですか?」と私は尋ねる。

「私の体のことだ」と言うなり、彼はアロハシャツをたくしあげ、二つではなく三つの乳首があることをひけらかす。

「まさに自然のいたずらですね。何かいいことでもあるんですか?」と、私は冗談まじりに訊く。それをきっかけに医学生時代に戻ったかのように、陽気な議論が始まる。「どのみち男の乳首は無用の長物なんだから、三つの乳首を持つ私と、二つの乳首しかないきみの、どちらがより役立たずなんだろう?」。こうして私たちは知り合った。歌やギターの演奏をこよなく愛し、どんなことにも熱中して朗々と話す様子など、彼のすべては、彼自身が育った、愛と音楽と自由な雰囲気に満ちた、気ままで楽天的な一九六〇年代の面影がいまだに色濃く残っていることを示すかのようだった。

しかし、この印象は正しくない。

モスコヴィッツはそれまで、他人の慢性疼痛の治療に厖大な時間を費やしていた。慢性疼痛は、ほとんどの健常者にはよく理解されていない。なぜなら、そもそもそれを抱える人は、激しい痛みのゆえにひどく疲弊していることが多いため、自分を手助けできるはずのない人々に向かって苦痛を訴えることに、残ったわずかなエネルギーを費やそうとはしないからだ。慢性疼痛は、患者の顔には現れないこともあれば、生命力を奪ってその人を幽霊のようなやつれた姿に変えてしまうこともある。だが、モスコヴィッツは彼らの背負う重みを共有する。彼と、彼同様に精神科医から痛みの専門家に転じた医学博士であり、南部出身の旧友でもあるロバート・〝ボビー〟・ハインズは、カリフォルニア州サウサリートに、痛みのクリニックとして、ベイエリア・メディカルアソシエイツを開設した。このクリニックは、「手に負えない痛み」に悩まされ、「神経ブロック(定期的な麻酔注射)」や鍼《はり》などのあらゆる治療法を試してきた西海岸の患者たちの治療にあたっている。つまり彼らは、通常の治療法か代替療法かを問わず、いかなる治療を試みても回復の見込みがなく、「あらゆる手を尽くした」と言われて、仕方なく最後の拠り所を求めて彼らのクリニックにやって来た患者なのである。

「わがクリニックは、人々が〈痛み死に〉するつもりでやって来る、人生の終着駅なのだ」とモスコヴィッツは言う。

彼は精神科医として何年か働いたあとで、痛みの治療という分野に参入した。職業的、学問的に関連するあらゆる資格を持ち、米国疼痛医学委員会の検査評議会（疼痛医学に関して医師の試験を実施している）に所属し、米国疼痛医学会の教育委員会の元議長で、心身医学における精神医学の上級フェローでもある。しかし、彼が神経可塑性を用いた痛みの治療の世界的な第一人者になるのは、自身の痛みを治療する際に、いくつかの発見をしてからのことだ。

痛みのレッスン——痛みを殺すスイッチ

一九九九年六月二六日、当時四九歳だったモスコヴィッツは、友人と地元のサンラファエル臨時集積場に忍び込んだ。七月四日の独立記念日に催されるパレードのために、戦車やその他の装甲車がそこに集められていると聞き、子どものごとく砲塔によじのぼる誘惑に逆らえなかったのだ。しかし、砲塔から飛び下りる際に、戦車の脇の、ガソリン・タンクを支える金属製の突起部にコーデュロイのズボンを引っ掛けてしまう。そのためバランスを失って落下する途中、片方の足が一・五メートルほど突き上がり、何かがはじけるような音を三度聞く。それは身体中でもっとも長い骨、大腿骨が折れる音だった。見ると、ひっかけた足が、もう一方の足と直角をなして左方向に折れ曲がっていた。彼のコメントによれば、「戦車やジープによじのぼるには、私は少し年をとりすぎていたらしい。あとで友人の人身被害専門の弁護士に相談したとき、〈きみが七歳なら十分に勝ち目はあった〉と言われた」そうだ。

モスコヴィッツは痛みの医師として、学生たちには教えてきたものの、自分では経験したことのない現象をこの機会を利用して観察することにした。そしてその結果は、以後の彼の神経可塑性研究の基礎となる。落下直後の痛みは、掛け値なしに一〇レベル中の一〇であった。これは痛みの専門医が用いる基準で、〇／一〇〜一〇／一〇の範囲で測定される（一〇は沸騰した油に落とされたときの痛みに相当する）。それまで彼は、自分が一〇の痛みに耐えられるかどうかがわからなかったが、このとき、耐えられることを知る。

彼は次のように語る。「最初に頭をよぎったのは、月曜日にどうやって仕事に行くかだった。それから地面にじっと横たわって救急車を待っていたとき、動かなければまったく痛みを感じないことに気づいたんだ。〈ほんとうだったのか！　私の脳は痛みを遮断してくれた〉と、そのときに思った。確かにこれは、何年も学生に教えてきたことではあったが、痛みの専門医として患者に薬や注射や電気刺激を使って治療するのと同じように、脳が痛みを除去する独自の能力を持つことをじかに経験したのは初めてだった。動きさえしなければ、およそ一分間何も痛みは感じなかった」

「救急車が到着すると、彼らは六ミリグラムのモルヒネを静脈注射した。もう八ミリグラム注射するよう頼むと、彼らが〈それはできない〉と答えるので、〈私は痛みの治療の専門家だ〉と告げると、彼らは私の言うとおりにした。だが、動かされると痛みは一〇になった」

脳は痛みを遮断する能力を持つ。というのも、急性痛の実際の機能は、私たちを拷問にかけることではなく、危険を告知することにあるからだ。痛み（pain）という言葉の語源が、「処罰」を意味するラテン語の*poena*を介し、「罰」を意味するギリシア語の*poine*にあるのは事実だが、生物学的に言えば、痛みは処罰それ自身のために存在するのではない。痛みのシステムは、傷ついた身体の有無を言わさぬ代弁者であり、報酬と処罰を合図するシステムなのである。それは、傷ついた身体にさらなるダメージを与える可能性のある行動を私たちが起こそうとすれば罰を、また、そのような行動を断念すれば、痛みの軽減という報酬を与えるのだ。

そのとき、モスコヴィッツの脳にしてみれば、動きさえしなければ危険はなかった。そして彼は、「痛み」が実際には足自体に存在するわけではないことを知っていた。「足は脳に信号を送っているだけだ。高次の脳領域を眠らせる全身麻酔によって脳が信号を処理しなければ、人は痛みを感じない」。だが全身麻酔は、痛みを除去するために私たちを無意識の状態に置く。それに対して彼は、苦悶しながら地面に横たわっているうちに、ある瞬間には、まぎれもなく意識のある彼の脳が、痛みを完全に遮断したのだ。このスイッチを自在に切り替える方法がわかれば、患者たちがどれだけ救われることか！

しかし、モスコヴィッツに危険をもたらしたのは体の動きだけではなかった。彼は救急車を待つあいだ、体中の血液のおよそ半分が流入したために足の大きさが普段の倍に膨れ上がっていて、危うく死ぬところだったのだ。「足が腰と同じ太さになっていたんだ」と彼は言う。それほどの量の血液を数時間足に溜めていたにもかかわらず、それ以外の重要な器官への血液供給量が不足して死に至らなかったのは、まさに奇跡であった。とにかく彼は病院にかつぎ込まれ、「外科医は手元にあった最大のプレートを足にはめ込み、あと一本でもネジが足りなかったら、足を切断しなければならなかっただろうと言った」そうだ。

手術中にも、すんでのところで二度死にかけている。一度は、血餅《けっぺい》〔血液が凝固して餅状の固まりになる〕が血流に入ったことで、これは肺や脳の内部で詰まる可能性があった。また、尿を排出するために挿入したカテーテルが前立腺を貫き、敗血症ショック（身体が感染によって圧倒され、生命が脅威にさらされた状態）を引き起こして高熱を発した。血圧は八〇／四〇まで下降した。

それでも彼は生き延びた。のみならず、痛みに関する新たな知識を獲得することができた。激痛を感じているときに十分な量のモルヒネを投与した結果、神経が慢性的に刺激される状況を誘発せずに済んだので、慢性疼痛症候群の発症を防げたのだ。（だから彼は、激痛が収まらないと見るや、救急救命士にさらにモルヒネを打つよう頼んだのである。）事故の大きさにもかかわらず、年月が経つうちに足の痛みはほとんど消え、ハワイで私たちが出会ったときのように、彼は痛みを感じることなく二・五キロメートルほど歩けるようになった。

「脳には痛みをただちに遮断する能力が備わっている」という事実は、痛みが身体に由来することを示す「常識的な」経験に反する。四〇〇年前にフランスの哲学者ルネ・デカルトによって構築された、痛みに対する正統的な科学の見方は、「負傷すると、痛みを検知する神経は、脳に一方的に信号を送る。そして痛みの強さは、負傷の大きさに比例する」というものだった。つまりこの見方に従えば、痛みは身体の負傷の程度に関する正確な報告を提出し、脳は単にその報告を受け取るにすぎないのである。

しかしこの見方は、一九六五年に脳科学者のロナルド・メルザック（カナダ出身で幻肢および幻肢痛の研究者）とパトリック・ウォール（イギリス出身で痛みと可塑性の研究者）が、「痛みのメカニズム——新たな理論」と題する、痛みの研究史上もっとも重要な論文を発表したときに覆された[*2]。二人の主張によれば、痛みを知覚するシステムは脳および脊髄全体に広がり、脳は受動的な受け取り手などではなく、私たちが感じる痛みの程度をコントロールする。彼らの提起する「痛みのゲートコントロール理論」によれば、神経系を介して負傷した組織から痛みのメッセージが送出されると、それは脳に到達する前に、脊髄に始まるいくつかの制御装置、つまり「関門《ゲート》」を通らなければならない。これらのメッセージは、通すに足るほど重要なものか否かを脳が判定し、その「許可」を与える限りにおいて脳に到達する。（一九八一年にレーガン大統領が胸に銃弾を受けたとき、彼はしばらく立ったままでいた。彼自身のみならず、警護する大統領秘密護衛官《シークレットサービス》も、撃たれた事実に最初は気づかなかったのだ。のちに彼は、「映画のなかでしか撃たれたことはなかった。映画ではつねに、撃たれたら痛そうに見えるように演技したものだが、実際に撃たれてみると、人は必ずしもそのように振る舞うわけではないことがわかった」と冗談めかして述べている。）信号が脳に達する「許可を与えられる」と関門が開き、特定のニューロンのスイッチがオンになって信号が伝播されることで、痛みの感覚が増大する。しかし脳は、関門を閉じ、身体によって生成される痛みの鎮静剤エンドルフィンを放出することで、痛みの信号を遮断することもできる。

モスコヴィッツは事故が起こる前、スイッチによる関門のコントロールを骨子とする最新のゲート理論を教えていた。しかし、そのようなスイッチの存在を知ることと、激痛を感じて横たわっているときに、いかにそれをオフにできるのかを知ることは、まったく別物である。

痛みに関するもう一つのレッスン――慢性疼痛は可塑性の狂乱である

戦車からの転落事故は、モスコヴィッツが痛みに関する重要な洞察を得た最初の体験ではなかった。その数年前に水上スキーによる事故で引き起こされた首の痛みは、痛みにおける神経可塑性の役割の理解に役立つ、また別のレッスンだった。一九九四年、娘と水上スキーを楽しんでいた大きな子どものモスコヴィッツは、膨らませたゴム製チューブに乗ってしぶきをあげながら時速およそ六五キロメートルで思い切り飛ばしているうちに、チューブが突然ひっくり返り、後方にしなった頭部を海面に打ちつけたのだ。痛みはその後も執拗に続き、その強さはしばしば八／一〇に達した。そのため仕事にならない日も多く、かつてないほどの強さの痛みが彼の生活を支配し始める。モルヒネやその他の強力な鎮痛剤も、理学療法〔身体障害者を対象に、動作を実行する能力の回復のために運動を行わせ、さらに電気療法、マッサージなどの物理的治療を行なうこと〕、牽引療法（首を引っぱる）、マッサージ、自己催眠、熱、氷、休息、抗炎症薬などのいかなる治療も、ほとんど効果がなかった。痛みは一三年間つきまとい、しかも時が経つにつれ、次第にひどくなっていった。

五七歳になった頃、首の痛みは最悪になる。そこで彼は脳の神経可塑性に関する研究成果を調査し始め、それを痛みに結びつけて考えるようになる。「慢性疼痛は脳の神経可塑性が関与する事象によって引き起こされる」という見方は、ドイツの生理学者マンフレッド・ツィマーマンによって一九七八年に提起されているが、神経可塑性の概念はその後二五年間一般に受け入れられなかったため、彼の主張はほとんど世に知られず、ましてや痛みの治療への応用などまったく論外であった[*2]。

急性痛は、脳に信号を送り、「ここを負傷したから配慮せよ」と伝えることで、負傷や疾病に対する警報を鳴らす。しかし、ときに負傷は身体組織と、痛みのシステムを構成する脳や脊髄のニューロンの両方に影響を及ぼし、「神経因性疼痛」(中枢神経系は脳と脊髄によって構成されるので、「中枢性疼痛」とも呼ばれる)を引き起こす。

神経因性疼痛は、痛覚の脳地図《ペインマップ》を構成するニューロンの振舞いによって生じる。身体の各領域は、脳マップと呼ばれる脳の処理領域によって代理される。たとえば、身体表面の特定の箇所に触れば、その箇所に対応する脳マップの特定の部位が発火し始める。身体表面に対応する脳マップは、地勢に従って組織化されている。つまり、身体上で隣接する領域は、一般に脳マップ上でも隣り合う。ペインマップ中のニューロンが損傷すると、絶えず誤った警報が送られるようになり、たいていは脳の問題であるにもかかわらず、私たちは身体の問題だと思い込む。身体が治癒してから十分な期間が経過しても、痛みのシステムは依然として発火し続ける。つまり急性痛は、慢性疼痛を引き起こすのだ。

いかに慢性疼痛が発症するのかを理解するには、ニューロンの構造に関する知識が役立つ。各ニューロンは、樹状突起、細胞体、軸索という三つの部分から成る。樹状突起は樹状の組織で、他のニューロンから情報を受け取る。樹状突起は細胞体に至り、細胞体は細胞の生命を支え、DNAを包含する。軸索は生きたケーブルと言うべきもので、脳内の極微のものから、足に向けて伸びるものまでさまざまな長さを持つ(一メートル近くになる場合もある)。軸索は電線にたとえられることが多い。というのも、隣接するニューロンの樹状突起に向けて高速で電気インパルスを伝達するからだ(時速三・二〜三二〇キロメートル)。ニューロンが受け取る信号には、それを興奮させる信号(興奮性信号)と、抑制する信号(抑制性信号)の二種類がある。ニューロンは、十分な興奮性信号を受け取ると自らも信号を発し、抑制性信号を受け取ると発火の可能性が下がる。

軸索は、隣接するニューロンの樹状突起に完全に接触しているわけではない。それらは、「シナプス」と呼ばれるわずかな空間によって隔てられる。電気信号が軸索の先端に達すると、「神経伝達物質」と呼ばれる化学物質の伝令がシナプスに放出される。この伝令は隣接するニューロンの樹状突起まで漂って行き、それを興奮させるか、あるいは抑制する。「ニューロンはそれ自身を〈再配線〉する」と言うとき、その意味は、神経伝達物質の交換がシナプスで生じ、ニューロン間の結合の数が増えたり減ったりし、それによって結合が強められたり弱められたりするということだ。

神経可塑性の核心的な原理の一つは、「同時に発火するニューロンは互いの結合を強める」というものだ。これは、「心的な経験の繰り返しは、その経験を処理する諸ニューロン間の結合を強化することで、ニューロンの構造的変化をもたらす」ことを意味する。★具体的には、何か新たなことを学習すれば、さまざまなニューロンのグループが結合を強める。子どもがアルファベットを学べば、Aという文字の視覚的な形状は、「エイ」という聴覚的な音と結びつく。文字を見て発音をするたびに、関連するニューロンは「同時に発火し」、そして「互いの結合を強める」。こうしてニューロン間

★この事実がいかにして発見され、いかに機能するかについては、前著『脳は奇跡を起こす』で詳述した。

のシナプス結合はその強度を増す。ニューロンを互いに結びつける活動が繰り返されると、それらのニューロンはともに強く鋭い信号を迅速に発し始める。かくして神経回路は、その活動をより効率的に実行できるようになる。

逆もまた真である。長いあいだ活動を中断すると、対応する結合は徐々に弱まり、その多くはやがて消失する。これは神経可塑性の一般的な原理の一つで、端的に言えば使わなければ失われるのだ。この事実は無数の実験によって示されている。ある特定の技能《スキル》に関与していたニューロンが、定期的に実行されるようになった他の心的課題のために徴発されて使われることも多い。また、「使わなければ失われる」という原理を巧みに適用して、不要な脳の結合を解除することもできる。というのも、「別々に発火するニューロンは、既存の結合を切り離す」からだ。たとえば、あなたには食べる楽しみによって心の痛みをごまかし、辛いときに過食する習慣があったとしよう。この習慣を打破するには、これら二つの結びつきを断ち切るべく学習する必要がある。辛いときには、それを鎮める方法が見つかるまで、あなたは台所に行かないよう努力しなければならない。

受け取る感覚入力が快いものなら、神経可塑性は恩恵になり得る。なぜなら、快い感覚刺激を知覚して味わうことに長けた脳の発達を促すからだ。しかし感覚入力を受け取るシステムが痛みのシステムである場合には、まったく同じ神経可塑性が災いにもなり得る。たとえば椎間板ヘルニアになり、椎間板が神経根を繰り返し圧迫するようになると、その領域に対応するペインマップは過敏になり、おかしな動きによって椎間板が神経に当たったときのみならず、椎間板がそれほど神経を圧迫していないときでも痛みを感じるようになってしまう。痛覚信号は脳全体に反響し、もとの刺激が消えても痛みは持続するのである。（失った手や足が依然として存在するように感じ痛みを覚える幻肢痛でも、同様な、もしくはさらに激しい痛みが生じる。この複雑な現象については、『脳は奇跡を起こす』で論じた。）

ウォールとメルザックは、度重なる負傷によって痛みのシステムの神経細胞がすぐに発火するようになるばかりか、ペインマップがその「受容域（マッピングの対象になる身体表面の領域）」を拡大し、身体表面のより広い範囲にわたって痛みが感じられるようになることを示した。モスコヴィッツの身体に起こったのもこの現象であり、彼の首の痛みは両側へと拡大していったのだ。

また彼らは、マップが拡大するにつれ、あるペインマップの痛みの信号が、隣接するマップへと「こぼれる」場合があると述べる。こうして、損傷した身体の部位とは離れた箇所に痛みを感じる、関連痛が発達する。やがてペインマップのニューロンはいとも簡単に発火するようになり、神経がわずかな刺激を受けただけでも、その人は身体の広い範囲に耐え難い不断の痛みを感じ始める。

かくしてモスコヴィッツは、刺すような痛みを頻繁に首に感じるようになった。彼の脳のニューロンが余分な痛みの信号をいとも簡単に検出するので、痛みはますます激化していく。このよく知られた神経可塑的なプロセスは、「痛みのワインドアップ現象」と呼ばれる。というのも、痛みのシステムの受容体は、発火が激しくなればなるほどそれだけ鋭敏になるからだ。

モスコヴィッツは、慢性疼痛症候群が発達し、脳が悪循環に陥っていることに気づく。激痛が走るたびに、彼の可塑的な脳はそれに対していっそう敏感になり、次に痛みを感じたときには、その強度がさらに増したのである。こうして痛覚信号の強度、痛みの持続期間、痛みが身体に「占める」範囲のすべてが増大していった。

これはまさに、可塑性の狂乱と言えよう。

一九九九年になると、モスコヴィッツはコンピューターを用いて、慢性疼痛が脳のペインマップの拡大を引き起こすことを示す絵を描き始める。当時の痛みの治療は、脳ではなく、脊髄や身体の末梢神経系における痛みの処理に焦点を置いていた。二〇〇六年になっても、疼痛に関する主要な教科書とされている、ウォールとメルザックの『痛みの教科書（*Textbook of Pain*）』〔初版一九八四年発行。改訂を重ね、二〇一三年に刊行された第六版が最新〕には、脊髄と可塑性についての章はあっても、脳と可塑性に関する章はなかった。数年後モスコヴィッツは、「痛みへの主要な影響」と題する論文で、そのようなとらえ方を変えた[*3]。

モスコヴィッツは、慢性疼痛を「学習された痛み」と定義している。慢性疼痛は疾病の兆候を示すだけではなく、それ自体が疾病でもある。急性痛の原因を除去できず、中枢神経系がダメージを受けるために、身体の警報システムが「オン」になったままになってしまう。こうして「ひとたび痛みが慢性化すると、その治療はさらに困難になる」[*4]

彼の考えは、「痛みのニューロマトリックス理論」と呼ばれる、メルザックのもう一つの説に収斂していく。急性痛は感覚、すなわち感覚受容体からボトムアップで脳に入ってくる「入力」である。だが慢性疼痛は急性痛より複雑で、トップダウンに伝えられる傾向を持つ。ニューロマトリックス理論は、慢性疼痛を生《なま》の感覚より、知覚に近いものと見なす。というのも、脳はさまざまな要因を斟酌しながら損傷を負った組織に対する危険度を測定するからだ。いくつかの研究が示すところでは、脳は、痛みの主観的な知覚経験を形成するあいだ、損傷の程度の測定に加え、痛みを緩和する何らかの行動をとれるかどうかを評価し、さらにはダメージが改善するか悪化するかについての見通しを立てる。私たちの脳は、これらすべての評価をもとに自分がこれからどうなるのかを予測する。この予測が、私たちが感じる痛みの度合いに大きな影響を及ぼす[*5]。メルザックは、脳がかくのごとく慢性疼痛の知覚に影響を及ぼす能力を備えていることに鑑みて、痛みを「中枢神経系の出力」に近いものとして概念化したのだ[*6]。

このように、痛みの神経回路は、身体から脳へと一方的に信号を伝達しているのではなく、身体から脳へ、そして脳から身体へと常時再循環させている。痛みの反応は、痛覚信号がひとたび脳に届いたらそこで止まるわけではなく、さらなるダメージを回避し、治癒を促進するために進化した、数多《あまた》の自律的な反応を開始させる。私たちはあとずさりし、負傷した手や足を動かさないようにして保護し、うめき、助けを求めて叫び、可能なら負傷の程度を何度も確かめる。こうして私たちは、負傷の程度の最新の評価に基づいて、激しい苦痛を感じたり、安心したりを繰り返す。左腕に拡大する痛みを胸骨の背後に感じ、心臓麻痺の兆候を疑い始めると、その人は、筋肉痛にすぎないという医師の保証が得られた場合に比べ、痛みが激しく感じられるはずだ。

モスコヴィッツは軍隊のたとえを用いて、「脳は、敵の攻撃に対して反撃を仕掛け、猛攻撃を阻止しようとする」と述べる[*7]。彼は、推論が実行される大脳皮質に端を発する高次の経路から、脊髄内の「低次の」入力領域に至るまで、敵の攻撃の阻止を可能にする、痛みの調整のあらゆる経路を詳細に論じている。

神経可塑的な闘争

自分の痛みは自分で何とかしたいと考えたモスコヴィッツは、二〇〇七年に、合わせて一万五〇〇〇ページに及ぶ神経科学の論文を読み漁った。神経可塑的な変化の原理をきちんと理解し、実践に活かそうと考えたのだ。彼は、発火を同期させれば脳領域間の神経結合を強化できるばかりでなく、「別々に発火するニューロンは、既存の結合を切り離す」がゆえに弱められることも知った。ならば、脳への入力のタイミングを調節することで、ペインマップに形成された結合を弱められるのだろうか？

彼はさらに、「使わなければ失われる」ヒトの脳においては、皮質の使用権をめぐって闘争が起こっていることを知った。というのも、脳が頻繁に実行する活動は、それに関与しない他の領域から資源を「盗む」ことで、次第により広い空間を占拠するようになるからだ。彼は、自分が学んだことを三つの絵にまとめた。一つは急性痛を感じている脳の絵で、そこには一六の活動領域が描き込まれている。二つ目は慢性疼痛を感じている脳の絵で、そこには急性痛と同じ活動領域が描かれているが、全体として領域が拡大している。三つ目は、痛みをまったく感じていないときの脳の絵だ。

慢性疼痛において発火する脳領域を分析すると、これらの領域の多くが、痛みを処理していないときには、思考、感覚、イメージ、記憶、運動、情動、信念に関する処理を実行していることがわかった。この事実は、痛みを感じているあいだには集中や熟考ができない理由を説明する。さらには、私たちがなぜ感覚の問題を抱え、ある種の音や光に耐えられなくなるのかを、なぜもっと優雅に動けないのかを、そしてなぜ情動をうまくコントロールできずにいらいらしたり激怒したりするのかを説明する。要するに、これらの活動を統制する脳領域が、痛覚信号の処理のために乗っ取られてしまうのである。

神経可塑性の研究者マイケル・マーゼニックは、まずサルの脳をマッピングすることで、神経可塑性の競合的な性質を明らかにした。「脳をマッピングする」とは、さまざまな心の機能が、脳のどこで生じるのかを特定することを意味する。たとえば、右手のおのおのの指に端を発する感覚入力は、左半球の触覚を司る領域で処理される。また、それぞれの指は、脳マップ内に触覚を処理する固有の領域を持つ。これらの感覚入力を処理するニューロンが発する信号は、微小電極を使って検知することができる。微小電極は、ピンを個々のニューロンに挿入する、もしくはそばに配置することで発火をとらえる。検知された電気信号は増幅器を通じて画面のついたオシロスコープに送られ、それによって科学者たちはニューロンの発火を見たり聞いたりできる。たとえば、親指に対応する脳の感覚マップに微小電極を挿入することで、「親指」ニューロンが発火する様子を画面上で確認できるのだ。

このような方法によって、マーゼニックはサルの手全体のマッピングを行なった。彼はまず、サルの第一指に触れ、どの脳領域が発火し始めるかを観察した。そして第一指に対応する脳マップを見つけてその境界を画定できたら、次の指のマッピングに取り掛かる。こうして彼は、五本の指に対応する、隣接し合う脳領域を特定したのである。

次に彼は、サルの第三指を切断した。数か月が経過してから残った指の再マッピングを行なったところ、第二指と第四指の脳マップが、もとは第三指に割り当てられていた空間に拡大しているのを発見した。第三指からの入力がなくなり、また、第三指の喪失によって第二指と第四指の仕事が増えたために、後二者が前者のマップ空間を奪取したのだ。この結果から、脳マップが非常に流動的なものであること、皮質の使用権をめぐって競争が行なわれること、そして脳の資源は「使わなければ失われる」という原理に従って分配されることがはっきりとわかる。

モスコヴィッツの着想は単純で、「この競争的な特質を持つ可塑性をうまく利用できないものか？」「痛みを感じ始めたとき、いかにそれが大きくなろうと、それまでに行なっていた活動を無理にでも続けることで、対応する脳領域をそれらの活動のために〈取り戻し〉、痛覚処理に〈乗っ取らせずに〉済ませられないものだろうか？」であった。

痛みが始まったとき、引きこもって横になり、休息し、思考を停止し、自分の身体を保護しようとする自然な傾向を抑えたら、いったい何が起こるのだろうか？　モスコヴィッツの考えでは、脳は反対刺激を必要とする。つまり彼は、慢性疼痛を引き起こしている神経回路の勢力を弱めるために、対応する脳領域に痛み以外の処理を強制的に行なわせればよいと考えたのだ。

痛みの医療の専門家として活動した長年の経験から、彼はどの脳領域を主要なターゲットとすべきか見当をつけていた。それらの領域はいずれも、痛覚の処理とともに、それ以外の心の機能を実行する能力を持つ。彼は、それらの機能の詳細を一覧し、痛みを感じたときに対応する活動を意図的に行なうことにした。一例をあげよう。脳には体性感覚野（somatosensory area〈soma〉は身体を意味する）と呼ばれる領域がある。この領域は、痛み、振動、触角など、身体からの感覚入力のほとんどを処理する。ならば痛みを感じている最中に、振動や触覚刺激で身体を満たしたらどうなるのか？　これらの感覚は、体性感覚野が痛覚処理を実行できないようにするのではないだろうか？

表1に、彼が作成した対象脳領域の一覧を示す。

モスコヴィッツは、ある脳領域が急性痛を処理する場合、該当領域のおよそ五パーセントのニューロンのみが、痛みの処理に寄与するにすぎないことを知っていた。それに対し慢性疼痛では、発火や配線が常時なされるためにその割合は増大し、一五〜二五パーセントのニューロンが痛みの処理に関与する。これは、およそ一〇〜二〇パーセントのニューロンが、慢性疼痛の処理のために徴用された

表1　痛みを処理する主要な脳領域

脳の領域	痛みの処理の内容
体性感覚1、2（身体部位に対する感覚マップ）	触覚、温度感覚、圧力感覚、位置感覚、振動感覚、運動感覚
前頭前領域	実行機能、創造性、計画性、共感、行動、情動のバランス、直感
前帯状皮質	情動の自己コントロール、共感のコントロール、葛藤の検出、問題解決
後部頭頂葉	感覚、視覚、聴覚、ミラーニューロン（他者が動くところを見ると発火するニューロン）、刺激の内部位置、外部空間の位置
補足運動野	計画された運動、ミラーニューロン
扁桃体	情動、情動記憶、情動反応、快、視覚、嗅覚、極端な情動
島皮質	扁桃体（すぐ上に存在する脳領域）の鎮静、温度、かゆみ、共感、情動的な気づき、触覚、体感と情動の結合、ミラーニューロン、嫌悪
後帯状皮質	視空間認知、エピソード記憶の検索
海馬	痛みについての記憶の蓄積を補助する
眼窩前頭皮質	快／不快の評価、共感、理解、情動の調和

ことを意味する。だからそれらを奪い返さねばならない、と彼は考えたのだ。

二〇〇七年四月、彼はこの理論を実践に移した。まず、視覚活動によって痛みを圧倒することを考えた。視覚処理には脳の広大な領域が関わっている。視覚を味方につけても、何ら問題はないはずだ。彼は、視覚情報と痛みの両方を処理する脳領域を二つ知っていた。後帯状皮質（空間内の物体の位置を視覚的に想像する手助けをする）と後部頭頂葉（視覚入力を処理する）である。

彼は痛みを感じるたびに、ただちに視覚化を実行することにした。何を視覚化したのだろうか？　脳がほんとうに変わり得ることを自分に言い聞かせる動機づけとして、自分が描いた脳マップを視覚化したのだ。まず慢性疼痛を被っている脳の絵を思い浮かべ、そのマップが、神経可塑性によってどの程度拡大したかに注目した。それから、痛みのない脳の絵を思い浮かべ、その状態に近づくよう、発火領域が縮小していくところを想像した。「私は、痛みそのものよりも冷徹になる必要があった」と彼は言う。後帯状皮質や後部頭頂葉に視覚イメージの処理をさせるべく、あらゆる痛みに対して、対応するペインマップが縮小するところを思い浮かべたのである。

最初の三週間で、彼は痛みがわずかに減ったように感じ、「ネットワークを切断して、マップを縮小せよ」と自らに言い聞かせつつ、この方法を断固として実践し続ける。一か月が経つとこのやり方に慣れ、うまくやれるようになってきたので、視覚化をはじめとする心的活動による抵抗をせずに、みすみす痛覚信号を生じさせることは決してなくなった。

この方法はうまく機能した。六週間後には、背中側の肩のあいだと、肩甲骨《けんこうこつ》付近の痛みは完全に消え、二度と戻ってこなかった。四か月後には、彼は首に痛みをまったく感じない時間を初めて持てた。

そして一年後には、常時ほぼ痛みを感じなくなり、痛みの平均は〇／一〇になる。（かぜをひいているときや長時間車を運転したあとで首がおかしな格好になると）突発的に再発することもあったが、その場合でも数分以内に痛みを〇に下げることができた。一三年間慢性疼痛に苦しめられたが、ようやく彼の生活は一変したのである。ちなみに、一三年間の痛みの平均は五／一〇で、医薬品を服用していても八／一〇に上がることもあり、もっとも快適な日でさえ三／一〇だった。

痛みの消失にともない、拡大のパターンも逆転した。負傷の直後、彼は傷を負った首の左側に急性痛を覚えた。時が経ち、慢性疼痛と化すと、痛みは神経可塑性のために首の右側、および背中の中央へと拡大した。今や彼は、視覚化によってまず右側の痛みの境界が退きつつあるのに気づいた。それから左側の痛みも減退し、やがて消滅した。

この結果が六週間続いたあと、彼はこの発見を患者と共有することにした。

最初の患者

ジャン・サンディンは、カリフォルニア州レッドウッドシティにある、セコイア病院の心臓病棟に勤務する四〇代の公認看護師だった。ある日、体重が一二〇キログラムを超える女性患者を看護していたとき、この患者がふとしたことから足を深く切って狂乱状態に陥り、転倒しかけて手でジャンの首をつかんだ。あまりにも強く抱きつかれたために、ジャンは呼吸さえできなくなり、「死神につかまった」かのように感じた。患者は悲鳴をあげ続け、パニックを起こし、負傷した足に体重をかけることができなくなってしまった。彼女をふりほどけなかったジャンはアシスタントに、一緒に患者をベッドに連れて行き、「ワン、ツー、スリー」のかけ声とともに乗せるよう指示する。ジャンは患者の体を持ち上げようとしたが、アシスタントは患者の悲鳴に恐れをなし、患者に腕を回してジャンを手伝おうとはしなかった。そのためジャンは、一二〇キロを超える体重を持つ患者を一人で支えなければならなくなり、彼女の言によれば「ゴムが切れるような音が聞こえ、私の内部の何かがこわれたと感じました」。五つの腰椎のすべてが損傷し、いちばん下の腰椎はずり落ちて神経根を圧迫した。やがて彼女は、坐骨神経痛が両足に拡大して歩けなくなる。動こうとすると、背骨は砕けるような音を立てた。

激痛を感じたジャンは緊急病室に運ばれ、五つの腰椎すべての損傷という診断を下される。それに続く検査では、背骨をひどく損傷したために、手術で五つの腰椎を接合する必要があるかもしれないと告げられる。その後数年間、彼女は理学療法、強力なオピオイド鎮痛薬の投与など、あらゆる痛みの治療を受けたが効果はなく、痛みは慢性化する。外科医には、手術をするには損傷がひどすぎると言われる。果敢にも何度か仕事に戻ろうとしたが、そのたびに障害者として扱われ、申し出は却下された。自分の人生は終わった、と彼女は感じた。「ふさぎ込んでしまい、自殺も考えました。医師の処方する薬はどれもまったく効果がなく、痛みはいっこうに消えませんでした。テレビも見られず、本も読めませんでした。というのも、痛みに加えて薬のせいでぼんやりしていたからです。生きる理由が見つかりませんでした」と彼女は語る。それからの一〇年間はほとんどの時間を家で過ごし、病院に行くとき以外は決して外出しなかった。

モスコヴィッツのもとを訪れるまでの一〇年間、彼女は慢性疼痛のために何もできなかった。少しでも動けば、耐え難い痛みが襲ってきたのだ。モルヒネなどの強力な鎮痛剤を大量に服用し、一日中ジャクジーで過ごした。それによって痛みは、五／一〇に低下した。一日のうちの一二時間を日本製のマッサージチェアにすわって過ごす日も多かったが、ほとんど効果はなかった。そのような状態だった彼女は、杖をつきながら、なんとかモスコヴィッツのオフィスを訪ねた。

私がジャンに会ったのは二〇〇九年七月のことだ。六二歳になる彼女は、陽気で生き生きとし、とてもリラックスしていた。投薬はすでに絶っていた。モスコヴィッツは、強力な鎮痛剤の投与など、通常の治療を五年間続けたあと、二〇〇七年六月に、神経可塑性に基づくテクニックを用いて自分で訓練する方法を導入した。それによる困難に対処する心構えを築くために（実際数週間にわたり、常時心のなかで痛みに立ち向かわなければならなかった）、まず彼女に神経可塑性について知ってもらい、希望がふくらむよう治療不可能と診断されていた人々の回復事例を話した。

「ある日モスコヴィッツ先生は、〈新しいことを試してみよう〉とおっしゃいました。そのときに、あなたの本をもらったのです」と彼女は言う。「それから私は、あなたの本を読んで脳の神経可塑性がどのように作用するのかを学びました。本を読んだことで、何かができるのではないかと思うようになりました。それまでの私は、一つの考えに固執していたようです。脳がまったく新たな結合を作り出せることを示す多くの事例を読んで、私は別の可能性を考えられるようになったのです」

モスコヴィッツは、彼が描いた三枚の脳の絵を彼女に見せ、それらに注意を集中するにあたっては、痛み以上に冷徹になる必要があると説いた。そして、まず三枚の絵をよく見てから脇に置き、自分の脳を絵に描かれた無痛の脳と同じものに変えるところを想像しつつ、絵を心のなかで視覚化するよう、また、自分の脳が無痛の脳の絵のようになれば、痛みを感じなくなるという考えを抱くよう彼女に求めた。

彼女は次のように語る。「まず、あなたの本の内容と、モスコヴィッツ先生のおっしゃったことを理解し、それらを実践することから始めました。先生は、日に七回脳の絵を見るようおっしゃいました。でも私は、他にすることがなかったから、マッサージチェアにすわって一日中絵を見ていたのです。痛みの中枢が発火するところを視覚化し、背中のどこから痛みがやってくるのかをまず考えました。それから、痛みが背骨を通って脳に達しながらも痛みの中枢がまったく発火しない様子を視覚化しました。最初の二週間にも、痛みを感じないごくわずかな期間はありました。(……)でも効果は浅く、〈痛みが消えた〉と感じるやいなや、〈また戻ってきた。あきらめてはいけない〉と思っていました」

「三週目に入ると、一日に数分間、慢性疼痛を感じない時間を持てるようになりました。いつのまにか痛みがなくなったのです。でも、しばらくするとまた戻ってきました。三週目が終わる頃には、痛みのない時間が増えた気がしました。けれどもその時間は相変わらず短かったので、正直に言えば痛みが完全に消えるとはまったく思っていませんでした」

「四週目になると、痛みのない時間は一五分から三〇分くらいにまで伸びました。〈痛みは消えるかもしれない〉と思い始めました」

そして実際に痛みは消えた。

それから彼女はすべての投薬を中止する。痛みが戻ってくることを恐れたが、結局戻ってはこなかった。「〈プラシーボ効果なのでは?〉と思いましたが、依然として痛みは戻ってきませんでした。二度と戻ってこなかったのです」

私が最初にジャンに会ったときには、彼女はすでに投薬を中止し、一年半痛みをまったく感じていなかった。彼女の日常生活は正常な状態に戻っていた。「まるで一〇年間眠っていたように感じます。今では、一日二四時間起きていて、この一〇年で失ったもののすべてを読書しながら取り戻したいくらいです。ずっと起きていたいのです」

MIRROR

モスコヴィッツは、(痛みのために少しばかりどんよりとし、攪乱した)心を組織化する方法を、痛みの克服にあたって慢性疼痛患者に思い出させるために、神経可塑性の原理を表現するいくつかの頭字語《アクロニム》を編み出した。MIRRORはその一つで、これは動機(Motivation)、意図(Intention)、徹底性(Relentlessness)、信頼(Reliability)、好機(Opportunity)、回復(Restoration)の略である。

最初の「動機」は、次のことを意味する。慢性疼痛患者のほとんどは、痛みに対して受動的な態度で医師の治療を受ける。自分の役割は薬を飲んで、注射を打ってもらうことくらいに考えているのだ。彼らは概して、痛みによって徹底的に活力を奪われているため、ごく自然に受動的な態度をとり、医師が自分の生活をもっと楽にしてくれる魔法の薬を見つけてくれることを期待して、毎度病院に足を運ぶ。

モスコヴィッツのアプローチでは、患者は自らが積極的にならなければならず、痛みの発達について本を読んだり、進んで視覚化を試みたりしつつ、自己の治療に責任を持つことが求められる。治療の効果を確信できず、少しよくなったと思ってもすぐに痛みが戻ってくる最初の数週間は、動機の維持がとりわけむずかしい。患者はこの種のぶり返しを回復の見込みがない証拠と見なし、努力をあきらめる言い訳としてとらえやすい。ポイントは、痛みを感じるたびに、いずれ効果を発揮するはずのテクニックを適用する絶好の機会、誘因《モチベーター》としてそれをとらえることだ。

「意図」はかなり繊細な概念で、直接的な意図は痛みの除去ではなく、脳を変えるために心に焦点を置くことにある。痛みの除去がただちに得られる報酬であると考えることは、かえって目標の達成を阻害する。なぜなら、痛みの除去はゆっくりとしか達成し得ないからだ。初期の段階で重要なのは、変えようとする心的努力なのである。そのような努力は、新たな神経回路の形成を促し、痛みのネットワークを弱体化する。痛みへの対処における最初の報酬は、「激痛を感じた。抑えようとしたがまだ痛む」とは言わずに、「激痛を感じたが、心を鍛え、脳に新たな神経結合を形成するための好機として用いた。長い目で見れば、この訓練はやがて効果を生むだろう」と言えることである。モスコヴィッツは患者向けの配布資料に次のように書く。「ただちに痛みをコントロールすることに焦点が置かれていると、よい結果が得られても、それはつかの間のもので、結局患者は失望する破目になる。確かに痛みのコントロールもプログラムの一環ではあるが、真の報酬は、過剰に配線された痛みのネットワークを解体し、痛みを処理する脳領域にバランスのとれた機能を回復することにある」

「徹底性」は、MIRRORのなかでもっとも単純な概念だ。痛みが意識にのぼれば、私たちはそれを押し戻せる。徹底性に関して問題になるのは、痛みが作用し始めると、それにじっと耐えたり、何か別のことに気をまぎらしたりしていれば、やがて痛みが消えるだろうと、あるいは鎮痛剤を飲んで、ひどくならないうちに痛みを抑えるほうが簡単だと考えたくなることである。だが、何か作業をして気をまぎらせながら痛みに耐えることは、慢性疼痛の堅固な砦を突破するのに十分な集中力を与えはしない。神経可塑性の研究によれば、神経回路を変えて新たな結合を形成するためには、一般に強い集中力が必要とされる。ゆえに他の何かに気をまぎらせることは避けなければならない。そのようなやり方では、痛みをなすがままにしておくだけだからだ。たとえ痛みが軽くても、放っておけば次回は痛みが増す結果を招く。徹底性とは、痛みを感じるたびに、脳を慢性疼痛発症以前の状態へと配線し直す意図を強く込めながら、心を集中して押し返すことを意味する。例外などない。痛みとの妥協はもってのほかだ。

「信頼」とは、「脳は敵ではなく、明確かつゆるぎない指示を与えさえすれば、患者はそれに依存しつつ正常な機能を取り戻し、維持することができる」という心構えを持つことを意味する。心理的な理由によって、痛みは罰や拷問であるかのごとく感じられる。しかし概して言うと、無意識的な罪悪感に基づく、ある種の神経症的な心理的葛藤を除けば、脳や神経系は痛みでその人を「罰しようとしている」わけではない。脳は、他のあらゆる生体組織と同様、つねに安定を求めている。問題は、ときに慢性疼痛の状態で安定してしまうことだ。だが、痛みのない状態へ戻る手段が与えられれば、脳は通常それに抗うことはない。そもそも痛覚は、身体の保護のために進化したのだ。それは警報システムであって、敵ではない。モスコヴィッツは次のように論じる。「無意識のシステムが、脳／身体の問題を解決するための十分な能力を持たないのなら、私たちは、新たな学習という形態の意識的なコントロールを行使しなければならない。そしてそれは、脳と身体が、意識の力を必要とせずにうまく機能できるようになるまで続けられる必要がある。脳と身体が意識的な努力を、学習を熟達に導く無意識的な活動へと忠実に変え、かくして慢性疼痛という疾病を、急性痛というつかの間の症状に戻すことは、確かな事実だ」

「好機」は、痛みの発作を、機能不全に陥った警報システムを修理する好機としてとらえることを意味する。痛みを歓迎するのは確かにむずかしいが、それを自身の動機づけに活用すれば、自らが責任を担っているという実感を抱くことができ、建設的に感じられるはずである。この姿勢自体、心構えと脳の化学反応を変えるきっかけになる。「持続する痛みが脅威に感じられるのは、情動的な反応を調整する脳の部位が始動する前に、扁桃体が活性化されるからだ」と、モスコヴィッツは言う。

「その結果、私たちは痛みの原因の外傷を再経験し、それを通して外傷の記憶が強化され続ける。恐怖感は私たちの士気をくじく。痛みを処理する脳領域が拡大すると、問題解決、情動の統制、葛藤の解消、他者との関係、痛みと他の感覚の区別、計画立案などの能力、さらには過去の経験を痛みのコントロールに応用する能力さえ損なわれる。痛みは、悪化するたびに永久に続くように感じられる。もちろん、そのような事態は何としてでも避けなければならない。扁桃体は事態を緩和する組織ではなく、強力な情動を形成し、闘争／逃走反応や心的外傷後ストレス障害（ＰＴＳＤ）に関与する器官である。執拗な痛みは、たいていの人の士気をくじく。それに対し、痛みの発作を、新たな方法で脳と身体を用いて痛みをコントロールし、痛覚信号を恐怖の根源から鎮静に導くための機会に転じられるのなら、（……）私たちはそれをきっかけに痛みを止める対策を講じ、慢性疼痛という疾病を単なる症状に戻すことができる」

「回復」とは、治療の目標が、投薬や麻酔のように痛みを覆い隠したり緩和したりすることにではなく、正常な脳の機能の回復にあることを意味する。

モスコヴィッツが患者にこれら六つの道具を与えて、脳をまったく正常な状態に戻すという大胆な目標に向けて動機づけを図ると、彼らの態度は変化した。軽い改善が得られると、彼らはただ一時的な「安心」だけでなく、希望がふくらむのを感じ、さらに新たな技法の適用の継続に向けて自分自身を鼓舞するために、この明るい見通しを役立てたのである。悪循環は好循環に変わったのだ。

視覚化はいかに痛みを減退させるのか

ここまでは、神経可塑性の競争的な性質に依拠するモスコヴィッツの治療アプローチを説明してきた。たとえば後部頭頂葉は、通常は痛覚と視覚の両方を処理する。つねに視覚化を行なうことで、ジャンはこの領域での痛みの処理を妨げることができた。視覚化の繰り返しは、思考を用いてニューロンを刺激（神経刺激）する直接的な手段になる。脳画像法を用いれば、活性化された脳の視覚ニューロンに血液が流れ込んでいく徴候を観察できる。ところで、モスコヴィッツとジャンは、きわめて特•

殊な形態の視覚化を実践した。彼らは、痛みの処理に関与する領域が縮小していくところを想像したのである。

私は、視覚的な心像の利用に興味をそそられた。これは何も新しいものではない。催眠術師は、痛みの鎮静のためにこの手段を使うことが多い。痛みを感じる領域が縮小したり消滅したりするところを思い浮かべるようクライアントに求めるのだ。神経科学の用語で言えば、催眠術師は、身体そのものではなく、身体に関して心に抱く主観的なイメージ、すなわち臨床医が「身体イメージ」と呼ぶものを用いて痛みの鎮静を試みるようクライアントに求める。身体イメージの概念は、フロイトの弟子で精神科医のポール・シルダーによって一九三〇年代に提唱された。そしてそれは身体とは異なる、と彼は指摘する。

身体イメージは、心に形成されかつ脳内に刻まれてから、無意識のうちに身体に投影される。神経科学者はときにそれを「バーチャルボディー」と呼び、それが身体とは独立して脳と心に宿る点を強調する。それは視覚のみならず、触覚、痛覚、自己受容性感覚（自分の手足や身体が空間内のどこを占めるかについての感覚）などに関するさまざまな脳マップからの、というよりも実際には、身体に関する感覚や情動の情報を保持するあらゆるマップからの入力に基づいて組み立てられる。したがってそれは、種々の感覚器官から脳に送られてくるさまざまな入力情報の総体であるばかりでなく、その人が自分の身体に関して持つ、情動的な色合いを帯びた観念も含む。

身体イメージは、実際の身体と一致していることもある。つまり、前者は後者のかなり正確な表現たり得る。そのような状況下では、私たちは、身体イメージが、現実の身体とは異なる心的な現象である事実を忘れていられる。ところが、身体イメージが身体と合わなくなると、両者の差異はすぐにわかる。この齟齬は、歯医者で局所麻酔を受けたときに、そうと知らずに誰もが経験できる。突然顎と頬が、実際より大きくなったかのように感じられるのだ。また、拒食症を抱える人が、実際には栄養失調のために骨と皮ばかりになっているのに、鏡を見て肥満していると思い込むとき、この齟齬が顕著に現れる。つまりそのような人は、どんなに身体がやせ細っていても、肥満しているという身体イメージを持っているのである。

モスコヴィッツが、慢性疼痛患者に関連脳領域が縮小する様子を想像させる、視覚化の手法を用い始めた頃、オーストラリアの科学者たちは、実験室に呼んだ患者に身体イメージを「縮小」して脳を再配線させることで類似の結果を得ていた。オーストラリアの神経科学者で、現役の痛みの研究者のなかではもっとも創造性に富んだ一人、G・ロリマー・モーズリーは、二〇〇八年に同僚のティモシー・パーソンズ、チャールズ・スペンスとともに、手に慢性的な痛みと腫れを抱える人々を対象に巧妙な実験を行なった[*8]。モーズリーは被験者に、次のようないくつかの条件のもとで自分の手を観察させた。第一のコントロール条件下では、被験者は一〇種類の手の動きを観察した。第二の条件下では、拡大しない双眼鏡を通して手の動きを観察した（双眼鏡を見ること自体が結果に影響を与えないことを確認するための、もう一つのコントロール条件）。第三の条件のもとでは、二倍の倍率の双眼鏡を通して見た。最後の第四の条件下では、双眼鏡の逆側から覗き込んで手の動きを見た。したがってこのケースでは、手は実際より小さく見える。

興味深いことに、モーズリーらは、手のイメージが拡大されると痛みが増大し、縮小されると減退することを発見した。

懐疑論者は、被験者自身が痛みを評価したこの実験の信頼性を疑うかもしれない。しかしこれらの被験者は実際に手に腫れを持ち、モーズリーらは、実験中に指の周囲の長さを測っているが、被験者が拡大された手を見ているときには、腫れが実際に拡大していることを確認している。

この注目すべき実験も、痛みの経験が痛覚受容体からの感覚入力のみによって引き起こされるのではなく、身体イメージにも影響されることを示している。双眼鏡を逆側から覗くことで視覚入力が縮小されたために、苦痛が「より小さな領域」から生じていると判断すると、脳は「ダメージも小さい」と結論づける。(モーズリーの主張によれば、拡大や縮小によって痛みが変化する理由は、脳には視覚と触覚を同時に処理する「視触覚細胞」が存在し、触られた領域の視覚像が拡大されると、この細胞への入力が増大するからである。)

視覚化による痛みの統制に関するもう一つの決定的な証拠は、ノッティンガム大学(イギリス)の研究者が、ミラージュと呼ばれる装置の効果をデモンストレーションするべく展示会に行った際に偶然得られた。ミラージュとは、ボディーマップ研究の一環として、身体イメージを歪曲する目的でノッティンガム大学心理学部が開発した幻視生成装置のことである。

展示会では、ノッティンガム大学の研究者たちは内部にカメラを設置した箱のなかに手を入れるよう子どもたちに呼びかけた。するとミラージュは、歪んだ手のイメージを子どもたちによく見えるよう大型の画面に映し出した。要するに、コンピューター版のびっくりハウスといったところだ。

次に子どもたちは、研究者の指示のもと、ゆっくりと指を引っぱった。するとスクリーン上に映し出された指は、通常の三、四倍に拡大されて見えた。また圧縮すると、縮んで見えた。つまりスクリーン上のイメージは、(実際の身体はそのままで)視覚的な身体イメージを変えたのである。

ある子どもの祖母は、その様子に興味を示し、自分でもやってみたいと申し出た。ただし指の関節炎を患っているため、やさしく引っぱって欲しいと研究者たちに告げた。

キャサリン・プレストン博士は、次のように説明する。「要するに私たちは、彼女に想像上の指のストレッチングを施していたわけです。すると彼女は〈指の痛みが消えました〉と言って、装置を持ち帰ってもいいか私たちに尋ねてきました。私たちはこの結果に唖然としました。もしかすると彼女より私たちのほうが驚いたかもしれません」

プレストンは、骨関節炎を患う二〇人の志願者を募って追試を行なっている[*9]。志願者の何人かは、手や足や腰に慢性疼痛を抱えていた。この研究では、装置の使用によって被験者の八五パーセントに痛みの半減が見られている。指が縮んで見えたときに痛みがもっとも減退した者もいれば、指が伸びたときにそう感じた者もいた。さらには、どんな様態にせよイメージが変化しさえすれば痛みが軽減した者もいた。いずれにしても被験者の多くは、装置を用いているあいだは指を楽に使うことができた。

イメージ化された指を「伸ばすこと」が痛みを和らげる理由はよくわかっていない。いずれせよ明らかなのは、視覚的な身体イメージのリアルタイムの変化によって、痛みの経験が緩和し得るということだ。この事実は、身体の痛みという感覚の形成が流動的なものであり、視覚入力に基づいてつねに作り変えられていることを、そして、身体の視覚イメージの変更によって、痛みの神経回路を変えられることを私たちに思い出させてくれる。これは、ジャン・サンディンが自分の脳のイメージを思い浮かべ、痛みの信号が減退していくところを想像できた理由について、重要なヒントを与えてくれる。彼女は、慢性疼痛の脳の絵に強く同化してから痛みのない脳の絵への移行を、つまり痛みの信号の消滅を思い浮かべたと述べている。

ジャンはただ単に脳の絵を見ていたのではなく、背中に感じていた痛みに結びつけた。最終的に彼女は、脳の絵を含む身体イメージの新たなマップを形成した。彼女にそれが可能だったのは、身体イメージに対応する「マスター」脳マップが、いくつもの異なるマップを高度に統合したものだからだ。それには、身体から入力された感覚刺激に基づく生物学的な基礎マップばかりでなく、鏡に映った自分の姿や自分を写したお気に入りのスナップショット、さらには体内を撮影したX線写真、心臓の収縮を示す超音波心臓診断図などの、医学的、人工的なイメージまでもが含まれる。このように、私たち自身を表すものとして定義できるものなら何であれ、マスター身体イメージに取り込めるのである。（人工的なイメージへの身体イメージの拡張については、『脳は奇跡を起こす』の第7章で詳しく論じた。）

それはプラシーボ効果なのか？

私はモスコヴィッツに「それはプラシーボ効果なのですか？」と尋ねたことがある。これは、思いがけなく快方に向かったジャンが、その状態が長く続かないことを恐れて尋ねた問いでもある。私自身はプラシーボ効果だとは思っていなかったが、懐疑論者は必ずやこの質問をするだろうと思ったのだ。

「プラシーボ(*placebo*)」という言葉は、ラテン語で「私は喜ばせるでしょう」を意味する。何らかの症状を持つ患者に、砂糖の錠剤のような無効薬を与える、効き目のない注射を打つ、あるいは偽の手術(たとえば外科医が切開したあと手術をせず、そのまま縫合する)を施すと、プラシーボ効果が生じる。★患者は有効な治療を受けていると思い込み、驚くべきことに、しばしば症状の迅速な緩和が見られ、ときには「実際の」治療を受けた場合と同程度の改善が得られることすらある。プラシーボは疼痛、抑うつ、関節炎、過敏性腸、潰瘍など広範な疾病の治療に適用できる。しかしあらゆる疾病に効くわ

★二〇〇二年に、アメリカでもっとも広く普及している整形外科手術に関する研究が行なわれた。「関節鏡創面切除」は、膝の関節を切開し、緩んだ軟骨や炎症を起こした組織、あるいは骨の一部を取り除く手術である。アメリカでは毎年、五〇〇〇ドルほどかかるその種の手術がおよそ六五万件実施されている。初期の研究では、この手術を受けた人のおよそ半数が痛みの緩和を経験している。二〇〇二年の研究では、強い痛みをともなう骨関節炎を持つ一八〇人が、二つのグループに分けられ、一方のグループは通常の手術を受け、もう一つのグループは偽の手術(切開して関節鏡を挿入し、手術をしないで抜き取った)を受けた。偽の手術は実際の手術と同程度の痛みの緩和をもたらしたばかりでなく、それを受けた患者は実際によりよく動けるようになった。これに関しては、J. B. Mosely et al., "A Controlled Trial of Arthroscopic Surgery for Osteoarthritis of the Knee," *New England Journal of Medicine* 347, no.2 (2002):81-88 を参照されたい。この結果は通常の手術にそれほど効果がないために得られたのではないかと反論することも可能ではあろうが、ここでのポイントは、実際の手術と同程度の痛みの緩和がプラシーボ効果によって得られたということである。それはまた、モスコヴィッツが見出したものと同じ「痛みを殺すスイッチ」が、これらの患者のあいだでも気づかぬうちに作用したことを示唆する。

けではなく、がん、ウイルス性の病気、統合失調症などには効き目がない。ほとんどの医師は、患者が原因不明の改善を見せると、何らかの心理的な要因が作用していると考える。

そのようなわけで、私はモスコヴィッツに「それはプラシーボ効果なのですか?」と尋ねたのだ。すると彼は、「そうだといいんだが」と言って笑った。

彼が笑ったのは、それがプラシーボ効果なら、懐疑論者の多くが考えるたぐいの問題ではなくなるからだ。最新の脳画像研究によれば、疼痛や抑うつを抱える患者にプラシーボ効果が生じた際の脳の変化は、投薬によって改善が得られた場合の変化とほぼ同一である。心身医療を実践もしくは研究する臨床医や科学者は、プラシーボ効果の基盤をなす脳の神経回路を系統的に活性化する方法を考案できれば、劇的な医学的進歩を遂げられると主張する。

痛みに関して言えば、プラシーボは一般に、三〇パーセント以上の効果が得られる。つまり、患者が薬ではなく砂糖の錠剤を与えられると、あるいは鎮痛剤ではなく塩分のみ(塩水)の注射を打たれると、少なくとも三〇パーセントは痛みの緩和を報告する。神経可塑性の発見以前、研究者は、プラシーボ効果を経験する患者の多くが、心理的に不安定、気まぐれ、未成熟、困窮者、女性であると見なしていた(のちにこれらはすべて誤りであることが判明している)[*10]。脳画像研究によって、プラシーボ効果が生じると脳の構造が変化することが示されている。プラシーボ効果による治癒は、投薬による治癒より「非現実的」というわけではない。それは、心が脳の構造を変えるという、神経可塑性の作用の一例なのである。

これらの研究を開拓したグループの一つは、大きな懐疑を抱く研究者に率いられていた。コロンビア大学の神経科学者トール・ウェイジャーは、クリスチャン・サイエンス〔キリスト教系の新宗教〕に所属する家庭で育ち、「あらゆる病気は心の産物であり、治療には投薬ではなく祈りが必要である」と子どもの頃に教えられた[*11]。彼が重度の皮膚発疹を発症したとき、祈りによっては治らなかったが、母親に連れられて病院に行き、投薬治療を受けると発疹は消えた。彼は、心が自らを治癒するという考えやプラシーボ効果に疑問を感じ、無効であるという結果が得られると信じてその研究に着手したのである。彼は被験者に苦痛を引き起こす打撃を加えたあと、痛みを緩和する薬という名目でプラシーボ膏薬を与えた。すると驚いたことに、プラシーボ膏薬は効力を発揮した。それから機能的磁気共鳴画像法（fMRI）を用いて、脳で何が起こっているのかを調査した。被験者が痛みを感じると、痛みによって活性化されることをモスコヴィッツが確認したのと同じ脳領域のいくつかに活動が見られた。また、ウェイジャーが被験者にプラシーボを与えると、モスコヴィッツが視覚化によって変えられると指摘した、まさにその脳領域の活動が減退した。

ウェイジャーはさらに、ポジトロン断層法（PET）による脳スキャンを用いて、プラシーボ治療が、主要な脳領域の内因性オピオイド（痛みを抹消するために脳が生産する阿片のような物質）の生産を増大させて痛みを止めることを、また、プラシーボ反応が脳の痛覚システムにおけるオピオイド生産領域の配線を強化することを示した。つまり心は、脳が普段生産している天然膏薬の供給を解き放つのである。しかも、医療で用いられているモルヒネなどのオピオイドとは異なり、これらのオピオイドは薬物依存を引き起こさない。

ただのプラシーボ効果ではない理由

「これがプラシーボ効果や暗示ではないかという疑問はまったく正当なものだと思う。だが、一九八一年以来三〇年の長きにわたって、私はこの治療を行なってきたが、プラシーボ効果や暗示がこれほど長く続くのは見たことがない。催眠術や暗示に基づく療法によって、痛みの緩和が一週間以上続いた例など私は知らない」と、モスコヴィッツは語る。

プラシーボ効果は概して長く続かないという彼の断言は、数々のプラシーボ研究に基づくコンセンサスを反映する。急速な反応はプラシーボ効果である可能性が高いが[*12]、数週間効果が続く場合もあることを示す研究も存在するとはいえ[*13]、症状は再発しやすい[*14]。

ところが、MIRRORアプローチを用いて神経可塑性の競争的な性質を動員するモスコヴィッツの治療を受けた患者には、それとはまったく正反対のパターンが見られる。彼の患者は、数週間何の反応も示さないことが多く、その後痛みは徐々に弱まっていく。そして脳が再配線されれば、通常は、介入の必要性が次第に減少する。私は、神経可塑性テクニックを用いて脳を再配線し、学習障害、脳卒中、外傷性脳損傷などから回復した人たちにそれと同じパターンを見出してきた。これらのケースでは、症状はすぐには消えなかった。モスコヴィッツの患者における変化のパターンも、楽器の演奏や言語の習得などで脳が新たな技能を学ぶときに生じるものと一致する。この時間的な経緯は、重要な神経可塑的変化が起こる際には典型的に見られるもので、変化は数週間（しばしば六〜八週間）にわたって生じ、日々の心的実践を必要とする。それはけっして楽な作業ではない。

特定の脳領域の視覚化によって痛みを緩和できることを信じられない懐疑論者は、「モスコヴィッツは、患者をリラックスさせる方法を見つけ、一般的な覚醒度を下げて、痛みに悩まされないようにしているにすぎない」と主張するかもしれない。しかしプラシーボ効果の研究を通じて、心はレーザー光線のような正確さで痛みをとらえる能力を持つことがわかっている。

心／脳／身体の治癒は、リラクセーションのように、神経系全体を再設定《リセット》する、非特定的で一般的なプロセスなのではない。現在のところまだ対応するメカニズムが解明されていないが、それは患者自身が注意を向けているものしか対象にしない。心理学者のガイ・モントゴメリーは、被験者の両手の人差し指に、痛みを引き起こすに十分なほどの重さのおもりを置き、それから一方の人差し指のみにプラシーボ膏薬を塗るという単純かつエレガントな実験を行なっている[*15]。この実験によって、プラシーボ膏薬を塗った指のみに痛みの緩和が見られることがわかった。被験者はリラックスしていたわけでも、トランス状態にあったわけでもない。彼らの心は通常の覚醒レベルにあったが、それでも急性痛が生じている正確な箇所を特定し、痛みを除去することができたのだ。

特定の痛みを除去する心の能力の理解に向けてモスコヴィッツがつけ加えた見方は、この能力を強化し、それが持続するよう脳の発火パターンを変えるためには、不断の心的実践が必要だという知見である。

投薬やプラシーボとは異なり、神経の可塑性を利用したテクニックは、ひとたび神経ネットワークが再配線されれば、徐々にその実践頻度を減らしていける。言い換えると、効果は持続する。モスコヴィッツの患者には、五年間効果を維持している者もいる。ただし痛みが緩和しても、患者の多くは身体の損傷を抱えたままであり、ときに急性痛を経験することがある。モスコヴィッツの考えによれば、ひとたび彼らが数百時間をかけて彼のテクニックを学習し、実践すれば、無意識の心が、神経可塑性の競争的な性質を利用して痛みを阻止する作業を肩代わりするようになるはずだ。またたとえそうならずとも、そのような性質を意識的に利用して、脳を再配線するきっかけとして痛覚刺激を用いることができる。

モスコヴィッツが得たもっとも重要な洞察の一つは、製薬会社も多くの医師も、痛みにおける神経可塑性の役割を考慮に入れていないために、痛みの治療で盛んに使われている、麻薬性鎮痛薬《オピオイド》の新薬が実際には痛みを悪化させるというものだ。私たちが利用できるもっとも強力な鎮痛薬であるオピオイドは、一般に効力が長続きしない。多くの患者は、数日もしくは数週以内に、その種の薬品に対する「耐性」を発達させる。用量効果が次第に減退するために、患者はより多量の薬を求めるようになったり、薬を服用しながら「突破痛」〔薬物治療を受けているあいだに突然起こる激痛〕を経験し始めたりする。また、服用量が増大すれば、それだけ薬物依存や過量服用の危険が増す。痛みを遮断する効果を上げるために、製薬会社はオキシコンチンなど「長時間効力のある」オピオイドを開発してきた。要は、効力が長時間持続するモルヒネのようなものだ。慢性疼痛患者には、生涯にわたってオキシコンチンなどの鎮痛薬を服用している人も多い。

前述のとおり、脳は痛みを遮断するためにオピオイド様の物質を独自に生成する。オピオイド鎮痛薬は、脳のオピオイド受容体に結びつくことでその働きを補う。脳には変化する能力が備わっていないと信じる限り、科学者たちは、オピオイド鎮痛薬でオピオイド受容体を満たすことが害をもたらし得ることを、決して予測できないだろう。「神に与えられたすべての受容体を満たしてしまえば、脳は新たな受容体を生むだろう」とモスコヴィッツは述べる。脳は、長時間効力のあるオピオイドの大量投与に、より無反応になることで適応する。すると、患者は痛みにさらに敏感になり、薬物依存度を増し、かくして慢性疼痛を悪化させる。あらゆる鎮痛薬に問題があると、モスコヴィッツは断言する。

これらの発見を得た彼は、患者の治療にあたり、長時間効力のあるオピオイドの投与を徐々に減らしていった。成功のカギは、用量を非常にゆっくりと減らしていくことによって、脳に鎮痛薬無しの状況に適応する時間を与え、患者が「突破痛」を経験しないようにすることである。用量を徐々に低下させ、もとの量の五〇〜八〇パーセントに減らせると、オピオイドによって引き起こされる痛みの悪循環を断ち切れる。

「私は今では、痛みの管理《ペインマネジメント》を信じていない。持続する痛みの治癒を考えている」とモスコヴィッツは言う。

彼は、さまざまなタイプの慢性疼痛症候群を抱えた患者を治療し、痛みの緩和を促進してきた。列挙すると、神経損傷や炎症に起因する腰部の慢性疼痛、糖尿病性神経障害、がんに起因する痛み、腹痛、変形性の首の痛み、切断、脳や脊髄の外傷、骨盤底の痛み、炎症性腸疾患、過敏性腸、膀胱痛、関節炎、狼瘡《ろうそう》〔結核菌により、全身の皮膚に瘢痕などができる病気〕、三叉神経痛、多発性硬化症の痛み、感染後の痛み、神経損傷、神経障害性疼痛、中枢性疼痛、幻肢痛、変形性椎間板疾患、背中の手術の失敗に起因する痛み、神経根損傷による痛みなどがある。私は、彼に治療を受けて、投薬を中止するか、劇的に用量を減らして副作用を最小限に抑えられた大勢の患者に会ってきた。患者は、あらゆる種類の痛みの症状を緩和できたが、ただしそれは、本人が必要な心的努力を徹底して行なった場合に限られる。

徹底性が求められる点は、彼のアプローチの限界の一つでもある。誰もがジャンのように、自ら進んで徹底的に何かに打ち込める性格を備えているわけではない。マイケル・モスコヴィッツのような啓発的な医師に治療を受けていたとしても、とりわけ変化がはっきりと現れない最初の数週間は、その点が問題になり得る。彼の観察によれば、効果が感じられないとき、患者はいかなる理由にせよ、困難を克服しようとする動機がくじかれるらしい。ゆえにほとんどの患者は、何かしら前向きになれるような援助を必要とする。

ジャンやモスコヴィッツらは、神経可塑性の競争的な性質の利用方法を理解することで回復できた。そして人生の喜びが戻ってきた。多くの患者が彼のアプローチに良好な反応を示したので、普通の臨床医なら、以後の人生を、患者に視覚化の方法を教えることに費やしていただろう。しかし、すべての患者が良好に反応したわけではない。だからモスコヴィッツは、決して満足していなかった。痛みを克服するには、視覚化以外の方法が必要な患者もいるだろうと考えた彼は、痛みの神経回路の解体を徐々に誘導することに加え、身体自身が備える快をもたらす化学反応を利用して、より迅速に痛みを緩和する方法を検討した。また、患者の回復の真の意味とは、単に痛みを除去することばかりでなく、以前の健全な生活を十分に取り戻すことでもあったとすればどうだろうか？

モスコヴィッツはこれらの問いを検討するにあたり、二〇〇八年に出会った慢性疼痛の治療を専門にする医師、マーラ・ゴールデンに援助を求めることにした。救急医のゴールデンは、オステオパシー〔整骨療法〕の実践的な訓練も受けていた。モスコヴィッツは彼女の手引きによって、触覚、音、振動をそれぞれ独自の方法で利用して、これらの感覚で脳を満たし、痛みと競合させるアプローチへの理解を深めることができた。（ちなみに第8章では、触覚、音、振動によってさまざまな脳の障害を治癒できることを見ていく。）彼女は、自分の手を使い、身体を通して痛みに対処することで目覚ましい成果をあげてきた。

二人が出会ったとき、患者の身体に対する感覚が脳の活動の産物であるとする見方を前提に、モスコヴィッツはゴールデンに、「身体は脳の入れ物だと、私はいつも考えていた」と語りかけた。しかし彼女は、「身体は心と同じく脳に至る道である」と主張した。「私が陽なら、彼女は陰だ」と言う彼は、彼女の手法を完全に自分のものにした。今では二人は協力し合って、慢性疼痛に対する真の脳／身体アプローチの完成を目指している。このアプローチでは、患者は脳を変えるために、心と身体の両方から同時に神経可塑的な刺激を受け取る。モスコヴィッツの言によれば、ゴールデンの手は、「見る」ことができるのではないかと思えるほど非常に鋭敏で、問題のある領域を見つけ、慢性疼痛を迅速に和らげる方法を発見するのに長けているそうだ。私は、二人が協力しながら一人の患者を治療するところを見たことがある。モスコヴィッツが患者に語りかけながら、神経可塑性の力で脳の神経回路を変えるために心を用いるよう導くあいだ、ゴールデンは患者の身体に触れ、触覚と振動に対する感覚に刺激を与えていた。私は患者の何人かを追跡調査し、顕著な改善の事例を確認することができた。

二〇一一年、私は二〇〇九年に完治したジャン・サンディンを再訪問した。慢性疼痛症候群は再発していなかった。実際、彼女は二〇〇九年に会ったときより若く見えた。二〇一四年の今日でも痛みは戻っていない。かつて身体を自由に動かすことができず、抑うつを抱えて椅子に縛られた生活を送っていた頃にモスコヴィッツと出会い、自分の心を徹底的に痛みの治療に用いていた時期が、これまでの人生で一番努力した日々だった、と彼女は回想している。

第2章

歩くことでパーキンソン病の症状をつっぱねた男

いかに運動は変性障害をかわし、認知症を遅らせるのに役立つか私の散歩仲間ジョン・ペッパーは、二〇年ほど前にパーキンソン病による運動障害と診断された。最初の症状は、およそ五〇年前にすでに現れていた。だが、訓練を受けたよほど鋭い観察者でなければ、それはわからなかったはずだ。ペッパーは、パーキンソン病患者にしては非常にすばやく歩く。パーキンソン病の典型的な症状を抱えているようには見えない。摺り足で歩くこともなければ、動いていようが止まっていようが震えは見られない。特に硬直しているようには見えないし、動きもすぐに開始できるらしい。平衡感覚にもすぐれる。歩くときには腕を大きく振りさえする。パーキンソン病の顕著な特徴である緩慢な動作もまったく見られない。彼は六八歳になってから九年間、抗パーキンソン病薬を服用していないが、まったく普通に歩けるのだ。

それどころか、彼がいつもの速さで歩くと、私は彼についていけなくなる。今や彼は七七歳になろうとしており、治療不可能な慢性の進行性神経変性疾患と定義されるパーキンソン病を三〇代の頃から患っているにもかかわらず。ペッパーは、主要な症状を逆転させることに成功した。それはパーキンソン病患者がもっとも恐れる、やがて動けなくなることにもつながる症状である。彼はその逆転を、自らが考案した運動プログラムと特殊な集中力によって達成したのだ。

今、私たちが歩いている砂浜は、数珠繫ぎになった巨大な丸い岩に取り囲まれているために、ボールダー（丸石）と呼ばれる。それは、インド洋と大西洋が出会うアフリカの南端をややはずれた場所にある。私たちはここに、ケープペンギンのコロニーを観察しに来た。踏み固められた小道から少し離れた場所で、ペンギンを探していた。ケープペンギンは、「jackass penguin」〔jackassは雄ロバのことで、まぬけを意味する場合もある〕とも呼ばれる。というのも、ロバのいななきのような求愛の鳴き声《メイティングコール》を発するからだ。最初に見たペンギンは、楽天的な優雅さでインド洋からロケットのように飛び出してきた。この動作はポーポイジング〔水面から跳ねたり海に潜ったりしながらイルカのように進むこと〕と呼ばれる。しかしひとたび陸に上がると、ペンギンは不器用によたよた歩く。

聞くところによれば、高さ三メートルの巨大な丸石に囲まれた隣の砂浜には、一群のペンギンがいるらしい。ところが岩と岩のあいだの隙間が非常に狭くて低いために、どうやってそれを越えて隣の砂浜にたどり着けるのかがよくわからない。それでもペッパーは隙間の一つをくぐるよう私を促す。そこで私は、四つん這いになり、高さが数十センチメートルしかない狭い通路の低い天井のすぐ下を、身をよじらせながら這って進み、かろうじてくぐり抜けた。振り返ると、ペッパーがついて来るのが見える。

「これはまずいな」と私は思った。ペッパーは、身長が一八三センチメートル、体重は一〇〇キログラム近くあり、筋肉質で骨格が太く、胸は私よりはるかに広い。彼よりずっと小さな私でさえ、かろうじて岩と岩のあいだをくぐり抜けられたのだ。しかもパーキンソン病の主要な特徴の一つは固縮〔身体の筋肉が持続的に強くこわばること〕である。したがって彼が柔軟に体を動かせなければ、岩の隙間をうまくくぐり抜けられず途中でつかえてしまう。パーキンソン病のもう一つの主要な特徴は「すくみ足」だ。これは新たな動きを開始することの困難さに起因する。だからパーキンソン病患者は、歩いているときに、たとえ道の上に引かれた線のような、取るに足らない障害物に出くわしてさえ突然足がすくむ。もしペッパーが岩の隙間ですくんでしまえば、彼を引き出すことはおよそ不可能になる。

だが私はここ数日、彼が実にスムーズに歩くところを目のあたりにしてきたので、過度に神経質になる必要はなかった。実際、彼は岩の隙間をうまくくぐり抜けた。

砂浜に立った私たちに、ペンギンの鳴き声は聞こえてきたが姿は見えなかった。どうやら岩に登らなければならないようだ。ペッパーは私の先に立って、確かな足どりで岩によじ登り、その上に立つ。パーキンソン病の他の症状に動きの欠如（無動症）や遅延（運動緩慢）があるが、彼にはどちらの症状も見られない。

私はといえば、四肢を岩の表面に大きく広げて適当な取り掛かりを探しながら、苦労して何とかよじ登ることができた。岩は思ったよりも湿っていた。ただ濡れて光っているだけでなくぬるぬるしていたため、私は何度も滑った。

ようやく岩の上に登ったとき、私は「靴の裏がべとべとするのだが、どうしても滑る」と言って靴のせいにした。

するとペッパーは笑いながら「それはグアノだよ」と言う。

「グアノ？」

「ペンギンや海鳥の糞のことさ。このあたりの岩や崖にはグアノが厚く積もっている。何世紀分ものね。かつては、沖合の船から小さなボートを出して、グアノを岩の表面から掘り出していた。いい肥料になるんだ」と彼は答える。彼の顔はアングロサクソン系、髪は灰色、そして声には南アフリカ人のアクセントで話すアレック・ギネス〔イギリスの俳優。『スター・ウォーズ』シリーズのオビ＝ワン役で知られる〕といった趣がある。私は手をズボンの脇にこすりつけて拭く。どうやら、よたよた歩くペンギンの群れのなかに立っているようだ。ペンギンは愛らしく、私たちの存在をまったく気にしない。

　その日の朝、私たちはケープタウンで過ごしていた。ペッパーはそこにあるパーキンソン病患者支援グループのオフィスで、ある女性メンバーに、摺り足歩行を克服する方法や、スムーズで効率的な歩き方を教えていた。ちなみに彼は、これらの方法を数百人に教えてきた。ここボールダービーチでは、ペンギンが彼らと同じような摺り足で歩いている。ペンギンは、泳いでいる最中の水の抵抗を減らすべく足が身体のかなり後方についているため、陸に上がるとパーキンソン病患者のように前かがみで歩いているように見える。ペンギンの身体はこわばって見え、体全体をひとかたまりにして曲がる。この柔軟性のなさもパーキンソン病患者に類似する。足は非常に短く、身体同様硬直しているように見え、歩を進める際に足の裏が地面についている時間も長く、そのために「摺り足歩行」になる。

　パーキンソン病患者が摺り足になるのは、足が固縮し始め、手足や関節の位置を変える際に、筋緊張の変化を可能にする正常な姿勢反射を失うからだ。かくして動きは遅くなり、歩幅は短くなる。このような不確かでこわばった歩みは、つま先や足全体をも引き摺るよう仕向け、足をほとんど持ち上げないために、足の裏は地面からなかなか離れない。したがって歩みは弾力性を失う。また、彼らは腕を振らない。パーキンソン病患者の前かがみの姿勢と摺り足は、医師なら遠くからでもすぐに見分けられる。かつてペッパーの主治医が「部屋からいったん出て、もう一度入ってきてくれないか」と、彼には奇妙に思える指示をしたのも、このパーキンソン病特有の歩き方に気づいたからだった。

ペッパーは言われたとおりに、部屋からいったん出て戻ってきた。そのあとで医師は精密検査を行なった。診察が終わると、医師は彼に、その歩き方がパーキンソン病にともなう摺り足であると告げた。

アフリカからの手紙

二〇〇八年九月、私はジョン・ペッパーから次のような内容のEメールを受け取った。

私は南アフリカで暮らしています。一九六八年以来パーキンソン病を患っていますが、十分に運動をし、通常は無意識の支配下にある動きを意識的にコントロールする方法を学んできました。私は自分の経験に基づいて一冊の本を書いたことがあります。しかし医学界は、私の症例を精査することなくこの本の内容を否定してきました。というのも、私はもはやパーキンソン病患者には見えないからです。症状のほとんどはまだ残っていますが、現在の私は抗パーキンソン病薬を服用していません。八キロメートルごとに分けて一週間に合計で二四キロメートルを歩いています。ダメージを受けた細胞が、脳内で生産されるグリア細胞由来神経栄養因子の働きによって回復したのではないかと思われます。しかしパーキンソン病の原因が除去されたわけではありません。だから運動しなくなると、もとに戻ってしまいます。（……）きちんとした運動を定期的に続けるよう説得できれば、パーキンソン病の診断を受けた人々の多くを手助けできるのではないかと、私は思っています。この件について、あなたのご意見をぜひお聞かせください。

途方もない話に聞こえるかもしれないが、ペッパーは歩行という素朴なアプローチでパーキンソン病に対処することにより、脳に神経可塑的な変化を引き起こしたのだと私は思う。彼が言及しているグリア細胞由来神経栄養因子（GDNF）とは、脳の成長因子の一つで、脳の主要な細胞型の一つであるグリア細胞によって生成され、肥料のように脳の成長を促す。脳細胞の一五パーセントはニューロンだが、残りの八五パーセントはグリア細胞である。これまで長いあいだ、科学者たちはグリア細胞についてほとんど論じてこなかった。というのも、彼らはそれを、はるかに活動的なニューロンを取り巻いて支えるだけの、単なる脳の「詰め物」と見なしていたからだ。今では、グリア細胞はつねに互いに連絡をとり合い、ニューロンともやり取りをして、その電気信号を修正していることが知られている。グリア細胞はまた、ニューロンに「神経保護」を提供し、脳の配線と再配線を支援している[*1]。GDNFは、フランク・コリンズらによって一九九三年に発見され、ドーパミンを生成するニューロン（パーキンソン病患者では死んでいる）の発達と維持を促進することで、脳の神経可塑的な変化に寄与することが見出されている[*2]。コリンズはすぐに、それがパーキンソン病の治療に有効ではないかと思いついた。またGDNFは、神経系の損傷からの回復を促進する。

ペッパーは、運動によってGDNFが増大することを示す、マイケル・ジグモンドらの動物実験による最新の発見を知っていた[*3]。私はペッパーに次のような返事を送った。

私はパーキンソン病の専門家ではありませんが、進行性の多発性硬化症などの神経性疾患では不可能と思われていた、大幅な進歩を達成した人々と連絡を取り合っています。ですので、あなたのストーリーには非常に興味があります。また、他の筋から得た情報によって、パーキンソン病の治療には運動が有効であることを知っていますし、パーキンソン病や神経幹細胞の専門家に訊くと、彼らは、適正な運動量を満たすには、あなたが実践しているような集中的な歩行が必要だと感じているようです。

Eメールのやり取りをしているうちに、彼はパーキンソン病が完治したと主張したいのではなく、歩行トレーニングを続けている限り、運動に関するパーキンソン病の主要な症状を逆転できると主張したいということがわかった。きわめて有効な変化が得られたため、パーキンソン病の主要な症状の影響を受けずに済み、十全な日常生活を送れるようになったのだ。「他のパーキンソン患者にも役立つはずの、この情報をひとりで握ったまま死にたくはありません」と書かれていた。

彼の主張は注目すべきものだ。薬を用いることなくパーキンソン病の主要な症状を逆転できたと明言する人は、わずかしかいない。軽度のパーキンソン病を経験する人はいるが、投薬を続けなければ、ほとんどの患者は診断を下されてから八年から一〇年後には、歩行能力を失っているはずだ[*4]。パーキンソン病の運動障害は、通常上肢か下肢の片側に始まるが、たいていのケースではやがて両側に拡大する。投薬を受けている人は、およそ五年後には薬の効果が低下するのを感じ始める[*5]。

身体的な障害だけが心配の種なのではない。パーキンソン病は認知障害も招き得る。動きを制限するいかなる神経学的な条件にも当てはまるが、パーキンソン病の（疾病そのものではなく）影響は、二次的に脳を弱体化させる。可塑的な脳は、つねに未知の領域を探索しなければならず、環境内を広く動き回る移動性の生物のもとで進化した。つまり、脳は学習するために進化したのだ。人間は動けなくなると、視覚や聴覚をあまり使わなくなり、処理する情報の量も減る。するとそのような人の脳は、刺激の欠如のために機能が衰え始める。（これは、ものごとを考え抜く人には当てはまらないが、それでも神経可塑性を備えたシステムが新たな細胞を生成し、神経を発達させるためには、身体の動きが必要である。）機能の衰退の原因がパーキンソン病であろうが刺激の欠如であろうが、パーキンソン病患者は、健常者に比べ高い割合で認知障害を発達させる。認知の問題は、高じると認知症に至る場合がある。パーキンソン病患者が認知症になる可能性は、健常者の六倍にのぼる[*6]。

つけ加えておくと、彼らは早世する危険を抱えている。マーガレット・ホーエンとメルヴィン・ヤールは、彼らの研究論文を「パーキンソン症候群は、平均余命を著しく縮める」と結論して締めくくっている[*7]。転倒、嚥下困難による窒息死は、肺炎とともに、最大の死因である。

今日の薬物による治療は、とりわけ罹患して間もない頃なら運動能力を劇的に改善できるが、疾病の進行を食い止めることはできない。そして疾病はますます身体に悪影響を及ぼすようになり、薬物の効力を徐々に凌駕していく。これまでの主流の見方では、パーキンソン病は、黒質と呼ばれる脳の部位が、正常な動作に必要な脳の化学物質を生産する能力を次第に失うことによって引き起こされると考えられていた。なお黒質は、黒い色素を多量に含むためにそう呼ばれている[*8]。黒質のニューロンが失われると色素も失われる。この喪失は、検死解剖時に肉眼で確認することができる。

一九五七年、のちにノーベル生理学・医学賞を受賞する、スウェーデン出身の卓越した科学者かつ医師のアルビド・カールソンは、ドーパミンが、ニューロン間の信号の交換に用いられる脳内化学物質の一つであることを発見した。その後さらに、人の脳のドーパミンのおよそ八〇パーセントが、大脳基底核と呼ばれる、黒質を含む脳の組織に集中していることを発見した[*9]。ドーパミンは多くの作用を持つ。カールソンの発見からずいぶん経った現在の私たちが知るところとなったように、その一つは、神経可塑的な変化を強化することである。生化学者のオレフ・ホルニキーヴィッツは、ドーパミンレベルの低下がパーキンソン病の症状を引き起こすことを、また、レボドパ（身体内で簡単にドーパミンに転換される化学物質）などのドーパミンを補充する製剤の投与によって症状を緩和できることを示した。レボドパは身体が普通に生成する物質であり、脳内ではニューロンがそれをドーパミンに変換して、失われた分を補う。人間を対象に行なわれた研究によれば、ドーパミンレベルが七〇パーセント落ちても影響は表に現れないが、八〇パーセント低下するとパーキンソン病の症状が現れる。

現在でもパーキンソン病の治療でもっとも一般的に使われているレボドパは、一定の期間は劇的な効果を発揮する。固縮や動作緩慢には非常に効果的だが、震えや平衡障害にはそれほど効果はない。

これらの発見によって、多くの医師や科学者は、パーキンソン病がドーパミンの喪失によって引き起こされると結論づけるようになったのだ。しかし、ドーパミンの喪失が直接の原因ではあるかもしれないが、それはこの病気の重要な側面の一つを表わすと言ったほうがより正確であろう。そもそも、何が原因で黒質がドーパミンを失うのだろうか？　それ以外の脳領域も機能を停止する事実を、どう説明すればよいのか？　黒質から適正な信号を受け取れなくなったからか、それとも、これらすべての症状を引き起こして脳に悪影響を及ぼす、より根源的な要因が存在するのか？　その答えはまだわかっていない。

そのために、パーキンソン病は「原因不明の疾患（idiopathic）」と呼ばれる。これは、その究極の原因がつかめていないことを意味する。症状や、ダメージを受ける主要な脳領域のいくつか、すなわち病理はわかっているが、病理を引き起こすプロセスに関する病因の知識は限られている。★これから見ていくように、どうやら原因の一つは殺虫剤などの特定の毒素らしいが、はっきりとはわかっていない。現在の薬物治療は、ある程度症状を緩和するが、基盤となる病理を根絶するわけでも、病因に何らかの影響を及ぼすわけでもない。

さらに別の問題も存在する。主流のドーパミン製剤には副作用がある。レボドパ製剤は副作用が非常に強い。すべての患者に副作用が現れるわけではないが、それは薬物治療においてもっとも解決困難な問題の一つだ。これらのドーパミン投薬を受けた患者の三〇～五〇パーセントは、（二年から五年

★ハイコ・ブラークによる最近の発見は、パーキンソン病の病因に関して興味深い手がかりを与えてくれるが、現在それをめぐって激しい論争が繰り広げられている。この疾病は消化管で生じ、やがて脊柱にもっとも近い脳の部位に、さらには上行して最終的に黒質に影響を及ぼすとする説がある。この説は、脳幹の機能に関わるさまざまな症状を抱えるパーキンソン病患者が多い理由を説明する。詳細は第7章（四一三頁）で述べる。

の投与ののち）ジスキネジアと呼ばれる運動障害を新たに発症する。この障害を発症すると、患者はしばしば不格好に身をよじらせるようになる。医師は、何とかジスキネジアを引き起こさずにパーキンソン病の症状を再発させないよう、用量の調節に努める。投薬によって引き起こされたジスキネジアは、脳のシナプスに生じた望ましくない神経可塑的な変化の結果であることが、動物実験によって示されている[*10]。

加えて、レボドパを服用している患者には、精神医学的な問題を引き起こす可能性がある。たとえば、過剰なドーパミンが生成されることによって幻覚が生じることがある。（薬理学者のアルビド・カールソンは、ドーパミンの過剰な生成によって妄想型統合失調症に似た症状が引き起こされる場合があることを示した。彼の発見は、この精神病を理解し、それに対する医薬品を開発するのに役立っている。）

これらの症状を避けられるケースは、高齢になってからパーキンソン病に罹患して、最悪の症状が出現する前に他の病気が原因で死亡するときくらいかもしれない。しかし、レボドパが患者の生活の質を大幅に向上させたとしても、四年から六年が経過すると、効果は急激に低下し始める。そのため多量のレボドパを服用せざるを得なくなり、同時にジスキネジアを発症する危険性も高まる。また、レボドパの服用は対症療法にすぎないため、疾病は背後で次第に悪化していく。パーキンソン病の研究者ヴェルナー・プーヴェは、「パーキンソン病は、（……）効果的な対症療法が存在する唯一の慢性神経変性疾患ではあるが、その進行を大幅に遅らせる治療はまだ見出されていない」と述べている[*11]。

ほとんどの神経学者は、この見解が正しいことを知っている。新製品を開発するたびに、それが既存の製品よりも効果があって副作用も少ないと宣伝している製薬会社にしてもそうだ。この問題のゆえに、科学者は薬物に依存しないパーキンソン病の治療方法を模索しているのである。

その一つに、薬物治療に反応しない患者を対象に行なわれている脳深部刺激療法がある。これは運動を司る脳領域に電極を挿入し、症状の改善を図るという方法だ。かつては刺激が神経細胞の異常発火を「妨害」すると考えられていたが[*12]、さらなる研究によって、電気的な刺激は、神経可塑的なメカニズムにより、シナプスや軸索の分岐を変えることがわかった。しかしいずれにせよ、脳外科手術には危険がともなう。

理想的な治療法が存在しないことを考えると、最悪の症状を逆転し、薬に頼る必要がないほどまでに健康を回復できたとするジョン・ペッパーの主張は、仮にそれが真実なら、何百万もの患者にとって絶大な希望となるはずだ。

運動と神経変性疾患

ペッパーは自らトロントに出向くと申し出てくれたが、むしろ私のほうが南アフリカに出かけて彼と主治医に会い、実際に検査の様子を見学して、どのように診断が下されているのかを知りたかった。また私は、罹患前の彼を知り、健康がいったん損なわれながらも回復していく様子をそばで見守ってきた人々、さらには彼が現在支援している患者たちにも会いたかった。

当時は、神経可塑性をめぐる一連の飛躍的な研究成果が、オーストラリアのメルボルンで得られた頃だった。具体的に言うと、フローリー・ニューロサイエンス&メンタルヘルス研究所の神経可塑性研究室長アンソニー・ハナンは当時、T・Y・C・パンらと、遺伝的な基盤を持つと見なされていた破壊的な神経変性疾患の進行を変えることにおける、運動と環境の役割についての理解を刷新する一連の実験を行なっていた。

ハンチントン病は、パーキンソン病よりも恐ろしい神経変性運動疾患で、遺伝性疾患でもある。両親のどちらかがハンチントン病患者なら、その子どもは五〇パーセントの確率で、通常は三〇歳から四五歳までのあいだにこの病気を発症する。ハンチントン病は、現在のところ不治の病と見なされている。患者は徐々に正常に動く能力を失っていき、動作はぎごちなくなり、抑うつを抱え、さらには精神異常をきたして早世する。ハンチントン病は、パーキンソン病でも同じく機能不全をきたす脳の部位の、線条体を衰弱させるのである。

ハナンらは、ヒトのハンチントン病の遺伝子を移植した若いマウスを用いている。そのようなマウスは通常、やがてハンチントン病を発症する。彼らは、何匹かのマウスに走行輪を与えてその効果を観察した。走行輪に乗ったマウスは走っているように見えるが、実際には走っているのではない。走行輪には摩擦による抵抗がほとんどないため、マウスの動作は実際には「早歩き」に近い。第二グループのマウスは、走行輪のない通常の実験環境で飼育された。通常の実験環境で飼育されているマウスはあまり運動をせず、予想どおりハンチントン病を発症した。「早歩き」を十分に行ない、たっぷりと刺激を受けたマウスも発症はしたが、その時期は大幅に遅れた[*13]。動物の寿命を人間に換算して考えるのはつねに問題を孕むことは確かだが、荒っぽく言うならマウスの平均寿命が二年であることを踏まえると、この実験では、運動によって、疾病の発症が人間の寿命に換算しておよそ一〇年遅らせられるという結果が得られたことになる。おそらくこの実験は、恐ろしい神経変性疾患が、よりにもよって「歩行」に影響されることを示した最初の実例と言えるだろう。

南アフリカに出発する前に、ペッパーが自費出版した小さな本『パーキンソン病になっても人生は続く（*There Is Life After Being Diagnosed with Parkinson's Disease*）』が手元に届いた[*14]。これは、個人的な回想録と、パーキンソン病患者のための自己啓発書の混合といった趣の本で、正規の教育をほとんど受けていない、科学とは無縁な生い立ちを説明することから始まる。最初にもらったEメールには、「医師」からは嫌われたとあったが、この表現は正確ではない。というのも、彼の主治医コリン・カハノヴィッツ医師が序文を寄せ、ペッパーのパーキンソン病の診断と、彼がなし遂げた進歩、革新、さらには彼の誠実さ、そしてたぐいまれなる決意について証言しているからだ。

この本の目的の一つは、パーキンソン病患者の憂いを一掃することにある。彼らの多くは抑うつを抱えている。それは単に、パーキンソン病に罹患している事実に対する絶望感によってのみならず、この疾病の脳への影響の一つが、気分を司る中枢に対するものであるために引き起こされる。著書の記述様式は、彼が私に送ってきたEメールの簡潔さとはかなり異なるところもある。たとえばそこには、よく自己啓発書の著者が書くような、「私は奇跡を信じる」「なにごとも不可能ではない」などといった表現が見受けられる。末期パーキンソン病患者の日々に接する医師が、この種の無責任な物言いを嫌うのは無理からぬところであろう。またこの本には、罹患した病気が不治の病であると神経科医が患者に語った話なども含まれる。

無責任な物言いは別としても、ペッパーは、パーキンソン病が完治したわけではなく、特殊な運動を毎日続けることで、もっとも恐れられている症状を追い返しただけであるとはっきりと述べている。彼の説明によれば、本のタイトルは、パーキンソン病の診断を死刑宣告としてとらえる必要はないことを、また、この病気に対処するための、一般には知られていないすぐれた方法があることを示唆する。「私の症状」と題する同書の第3章と補足説明のなかで、彼が現在も抱えるパーキンソン病の症状を一〇以上列挙している。そして自分の主張は、症状を管理し、その進行を食い止め、いくつかのケースでは逆転させる神経可塑的な方法があることを示すにすぎないと明言している。

彼自身は現在投薬を絶ってはいるが、薬物治療を徹底的に批判する意図はない。彼はこの本のなかで五〇箇所以上薬物治療に言及しており、他の患者にも投薬をやめるよう助言するつもりはないと明確に述べている。また、当初は投薬によって改善が見られたことについても書かれている。彼は発症して間もない頃、三度投薬を中断しているが（そのうちの二度は単にかなりよくなったと感じられたために、一度は血圧が異常に上がったために）、結局そのたびに症状が悪化して、投薬を再開している。

彼は、可能な限りすべての患者が運動すべきだと考えているが、その一方では、太字ではっきりと「医師に相談せずに投薬の中止を考えるべきではない」「投薬の中止は奨励しない」と書いている。そして、早歩きを何年も続けたあとでようやく薬物依存から抜け出せたことを、また、それが誰にとっても最善のやり方であるとは限らないことを強調する。

全体的な論調は地味で、著者の気取りのない誠実さ、弱さ、親しみやすさがはっきりと見て取れる。

さらに重要なことに、彼が達成したいくつかの革新は、神経可塑性に関する最新の発見に不思議なほどよく符合する。この本を読んでいると、この飛躍を達成できたのがなぜジョン・ペッパーであったのかがよくわかる。

ロンドン大空襲下でのディケンズ風少年時代

ジョン・ペッパーは、一九三四年一〇月二七日にロンドンで生まれ、ディケンズの小説に描かれているような少年時代を過ごした。彼はこの経験を、危険に満ちた世の中を渡っていくための一連の教訓として活かす。一九三二年、彼の父は大恐慌のあおりを受けて、困窮のなかで飢えをしのぐために借金せざるを得なくなる。そのため彼は、助けてくれた人々に誠実に恩返しすることに残りの人生を費やした。父親のそのような誠実さのためもあって、ジョンが少年時代を過ごした頃のペッパー家は、戦時下のイギリスで貧困にあえいでいた。新しい服など買えず、食料はめったに手に入らなかった。おもちゃなどもってのほかだ。

第二次世界大戦が始まると、一家は家から家へと逃げ回らねばならなくなる。ジョンが六歳になる頃、ナチスによるロンドン大空襲が始まった。彼が住んでいた地区には防空壕がなかったので、空襲のあいだジョンと兄弟は階段の背後に、両親は哀れにも台所のテーブルの下にじっと身を潜めていた。戦争が始まった当初は、ナチスはイギリス上空の制空権を完全に握っていたので、日中に何の抵抗も受けずに空襲を続けられたが、イギリスが防空体制をある程度整えると、今度は夜間空襲に切り替えた。そのためペッパー一家は、身を護るために別の家に引っ越した。ロンドン大空襲は八か月間続く。五七日間連続して夜間空襲にさらされたロンドンでは、およそ百万世帯が破壊された。

ペッパーは次のように回想する。「ある日、一機の爆撃機がイギリスの戦闘機に追われ、私たちが住む地区に向かって低空を飛んできた。そして飛び去るときに急いで落としていった焼夷弾が、左右両隣の家に一発ずつ命中した」

父親が飛行機製造工場で働くあいだ、ジョンと母親と二人の兄弟はどこへ行くにもゴム製のガスマスクを持ち歩き、空襲になると防空壕に身を潜めた。戦争中のほとんどの期間を通じ、ペッパー一家は別の家族のもとに送られて一緒に暮らしていたが、彼らはペッパー一家をあまり歓迎しなかった。普段は三人の少年が一つのベッドを共有し、爆弾が落ちる音を聞きながら寝ていた（三人が寝られるよう、一人は他の二人とは反対の方向を向いて寝た）。ジョンは、高校に上がるまでに九回転校している。ある学校では、避難場所として使用されていた戸外の排水溝のなかで授業が行なわれた。ジョンが通っていた二つの学校が爆撃で破壊されると、家族はロンドン郊外の小さな村に疎開し、電気も水道もない生活を送った。

住居を始終変えなければならなかったものの、ジョンはウィンチェスターのパブリックスクールに通うための奨学金を手にすることができ、年長の少年たちと授業をともにした。彼にとっては、それが初めてのまともな教育だった。しかし彼の言葉によれば、「私は、情動面と成長の度合いにおいて、自分と級友たちとのあいだの大きな溝を埋められなかったので、仲間から孤立した」のだという。上流階級出身の年長の少年たちは傲慢な態度で彼に接し、いばりちらして彼を仲間はずれにしたのだ。

奨学金を受けている身では制服もまともに買えない。体の大きな思春期の少年たちは、当時一〇歳だった彼のボロボロのズボンを脱がし、素っ裸にして彼の一物をあざけり、学校の運動場で追い回した。何かスポーツをすれば、小さなジョンはいつもビリだった。

とりわけ困窮にあえいでいるときには、人は自分の好きな職業につけるわけではない。一七歳になった一九五一年に、「次の月曜日からバークレイズ銀行で働くよう父に言われた」。彼は使い走りの少年として、ペン先を変えたりインクを入れ替えたりする最底辺の仕事から始め、やがて努力家としての評判を固めていく。

早めに出勤したある日の朝、伝統的な銀行の営業時間〔午前一〇時から午後三時〕を守ってそれまで朝早く出勤したことのなかったボスが、なぜかすでに来ていた。ジョンは他に誰もいない部屋で、「おはようございます、チャレンさん」と、灰色の縦縞のスーツを着たこの男に対して、すべきと思った当然のあいさつをした。

すると「二度と私をチャレンさんと呼ぶな。私にあいさつをするときは〈サー〉と呼べ。用はないからあっちへ行ってくれ」という冷酷な返事が戻ってきた。

しかもこの叱責は、ジョンが銀行に入社してから経過した一〇か月で、ボスからジョンへの初めての言葉だった。このような経験をして、銀行の階級システムに嫌気がさしたジョンは、「国内でなければどこでも構いませんので、海外のどこかの支店に私を異動させてください」という主旨の手紙をバークレイズ銀行に送った。驚いたことに一週間後に返事が届き、南アフリカで働くことになる。「仕事と食べ物さえあれば、どんな場所でも構わない」と、そのとき彼は思ったそうだ。

それから三週間もしないうちに、一七歳の少年は郵便船に乗って南アフリカを目指していた。一九五二年のことだった。当地の銀行では、最底辺の使い走りからすぐに会計係に昇格し、転職した先のバローズマシン社では外回りの営業マンとして、さらによい地位にありつくことができた。そして誰も行きたがらない鉱山町へ行くことを志願し、そこに支店を開いた。どこに行っても成功に次ぐ成功を重ね、南アフリカが〔通貨単位を〕十進法に転換した折には、加算式計算機の販売を始めている。それでも、あたかもまだ大恐慌が続いているかのようなつましい生活を送り、菓子を買ったり、映画を観に行ったりすることはついぞなかった。歩ける距離ならバスには乗らなかった。こうして一九六三年には、印刷機を買えるだけの資金を貯めることができたので、小規模の印刷事業を始めた。この会社は一九八七年に株式公開を果たし、南アフリカでは最大の、そして南半球全体においても最大級のフォーム印刷会社〔主にビジネス用の帳票類を印刷する〕になっている。彼の人生は充実していた。自力で成功を収めて、シャーリー・ヒッチコックと幸福な結婚をし、二人の子どもを授かった。定期的に演劇に出演したり歌を歌ったりもした。

しかし成功の裏で、彼は高い代償を払っていた。強い信念と、彼自身の言葉を借りれば「強迫性仕事中毒」によって成功を手にした彼は、会社が大企業になっても仕事を他人に任せることができず、何かに衝き動かされているかのように働き、午後一一時に寝て午前三時に起きるという生活を続けた。そして緊急に必要になった複雑なコンピュータープログラムを作成したり改良したりしていた。一八年間、四時間以上眠ることができなかった彼は、ストレスで不眠症になったと思っていたらしい。六、七時間働いてから、コーヒーを入れてシャーリーを起こしにいき、五〇キロメートルほど離れた場所にある工場に通勤し、週に八〇時間働いた。このように仕事にあまりにも没頭していたため、さまざまな症状が現れていたにもかかわらず、それらをまったく気にも留めなかった。「病気になるには忙しすぎた。どんなに疲れ果ててもそれに気がつかないタイプの人間なんだ」と彼は言う。

病気と診断

三〇代半ばになると、ペッパーはさまざまな症状を呈し始める。もっとも彼自身は、不眠症を含めた自分の問題が、単なる仕事中毒ばかりでなく、パーキンソン病などという疾病によって引き起こされているとは夢にも思っていなかった。パーキンソン病患者は、完全な病状が現れる前に、運動障害とはほとんど何の関係もない軽い症状が現われる、「前運動期間」と呼ばれる時期を経る場合がよくある。これは前駆症状とも呼ばれ、この段階では、検知がむずかしいパーキンソン病の最初期の兆候が現れる。

パーキンソン病が完全に発症するまでには、患者は四つの主要な兆候のうちのいくつかを示す[*15]。これらはいずれも運動に関係する。非常に特徴的な症状なので、「パーキンソン病のおもな特徴（Parkinsonian features）」とも呼ばれる[*16]。それには固縮、動作緩慢、震え、姿勢動揺とそれに関連する平衡障害が含まれる。これらが組み合わさると、よく知られた摺り足が発現する。パーキンソン病の症状を呈する人々は、本来のパーキンソン病を発症する人と（こちらが一般的）、非定型のパーキンソン症候群を発症する人の二つのグループに分けられる[*17]。

しかし主症状にあげられているのは、もっともよく知られているものにすぎない。二つしか症状を呈していなくても、パーキンソン病と診断される場合はある。現時点での主流の神経医学においては、パーキンソン病は脳画像や血液検査ではなく、患者が示す症状の程度に基づいて下される臨床診断なのである。本章の後半では、めったに実施されることのない、パーキンソン病を診断するための非常に高価な脳の検査について検討する。

実のところ、パーキンソン病にはきわめて多くの症状があるため（それには運動に影響を与えるものと与えないものがある）、二人の患者がまったく同一の経験をするということがなく、症状の進行の如何によっては、ペッパーのように疾病が完全に発現する前に、非運動性の前駆症状を呈するのみで何十年も暮らせる場合もある。

一〇年ほど前まで、医師は前駆症状にはほとんど注意を払わなかった。ペッパーの最初期の症状の発現は、一九六〇年代の前半から中盤にさかのぼり、運動性のものも非運動性のものもあった。パーキンソン病に罹患するのは、通常五〇代から六〇代にかけてである。しかし五パーセントは四〇歳になる前に罹患し、ペッパーは俳優のマイケル・J・フォックスと同様、三〇歳の頃に最初の兆候を呈している。

あるときペッパーは、ボールを投げようとすると、正しいタイミングで放せないことに気づいた。これは固縮の兆候で、おそらくは脳がある動作（推進）から別の動作（ボールのリリース）へのスムーズな移行の調節に困難をきたし始めたことを示す、最初の証拠だったのだろう。また、便秘も経験するようになった。便秘はごくありふれているので見逃されやすいが、初期症状の一つとして出現することが多い。三〇代の半ばにさしかかった一九六八年になると、筆跡に奇異な問題が現れ始めた。文字は小さく、そして読みづらくなった。（文字が小さくなった理由は彼には不明だったが、パーキンソン病の主症状の動作緩慢によって、ページ上で手が動く範囲が狭まったために文字の矮小化が生じたのだ。）やがて彼は、署名ができなくなる。四〇歳をまわる一九七〇年代半ばには、しばらくじっと立っていたあと動けなくなったり（すくみ足）、平らではない地面を歩くのに苦労したりするようになった（運動協調性の問題）。さらに抑うつを抱えるようになり、咳払いがうまくできなくなる。これらの症状は互いに無関係に見える。彼はまだ比較的若く、それらの問題が、高齢者の病気だと思っていたパーキンソン病の初期症状だとは夢にも思わなかった。パーキンソン病が高齢者の病気だと思われる理由の一つは、罹患すると、老けこんで、硬直し、活気を失ったように見えるからである。

彼の娘のダイアン・レイは次のように語る。「一九七〇年代後半になると、父は人が変わりました。一九七七年、私たち家族が海外に出かけていたときのことですが、父が突然アイスクリームのことで、本気で怒り出したのです。当時一六歳の私が食べたいと言ったら、単に買ってくれなかっただけでなく、父は子どものようにそこら中を跳ね回り、信号機に向かって大声で叫んだのです。父の何かが変わったと感じたのは、そのときが最初です。（……）私たちはまた、父の顔が変わったことに気づきました。それまでは活気に満ちあふれ、舞台で演技をしたり、いつも歌ったり踊ったりしていました。ところがその頃になると、夕食時には父の顔がテーブルに覆いかぶさるように垂れ下がり、無表情になるのに家族の誰もが気づきました。顔つきがまったく変わってしまったのです。父の家には当時の写真がありますが、それを見れば一目瞭然です」。かくしてペッパーは自然に微笑むことができなくなり、彼の顔はますます凍りつき、仮面のようになっていく。
一九八〇年代半ばになると、彼は感情の抑制、指の動きのコントロールに難を感じ始め、複数の心的な作業を同時にこなすことができなくなった。動作はぎごちなくなり、夕食時にはよくコップを倒した。一九八〇年代後半に入り五〇歳を超えると、震えがひどくなって、コンピューターのキーボードをうまくタイプできなくなった。彼の仕事の一つはプログラミングだったので、これは大きな問題だった。それからは矢継ぎ早に症状が出現し始める。ほとんど何もプレッシャーを受けていないのにひどく汗をかく、読書をしているときに目が潤む、仕事中や運転中に居眠りをする（パーキンソン病患者には、日中に寝始めて夜目覚める人がいる）、言葉や名前を思い出すのが困難になる、集中力が低下するなどの症状が出始めたのだ。話すときには言葉が乱れ、特定の食べ物を口にするとのどをつまらせ、腕が勝手に動き始め、不穏下肢症候群〔夜、横になっているときに、足に虫がはっているような不快感を覚える〕を発症した。朝起きると着替えに苦労し、平衡感覚を失うこともたびたびあった。彼は自分の身体が硬くこわばっていることに気づいた。

それでも彼は、運動障害を発症したとは思っていなかった。自立心が強く、痛みに対する耐性が高く、他人に迷惑をかけるのを嫌い、仕事が可能な限り医師に相談しようとはしなかった。抱えている問題の多くは誰にも話さず、病院にもめったに行かなかった。

とはいえ、一九九一年には主治医のコリン・カハノヴィッツ医師に会いに行った。そのときになってようやく、自分でもひどい疲れを感じ始めていたのだ。一九九二年の五月には抑うつに苦しむようになる。一〇月に入ると、ペッパーの手が震えていることに気づいたカハノヴィッツ医師は、そこに初期のパーキンソン病の兆候を見て取り、評判のよい神経科医（ここでは「A医師」と呼ぶ）をペッパーに紹介している。

A医師は、ペッパーを診察するたびに詳細な医療ノートを書き、一一通のノートをカハノヴィッツ医師に送った。カハノヴィッツ医師はそれらと、ペッパーを委ねたあらゆる医師が書いた記録を保存していた。

これらの記録によれば、一九九二年一一月一八日にA医師がペッパーの診察を行なったとき、彼はペッパーの左手首と頸部に、「歯車様《よう》固縮」〔歯車様強剛とも〕と呼ばれるパーキンソン病の典型的な兆候を発見している。患者の手足にさわってみれば、それらがカクカクあるいはギクシャクしているように感じられるはずだ。また、ペッパーはパーキンソン病患者によく見られる仮面様《よう》顔貌になり、歩き方もおかしくなった。それは「加速歩調」と呼ばれるもので、パーキンソン病患者は転倒を避けるために小刻みなステップを踏むことがよくある。さらには、ペッパーは歩行中に左腕を振らなくなったのだが、これもパーキンソン病の兆候である。また、「眉間反射」で陽性を示した。これは次のような症状だ。健常者の場合、眉間を叩くと最初は反射的に瞬きをするが、叩き続けると瞬きは止まる。パーキンソン病やその他の神経変性疾患を持つ患者は、叩き続けても瞬きは止まらない。

A医師は、これらの発見に加え、休んでいるときやコップをつかんでいるときに震えが見られること、人格の変化（ペッパーは短気で感情過多になっていた）、性欲の喪失、集中力の低下、抑うつを合わせて判断し、次のように書いている。「ペッパーが初期の軽いパーキンソン病に罹患しているとするあなたの診断に完全に同意します。投薬による効果は大いに期待できます」。A医師は、パーキンソン病の主要な治療薬であるシネメット（レボドパを含有する）とシンメトレルを処方することから治療を開始した。★彼は二週間後にペッパーを診察したあとで、「改善が見られるようです」と記している。一か月後の一九九三年一月に診察した折には、「目覚ましい改善が見られます」とコメントしている。神経科医は、レボドパに対する反応を、その人がパーキンソン病に罹患していることを示す強力な証拠としてとらえる場合が多い。このときA医師は、処方にL‐デプレニルと呼ばれる医薬品を加えた。その翌年、混乱と記憶障害について相談を受けたA医師は、MRIを用いてペッパーがパーキンソン病以外の脳疾患を抱えていないかどうかを検査したが、何も見つからなかった。

一九九四年一月にスイスでスキーをしていたとき、ペッパーは運動能力の著しい低下を感じ、それをA医師に報告した。その年の三月には、シネメットの服用を中止している。一九九五年一月にA医師は、ペッパーが足を引き摺って歩き、平らではない場所で転倒するようになったと記している。つまり摺り足歩行が始まったのだ。

この時点で、A医師が南アフリカから他国へ移住したため、三人目の医師（神経科医で「B医師」と呼ぶ）があとを引き継いでいる。B医師による一九九七年四月の記録には、ペッパーの検査を行なった結果、A医師が見出したものと同じパーキンソン病の身体的兆候、「歯車様固縮」「震え」「腕の振りの小ささ」「仮面様顔貌」「異常な眉間反射」を確認したと書かれている。また、ペッパーの話し方は「単調」だった。B医師は、「彼の状態は少しばかり悪化したと思う。（……）六か月前よりも動きがやや緩慢になり、体が硬くなった」と書いている。また、姿勢を変えると血圧が下がることがわかり、記録には「これは、パーキンソン病によく関連づけられる軽い自律神経障害とも符合する」とある。（自律神経障害とは、身体の機能を調整する自律神経系の障害をいう。）このようにB医師は、A医師が見出したものと同じパーキンソン病の身体的兆候を確認している。彼は抗パーキンソン病薬の投与を続け、診断を変えなかった。ペッパーの勧めもあって、私はB医師に連絡をとった。ペッパーについて記録した他の資料も見せてもらおうと彼のもとを訪問すると、ペッパーのカルテを見る権利はもはや自分にはないし、彼の症例に関して他言するつもりはないと言われた。

このように、パーキンソン病の初期症状を呈し始めた頃のペッパーを診察した三人の医師はいずれも、彼をパーキンソン病と診断した。娘のダイアンは、「当時、家族は大きなショックを受けました。というのも、神経変性疾患にかかっていることを医師に宣告され、薬を与えられて、〈もはや望みはない〉と言われたにも等しかったからです。しかし父はいかにも彼らしく、望みを捨てたりはしませんでした」と述懐する。

★興味深いことに、ペッパーが自著を書いたとき、記憶障害を抱えていた期間と部分的に重なるこの時期にシネメットを試していたことを忘れていた。しかしシネメットの服用と、当初それで病状の改善が得られたことについては、神経科医が書いたノートに詳細な記述がある。ノートは一九九二年一一月一八日の初診から、一九九三年一月九日より導入したL-デプレニルが効力を発揮し始めたと思われたためシネメットの服用を中止した一九九四年三月一八日までのすべてのセッションを記録している。おそらくこのような経過をたどったのは、最初の神経科医が、さまざまな症状に対して七つの医薬品（シネメット、シンメトレル、トリプタノール、インデラル、L-デプレニル、レキソタン、イモバン）を処方したからだと考えられる。シネメットの服用を中止したのは、一九九四年に彼独自の歩行プログラムを本格的に始める前のことである。

ヘビと鳥のあいだを歩く

医師たちは間違っている、とジョン・ペッパーは確信していた。しかし次の二年間で、彼の内面は、否定から悲嘆へと変わっていった。つねに行動を起こす準備ができている彼も、行動そのものを困難にする事象を前にしてはなす術がなかった。それまで長いあいだ自分が具合の悪さを無視し続けてきたことに驚きを感じた。そこで彼は重圧がかかる仕事をやめて穏やかな生活に切り替え、自分の健康を最優先しようと決意する。しかしもはや、努力を要する課題を実行する能力は失われているように思われた。こうして彼は二年のほとんどを、椅子にすわり、考え、読書し、音楽を聴き、そして何よりも「自分を哀れむ」ことに費やした。

彼は悲嘆にくれてふさぎこんだあと、「私はつねに勝者だったはずなのに、いつのまにか自分を犠牲者に仕立ててしまった」という思いに至る。独立独歩の人間として、彼は自分が妻のシャーリーの重荷になることをもっとも恐れた。固縮と震えのために、シャツのボタンを着脱するにも、靴下や靴を履くにもシャーリーの手を借りなければならなかった。そこで彼は、単純素朴と見なされても何ら不思議はない、神経変性疾患に対する考えに基づいて、自分の態度を根本的に改めることを決意したのだ。「パーキンソン病の進行をくい止められることなら何でもしようと決心した。パーキンソン病は運動障害だから、もっと運動すれば病の進行を遅らせられるはずだと思ったんだ」と彼は語る。

ペッパーは若い頃、運動協調性の低さから運動を好まなかった。しかし三六歳になったとき、最終的には二回の手術をして一個の椎間板を除去しなければならなくなった背中を強化するために定期的に運動をするようになり、さらに健康増進のためにジョギングを始めた。パーキンソン病と診断されるまでは、一週間に六日、一日九〇分ほどスポーツジムで運動をしていた。ランニングマシンを使った時速六キロメートルの歩行を二〇分、時速一五キロメートルのサイクリングを二〇分、一秒間に二段の階段昇降を二〇分と、合計一時間ほど有酸素運動〔心肺に刺激を与える運動〕をしたあと、重量挙げで六種類の筋肉増強運動を三〇分間行なった。

しかし診断を下された頃、彼はこれらの運動を徐々にしなくなっていた。全体的な運動量はそれまでの半年間よりおよそ二〇パーセント減り、ジムでの各運動器具による運動量はいずれも減りつつあった。たとえば重量挙げでは、以前持ち上げていたバーベルが上げられなくなったのだが、その理由はわからなかった。しかも運動を始めるとすぐに疲れるようになった。まさにこの疲労感のために、彼はカハノヴィッツ医師を訪ね、やがてパーキンソン病の罹患を認識するに至ったのだ。

もっと動くことで運動障害を克服しようとする当初の目論見にもかかわらず、ジムでの運動はみごとに失敗に終わった。

東ケープ州の小都市の教会で行なわれたパーキンソン病患者の集まりで講演を終えたあと、日は暮れかけていたが、ペッパーと私は巨大な池のまわりの広大な草原を散歩した。彼は、低木の茂みに生息する、グラススネーク、リンカル、ブラックマンバ、グリーンマンバ、ニシキヘビなど、さまざまな種類のヘビに注意するよう警告してくれた。野鳥観察家の彼は池に近づくと、エジプトガンが水面に下りてきてオオバンやオオアオサギの群れに混じる様子を説明しだし、シロクロゲリ、オウカンゲリ、ハダダトキ、アマサギなどの名前を教えてくれる。

そうこうしているうちに、私たちの前に低いフェンスが現れる。これを乗り越えるのは、ほとんどのパーキンソン病患者にとっては不可能に近い難事だ。しかしペッパーは、ためらうことなく左足を上げ、次に右足を上げて難なく越えていく。草原のへりにたどり着くと、そこには「生きるために走る／歩く会」という組織名と集合時間が書かれた看板が立っていた。

この看板を見つけたのはたまたまだが、「生きるために走る／歩く会」とは、南アフリカのあちこちに支部を持つ組織の名称であり、この組織の援助のおかげで、彼は自分の運動の問題を克服することができたのである。

ペッパーがパーキンソン病の診断を受ける一年前に、妻のシャーリーは、減量と健康増進のためにこの組織に入会していた。しかし彼には、そこで実施されているプログラムが、まったく運動をしていない人たちを少しばかり手助けする程度のお遊びに思えた。彼の見る限りでは、参加者はただ歩いているだけだった。一九九四年、彼がつまずくところを見たシャーリーは会への参加を促したが、彼は「一日に二〇分は歩いている」と答えた。

節度はペッパーの長所ではなかった。しかしこの組織は、年齢、人種を問わず、あらゆる背景を持つ人々を対象にしていながら、そのモットーは「節度」であった。つまり、ケガをしないように最初は非常にゆっくりと歩き、辛抱強く歩行の量を増やし（やがてマラソンに至る場合もある）、セッションのあいだは筋肉を休めるために十分な時間をとる、というのが会の方針だった。

初心者は週に三回、ケガ防止のためにまず一〇分間のストレッチ体操をしたあと、学校の運動場を歩いて一〇分間周回することを許可されるのみである。そして二週間ごとに五分ずつ歩行時間が延ばされる。もちろん強化のためには、時間を延長した分、それだけ長い距離を歩かなければならない。四キロメートルを歩けるようになると、時間の短縮に挑むことが許可される。そのあとは、運動場ではなく路上を歩く。可能なら、二週間経過するごとに一キロメートルずつ距離を伸ばせる。歩行距離が八キロメートルに達したら、今度は時間を短縮する。歩いたあとはクールダウンを行なう。目標は一セッションに八キロメートルを歩くことだ。一か月に一度、メンバーは四キロメートル歩くのに要する時間を計測する。このプログラムは、南アフリカ全域に住む人々を対象に、減量や、血圧、コレステロール、インシュリン依存度の低下、さらには投薬からの脱却を促進してきた。インストラクターは、メンバーが正しく歩いているかどうかを監視し、負傷や消耗につながる過剰な熱意を抑える役割を担う。

ペッパーはプログラムに参加するとすぐに、一〇分しか歩かせてもらえないことに不満を感じた。インストラクターは彼に二〇分間の歩行を許可したが、それ以上は認めなかった。段階を勝手に飛ばすことは許されず、一キロメートル延長するまで、少なくとも二週間は所定の距離を守らなければならなかった。やがてインストラクターは、彼が頭を垂れ、前かがみになって歩いていることに気づき、それが典型的なパーキンソン病の症状であるとおそらくは知らずに、「姿勢をまっすぐにして前方を見てください！」と叫んだ。肩を引いて姿勢をまっすぐに保つことを再習得する長いプロセスが、こうして始まる。彼は、平坦でない野原を歩くのは困難であることに気づく。しかし驚いたことに、ゆっくりと時間をかけたアプローチを採用し、一日おきに運動して休養日をとることで、所要時間を大幅に短縮することができた。

　それが転機になった。何年にもわたり悪化していった状況のなかで、何らかの動作に関して少しでも改善が見られたのはこのときが初めてだった。数か月のうちに、彼は一キロメートルあたりおよそ八分半で八キロメートル歩けるようになり、やがてさらに一キロメートルあたり六分四五秒まで所要時間を短縮する。運動は一日おきに一時間しか行なわなかったものの、運動するとつねに汗が出た。目標は、週に三回、脈拍を一分間に一〇〇以上にあげ、その状態を一時間保つことだった。最大の障害は、ペースを急に上げすぎて不必要に負傷する自分自身の性急さであった。

　それでも彼の歩き方は、依然としていくぶん奇妙だった。彼の歩みは非常に速い。早朝のことだったが、街路樹の並ぶヨハネスブルグの通りを彼と初めて歩いたとき、「さあ行きましょう」と言って歩き始めると、私は彼の歩みが速すぎてすぐに引き離されてしまった。走っているのではないかと思ったが、そうではなかった。早歩きを始めたばかりの頃、彼の歩き仲間はよく、パーキンソン病を抱える彼が足をうまく運べないことを知らず、走ってはダメだと彼を非難したそうだ。

　変化が非常にゆっくりと起こったために、あとでよく考えてみてようやく、ペッパーはいくつかのパーキンソン病の症状が軽くなったり消えたりしていることに気づいた。早歩きを始める前に撮った家族写真を見ると、彼以外の全員が微笑んでいるなかで、彼ひとりがパーキンソン病患者に特有の無表情で写っている（撮影時、自分では微笑んでいるつもりだったらしい）。ところが現在は、工場を訪れると、従業員は彼の具合のよさについてコメントするようになった。彼は一〇年来、傍《はた》からは「障害者」のように見え、彼自身「自分は二度とよくならない。（……）パーキンソン病が不治の病であることは誰もが知っている」と思い込んで暮らしてきた。それが今では、「意気揚々」とし、休養日をはさみながら一日おきに運動することで、回復の可能性を感じられるようになったのだ。せっかちな彼の性格からすると努力を要したが、できるだけ休息をとり、ストレスを回避するよう心がけた。

　この期間を通じてペッパーは、日常生活や治癒に向けての活動からストレスを取り除こうと努力したが、当時の南アフリカ共和国はアパルトヘイト〔南アフリカ共和国における白人と非白人の人種隔離政策。なお以下南アフリカとある箇所は南アフリカ共和国を指す〕を廃止したばかりで、大きく変わろうとしていた。政治的暴力は抑制されたが、犯罪発生率は上昇し、以後その傾向が完全に減退することはなかった。

　ある日、ペッパーの娘のダイアンが運転する車が交差点で止められて群衆に取り囲まれ、銃をつきつけられて車を奪われるという事件が起こった。ジョンとシャーリーの車も盗まれた。それどころか車のなかで殺された者もいる。一九九八年になると、シャーリーは暴漢に襲われるのを恐れて、街路を歩くことをやめてしまう。ジョンはシャーリーにつき添って歩くことに同意するが、これは彼のほうがいつもよりかなりゆっくり歩かなければならないことを意味し、自分の歩き方について考えるよい機会になった。秘訣は、「これから歩き始めるから、自分をよく観察してみよう」と自分に言い聞かせるのではなく、歩行という通常は複雑な様態で自動化された行為をさまざまな部分に分割し、あらゆる筋肉の動き、収縮、体重の移動、手足の位置を細かく分析することだった。

　彼はゆっくり歩くことによって、ほぼすべてのパーキンソン病患者に認められる典型的な問題を発見することができた。また、現代人の一般的な歩き方が、一種の「コントロールされた前のめり」であることを理解した。歩いている私たちが倒れないのは、通常は足が、最初は一方の側、次に他方の側と交互に体重を支えているからだ。しかしペッパーの観察では、彼が歩くときには、左足の親指のつけ根のふくらみによって体重を支えきれないために右足を十分に上げられず、その足を引き摺りがちになっていた。そして左足にはまったく弾力性がなく、その力でうまく地面を押し返して前に進むことができないのがわかった。右足のかかとが地面についたとき、左足のかかとはまだ地面についていた。そして左足より前に出ようとする瞬間に、右足がまだ地面についていたので摺り足になっていたのだ。右足を地面から離すと、固縮した右足の膝を迅速に伸ばせず、左足だけでは体重を十分に支えられないために、右足はすぐに重々しく着地する。これは、健常者なら難なくできる「コントロールされた前のめり」を彼がうまくできない理由の説明として、彼が発見したいくつもの微細な現象のうちでも、もっとも明白なものをあげたにすぎない。

左足が体重を支えられるようになるまでに三か月を要した[*18]。左足で体重を支えることに意識を集中すれば、もはやコントロールを失って倒れることはなかった。右足の膝は、かかとが着地するまでに伸ばせるようになった。これらを達成するには、極端に焦点が絞られた、ほとんど瞑想的とも言えるほどの集中力を必要とする。あたかも乳児が始めて歩行を学ぶときや、太極拳の入門者が、より完全な動きを会得するために、スローモーションのようにゆっくりとした歩行を学ぶときのように。

ペッパーは詳細な観察によって、自分の足取りに関する問題を他にもいくつか発見した。たとえば歩幅が狭すぎること、腕を振らないこと、腰から上が前かがみになること、頭が左に傾くことなどである。彼は、意識して歩幅を広げるようにし、強引に腕を振らせるために一キログラムのおもりを持って歩いた。また、姿勢の悪さに気づいたときには、無理にでもまっすぐに立ち、肩を後方に下げ、胸をつき出すことで、パーキンソン病特有の前かがみの姿勢の矯正に努めた。これらの変化を完全に内面化するには、一年の実践を必要とした。

彼は一歩一歩に注意を集中していれば、普通に歩けるようになった。今日でも「一度に一歩ずつ」などと単に自分に言い聞かせるのではなく、もっとはるかに細かい動作の観察をしている。後方になった左足の上げ方、膝の曲げ方、つま先の使い方にいちいち気をつけながら、足が十分に体重を支え、右足が地面から離れてまっすぐに伸び、右足のかかとを地面につけ、そのあいだに反対側の腕が振られるよう、そして体全体が前かがみにならないよう注意しているのだ。

歩行におけるこのレベルの熟達は、他の疾病を抱えていない、もっとも健康な部類のパーキンソン病患者にしかできないように思われるかもしれない。しかしパーキンソン病の診断を下されたとき、ペッパーは血圧が異常に高く、コレステロール値も高く、さらにはメニエール病と呼ばれる聴覚の喪失をともなう耳の障害、平衡障害、めまい、耳鳴り、肩と膝の骨関節炎、不整脈などを同時に抱えていた。それでも彼は歩いていたのである。

意識的コントロール

ペッパーと一緒に歩いていると、彼がこれらの動作のすべてを頭のなかに保っておけることに私は驚く。それは確かに可能だと彼は言い張る。二人とも黙っていられないたちなので、私たちは話しながら歩く。彼は同時に二つのことができる。つまり、健常者が無意識に行なっている動作を意識的に把握しつつ、会話のための「心的空間」を残しておけるのだ。しかし私が彼の興味を惹くこと、もしくは狼狽《ろうばい》させることを言ったり、彼には特定できない鳥を見かけたりして会話の内容が深まると、彼は足を引き摺り始めるので、そのときには彼がパーキンソン病に罹患していることが思い出される。要するに、ペッパーはそれを克服する方法を発見したのである。

彼はこの歩行中の意識的コントロールを、他の運動障害の症状にも適用すべき「パズルの最後のピース」だと言う。

歩行がうまくできるようになると、彼は震えの意識的コントロールに着手した。パーキンソン病患者は一般に、「不随意の安静時振戦《しんせん》」と呼ばれる震えの症状を呈する。つまりそれは、意識的に身体の該当部位を動かしていないときに起こる。しかし彼らはまた、意識的に何かに手を伸ばそうとする際にも、「動作時振戦」を引き起こすことがある。かつてのペッパーは、メガネを持つと手が震えた。しかしメガネの持ち方をあれこれ変えているうちに、強く握っていれば震えが起こらないことに気づく。脳がおのおのの動作を縫い合わせて「自動化された」複雑な処理の手順《シークエンス》に組み入れるので、人はさまざまな動作をつなぎあわせる際に心的エネルギーを大量に費やす必要などないということを、彼は理解した。パーキンソン病患者が失ったものとは、あらゆる動作を結びつけて自動化する、まさにこの無意識の能力なのである。彼が考案したテクニックはすべて、「通常は無意識に制御されている動作をコントロールするために、脳の別の領域を用いる」ことに関わるという事実に、彼は気づく。実際には、これは特定の課題を、当初学習した方法とはやや異なる方法で意識的に実行することを意味する。思うにこのアプローチは、障害の原因になったと考えられる既存の無意識的プログラムを実行する脳領域を使わないので有効なのだろう。過剰なストレスを受けていない限り、彼はこの方法を用いて震えをうまくコントロールすることができた。

かつては些細な動作が彼を行き詰らせた。しかし今では、硬直性が減退し、繊細な動作を統制する能力を取り戻した彼は、シャーリーの手を借りずに、シャツのボタンの着脱ができるようになった。パーキンソン病と診断されたあとで、彼は絵を描き始めたが、彼が引く線はつねにがたついていた。ところが意識的動作のテクニックを完成させたのちは、絵のインストラクターが、筆を握る彼の手が震えず、かつてはいびつだった線がスムーズに引かれているのを見て驚くほどまでに改善した。パーキンソン病患者によく見られる筆跡の矮小化には、もはや読めなくなった筆記体から活字体に切り替えることで対処した。

パーキンソン病患者支援グループの活動では、ペッパーはコップを口元に引き寄せると震えが生じる女性に対し、いつもどおり無意識のうちに横から引き寄せるのではなく、意識的にコップの手前から手を伸ばして近づけるようにさせた。この方法は、すでに自動化したパーキンソン病の動作を生む無意識のプロセスを迂回するために、意識を用いるよう仕向けることが意図されている。この指示に従うと、彼女の震えは消失した。彼自身に関して言えば、フォークは四五度の角度で自分に向くように持ち、スプーンはメガネの場合とは違って緩く握るようにした。彼と食事をしたとしても、普通の人とは違う経路で食べ物を口に運ぶこと、会話に熱中するとテーブルに置かれているものをたまに倒すことを除けば、彼がパーキンソン病患者であることはわからないはずだ。

ケープタウンで昼食をとっていたとき、私は「ジョン、気をつけて！」というシャーリーの叫びを耳にした。

すると彼は「大丈夫だよ」と答えた。さらに私に向かって「シャーリーはいつも、私の前にあるものを脇にどけようとするんだ。無意識に手を伸ばすとワイングラスを倒してしまうんでね。気を集中していなければならないときにそれはよく起こる。注意していないと、手が離れず、ワインを手元に引き戻してしまうんだ」と言った。これはパーキンソン病の初期症状の一つである。

すると話の途中で「痛っ！　頬の内側を嚙んでしまった」という声が聞こえてきた。彼によれば、これはとりわけ食べ物を咀嚼したり嚥下したりするときに、注意していないと必ずと言ってよいほど起こるそうだ。

意識を動員するテクニックの科学的根拠

一緒に歩いていると、ペッパーはいつも同じ質問を私にしてくる。「意識的な歩行によって、普通とは異なる脳の部位を用いて歩く方法を発見したのだろうか？」

思うに彼は、使われなくなった既存の脳神経回路の「覆い《アンマスク》を解除する」ことでそれをなし遂げたのだろう。彼は、早足で自由に歩き、腕を振り、摺り足や前かがみの姿勢にならないよう、他の患者に数分で教えることができる。私はそのような光景を何度か見た。私の知る限り、それほど迅速に生じる脳の変化は、一つのあり方でしか起こり得ない。つまり、既存の神経回路がアンマスクされ、抑制が解かれることによってだ。アンマスクされた神経回路は、時間をかければ神経可塑性を利用して強化することが可能である。

意識的歩行が機能する理由は、黒質（ドーパミンの喪失がもっとも甚大な脳の部位）と、それが含まれる大脳基底核の解剖学的構造と機能に基づいて、論理的に説明できる。

大脳基底核は脳の奥深くに位置するニューロンのかたまりで、脳画像で確認すると、一連の複雑な動作や思考を結合する学習過程で活性化する[*19]。さまざまな研究によって、大脳基底核は日常生活における複雑な行動を実行に移すための自動化されたプログラムの形成に寄与し、さらにはそれらの複雑な行動の選択と始動を支援することがわかっている。朝起きる、顔を洗う、服を着る、書く、料理するなど、私たちはこれらの行動の多くをあたりまえのように行なっているが、それらのおのおのは、習慣的、自動的になるまで一ステップずつ段階を追って学習されたものなのである。大脳基底核のドーパミン系が機能しなくなると、その人は複雑な動作を実行したり、無意識的行動パターンを新たに習得したりすることが困難になる。さらには思考の手順を新たに習得することもむずかしくなる[*20]。そのため、パーキンソン病患者に動作や複雑な認知スキルを教えるには、格別な忍耐を要する。

思考や動作の手順を「自動化する」ことには利点がある。ある行動を自動化できれば意識してそれに集中する必要がなくなり、その人は別の目的に意識を使えるようになる。進化の文脈に即して言えば、ハンターは獲物に注意を集中しながら森のなかを歩き回ることができるようになる。ハンターが移動し、獲物を観察し、再度移動する際に働く、この「縫い合わされた認知」は、一度に複数のものごと（それらのうち少なくともどれか一つは複雑なものであってもよい）を遂行することを可能にする。日常的な例をあげると、健康な人はラジオを聴いたり、ものを食べたりしながら服を着替えられ、さらには同時に高度な会話もできる。それに対しペッパーのように大脳基底核に損傷を負った人は、それらを同時に行なうことはできない。だから彼は、食べているときに話すと頬の内側を噛んでしまうのだ。集中していれば車の運転もうまくできる。だが、好奇心旺盛な外国からの来訪者が何か質問すると、カーブをうまく曲がれないことがあった。

私たちは複雑で自動的な動作（歩行のようなきわめて「自然」なものも含む）を二ステップで習得する。まず、あらゆる細部に注意を払いながら学習する。たとえば、子どものピアノの練習を想像してみればよい。この意識的な学習の段階は自動的なものではなく、心的努力の集中を必要とする。それには、前頭前野（額《ひたい》の背後に存在）と皮質下（脳の奥深く）の神経回路が関与する。あらゆる微細な動きを学習したあとで大脳基底核は自身の役割を果たし始め、それによってその子どもは、おのおのの細部を一連の自動的な流れに結びつけられるようになる（これには小脳も関与する）。

ペッパーは大脳基底核が正常に機能していないために、子どもが初めて歩行を学ぶときのように、前頭前野や皮質下の神経回路を活性化することで、おのおのの動作に密接な意識的注意を払うすべを学ばねばならなかった。いわば彼の動作の指令は、大脳基底核を迂回しているかのようだ。

パーキンソン病患者が抱える最大の困難の一つは、新たな動作を開始することである。たとえば、歩く経路の前方に小さな障害物を置くと、パーキンソン病患者はそれを踏み越える前に立ち止まるだろう。ところがいったん立ち止まると、歩き出すことができずに突っ立ったままになることがある。というのも、自動的な行動の流れを開始する役割を担う黒質（パーキンソン病患者においてとりわけドーパミンを欠く大脳基底核の一部）が正常に機能していないからだ[*21]。

神経学者のオリバー・サックスが指摘するように、患者が凍りついて棒立ちしているように見えても、誰かが刺激を与えれば、いとも簡単にその患者に新たな動作を開始させることができる。サックスは、パーキンソン病に罹患したサッカー選手のよく知られた症例を報告している[*22]。このサッカー選手は、普段は一日中すわったままじっとしていたが、ボールを投げられると、手でキャッチして立ち上がり、走りながらドリブルをした。ときには音楽のリズムによって、凍りついたパーキンソン病患者に動作を開始させることもできる。サックスの指摘によれば、パーキンソン病患者は話しかけられない限りおし黙り、動かされなければ動かない（動かされればうまく反応する）ように見える。また、彼らは自分から会話を始められないので、相手がまず会話の口火を切らなければならない。

サックスは次のように書く。

パーキンソン病のあらゆる症候の核心的な問題は受動性であり、（……）それらを治療する主要な手段は（正しい種類の）活動性である。この受動性の本質は、刺激に反応する能力ではなく、自己刺激と動作の開始に対する独特の困難にある。つまり症状が重くなると、患者は他人の手を借りれば容易に始められることが、一人ではまったく何もできなくなる。（……）症状が軽い場合、（……）パーキンソン病患者は、正常な活力を動員して病的な「非活性化された」力を抑制することにより、限られた範囲で行動を開始することができる。（……）問題は、適正な刺激を与え続けなければならないことだ。[*23]

サックスは、重度のパーキンソン病患者の動作の開始を支援するために手を貸せることを説明するにあたり、ここでは短期的な介入手段に言及しているが、ペッパーの示したような回復について語っているわけではない。ペッパーは、自分の脳に「手を貸す」のに他人を必要としない。なぜなら彼は、損傷を負った黒質や大脳基底核の機能を脳の健康な部位に引き継がせて、動作の流れを開始する方法を発見したからだ。しかもただ動作を開始するだけでなく、動作の流れを維持し、十分な歩行によってつねに成長因子に刺激を与えることで、脳の神経回路を改善する方法を発見したのである。つまり彼は、自分が考案した意識的歩行テクニックを用いて「適正な刺激を与え続ける」という方法を見出して、サックスの指摘する問題を解決したのだ。

他の患者を援助する

ペッパーが歩いている様子を見ていると、彼が行なっている持続的な心のコントロールが、他の患者にも可能なのだろうかと疑問に思う。彼の考案した意識的歩行が、神経可塑性が持つ能力の驚異的な行使、もっと言えば、脳の既存のニューロンの保護に必要なタイプの集中力の行使である点に間違いはない。それは、ロッククライマーがあらゆる動作に対して払わなければならない注意を思い起こさせる。あるいは太極拳の入門者が、関節の動き、呼吸、筋肉の収縮に、逐一十全な注意を向けなければならないのにも似ている。しかしときに私は、ペッパーがダンテの描く地獄にでも囚われた人物であるかのように感じる。彼は自由に動けるようになることを長らく望んでいた。そして今やこの願いはかなった。だがそれは、あらゆる筋肉繊維のそれぞれがピクリと動くたびに注意を集中する限りにおいて可能なのである。確かに彼は歩いている。しかしそれは、自発的な思考の流れの喪失という代償を払ってのことではないのか？

そこで私は、「それほど多くの感覚の観察結果や動作を頭に入れながら、歩き、話し、さらにはそれを楽しむなどということがどうして可能なのですか？　そんな歩き方は重荷になるのでしょうか、それとも楽しめるのでしょうか？」と訊いてみた。また、口にはしなかったが、ペッパーほどの強靭な精神がない人でも可能なのだろうかと訝っていた。

すると彼は「自分の動作に集中しなければならないことに腹を立てたりはしない。確かにそれはハードルが高いし、集中していないときに起こる事態には驚かされる。だが重荷ではない。役に立つことでもあるし」と答えた。

彼自身は、あらゆる動作に集中しなければならないと主張し続けたが、彼の脳は新しい歩き方を自動化しつつあり、意識を他の活動に向けられるようになったのではないか、と私は思い始めた。会話が盛り上がると一方の足を引き摺っているときもあるが、深くもの思いに沈んでいる最中でも普通に歩いていることもあるように見えたのだ。彼の黒質は、ＧＤＮＦなどの神経栄養成長因子の分泌によって自己修復を始めたのだろうか？

意識的動作のテクニックの成功によって、医師も妻も子どもたちも、誰もがペッパーの状態の改善に気づいた。彼は、改善が可能になった理由を調べ始めた。神経可塑性について解説した論文や、運動によって脳の成長因子の働きを促進できることを主張した論文を読み漁った。化学処理によってドーパミンニューロンを破壊された動物でも、運動をすればパーキンソン病の症状を呈する割合が減ることを報告する、ピッツバーグ大学のマイケル・ジグモンドが率いるグループによる、重要な研究論文も読んだ[*24]。

ペッパーは神経可塑性に関する情報を他のパーキンソン病患者にも広げ、地元のパーキンソン病患者支援グループに入り、やがてその長になった。彼は、「パーキンソン病患者にとって運動は、オプションではなく必須のものだ」と主張し、いつもの徹底した態度を貫いた。患者が彼の助言に従わなかったときには、驚きの表情を見せるのがつねだった。また、歩行能力は人間なら誰もが持つごく自然な資源であるにもかかわらず、ほとんどの人は歩かず、車に乗ることに彼は気づく。必ずしも運動する必要があるわけではない今日では、強い動機を持つ患者のみが十分な運動をしていたのだ。彼には、他の患者がなぜ彼のように強い動機を持っていないのかが理解できなかった。

彼は次のように考え始めた。パーキンソン病の治療における投薬の強調は、そもそも受動性を助長する可能性のある疾病に直面している患者を、余計に受動的にする効果を持つのかもしれない。一般的な医療モデルでは、患者は投薬を受けながら、より効果のある新薬が登場するのを待つ。病院では、病気の進行をチェックし、薬の副作用を検査する。治療は、患者の状態の悪化と、薬学研究の進歩のあいだの競争になる（いずれに関しても患者にはどうすることもできない）。かくして患者の健康に対する責任は他者の手に移る。このように考えるペッパーは、投薬のみに依存することが、患者の状態の悪化を早めているのではないかと考えるようになった。

ペッパーは、南アフリカ全域に散らばる一〇を超える支援グループを訪ねている。そして彼のやり方を遵守させることができれば、いかなる患者であっても、歩行の改善を導けることを発見した。その一人に、ウィルナ・ジェフリーがいる。

ウィルナはパーキンソン病を一四年間患っていた。だが外見では普通に見え、足取りも確かだ。彼女は七三歳になる金髪の女性で、颯爽と服を着こなしている。同年代のほとんどの高齢者たちより、すばやく優雅に歩く。しかしそれは意識されたもので、明らかにペッパーの意識的歩行のテクニックを用いていることがわかる。彼女と、ヨハネスブルグにあるサニングヒル病院のカフェで話をしていたとき、ごく軽微な震えと、かろうじてわかる程度の手首のよじれ、さらには一方の足に不穏下肢の症状がわずかに見られた。

一九九五年に夫を亡くした彼女には二人の子どもがいたが、息子は自動車事故で死亡し、娘は現在、オーストラリアのニューキャッスルに住んでいる。「一九九七年のことですが、自分の名前を署名できないことに突然気づきました」と彼女は語る。ヨハネスブルグにある総合病院のパーキンソン病部門の長を含む何人かの医師の診察を受け、一九九八年にパーキンソン病と診断されている。家族は近くにおらず、ほとんどのパーキンソン病患者とは違って他人の手を借りることができなかった。

「診断を下されたときには、耳を疑いました。誤診に違いないと自分に言い聞かせたのです。でもすぐに震えが始まりました。医師はシネメットを、それからアジレクト、スタレボ、ペクソラ〔いずれもパーキンソン病治療薬〕を次々と処方しました」。それによって手は少しよくなったが、足は「震え始め」、摺り足になった。

彼女は、ジョン・ペッパーが公共サービスとしてパーキンソン病患者を支援していることを知人から聞き、彼に電話した。ペッパーが彼女に最初に会ったとき、彼女は前かがみになり、身体が衰弱し、意気消沈して希望を失っていた。

彼に三度のセッションを受けるうちに、「パーキンソン病に対する態度はまったく変わり、建設的なものに」なった。彼は、パーキンソン病患者であろうと普通の日常生活を送ることを目標にするよう彼女を鼓舞した。彼女の家を訪問し、歩き方や右足の引き摺り、さらにはそれ以外の症状を分析し、それから「生きるために走る／歩く会」に参加させ、ストレッチ体操や理学療法を続けるよう諭した。彼女は現在、一歩一歩に意識を集中するペッパー流の早歩きを、一週間に一八キロメートルほど実践している。また彼から、中身をこぼさずにコップを握れるよう意識的動作のテクニックを教わり、運動をして声を矯正するようアドバイスを受けた（パーキンソン病患者は声が小さくなることがある）。さらに彼女は、週に三回プールで泳いでいる。「長く泳いでいるわけではありません。腹筋運動や足のストレッチングなどもしています。朝起き上がる前に十分に伸びをしますし、基本的な体操もよくします。それですっかりよくなりました」と彼女は言う。友人は皆、彼女の変化に気づいていた。彼女は投薬も続けており、それによってパーキンソン病治療薬を服用している患者にも運動が有効であることを証明している。

子どもの頃のウィルナは農場で過ごし、馬に乗り、活発に遊んでいた。だから高齢になってからでも辛い運動を始められたのかもしれない。いまや彼女の歩き方は正常だが、パーキンソン病を抱えている点に変わりはない。

「他のパーキンソン病患者を見ると、自分は彼らほど病状が悪化していないことがわかります。日常生活では自分の好きなことができます。車の運転もゴルフもテニスも、しようと思えばできます」

「運動をしないとどうなりますか？」と私は訊いてみた。

「どうなるかはよくわかっています。体がこわばって筋肉が痙攣し、具合が悪くなるのです」

「主治医はあなたが運動していることを知っていますか？」

「はい、知っています。私の神経科医はデイヴィッド・アンダーソン先生なのですが、運動しないと怒ります。彼は運動や歩行や生体動力学《バイオキネティクス》の重要性を強調しています」

「パーキンソン病は、現在の生活にどんな影響を与えていますか？」

「並行作業《マルチタスキング》ができなくなりました。パーティーに行ったとき、飲み物を手にして立ち、それから何かを食べようとすると震えが起こって、飲み物をこぼしてしまいます。急かされてハンドバッグを開けようとすると手から落としてしまい、ボタンが小さいとはめるのにひと苦労します。急いで何かをしようとするとうまくいきません。薬を飲んでいないと震えが始まります。Eメールを送ろうとして苦心しているとキーを押し間違え、そのうちフラストレーションが高じてあきらめてしまうのです」

ウィルナは、同時期にパーキンソン病と診断された他の患者よりは彼女の悪化の程度は小さいが、「病気は非常にゆっくりと進行しています。というのも、かつては足に症状は出ていませんでしたが、今は出ています」と言う。

彼女はペッパーに啓発され、「彼はアフリカのエネルギーを吸収したのです。これは南アフリカ特有の言い方で、厖大な量のエネルギーを得たという意味です。一緒に歩いていると、私は彼に追いつけません」と語る。しかしまさにこの敏捷性が、彼にやっかいな問題を引き起こしていると彼女はつけ加える。ジョン・ペッパーについてうわさする神経科医もいたそうだ。「どういうことかわかるでしょう。神経科医のあいだでは、彼はパーキンソン病患者ではないと言われているのです」

論争

他の人々を援助しようとするペッパーの努力が認められ、パーキンソン病患者のコミュニティーは彼を非常に高く評価した。一九九八年には、彼はボランティアとして南アフリカのパーキンソン病関連のある組織の会長に就任し、五年間その任にあたった。彼の指揮のもと、このグループはパーキンソン病に苦しむ人々の援助を行ない、新たな支援グループの設立を手助けし、最新の研究成果や新薬の情報を患者に伝え、製薬会社や医療機関の会合でパーキンソン病患者の代表を務めた。ペッパーは、パーキンソン病に苦しむ人々に、「パーキンソン病は死刑宣告などではなく、コントロールが可能である」と説得することを目標にしていた。

二〇〇三年八月に開催された年次集会では、同じ人物が何年も会長の座を占めるのはいかなる組織にとってもよくないという提案が副会長によって出された。五年間会長を務めていたペッパーは、この提案を正当かつ公正なものとして認め、これ以上会長に立候補しないことにした。こうして副会長が新たな会長に、そしてペッパーが副会長に選任された。

彼が『パーキンソン病になっても人生は続く』の自費出版を準備していたのはその頃のことだ。その報告を兼ねて、草稿を皆に見せて回った。ある神経科医（ここでは「O医師」と呼ぶ）にも見せ、本について論評をもらい、自分の歩行テクニックを広めるために彼女に会った。つまり彼は患者として会ったのではない。彼女のほうでも彼に過去の診断記録を見せるよう求めなかったし、診察もしなかった。「私は彼女に本をどう思うか尋ねたのだが、彼女はまったく乗り気ではなかったんだ」と彼は言う。「私に触ろうとはしなかったし、現状について尋ねもしなかった。ずっと机の向こう側にすわったままだった」

彼はO医師のほかにも、当時グループの指導医を務めていた神経科医にも自著に対する意見を求めた（「P医師」と呼ぶ）。（もう一人の神経科医「Q医師」を含め、私はこれら三人を「部外者の神経科医」と呼ぶことにする。というのも彼らはペッパーを治療していないからだ。）P医師は彼の本を読み、二〇〇四年七月二日に、彼とグループの管理者にEメールを送っている。

P医師は、とりわけ意識的歩行テクニックにおける前頭前野の使用に関するペッパーの考えに「強い印象を受けた」ものの、「問題は、誰もが認める定義では、あなたが典型的なパーキンソン病患者であるとは見なせないことだ。（……）患者の大多数にとって、あなたのアプローチは、投薬を補助するものでなければならない。（……）パーキンソン病を抱える人は投薬を必要とし、拒否すれば重大な障害が生じるだろう」と記している。投薬が第一に重要であることを認めなければ、ペッパーは、人命を救えるAIDS治療薬より「ガーリックとアフリカのジャガイモ」を推奨した、南アフリカのAIDS否定論者と同じ運命をたどるであろうというのが、P医師の見解だった。さらにP医師は、ペッパーがパーキンソン病と同一ではないパーキンソン症候群（パーキンソニズム）を抱えている可能性が高いことを、そしてパーキンソニズムには、回復可能な脳炎（脳のウイルス感染）によって引き起こされるケースがあることをつけ加える。

このEメールは紳士的かつ丁寧で、ペッパーに対する尊敬の念すらうかがえる。ペッパーにとって大きな問題は、「誰もが認める定義では、あなたが典型的なパーキンソン病患者であるとは見なせない」というくだりであった。これは、彼をもっとも長く知り、実際に診察し、彼についての他の神経科医による診察所見を含めペッパーの病状記録（それらには診察の結果、兆候、症状などが記載され、非定型という但し書きなしにパーキンソン病の診断が下されていた）を全般的に入手している主治医カハノヴィッツ医師の見解と矛盾する。

加えてカハノヴィッツ医師は、パーキンソン病が発達の途上にあった、初期の前駆症状を呈していた頃からペッパーを診断している。それから症状の全面的な発現を観察したのちに、ペッパーが運動プログラムを念入りに実践し始め、徐々にその効果が現れてきて、多くの症状を抑えられるようになった経緯をよく知っている。P医師は、そのカハノヴィッツ医師が序文を書き、パーキンソン病の診断を認め、「私の見るところ、ペッパーは彼一流の忍耐力と独自の考え方によって、標準的な治療を不要としていられるのだ」と述べているのを見逃していた。ペッパーの疾病の診断が非定型のものだと誰もが思っているわけでないことは明らかだ。カハノヴィッツ医師にとって非定型的だったのは、疾病の診断ではなく、それを知ったペッパーが何をしたかであった。

P医師はペッパーの診察をしたわけでもなければ、他の医師が書いたカルテをチェックしたわけでもない。「典型的なパーキンソン病は進行性であるにもかかわらず、ペッパーの病状は悪化していない」「投薬以外にパーキンソン病の症状を大幅に改善する手段はない」という暗黙の前提がそこにはあるように、ペッパーには思えた。

二〇〇四年八月一七日、パーキンソン病患者支援グループは、著書に対するP医師のコメントを引用する手紙をペッパーに送り、同団体の副会長をただちに辞職するよう要請している。手紙はさらに次のように書かれていた。「われわれは、〈彼の本はパーキンソン病患者に無益な希望を与える。ゆえにもはや彼の本を支持できない〉という指導医の見解に同意する」。また、会長は八月二五日に、「あなたは自分の回復の理由を、投薬を除外して、運動とポジティブな思考を実践したことに帰しています。この考えは、わが組織と連絡のある神経科医の意見とは矛盾します」と書いた手紙を送ってきた。

ペッパー支持者の一人が状況を明確化するために開催した二〇〇四年九月一四日の会議では、グループの二人目の指導医に任命されていたO医師は議長に、ペッパーに辞職を求めた理由を尋ねている。会議の議事録によれば、議長は、九月初頭にダーバンで開かれたパーキンソン病情報交換会の場で、Q医師が「ペッパーに、彼の疾病が特発性パーキンソン病★ではないことを告げた。(……)なぜなら彼は病気の進行をまったく示さず、抗パーキンソン病薬を服用していないからだ」と言ったと答えている。ここでも、「投薬のみがパーキンソン病の進行を止められるのだから、ペッパーが薬を服

★「特発性パーキンソン病」は、「典型的なパーキンソン病」の別称であり、疾病が神経変性疾患であることを、また、変性の原因がまだ特定されていないことを強調するために用いられることが多い。

用していないのなら、彼の診断は間違っているはずだ」と考えられているのである。ペッパーは、Q医師には会ったことも相談したこともなかった。「Q医師とはまったく面識がない。だからもちろん彼の診察を受けたこともない。彼は、会議での私の様子を見てそう言っているにすぎない。そんな見解が公衆の面前で堂々と開陳されたのだ」と彼は言う。またしても部外者の神経科医が、遠くから見て正常に歩いていることを根拠に、公衆の面前でペッパーの診断に難くせをつけたのだ。

議事録によれば、ペッパーの著書について質問されると「O医師は、その本は有害だと答えた」と書かれている。ペッパーはO医師に、彼女が有害だと考える部分を書き直したいからその作業を手伝ってほしいと申し出たものの、彼女はこの提案を拒絶したという。最後にO医師は、組織でペッパーが公的な任務を続けるなら、彼の発言が組織の公式な見解ととられないよう「会議の席で監視をつけなければならない」と述べている。数日後に彼は公的な職位から退いた。次の会議では、彼はすでに退いているにもかかわらず、メンバー全員の前で、患者の誤解を招くとして新任のリーダーによって公的に非難されている。

ペッパーの話によると、O医師は「私の本が、薬を用いることなく治癒したと主張するかのような印象を読者に与えると言ったのです。彼女に〈そんなことがどこに書かれていますか?〉と尋ねると、それに対する彼女の返答は〈直接は書かれていません。でも、あなたの本を読めば読者はそのような印象を受けます〉でした」という。

当惑したペッパーは、三人の部外者の神経科医と支援団体の会長が、パーキンソン病の治療における投薬の役割をなぜかくも熱烈に擁護するのかを不思議に思った。そもそも自分でも著書のなかで投薬の役割を認め、繰り返しそう述べているにもかかわらず非難されるのは、まったく心外だった。それに加えて、運動を奨励することに何の害があるというのだろうか？　好奇心旺盛のはずの科学者や臨床家が、いかなる種類のパーキンソン病をペッパーが抱えていると彼らが考えていようとも、症状をコントロールする方法を学んだ彼の事例をなぜ理解しようとしないのか？　とりわけ薬物はその効果が次第に低下し、幻覚や運動障害を引き起こす場合がある点を考慮すれば、この疑問はふくらまざるを得ない。

パーキンソン病とパーキンソン症状

コリン・カハノヴィッツ医師は、ペッパーの受難の日々を思い起こしながら、「ペッパーは非常に誠実な紳士です。それなのに例の団体は、彼を困難な状況に陥れました。彼は追放されたのです。傷ついて意気消沈していました。彼自身は多くを語る人ではありませんが、言わねばならないことは言います。自分の考案したテクニックがとても有効だったので、彼の性格であれば当然の行動として、他の患者の助けになればと本を書きました。それにもかかわらず神経科医たちは〈あなたの話はたわごとだ〉と言ったのです」と述べる。

神経科医の発言のなかで一考の余地があるのは、指導医の「あなたの病気は典型的なパーキンソン病ではなく、その何らかの変種だ」という主張である。とりわけ指導医が、「誰もが認める定義では」ペッパーのパーキンソン病は非定型的な変種であると、誤った示唆をすることで自身の見方を裏づけていただけに、事実の主張としてではなく単なる可能性の表明にとどめていたなら、この問題提起は役に立っていたことだろう。いずれにしても指導医の手紙は、他の人々がそれを利用した際の意図とは異なり、ペッパーの症状がパーキンソン病の変種に見える症状を呈しているにもかかわらず、彼がそれを抑えるのに成功したという事実は受け止めようとしている。また、ペッパーのアプローチに利点があることも認めている。

すでに述べたように、進行性、変性、不治の形態で現れ、原因が不明のパーキンソン病は特発性と呼ばれる。

指導医のP医師は、特発性パーキンソン病との相違を浮き彫りにするために、「パーキンソニズム（パーキンソン症候群）」という用語を使ってペッパーの症状を記述している。「パーキンソニズム」、および「パーキンソン症状（Parkinsonian symptoms）」（これらは互換的に使われることが多い）は進行性であるとは限らない。さらには震え、固縮、動きの欠如、姿勢動揺など、運動に関わる一連の症状を表現するのに「パーキンソン病の特徴（Parkinsonian features）」という言葉が使われることが多々ある。何人かの医師の前でペッパーがこれらの症状を呈したことに疑いはない。

パーキンソン病は、パーキンソン症状が発現する際のもっとも一般的な原因である。しかしパーキンソン症状には他にも原因がある。「パーキンソン症状」「パーキンソニズム」「非定型のパーキンソン病」という用語は、これらの運動に関連する症状の原因が判明している場合に使われることが多い。原因がわかれば、それを取り除けるケースもある。あるいは時間が経てば症状が消える場合もある。（P医師は手紙のなかでそれに該当する患者に言及している。この患者は脳炎と「パーキンソニズム」に罹患していたが、のちに症状は改善した。）注目すべきことに多くの症例では、非定型のパーキンソン病は、パーキンソン病に比べてはるかに予後が悪く、患者は早期の死に至ることが多い。

しかし、ジョン・ペッパーは「パーキンソニズム」に罹患していたにすぎないという可能性の示唆は、彼がかつて、特発性パーキンソン病の症状に見えながら実際にはそうではない症状を抱えていたという可能性の提起に至り得る。つまり、原因が除去されたときに症状が消えたために、彼はパーキンソン病が治癒したと誤って考えているのだと見なすに至るのである。（もちろん彼自身はパーキンソン病が治癒したなどとは一度も言っていないし、今でも彼は、非運動性のパーキンソン症状を複数抱えている。彼はただ、運動に関連する症状を今では抑えられると主張しているにすぎない。）

非定型的なパーキンソン症状のよく知られた原因が二つ存在する。一つは特定の形態の脳炎（脳の感染症）である。第一次世界大戦終結直後、この疾病は罹患者に、一般的には睡眠病と呼ばれていたが、実際にはパーキンソン症状の死体のような不動症を引き起こした。そして彼らは何十年もその状態のままだった。オリバー・サックスが著書『レナードの朝』で描いているのは、このタイプの患者だ。彼らはレボドパの投与によって、効果が切れるまでそのような状態から「目覚めた」。明らかにこれはジョン・ペッパーのケースには当てはまらない。彼には睡眠病にも、脳炎にもかかった履歴はない。また、それほど極端に重い障害を抱えてもいない。

二つ目の原因は、副作用としてパーキンソン症状を引き起こすことが知られている薬物（いくつかあるが、もっとも一般的なのは脳のドーパミンレベルを低下させる抗精神病薬）を服用した患者に見出せる。通常これらのパーキンソン症状は、患者が薬物投与を中止すると逆転する[*25]。逆転しないわずかなケースでは、患者は特発性パーキンソン病に罹患しているか、それを発達させているところだと見なされる。したがって、パーキンソニズムを引き起こす可能性のある医薬品をペッパーが服用した経験があるかどうかを確認することは重要である。

ペッパーが服用した医薬品のなかでパーキンソン症状を引き起こす可能性があるのは、聴覚と平衡感覚に影響を及ぼし、耳鳴りを引き起こすメニエール病の治療薬シベリウムのみであった。シベリウムは抗精神病薬ではなく、それによってパーキンソニズムが引き起こされる可能性はその種の薬物よりはるかに低い。それはカルシウムチャネル〔カルシウムを選択的に透過する〕を遮断する効果を持ち、逆転可能な場合の多いパーキンソン症状を生むことはめったにない[*26]。またパーキンソニズムの副作用は、通常六五歳以上の高齢者に見られる。ところがペッパーのパーキンソン症状は、彼が三〇代であった一九六〇年代の初期に見られ始めている。そしてペッパーがシベリウムの服用を開始したのは、運動障害の兆候が現れ始めてからほぼ一〇年後の一九七二年にすぎない。この事実だけでも、数年間服用していたとはいえシベリウムが病因であったとは考えられないことがわかる。

薬物が原因で引き起こされるパーキンソニズムは身体の両側に現れることが多いが、当時のペッパーに関して言えば、症状は一方の側にしか現れていない。また、薬物による症状は迅速かつ劇的に出現することが多いが、シベリウムを服用していた頃、本人も医師も劇的な変化にはまったく気づいていない。さらに言えば、薬物によるパーキンソン症状には変化しない傾向があるが、ペッパーの症状は、シベリウムを服用する前の数年間、服用中、服用を中止したあとを通じて、特発性パーキンソン病に典型的に見られる様態で進行している。

最後にもう一つ指摘しておくと、薬物の服用を中止すれば、ほとんどの人は二か月以内に症状から回復する（ただし二年かかる者もいる）。シベリウムの服用を中止したときには、彼は症状の改善にはまったく気づかなかった。また、以後三五年間シベリウムを絶っているが、現在でも多くの運動障害の症状が見られる。これらすべてを考慮すると、彼のパーキンソン症状がシベリウムによって引き起こされたとはほとんど考えられない。きわめてまれな脳卒中、ボクシングによる負傷、重度の頭部外傷、ある種のまれな病気など、他にもパーキンソニズムの原因はあるにはあるが、これまでのところ彼がそれらのいずれかを経験した証拠はまったく得られていない。

ペッパーが通常のパーキンソン症状のほかにも、感覚の問題（空間内に占める自分の手足の位置を特定することが困難になった）、記憶の断続的な喪失、さらには血圧制御、温度の判断、排尿の困難や、過剰な発汗などのパーキンソン病に典型的に見られる神経系の障害を含む、パーキンソン病の多くの兆候を呈していた事実は、確かに彼がこの広く知られた重病を抱えていたことを示す。加えて、いくつかの症状を逆転できたという事実が、彼がパーキンソン病に罹患していないことの証明になるという主張は行き過ぎである。投薬や脳の刺激によって症状が逆転したからといって、その事実が、そもそも患者が病気にかかっていなかった証拠になるなどとは誰も言わないだろう。

したがって、ペッパーはパーキンソン病に罹患していないという主張は、P医師が手紙で述べるように、「パーキンソン病は〈進行性〉疾患である」「パーキンソン病患者は投薬を必要とする」という信念と、彼の症状が特殊な歩行の実践によって、投薬なしに改善しつつあるという事実に基づく。この議論は、意識的歩行が神経可塑的形態の治療である可能性を否定する。

ペッパーのパーキンソン病罹患を疑う人々は、パーキンソン病が進行性である点を強調する。事実私たちは、「不治」「進行性」が「変性」疾患たるパーキンソン病の診断の中心的な要件であると前提することが多い。しかしこの前提には問題がある。疾病が「不治」か「回復可能」か、あるいは「進行性」か「安定」しているのか、「変性」なのかは、決定的な判断ではあれ、診断より予後の基準と見なすほうがよい。予後とは疾病のあり得る結果の記述、すなわち過去に観察した情報に基づく予測である。彼を批判する人々は、予測以上の成果を得たのだから、そもそも彼にパーキンソン病の診断を下し得たはずはないと主張しているのだ。彼らは診断と予後を混同しており、彼が集中的な自己治療を行なっている事実を見落としている。

「ペッパーは患者に偽りの希望を与えている」という主張が、患者を保護するために発せられたのは疑いもない。症状が悪化している、あるいは死にかけていると診断した医者が、その患者に真実を告げて希望的観測を捨てさせるという、極端に不快で報われない仕事を引き受けるのは、医療における高貴な伝統の一つである。それによって患者は、残された人生をどう過ごせばよいかについて的確な判断ができる。じきにできなくなるはずのことを早いうちに実行する、身辺の整理をして皆に別れを告げる、などといったことを考えられるのだ。

しかしここには落とし穴がある。患者のためを考えて不治の病を宣告する際には、とりわけその病気が、患者に心身の実践を要求する神経可塑性が回復に大きな役割を果たすタイプのものである場合、医師の判断には高度な正確性が求められる。医師が予後を説明し、自信をもって「この錠剤は効きます」と言えば、実際にはそれが砂糖の錠剤であっても、患者の期待によって症状が緩和するケースがよくあるということは、プラシーボ効果の実験でよく知られている。また、ポジティブなプラシーボ反応に対して、ネガティブなノーシーボ反応があることも知られている。治療に対する患者の期待度を低下させれば、与えた錠剤が何であれ症状が悪化するケースはよくある。予後の説明は単なる情報の提供ではない。誰かに自分の未来をどう考えるべきかを告知することは、(たとえわずかな部分であろうと)治療の一部を構成する。

間違った希望と絶望は、いずれも予期せぬ害を及ぼす。それらのあいだをうまく縫って進むためには、医師は、その病気が一般にいかに進行するのか、あるいは最後に診た同じ病気の患者に何が起こったか、はたまた遠くからその患者がどう見えるかについて知るだけでは不十分であり、患者の現状に関する情報をできるだけ多く集めることが肝要になる。したがって私には、ペッパーの神経科医に会う必要があった。

ペッパーの神経科医を訪ねる

今、私の目の前で、快活なジョディ・C・パール医師がペッパーの診察をしている。彼女はペッパーの手足を私のほうに差し出して動かしてみるよう促し、パーキンソン病の症状のいくつかを私に確かめさせる。彼の右手を動かすと、歯車が動いているような感じがする。それから彼女は、通常の神経学的検査を行ない、ペッパーの両手両足が歯車様固縮を引き起こしていることを示す。私はそれを手で感じることができた。

パール医師は、サニングヒル病院に勤める若くて多忙な神経科医である。カハノヴィッツ医師は彼女を「信じられないほど有能」と評価しており、患者を彼女の手に委ねるようになった。彼女は患者に暖かく接し、非常に鋭い注意力を備え、率直で、医学関係の情報のほかにも幹細胞やさまざまな介入方法に強い関心を持ち、最新の研究にも通じている。彼女は、南アフリカの神経科学会報『*Neuron SA*』の主任編集者でもある。また、六年間ペッパーを診察し、彼の著書も読んでいる。

「彼は薬に頼らないという独自のやり方で、あらゆることに取り組んできました」と、彼の行動を正しく評価しているというニュアンスを込めて彼女は言う。「彼は自分の病気に対して、先を見越して非常に積極的に対処しています。じっとすわって病気のなすがままでいられる人ではありません。あなたもご存知のように、ジョンのアプローチは地元の組織で論争の的《まと》になっています。それはそれとして、彼がパーキンソンによって引き起こされる数々の困難を克服してきたことに疑いはありません。特定の症状に関しては、これ以上ないほどうまく対処できています」

私は一点明確にするために「あなたの言うパーキンソンとは、パーキンソン病そのもののことですか?」と彼女に尋ねた。

彼女の答えは「もちろんパーキンソン病そのもののことです」であった。

パール医師は、ヒトの脳の神経可塑性について知悉《ちしつ》しており、脳がおのおの異なった様態で配線され、脳の疾病が人それぞれのあり方で発現するがゆえに、患者によって異なるアプローチが必要であることをよく理解している。「患者は教科書を読んだりしません。患者は一人ひとり皆違います。病気の進行も人それぞれです。障害にはスペクトルがあります。だから症状Xを呈する誰もが医薬品X

を服用する必要があるとは言えません。私と彼が現在の関係を維持できている唯一の理由は、私には彼の要求を受け入れる準備があるからです。私が彼のために何か特別なことをできるからではありません。今や私たちは、運動や歩行を実践すれば、パーキンソン病患者は神経栄養因子の生産を促せることを示しました。明らかに彼は、私たちが知るより前からそのことを知っていたのです」と彼女は言う。

意識を動員するテクニックを用いれば、ペッパーは顔に感情を現わすことが可能だが、彼女の指摘によれば、人差し指と親指を軽く叩き合わせるよう求めると、パーキンソン病患者に典型的に見られる仮面様顔貌が現れる。それは彼自身には気づけないほどのささやかで一瞬の反応である。彼女は彼に聞こえないように、「二つのことを同時にさせたり、別の課題に集中させたりして気を散らせると、パーキンソン病の症状が現れるのです」と説明してくれた。彼女の説明によると、「彼は意識的動作のテクニックを用いるよう訓練しているので」、症状や兆候を確認するには、その種の「トリック」を用いる必要があるとのことだ。

また、親指で同じ手の他の指を順番に繰り返し軽く叩くよう指示すると、運動路が正常に機能していないために動作は次第に遅くなる。これはパーキンソン病に典型的な運動緩慢の兆候と見なせる。二〇〇五年にペッパーの診察を引き受けて以来、彼女はこの種の些細な異常を見出し続けている。

診察を始めた頃の彼女の診断記録には、最初の神経科医A医師が二〇年前に記録したものと同じ身体的兆候に関する記述が見られる。彼女が最初にペッパーを診察したとき、彼には震えと、身体の右側に歯車様固縮が見られた。また彼は、意識的歩行テクニックを用いていないと右足を引き摺り、集中していないと腕の振りが減った。これらの症状や兆候を故意にでっちあげることはまず不可能である。医師はパーキンソン病患者特有の震えについて、一秒間の震えの回数（四～六ヘルツの振動）に至るまで熟知している。彼女が最初にペッパーを検査したとき、広く用いられていて評価の高い、ホーエンヤールの重症度分類を適用している。これは臨床および研究目的で、重症度によってパーキンソン病を評価する基準である。ペッパーの重症度は、二・五／五であった。

「〈引っ張り検査〉《プルテスト》でも、姿勢動揺の兆候を示す異常な反応が見られました」とパール医師は言う。最初は異常な反応を示さなかったが、時が経つにつれ徐々に発達させていったらしく、これはパーキンソン病が進行している兆候を示す。プルテストでは、患者は足を少し広げて立ち、医師はその背後に回って、患者を軽く引っ張る。患者はそのあいだ、バランスを保つ努力をしなければならない。患者が三歩以上下がったり、まったく下がらずに倒れたりした場合には、陽性と見なされる。

彼女は、ペッパーの呈するさまざまなパーキンソン病の症状を記録してきた。「最初の診察時、彼は歩行の困難を訴えていました（意識的歩行テクニックを使わないと起こった）。さらには便秘、疲労、夜間トイレに行く回数の多さ、いらいら、葛藤、集中力の欠如、日中の眠気、嚥下の困難、記憶の喪失、抑うつなどの問題も抱えていました」と彼女は言う。

「パーキンソン病は臨床的な診断です」と彼女は説明する。つまりその診断は、患者の履歴と診察に基づいて臨床医によって下されるということだ。彼女はＭＲＩを用いている。ＭＲＩはパーキンソン病を直接示しはしないが、とり違えられやすい脳卒中、認知症などの他の障害の可能性を除外できる。ヨハネスブルグではまだ利用できないが、ＤＡＴスキャンと呼ばれる最新の高価な検査は、脳におけるドーパミンの欠乏を検知できる。しかし、彼女の説明によれば「患者がパーキンソン病の症状を呈しているが、診断について秘匿しておきたい場合」など、きわめてまれな状況でしか使わない。彼女はさらに続ける。「それは日常的に行なうことではありません。そもそもパーキンソン病は、臨床診断なのですから。三五歳の患者にパーキンソンの診断を下したときには、非常に気まずいものがありました」

「南アフリカにはリハビリテーションの推奨基準はありますか？」と私は訊いてみた。

「ありません」というのが彼女の答えだった。彼女は患者に、姿勢の評価、ストレッチング、筋力トレーニング、心臓のフィットネスのために生物動力学の専門家を訪ねるよう推奨している。ペッパーは過去八年間、ストレッチ、筋肉をほぐす運動、一キログラムの重りやフレキシバンドを使った軽い筋力トレーニングで構成される一時間のセッションが週に二度行なわれる、高齢者向けの運動プログラムに参加してきた。

歩かないと……

ペッパーの歩行方法の治療効果は、早歩きをしていないときにもっとも明瞭になる。

パーキンソン病患者は、せき反射の不全や胸のこわばりのために胸部感染を受けやすい。ペッパーは抗生物質による五クール〔治療期間の一区切り〕の治療を要する執拗な胸部感染を何度か経験しており、そのあいだは歩行を中断しなければならなかった。また、一九九九年には背中の手術を受けており、そのときには運動ができなくなった。どちらの期間にも、パーキンソン症状が全面的に出現している。たいがい最初に再発する症状は動作のぎごちなさで、彼の場合にも、テーブルに置かれているものを倒す、ものにぶつかる、食べ物を口に運ぶ際にこぼす、足を引き摺るなどの症状がまず現れた。言葉は劣え、聞き取りにくくなった。また、疲れると声がか細くなり、睡眠パターンが不規則になった。こうして、歩かなくなってから六週間以内に、診断を下される前に呈していた症状のほぼすべてが舞い戻ってきた。これらの症状をもう一度逆転させるのに、六週間の運動を要した。

彼は二〇〇八年に左足の靭帯を断裂し、その治癒に四か月かかっている。もちろんその間歩くことはできなかった。このときにも、彼の歩行方法によってコントロールされていたパーキンソン症状が全面的に再発している。せっかちな彼は、再発した症状を取り除きたいあまり無理に激しい歩行を始め、かえって再び負傷する結果を招いた。だから、「週に三回、一〇分ずつゆっくりと歩くことから始め、それから二週間ごとに五分ずつ時間を増やしていこう。そう自分に言い聞かせなければならなかった」と彼は言う。こうして彼は六か月をかけて、一時間とちょっとで七キロメートル歩けるようになり、現在に至っている。これは、一時間弱で八キロメートルという自己ベストには及ばないがそれに近い。

言い換えれば、症状の改善という神経可塑性の「奇跡」の達成には、恒常的な管理と実践を要する。というのも、彼は依然として重度の運動障害を抱えているからだ。神経栄養因子への働きかけによって歩行がもたらしているのは、抑制された状態にあるシステムの支援をすることである。これから見るように、疾病の進行は見られないが、脳卒中などによって過去のある時点で脳組織に損傷を負った経験のある患者は、神経可塑性に基づく治療を、効果を維持するために常時適用する必要はない。いずれにせよペッパーは、「歩行は脳の一般的な健康の増進に役立つ」「脳の健康を維持するいかなる実践においても、運動が必須の要素をなす」という教訓を、わが身をもって示したのである。

これまで長いあいだ、パーキンソン病患者に運動が奨励されることはなかった[*27]。パーキンソン病患者は、診断を下されると身体的な活動を減らす傾向にあり、一二〜一五パーセントのみが理学療法を受ける[*28]。これまでの研究には、運動の恩恵を強調するものもあれば、効果なしと結論づけるものもあり、なかには運動が疾病の基盤となる病理を悪化させると主張し、「疲弊しつつあるドーパミン系が、過大な要求によってさらなる負荷を受けるのではないか?」という問いを提起するものもあった[*29]。

現在では、セッション間に十分な休息を挟みながらゆっくりと無理なく運動すれば、人間の脳は使いすぎですり減るより、むしろ使わないと無駄になることが、そしてできれば、運動は疾病の進行が浅い時期に開始したほうがよいことも認知されている。(ある研究によれば、筋萎縮性側索硬化症〈ALS〉は、この一般的な原則の例外になるかもしれない。ヒトのALS関連遺伝子を移植され、刺激に満ちた強化環境のもとで飼育されたメスのマウスは、通常の環境で育てられたそのようなマウスより急速に健康状態が悪化した[*30]。)

今日では、運動に対するかつての恐れと、運動が有益であることを示す最新の証拠のあいだで揺れ動いている医師もいる。医師は概して、症状や薬の副作用の評価という当然すべきことはしても、身体的な活動の必要性についてはリップサービスとして言及するにすぎない。運動を奨励したとしても、どのような運動をすればよいのかは指示しない。このようなアドバイスでは不十分だ。そもそもじっとしていたいと思っているパーキンソン病患者などまずいないのだから、次第に活動能力を奪っていく病気に罹患していながら活発に動くにはどうすればよいかを教えることが肝要である。皮肉にも神経科医は、声の障害に対処するために言語療法《スピーチセラピー》を患者に推奨することが多い。言語療法は運動を含むが、神経科医が患者に集中的な歩行を勧めることはめったにない。

歩行の科学的基盤

ペッパーの歩行療法は、科学的にどう説明できるのだろうか？

ごく自然に誰もがしている歩行が、神経可塑性に基盤を置いた高度な医療技術とは言い難いかもしれないが、神経可塑性を動員するもっとも強力な介入方法の一つである点に疑いはない。私たちが早歩きをするとき、年齢に関係なく、短期記憶を長期記憶に変換する重要な役割を果たす脳の組織、海馬に新たな細胞を生む。神経解剖学者たちは、成人の脳が、肝臓、皮膚、血液、あるいはその他の組織のように、死滅した細胞を置き換えるために新たな細胞を生成する能力を持つことを示す証拠を一〇〇年のあいだ探してきたが、なかなか見つけられなかった。ところが一九九八年に、二人の研究者、アメリカのフレデリック・〝ラスティ〟・ゲイジとスウェーデン出身のピーター・エリクソンによって、ヒトの海馬に、それに該当する新たな細胞が発見された（この発見については前著『脳は奇跡を起こす』で詳述した）。

その後、強化環境（enrichment environment）のもとに置かれた動物に神経可塑的な変化が生じることを示す発見が、相次いでなされた。現代における強化環境の適用は、カナダの心理学者ドナルド・ヘッブが、ラットを実験室の檻のなかではなく、自宅に持ち帰ってペットとして居間で自由に動き回らせながら飼育したときに始まった。そしてヘッブは、これらのラットが、檻のなかで飼育されたラットより、問題解決テストでよい成績を収められることを示した[*31]。また、心理学者のマーク・ローゼンツヴァイクは、強化環境のもとで飼育された動物個体には、普通の実験用ラット飼育檻で飼育された個体と比べて、脳に多くの神経可塑的変化が生じ、多量の神経伝達物質が生産され、脳の重量と体積が増大することを示した。

フレデリック・ゲイジの研究室は、マウスを用いた実験で、他にも二つの重要な発見をしている。一つは次のようなものだ。ボールやチューブなどの玩具で強化された環境で四五日間過ごすという認知的刺激を受けたマウスは、海馬のニューロンを維持した（すなわち、その死滅を防ぐことができた）。二つ目の発見は、ゲイジの同僚アンリエット・ファン・プラーグによるもので、ゲイジの研究で強化環境に置かれたマウスにおけるニューロンの増大、つまり新たなニューロンの「誕生」のもっとも効果的な要因が、走行輪の使用であることが示された[*32]。すでに述べたように、実際のところ動物は、走行輪を使って「走って」いるわけではない。というのも、走行輪には抵抗がほとんどないからだ。早歩きをしていると言うほうが正しい。走行輪で一か月間早歩きをしたあと、マウスの海馬のニューロン数は倍になった。ゲイジの理論によれば、この成長は、自然環境のもとでは、見知らぬ環境に踏み出して探索を行ない、新たな学習をし、そして彼が「予測的増殖（anticipatory proliferation）」と呼ぶ過程が始動するときに、徹底した早歩きが生じるゆえに起こる。

この発見をきっかけに、神経科学の分野で活発な動きが生じた。早歩きや環境強化は脳の能力を向上させ、脳の他の部位における能力を保護することを可能にするのだろうか？　認知活動と身体活動の関係とは何だろうか？　早歩きによって始動する神経可塑的なプロセスが他にもあるのか？　あるのならそれは何か？　パーキンソン病、アルツハイマー病、ハンチントン病、多発性硬化症などの神経変性疾患は、歩行によって治癒、もしくはある程度の改善が可能なのだろうか？

オーストラリアの若い神経科学者アンソニー・ハナンは、オックスフォード大学に所属していた頃、認知症や重度の運動障害や抑うつを引き起こすハンチントン病に関して、大胆な考えを思いついた。当時ハンチントン病は「遺伝的決定論の縮図」と見なされていた。つまり、もっぱら遺伝によって強力に駆り立てられているために、環境は決して結果に影響を及ぼさないと見られていたのだ。遺伝子の「吃音」（ここでは遺伝子コードの誤った繰り返しを指す）は、脳における過剰なグルタミンの生成を促し、やがて脳は中毒症状を引き起こす。この内的なミクロのプロセスを阻止することは、遺伝工学の飛躍《ブレイクスルー》なくしてはほぼ不可能だと、ほとんどの科学者は仮定していた。

しかしハナン博士は、ハンチントン病に見られる情け容赦のない変性が、部分的には神経可塑的なものではないかと考えた。ゲイジらによる神経可塑性研究の大幅な進歩について知っていたハナンは、「中毒」が神経可塑性の機能不全を引き起こし、ニューロン間の新たな結合（シナプス）の生成に悪影響を及ぼすのではないかと考えるようになったのである。

ハナンは私に次のように説明してくれた。「ハンチントンやアルツハイマーなどの脳の疾患では、シナプスが、自身を構成する分子の変化のために誤作動し始め、ニューロン間で情報が正確に伝わらなくなるのではないかと考えられます。この変化は脳の機能を損なうので、シナプスが完全に失われるケースでは、学習や記憶に関する脳の機能が崩壊します。私は、感覚、認知、身体活動のレベルを上げて、より多くのシナプスを成長させ、〈激しく駆り立て〉たら何が起こるかを確認したかったのです」

大学院生のアントン・ファン・デレンとの研究で、ハナンは画期的な実験を行ない、DNAにヒトのハンチントン遺伝子を移植されたマウスが、さまざまな探索行動が可能な強化環境のもとで飼育されると、それによって認知的な刺激を受けて、疾病の発症が大幅に遅れることを示した[*33]。これは、神経変性疾患を遺伝的に引き起こした動物を対象に、環境による刺激の有益な効果を示した最初の研究であった。

また、ハナンのグループによって行なわれた二つ目の研究では、認知と感覚に対する刺激も重要ながら、走行輪を使ったマウスの、ハンチントン病の発症が遅れることを示した[*34]。もちろんこれらは、ジョン・ペッパーが行なった課題でもある。彼は早歩きを実践しているが、認知的な刺激もつねに自らに与えている。おのおの足をどのように置き、いかにそれぞれの動作を実行しているのかを感じ、綿密に監視するために彼が動員する並はずれた集中力は、感覚と認知の能力を必要とする。彼はパーキンソン病の診断を下されて以来、クロスワードパズルや数独パズルを解く、ブリッジ、チェス、ポーカー、ドミノをする、自分が歌っているところを録音する、フランス語を学ぶ、ポジット・

サイエンス社の脳プログラムを実践するなど、自分の心に刺激を与えることに努めてきた。

現在彼は、番号くじの抽選に勝つために使える（のではないかと自分が考える）コンピュータープログラムを作成している。この作業は、くじに勝つことばかりでなく、脳に刺激を与えることも意図されている。旅行もする。見知らぬ国や文化の新奇性は学習を強要するため、ドーパミンやノルエピネフリン（神経科学者エルクホノン・ゴールドバーグによれば「とりわけ新しい情報を処理するのに長けた」右半球に、より広く見出される脳の化学物質）の分泌を促すので効果的である[＊35]。旅行はまた、自発的な歩行を促すのでよい。（彼はこれまでに七五回以上海外旅行に出かけている。訪問した国や地域は、トルコ、アイスランド、レバノン、エジプト、ヨーロッパ全域、アラスカを含むアメリカの二八州、中国、アルゼンチン、チリおよびホーン岬、マレーシア、オーストラリア、アフリカ全域と実に多様である。）

さらにハナンらは、神経可塑的な介入によって、マウスにおけるハンチントン病の運動障害や認知障害、気分、脳の大きさ、脳の分子機構に影響を及ぼせることを示した。今やハナンら、およびその他の神経科学者は、パーキンソン病、アルツハイマー病、てんかん、脳卒中、外傷性脳損傷を持つ動物モデル〔人間の疾患と同じか類似する疾患をもつ実験動物〕を用いた実験で、環境や身体活動の強化によって、発症や進行を遅らせたり、総合的によりよい結果を導いたりできることを示す証拠を蓄積してきた[＊36]。また、ハナンの研究室は、ハンチントン病に起因する抑うつを抱えたマウスにはフルオキセチン（プロザック）と同程度に運動が効果的であることを[＊37]、そしてレット症候群と呼ばれる自閉症スペクトラム障害、および統合失調症を持つ実験マウスに対して、強化環境が有効であることを報告している[＊38]。ハナンの若年の同僚エンマ・バローズ博士は、統合失調症に類似する心の状態を引き起こすよう遺伝的に操作されたマウスを、あらゆる種類の新奇性と探索の機会を提供する強化環境で飼育すると、ストレスに対する認知的反応が正常化することを、そしてその効果が抗精神病薬にも匹敵することを示した[*39]。とはいえ、走行輪を用いた自発的な運動のみでも、神経変性を遅らせることができる。「マウスを無理に走らせると、ストレスがかかって効果はなくなります」と彼女は述べる。

神経可塑性研究室で行なわれたほぼすべての神経変性疾患の研究は、身体運動と（強化環境による）心的刺激の組み合わせがよい結果を得るためのカギであることを実証している。これらの実験結果から、神経変性疾患に罹患しやすいよう遺伝的に操作されたマウスが、生活サイクルを通じて適切な運動と認知刺激を与えられることで、疾患の発症から自身を保護し、遺伝的傾向性によって引き起こされるいかなるダメージをも相殺する認知の予備《リザーブ》、すなわち「バックアップ」用の予備の神経結合を発達させる能力を獲得することが、そしてそれが人間にも当てはまることがいずれは示されるのではないかと期待されている[*40]。

一九五〇年代、パーキンソン病患者が運動の恩恵を受けているという臨床報告や小規模の研究の観察結果を受けた科学者たちは、パーキンソン病に対する運動の効果を研究し始めた[*41]。その際彼らは、新薬検査に用いている動物モデルを対象に運動の効果を研究した。

一九八二年、ＭＰＴＰおよび６‐ＯＨＤＡと呼ばれる二つの化学物質が、パーキンソン病に似た疾病を人間に引き起こすことが発見された。ＭＰＴＰとは、黒質のドーパミン作動性ニューロンを破壊する神経毒であり、パーキンソン病と同じダメージをもたらす。ＭＰＴＰを与えられたマウスは、恒久的にパーキンソン病と同じ状態に陥ることがわかった。現在では、このようなマウスはパーキンソン病の「マウスモデル」として用いられ、新しい薬品や治療方法の効果や安全性をテストする目的で飼育されている。6-OHDAに関して言えば、この化学物質をラットの脳に注入すると、同様にドーパミンの喪失と、パーキンソン病に似た症状をきたした。その後の研究で、6-OHDAはパーキンソン病患者にも見出されている[*42]。

テキサス大学オースティン校神経科学研究所のジェニファー・ティラーソンらの、MPTPと6-OHDAを投与した動物モデルによる決定的な研究が示すところでは、これらの化学物質によって大脳基底核のドーパミンの枯渇が引き起こされたまさにその日から、走行輪を使った適度の運動を毎日行なえば、大脳基底核のドーパミン系の機能低下を防ぐことができた。これらのパーキンソン病に似た症状を抱えたラットは、二種類の化学物質を与えられてから九日間、走行輪で適度の運動をしている。そして一日に二度運動をすれば、動く能力を維持し、症状からの完全な回復を得ることができた[*43]。これらの恩恵は合計で四週間、運動を中止したあとは一九日間継続したことが確認されている。その時点でラットの脳が調査されたが、それによって、運動をしていた個体の黒質のドーパミン生成システムは、運動していなかった個体のそれに比べて良好な状態にあることがわかった。この結果は、ジョン・ペッパーの経験を、すなわち疾病の初期の段階から運動を始めて継続すれば運動能力が保たれることを、動物実験によってみごとに実証するものだ。（ラットの脳がもはやパーキンソン病に似た症状を呈していなかった事実に鑑みれば、ペッパーは、自分の死後、検死時の脳スキャンによってパーキンソン病に罹患していたことの確たる証明が得られると安易に考えないほうがよいかもしれない。というのも、彼が実践している運動の神経可塑的な効果によって、動物と同様、ドーパミン系がある程度維持される可能性があるからだ。）

また、他の重要な成果に次のような発見がある。パーキンソン病に似た症状を抱えた動物が運動すると、GDNF（グリア細胞由来神経栄養因子）およびBDNF（脳由来神経栄養因子）と呼ばれる、脳細胞間の新たな結合の形成を可能にする二種類の成長因子が生産される〔GDNFもBDNFもタンパク質の一種〕。

パーキンソン病と運動の関連についての世界的第一人者、ピッツバーグ神経変性疾患研究所のマイケル・ジグモンドは、「未発表のものも含め、われわれの研究の結果ははっきりしている。十分な走行と強化環境は、6‐OHDAで処理されたラットでも、MPTPで処理されたマウスやサルでも、DA（ドーパミン）細胞の喪失を大幅に低下させる。同等の結果は、他の研究者によっても報告されている」と述べる[*44]。

ジグモンドは、ラット、マウス、サルに走行輪を使わせる実験で、運動が神経成長因子による神経生成を引き起こし、それによってパーキンソン病を持つ動物の脳が保護されることを実証した[*45]。ジグモンドらは、実験動物に運動をさせるようになってから三か月後にMPTPか6‐OHDAのいずれかを注射し、さらに二か月運動を続けさせた。それによって、運動の実践は運動障害を減退させるとともに、GDNFの量を増大させることがわかった。パーキンソン病患者においては黒質のGDNFが低下していることを考えれば、この結果は歓迎すべき発見と言えよう[*46]。また、実験動物の脳のスキャンと化学分析によって、運動をした個体では、ドーパミンを生成する細胞が保たれていることがわかった。

さらにジグモンドらは、短期間実験動物にわずかなストレスを与えれば、ドーパミンの量を増やせることを発見した。小さなストレスであれば保護要因になり、より大きなストレスに対する準備を整えさせるというのがジグモンドの見解である。これに関連して言うと、ジョン・ペッパーは、自分にある程度のストレスをかけ、汗を流すくらい早足で歩く必要があるとつねに主張している。また、ジグモンドらは、ストレスが継続すると細胞の喪失に至ることも見出している。ペッパーは病気に対処するために、多大なストレスの要因になる仕事を辞めた。

今や私たちは、運動によってニューロン間の結合の数が増大することを知っている。それには、運動によってもたらされるBDNFが大きな役割を果たしていると考えられる。特定のニューロン群が同時に発火する必要のある活動を行なうと、脳はBDNFを分泌する。この成長因子はニューロン間の結合を強化し、以後確実に同期して発火するようそれらの配線を導く。(ペトリ皿に入れたニューロンにBDNFを撒くと、ニューロン間を結びつける分枝が成長する。電気信号の伝達速度を増す、ニューロンを包む脂質の皮膜の成長も促進される。)またBDNFは、ニューロンの変性を防ぐ[*47]。走行能力を失ったラットのBDNFの生産量は低下する[*48]。さらに言えば、パーキンソン病患者の黒質に含まれるBDNFの量は少ない。

神経可塑性を研究する神経科学者のカール・コットマンとヘザー・オリフらは、走行輪で自発的に運動したマウスにBDNFの増加を確認している[*49]。走行距離が長ければ長いほど増加量は大きく、増加は海馬に見られた。すでに述べたように、海馬の役割は短期記憶を長期記憶に変換することで、これは学習に必須の機能である。(パーキンソン病と同じく神経変性疾患であるアルツハイマー病に罹患すると短期記憶の能力が失われ始めるが、★パーキンソン病患者も記憶の障害をきたす。)またBDNFはニューロンを保護し、線条体と呼ばれる大脳基底核の部位での神経の成長を導く[*50]。さらには運動によって増大することがいくつかの研究で確認されている[*51]。

数々の研究によって、運動が、BDNFの増大につれて動物の学習能力の向上をもたらすことが示されている[*52]。人間でも、運動をして身体が良好な状態にあれば、認知テストの成績は向上するだろう。コットマンと同僚のニコル・ベルヒトルトは次のように主張する。人間を対象に行なわれた研究によって、学習と運動の組み合わせは、脳の神経可塑性の維持や、その増大にさえ役立つことがわかっている。なぜなら、学習はより多くのBDNFを発現する遺伝子をオンにし、BDNFは学習を促進するからだ。したがって学習すればするほど、それだけ学習効率があがり、さらにはそれにともなう脳の変化を効率的に引き起こすことができる。

経験的に考えても、学習と運動の組み合わせは優良な効果をもたらすように思われる。中年に差し掛かって脳が衰え始めるにつれ、運動の重要性は減るのではなく増す。脳の衰退プロセスを打ち消す数少ない手段の一つが運動なのだ。この理解はますます重要になりつつある。というのも、今日では多くの人々が、一日中コンピューターの前ですわりっぱなしの生活を送っているからだ。すわりがちの生活が、心臓病だけではなく、がん、糖尿病、神経変性疾患を導く重要な危険因子であることは、さまざまな研究によって示されている[*53]。万能薬が存在するのなら、それは歩行である。

★最近の研究では、高レベルのBDNFが高齢者をアルツハイマー病から守ることが示されている。

「不使用の学習」

パーキンソン病患者は、次第にきつくなる縄に捕らえられているような状況に置かれている。早歩きは有効だが、彼らにとってその実践は容易ではない。歩行が困難なパーキンソン病患者は、「その状態のままでいる」わけではない。疾病は悪化する。理由はいくつかある。そもそも疾病そのものが進行性である。また、脳は「使わなければ失われる」組織であり、歩行がさらに困難になって歩かなくなると、残されている歩行に必要な神経回路も不使用のために衰えていく。そしていったん衰えてしまうと、再度使おうとしてもうまく使えなくなる。パターン検知器としての脳は、「不使用の学習」を通じて、歩けないということを「学習」してしまうのだ。

学習された不使用は、脳卒中患者に最初に見出された。脳卒中が起こると、脳は機能解離と呼ばれる徹底的なショック状態に陥ることが一〇〇年以上前から知られている[*54]。「ショック」が生じる理由は、脳卒中が起こると、ニューロンが死んだあとに特定の細胞から化学物質が流出し、他の細胞にダメージを与え、激しい炎症を引き起こし、死んだ組織の周囲で血流の断絶が生じるからである。これらの現象はすべて、卒中が発生した場所のみならず、脳全体に機能不全を引き起こす。さらには、卒中によって損傷した直後、脳は「エネルギー危機」に陥る[*55]。というのは、損傷に対処するために大量のグルコースを消費しなければならないからだ。（健康であっても、脳は厖大なエネルギーを必要とする。重量で言えば脳は身体全体の二パーセントを占めるにすぎないが、エネルギーに関しては二〇パーセントを消費する。）機能解離は通常およそ六週間続き、損傷した脳はそのあいだ、さらなる危害に対処するためのエネルギーが枯渇するために、とりわけ脆弱になる★[*56]。

脳が可塑的であることが知られる以前、医師は六週間経過した時点で脳卒中患者を検査し、どの心の機能が残存しているかを確認していた。当時は、脳は「再配線」する能力や新たな結合を形成する能力を持たないと考えられていたために、医師にできたのは、ただ待って、ショックが消えたあとでいかなる認知能力が残されているかを検査することくらいだった。彼らは、残された認知能力の程度によって、九五パーセントの患者の、将来の回復の程度を予測できると想定していた。また、おそらく六か月から一年のあいだなら、小さな改善が見られるかもしれないと考えていた。リハビリで行なわれていたことと言えば、しばらく使っていなかったポンプに呼び水を差すかのごとく、損傷を免れた神経回路の再覚醒を試みることくらいだった。呼び水と同様、かけられる時間はきわめて短く、一週間に数時間のリハビリが六週間実施される程度だった。これでは、新たな神経結合の形成を促進し、失われた機能を一から学習できるよう健康な部位に教え込むのに必要な運動量を満たせるはずはない。（残念なことに、現在でもほとんどの患者は不十分なリハビリしか受けていない。）

もっとも重要な神経可塑性研究者の一人であるエドワード・タウブは、一連の実験によって、脳卒

★これはまた、脳震盪や脳損傷を受けたあと、それが完治するまで再度損傷を負う可能性のある活動を控えるべき理由の一つである。

中を起こした人間も動物も、六週間後の機能レベルでしか、それ以後の生活を送れないわけではないことを示した。脳卒中患者が、ショックを受けて機能解離が生じているときに、麻痺した腕を使おうとして使えなかった場合、彼らはその腕を使わないよう「学習し」、機能している健康な腕に依存するようになった。まったく使わないことで、麻痺した腕を統制する脳の神経回路は衰退した。さらにタウブは、麻痺した腕を使えるよう学習できることを示した。彼は健康な腕にギプスをはめ、麻痺した、もしくは部分的に麻痺した腕を使う訓練をさせた。ギプスが健康なほうの腕を拘束しているので、患者はその腕に頼れない。そのため、麻痺した腕を徐々に訓練する結果になったのである。このテクニックは、脳卒中が起こってから数年が経過したあとでも有効である。

タウブはまず、「拘束運動療法」と呼ばれる新たなセラピーを、腕の機能を喪失した脳卒中患者に適用して成功した。それから麻痺した足にも適用した。脳画像法を用いた研究では、タウブの治療によって回復した患者の損傷箇所に隣接するニューロンは、ダメージを受けた、あるいは死んだニューロンを引き継ぎ始めていた。(タウブの業績の詳細は『脳は奇跡を起こす』の第5章で取り上げた。)

パーキンソン病に似た症状を持つ動物を対象に行なわれた、ティラーソン、G・W・ミラー、ジグモンドらの実験は、パーキンソン病では「不使用の学習」が大きな役割を果たすことを、また、タウブのテクニックが驚異的な改善をもたらすことを示す[*57]。

ラットに6-OHDAを注射すると、九〇パーセントのドーパミンを枯渇させ、身体の片側にパーキンソン病の重度の症状を引き起こすことができる。ある個体は、注射してから七日間、正常な手足にギプスをはめられ、発症したほうの手足を使わなければならなかった。ギプスが取り除かれる頃までは、後者の運動障害は見られなくなっていた。この実験結果も驚くべきものだ。九〇パーセントのドーパミンを失ってさえ、運動は、損傷したシステムが崩壊に至るのをどうにかして防いだのである。次に彼らは、発症したほうの手足に七日間ギプスをはめ、そちらを使えないようにした。すると回復した動きはすべて失われた[*58]。（胸部感染や手術のためにペッパーが運動を中断したとき、すべての症状が戻ってきたことを思い出されたい。）

ティラーソンとミラーは、動物実験で発症した手足を強制的に使わせると、運動障害が見られなくなり、ドーパミンが保存されることを実証した。ギプスをはめるのを三日遅らせると、部分的に運動障害が生じ、ドーパミンの保存も限定されることがわかった。一四日遅らせると、ドーパミンレベルはまったく保たれなかった。

この研究結果からわかるのは、生活様式を変えてしまうような重い疾病の効果も、また病状が進行した段階でも、その動物個体が活動している限り防げる場合があるということだ。この知見を人間に適用するなら、パーキンソン病の初期の兆候を示す人にまず推奨できるのは、運動をすることである。ティラーソン、ミラー、ジグモンドが示すところでは、二〇パーセントのドーパミンを失った動物個体は、動作が制限されると、すぐに六〇パーセントを失う結果になる。「これらの実験結果は、身体活動の減少がパーキンソン病の一症状であるばかりでなく、変性を促進するよう作用することを示している」と彼らは言う[*59]。したがって、パーキンソン病と診断されたことで身体活動の量を減らすのは、最悪の選択だと言えるかもしれない。

ペッパーの例やこれらの実験について考えてみると、将来、パーキンソン病患者は診断を受けてそのまま家に帰されるのではなく、身近な介護者と一緒に「パーキンソン病ブートキャンプ」に参加するようになるのではないかと、私は期待している。そこでは専門家が、疾病に対処するには運動や身体活動が肝要であることを説明し、その基盤をなす神経可塑性の科学を教え、患者の歩行を分析し、意識的な歩行や動作の方法を教え、「生きるために走る／歩く会」で実施されているもののような、ケガや体力の消耗に配慮した歩行プログラムを提供する。診断が下されたらすぐに、神経栄養因子に働きかけるために、可能ならうちに運動を始めることを第一の目標として定める。ブートキャンプの参加者はグループの一員として、診断による心理的なトラウマに対処し、治癒に向けての意欲を向上させるためにメンバー同士で励まし合う。パーキンソン病患者は受動的に見えるかもしれないが、この印象は全面的に正しいとは言えない。確かに、活動を始めることに困難を覚える患者は多い。しかし、だからこそほとんどの患者には、自身が抱える疾病の共同管理者となり、薬物治療以外に有効な手段はないと見なす思考の罠にとらわれないよう導いてくれるブートキャンプが必要なのである。

言うまでもなく、歩行以外にも運動の方法はある。（ペッパーは歩行の他にもストレッチや、運動協調性、筋力を強化するトレーニングを行なっていることを思い出されたい。）先般ますます、運動療法セラピスト（ジャネット・ハンバーグのDVD『*Motivating Moves*』を参照のこと）や、ピラティス・ティーチャー・トレーニングの専門家たちは、パーキンソン病患者に運動を奨励するようになりつつある。非有酸素運動は、歩行のようには神経栄養因子に働きかけられないかもしれないが、固縮や平衡障害を克服し、顔面の動きの喪失を防ぐのに役立つなど他の利点を持つ。なおブートキャンプでは、タウブの拘束運動療法も教えられるであろう。

さらには、ペッパーの意識的歩行テクニック以外の「トリック」も用いることができる。たとえばオリバー・サックスは、動くことのできなかったパーキンソン病患者が、おぼれかけていた男を救うために車椅子から飛び出したというエピソードを取り上げている[*60]。パーキンソン病患者はこの種の行動を自発的に実践することはできないが、緊急時には脳の代替経路が無意識のうちに発火し、動作の開始を可能にする。この予期せずして生じる動作は、矛盾運動と呼ばれる。オランダの神経学者バスティヤン・ブルーム博士は、症状が進み、かろうじて歩くことはできるが、頻繁に「足がすくんで」動かなくなるパーキンソン病患者が、(固定式ではない)普通の自転車に乗って毎日数キロメートルを走行して運動の恩恵を得ることで、良好な状態を保てるのを知って驚かされた。この患者は自転車に乗っていると、バランスをうまく保ちながらなめらかに身体を動かすことができており、まったく正常に見えた[*61]。ところが自転車から降りると、ただちに足がすくんだ。おそらく自転車をこいでいるあいだは、動作開始の困難という問題を克服できたのだろう。現在ブルーム博士は、六〇〇人のパーキンソン病患者を対象に、集中的な自転車走行によって疾病の進行を遅らせられるか否かを確かめる臨床試験を行なっている。多くのパーキンソン病患者は、平衡障害のゆえに歩行困難の状況に置かれているので、自転車を用いた運動は歩行のよき代替手段になるだろう。また、バランス運動も重要である[*62]。

最新の画期的な研究によって、動機づけと、運動系、ドーパミン、神経可塑性の関係が、これまで考えられてきた以上に複雑であることが判明している。今までの見方は、「動作にはドーパミンが必須である」「パーキンソン病患者は、黒質と線条体のドーパミンの量が少なすぎるために動けない」というものだった。しかしドーパミンは、動作の開始に値すると「感じる」ためにも必須であることが判明した。つまり、人はそもそも動きたいと感じるのにドーパミンが必要なのである。これはとりわけ、自動化した習慣的な動作に当てはまる。

ドーパミンには、他にも非常によく知られた機能がある。ドーパミンはよく「報酬系神経伝達物質」と呼ばれる。というのも、いかなる目標であれ、その成就に向けて進展が見られたときに、よい結果が得られる期待のもと、脳内の報酬系で分泌されるからだ。期待される結果の価値が高ければ高いほど、その人はよい結果が得られるようそれだけ活発に行動し、より多量のドーパミンが分泌される[*63]。ドーパミンの分泌は、エネルギーの高揚とともに報酬による快の感覚を本人に与える。また、報酬が得られる活動の実行を支援する、まさにそのネットワークに属するニューロン同士の結合を強化する。

このように、ドーパミンはパーキンソン病に関連する少なくとも三つの特徴を持つ。第一に、動こうとする動機を高める。第二に、その動作を促進して迅速に行なえるようにする。第三に、その動作に関与する神経回路を神経可塑的に強化し、次回はそれをより楽に行なえるようにする。しかし動機がなければ、動作は起こり得ない。

最近の研究によって、パーキンソン病に罹患すると「動こうとする動機」が支障をきたすこと、そして動機づけられれば動けるパーキンソン病患者は多いことが示されている。コロンビア大学運動実行研究室のピエトロ・マッツォーニらによる比較研究の示すところでは、(ペッパーが実証してみせたように) パーキンソン病患者は、通常の動作を実行することができる。マッツォーニらは、パーキンソン病患者と健常者にさまざまな動作課題を与え、前者が後者と同程度に正確かつ迅速に動作を行なえるが、そのためにはより多くの訓練が必要なことを実証したのだ[*64]。

マッツォーニらは、彼らの瞠目すべき発見を次のように説明する。これから動こうとするとき、脳は、その動作によって得られると期待される報酬の程度と比較して、努力がどの程度必要とされるのかをまず評価する。通常、この「見積もり」機能を実行するにはドーパミン系が必要になる。ドーパミンレベルが低いときに動くと、その人は報酬による快を感じない。神経科学者のヤエル・ニヴとマイケル・リヴリン＝エッヨンが指摘するように、システムは「恩恵は無視できるほど小さい」「動くことの〈機会費用〉は努力に値しない」と単純に「仮定する」[*65]。パーキンソン病患者が動作を実行する速度は、期待される報酬の程度と動作に必要なエネルギーの比較評価に部分的に基づく。かくしてドーパミンレベルの低さは、動きの遅さ、言い換えると寡動《かどう》(bradykinesia) をもたらす。これはまさにマッツォーニらが見出した結果だ。多大な努力を要する困難な動作課題では、パーキンソン病患者は「求められるエネルギーが大きいほど、健常者より動作が遅くなる」。おぼれかけている人を救おうと車椅子から飛び出した例に見られるような緊急時の動作ではなく、ごく一般的な動作を実行するときにこれが生じた事実は考慮に値する。

科学者たちはドーパミンが報酬系の必須の構成要素であることを何十年も前から知っていたという事実に鑑みると、パーキンソン病の問題の大きな部分が、動作を起こす動機をめぐる脳の化学に関係すると見抜いた神経科学者や医師がほとんどいなかったのは驚くべきことだ。しかし、この見過ごしは理解できないわけではない。というのも、この「見積もり」機能は気づきの外で作用し、そのほとんどが無意識的なものだからである。

パーキンソン病を理解するにあたり、マッツォーニらの発見は過小評価されるべきではない。パーキンソン病患者は、正常な速度で普通に動く能力を生まれつき欠いているのではなく、運動系の持つ、動機に関する構成要素が根本的に阻害されているのである。ニヴとピーター・ダヤンは、「ドーパミンは習慣的な行動に〈エネルギー〉を付与し、〈活力〉を与える」と主張する。またマッツォーニらは、「運動系は独自の動機づけ回路を備える。（……）線条体のドーパミンは、動くためのエネルギー費用に値を割り当てることによって行動にエネルギーを付与する」と述べる[*66]。パーキンソン病は、身体的な運動障害という症状によって表面上に現れるが、その下には「認知的」あるいは「心的」な基盤が存在する。したがって、身体的であるとともに心的な障害でもあるのだ。

それゆえパーキンソン病患者に、ドーパミンの喪失によって動けなくなることを教えるのがかくも困難なのである。そのような教唆は、受動的な態度を改めるべきときに、逆に受動的な態度を強化する結果を招く。「使わなければ失われる」脳であるのだから、パーキンソン病患者が運動をしなくなれば、運動を司る神経回路や筋肉はそれだけ衰弱が早まる。パーキンソン病患者にただ「あなたは運動障害を抱えています」と言い渡すことは、「予言の自己成就」〔根拠のない予言でも、人がそれを信じて行動することによって予言通りの結果になる現象〕を促進するに等しい。それよりも、次のように説明したほうがはるかによい結果が得られるだろう。「あなたは、動作そのものだけではなく、動作を起こそうとする心のなかの動機が大幅に損なわれる障害にかかっています。しかしその事実を知り、意識的な心的努力を重ねることで、この障害をかなりの程度克服できるはずです」

パーキンソン病ブートキャンプは、これらの機微を説明し、ジョン・ペッパーのような人物を招待して、皆の前でパーキンソン病に罹患していても動けることを、そして問題が動機の発動にあることを示してみせるには格好の場所である。★ パーキンソン病患者の動機の欠如は、怠惰な性格や無関心や意思の弱さに起因するのではなく、いくら本人が動きたくても、動作を起こす動機づけを司る、ドーパミンを基盤とする脳の神経回路が、特定の動作にエネルギーを付与できなくなるために生じ、それが外からは疲労や倦怠に見えるのである。動作への意思を、単なる身体的、化学的現象に還元することがここでの意図ではない。そうではなく、心と身体は共進化をとげてきたのであって、どちらか一方だけを単独で理解しようとする試みは何ら実を結ばないということをとりわけ強調したいのだ。

ドーパミンレベルが低下していたにもかかわらず、ジョン・ペッパーが動作の開始に向けて自己を動機づけられたという事実は、彼の心と意思の活力の強さを示す。しかし彼は、動機を動作に変換するために自分で「神経学的な」発見をする必要があった。彼は、意識的歩行テクニックを使うようになるまでは、健常者が普段行なっている自動的で習慣的な(したがって大脳基底核の一部である外側線条

★行動神経科学者パトリック・マクナマラの、パーキンソン病が自己の主体的感覚に与える影響に関する緻密な議論も参照されたい。P. McNamara, *The Cognitive Neuropsychiatry of Parkinson's Disease* (Cambridge, MA: MIT Press, 2011)

体のドーパミン回路に依存する）歩き方ができなかった。ちなみに意識的歩行テクニックは、この回路を迂回して、他の神経回路（前頭葉、およびおそらくは線条体のより内側の領域の神経回路）を使えるようにするものである［*67］。

パーキンソニズムの両面的な性質

ペッパーはつねに、なぜもっと多くの患者が自分の例に倣わないのかと不思議に思っている。支援グループでは、二五パーセントのパーキンソン病患者が実践しているにすぎない。彼によれば、彼の例に倣った患者は全員、その恩恵を受けているそうだ。自分の病気を恥じて外で歩くことができない人もいるのであろうと、彼は考えている。また、単に気が進まない人もいるだろう。あるいはもしかすると、運動しても効果のないパーキンソン病の変種があるのかもしれない。さらに言えば、私は、ペッパーのたぐい稀なる決意が、そもそもパーキンソン病の現れの一つである可能性すら考えている。パーキンソン病は通常、心の病ではなく身体の病と見なされているので、この考え方は奇妙に思われるかもしれない。しかしオリバー・サックスの指摘によれば、最初にこの身体的な疾病を詳細に記述したジェームズ・パーキンソンは、心理的な効果にも言及しており、それには受動的に見える心の状態とともに、頑固かつ性急に見える状態も含まれる。身体面での性急さは、パーキンソン病患者がときおり見せるあわただしい小刻みのステップに認められる。サックスによれば、この「加速歩調」は心理的な側面にも見られる。「加速歩調は、歩み、動作、言葉、さらには思考の加速（および短絡）から成る。そこには、まるで患者が時間に追われているかのような性急さ、忍耐のなさ、活発さが感じられる。それと同時に切迫感、いらいらなどの感覚を持つ患者もいれば、自分の意思に逆らって焦りを感じている患者もいる［*68］」

ジョン・ペッパーは、やっかいなものごとに性急に飛びつくことがある。かつて私は、彼と一緒に患者の治療にあたっている人々に会いたいので、その件についてどう思うかを尋ねる手紙を彼に送ったところ、彼はアフリカの三つの都市で大きな会合を開き、そこで私が講演する段取りを数日のうちに決めてしまった。私が（しばし）ためらっていると、後悔の念をはっきり読み取れる、次のような返事を送ってきた。「相談もせずに勝手に段取りを決めて申し訳ありません。でもこれが私のやり方なのです」。そのとき私は、この性急さがペッパーに運動をさせ、それに対し、身体的にも、おそらくは心的にも機能がより遅滞した他の患者が運動できない理由なのではないだろうかと思った。

動きが遅くなった患者は、一種の意思の麻痺に陥るのだろうか？　サックスが指摘するように、そのような心身の鈍さは「性急さや前進衝動とは正反対のものであり、動作、発話、さらには思考さえ阻害し、場合によっては完全に止めてしまう遅滞や抵抗を生む。そのような人々は、勢力と反対勢力、意思と反対意思、命令と反対命令の対立という一種の生理的な闘争のなかで攻囲され、ときに身動きがとれなくなる［*69］」。しかしジョン・ペッパーは、硬直して足がすくんで動けなくなることについて間違いなく知っている。サックスの指摘のとおり、パーキンソン病患者は、動作が鈍くなる傾向と性急になる傾向の両方を持つのである。

科学はようやくジョン・ペッパーに追いつき始めたようだ。二〇一一年、主流医学雑誌の一つ『Neurology』に、さまざまな研究をメタ分析した調査の結果が発表された。メイヨー・クリニック〔ミネソタ州ロチェスター市に本部を置く総合病院〕の神経学者J・E・アルスコグによるこの調査は、動物と人間におけるパーキンソン病に対する運動の効果に関して入手できる限りの証拠を精査したもので、「活発な運動はパーキンソン病患者に神経保護効果をもたらすか?」と題されている。活発な運動とは、基本的に継続して繰り返し行なわれる「酸素の需要と心拍数を増大させる身体活動」を意味し、それには歩行や水泳も含まれる。この論文は、数百人の患者を対象に行なわれた調査に基づき、「集まった証拠は全体として、パーキンソン病の治療においては活発な運動が中心的な役割を果たすべきであることを示す」と結論している[*70]。

また、メリーランド大学のリサ・シュルマン博士らによる最近の比較研究では、ランニングマシンを使って軽い運動をしたパーキンソン病患者と、激しい運動をしたパーキンソン病患者を比較している。彼らの発見によれば、歩行ペースを自分で選んで軽い運動をするほうが激しい運動をするより効果的で、実際の歩行速度の向上につながったという[*71]。ペッパーは、「生きるために走る/歩く会」のプログラムを非常にゆっくりとした歩行から始め、それを長らく実践したのちに早足での歩行に移ったことを思い出そう。この結果は、二〇一四年にアーガン・ウクが率いるアイオワ大学神経科学部門の研究者たちによって、パーキンソン病患者を対象に行なわれた重要なランダム化比較試験によって再現されている。この研究では、四五分間の歩行を週に三回、六か月間続けることで、パーキンソン病の運動障害の症状と気分に改善が見られ、疲労が低下した[*72]。患者は抗パーキンソン病薬を服用していたが、著者は改善の原因を投薬に帰すことはできないと記している。

これらの結果は次のことを示す。ジョン・ペッパーの話に依然として疑いを持つにせよ、彼のパーキンソン病が「典型的」なのか「非典型的」なのかは、もはや問題にはならない。少なくとも彼が、精密検査によってもパーキンソン病との区別が著しく困難な、パーキンソン病に似た重度の運動障害を抱えている点に疑いはない。それどころか、彼を診察した神経科医はパーキンソン病の診断を下している。彼の抱える症状は、レボドパに反応したこともあり、さまざまな側面から進行性のものと見なすことができ、パーキンソニズムの症状に限定できるわけではない。ほぼ五〇年間続いたこと、また、歩行を中断したときに全面的に再発したことは、それが「とるに足らない」運動障害ではないことを示す。彼の疾病がいかなる変種だったにせよ（ほんとうに変種であったにせよ）、彼はそれについて学び、他のパーキンソン病患者を助けることができたのであり、まさしくそこに彼の真の勝利を見出せる。ようやく現在になって、彼の主張が他の大勢の患者にも当てはまることを、そして運動が非常に強力な治療手段であることを、科学は実証し始めたのである。彼と同様何年も運動を続けた誰かが、彼と同程度の症状の改善を見るようになるのは時間の問題にすぎない。

認知症の進行を遅らせる

ならば次のような問いが自然に生じるだろう。歩行がパーキンソン病の症状を退かせ、同じく神経変性疾患であるハンチントン病の発症を遅らせることができるのであれば、もっともよく知られた脳の神経変性疾患、アルツハイマー病にも歩行は有効なのだろうか？

　この問いは、とりわけアルツハイマー病においても有効な医薬品が現在のところ存在しないので重要だ。アルツハイマー病とパーキンソン病のあいだには類似性がある。アメリカ国立衛生研究所傘下のアメリカ国立老化研究所で神経科学研究室の主任を務めるマーク・P・マットソン博士は、パーキンソン病で異常を引き起こす細胞プロセスの多くが、アルツハイマー病においても別の脳領域で生じることを示した。パーキンソン病の場合、黒質が最初に機能不全をきたす。アルツハイマー病では、神経変性は（短期記憶を長期記憶に変換する）海馬で始まり、そのために海馬は縮小し始め、短期記憶の能力が失われる。またアルツハイマー病では、脳は可塑性を失ってニューロン間の結合を形成できなくなり、さらにニューロンの多くは死滅する。

　二〇一三年、歩行とアルツハイマー病に関する喫緊の問題への解答が得られた。歩行は、認知症のリスクを何と六〇パーセントも低下させる非常に単純なプログラムの主要項目であった。投薬でそれが可能なら、その薬はたちまち世間に広く知られるようになるだろう。

　この画期的な研究は、カーディフ大学（イギリス）のコクラン・プライマリ・ケア公衆衛生研究所のピーター・エルウッド博士らによって行なわれ、二〇一三年一二月に発表された[*73]。彼らは三〇年にわたり、ウェールズのケアフィリに住む四五歳から五九歳の男性二二三五人を追跡し、五つの活動が彼らの健康状態に影響を及ぼすか否か、また、認知能力の低下、認知症、心臓病、がんの発症、早期の死を引き起こすか否かについて調査を行なった。この研究は、三〇年にわたり一定の間隔ですべての被験者を検査し、認知能力の低下や認知症が確認された被験者については高度で詳細な臨床的評価を受けさせるという周到なもので、それまでに実施された一一の研究における設計上の問題の克服に成功している。その詳細については巻末の注[*74]を参照されたい。

結果は次のとおりであった。以下にあげる五つの活動のうち、四つまたは五つを実践した被験者は、認知（心的）能力の低下、認知症（アルツハイマー病を含む）のリスクが六〇パーセント低下した。

① **運動**（活発な運動、もしくは一日に少なくとも三・二キロメートルの歩行、もしくは一日に一六キロメートルの自転車走行）。運動は、全般的な認知能力の低下と認知症のリスクを減らすもっとも強力な要因である。

② **健康的なダイエット**（一日に少なくとも三回から四回、果物と野菜を摂取する）★。

③ **正常な体重**（一八～二五のボディマス指数〔体重と身長から算出され、肥満度を示す〕）の維持。

④ **アルコール飲料の摂取を抑える**（アルコールはときに神経毒として機能する）。

⑤ **禁煙**（これも毒素回避の一つ）。

★私たちは脳とダイエットに関してさらに多くの知識を持っている。しかしこの研究は三〇年前に開始されていることを斟酌されたい。ダイエット、食物感受性、グルコース、インシュリン、肥満が脳の健康に及ぼす影響、および運動とインシュリンの関係についての最新の議論は、神経学者デイビッド・パールマター著『「いつものパン」があなたを殺す――脳を一生、老化させない食事』（白澤卓二訳、三笠書房）を参照のこと。

これら五つの活動のすべてが、ニューロンとグリア細胞の一般的な健康を増進する。そしてこれらの活動はいずれも、狩猟採集民であった祖先の生活様式に近い暮らしをして、身体をその進化の様態に合わせて使うことを求める。その意味では、「一日中すわりっぱなしでいる、車の座席にすわって移動するなど、進化の様態に合致しないことはしてはならない」「加工食品を食べてはならない」「食べ過ぎてはならない」「飲みすぎは禁物である」「喫煙してはならない」などといったように、基本的に減算的だと言える。

この研究が大きな注目を集めなかった理由の一つは、科学界では投薬によって、また遺伝的な観点から、アルツハイマー病を「治療する」ことに焦点が置かれていたからだ。「すべての原因が遺伝にある」のなら、「遺伝学における画期的な発見」を切望する以外、自分には何もできないと考えるようになるのは必定であろう。しかし、アルツハイマー病の研究者で神経科学者のティファニー・チャウは、「非常に限られた人のみが、抹消できないアルツハイマー病の家系パターンを受け継いでいるにすぎない」と指摘する[*75]。加えて、アルツハイマー病やその他の認知症には、多数の環境要因が知られている。たとえば頭部損傷や、DDTなどある種の毒素への曝露はリスクを増大させ、高度な教育は低下させる。チャウの指摘によれば、環境要因は「遺伝的構成と相互作用して、(……)認知症がその基盤を築くのを促進したり阻止したりする[*76]」。一般に、アルツハイマー病に関連づけられている遺伝的危険因子を持つ人の誰もが発症するわけではない★。また、複数の遺伝的危険因子を持っていたとしても、「それだけでアルツハイマー病を発症するわけではない[*77]」。第一度近親者にアルツハイマー病患者がいれば遺伝的危険度が上がるのは確かだが、危険度が増したからといって、運動などの保護テクニックが無効になるわけではない。それどころか、むしろその場合こそ、自己の保護のために運動などの必要性がとりわけ増大すると言えるだろう。

認知症に罹患していない人々に関しても、運動が脳の機能の保護に役立つことに疑いはない。二〇一一年に行なわれた決定的な研究によって、認知能力に対する運動の効果にスポットライトが当たるようになった[*78]。メイヨー・クリニックの神経内科に所属するJ・エリック・アルスコグらは、認知症を中心に運動と認知障害を扱った既存の研究一六〇三件のすべてを再調査した。アルスコグらが行なったのはメタ分析と呼ばれる研究で、すべての高品質の研究を調査し、そのなかからベストのものを選び出すものだ。選ばれた二九件のランダム化比較研究には、運動(そのほとんどは有酸素運動)は、認知症に罹患していない成人における記憶、注意力、処理速度、および計画を立てて実行する能力の改善に役立つと記されていた。ほとんどの研究では、典型的な運動量は一週間に二・五時間の有酸素運動とされていた。カーク・エリクソンらが最近行なったランダム化比較試験は、一年間有酸素運動を行なった(認知症を抱えていない)人には、すわりがちの生活をしている成人と比べ、海馬にかなりの増大が見られることを報告している[*79]。そしてこれらの変化は持続する。別の研究では、歩行運動プログラムを九年間実践していた成人に、海馬の増大が見られている[*80]。またアルスコグは、認知症を抱えている人でも、運動によってある程度の症状の改善が得られることを見出した。

★もっとも頻繁に言及される遺伝的危険因子は、19番染色体上に位置するアポリポ蛋白Eの特定の変異体である。

このような活動を取り入れれば、認知症を無際限に遅らせることができるのだろうか？　その答えは今のところわからない。現在、七〇歳以上の高齢者のうち、一五パーセントが何らかの形態の認知症を抱えている[*81]。この数値は八五歳になると劇的に上がる。しかし高齢になれば必ず認知症になるわけではなく、アルツハイマー病を発症せずに相当な高齢に達する人もいる。人々が長生きするようになった現在、ようやく九〇歳以上の人々（「高齢者のなかの最高齢者」）を多数募って研究ができるようになった。「九〇歳代の人々」は、北米でもっとも拡大しつつある年齢層で、アメリカでは現在二〇〇万人に及び、今世紀中頃には一〇〇〇万人に達すると見積もられている。年齢とともに認知症になる人は増えるが、一六〇〇人の九〇歳代の高齢者を対象にカリフォルニア大学アーヴァイン校で行なわれた「九〇歳プラス」研究では、被験者の多くは認知症にかかっていないと報告されている[*82]。この被験者グループを対象に研究を継続すれば、一世紀を超えて活動しても機能がさほど低下しないような、注目すべき脳の特徴を明らかにできるのではないだろうか。

喜望峰

私とペッパーは、喜望峰の灯台へと続く岩場の坂道を登っている。風速一八メートル毎秒の突風が吹いているので、ペッパーの声はほとんど聞き取れない。そのときの私はそれほど風が強いとは思っていなかった。というのも、坂を登るあいだ彼の背筋はつねにしっかりと伸びていたからだ。灯台に着く頃には、南東風が吹きつけてきた。下る際には追い風になるはずだ。風をよける場所はない。私は、パーキンソン病患者がいかにバランスを失いやすいかを、そしてペッパーがパール医師のオフィスでプルテスト（引っぱることで、バランスを保てるかどうかを確認するテスト）を受けたときのことを思い出した。

今日はパーキンソン病患者が散歩できるような天候ではない。たとえその患者がジョン・ペッパーであろうとも。にもかかわらず、彼の姿勢は安定している。それが可能なのは、彼が意識的歩行テクニックを用いて身体のバランスをとり、意図的に風に向かって重心を移動させているからだ。彼は年齢の割に身体のコンディションがよい。足を上げるのに難を覚えることもなく、確固とした足取りを保てる。しかも、建物で言えば数階分に相当する標高差のある坂道を歩いて登るのにふさわしいとはとても言えないサンダルを履いている。

頂上にたどり着くと、私たちは暖かいインド洋と冷たい大西洋が出合う様子を眺める。それから来た道を引き返し、石段を自然保護区へと下りていく。

彼は風に言及して、「下りるときに、歩行が加速しているのに気づいた?」と訊く。私はうなずき、彼が自然の課すプルテストに合格したことを心に留めておく。

石段を下り、自然保護区を覆うフィンボス（きめの細かな低木のしげみを南アフリカではそう呼ぶ）を見つめながら、彼は「スコットランドもこんな感じだろうね。もっと寒いけど」とつぶやく。さらに「でも、スコットランドのやつはフィンボスではなく、黄色いハリエニシダの荒地《ヒース》だけどね」と続ける。

周囲の景観に見とれて気を散らした彼は、意識的思考テクニックを中断し、足を引き摺り始める。

これは疾病が戻ってきたしるしである。

彼は「左足を十分に高くあげなかったからつま先が引っかかったんだ。サンダルじゃあね」と言いながら、自分自身に腹を立てている。

それから彼は振り返って、フィンボスと咲き誇る花々を見る。奇妙にも突然、彼の顔は何かを懐かしがっているような穏やかな表情になり、それと同時に野生生物と自然美に好奇心を示し始める。そこには仮面様顔貌は見られない。

帰国してから五か月後の二〇一一年七月一三日、私はペッパーに近況を尋ねる手紙を送った。私は、彼がその夏シャーリーと南アフリカのあちこちを旅行する計画を立てていることを聞いていた。彼はすぐに次のような返事を送ってきた。

現在、シャーリーの喪に服しています。昨日の午前中のことですが、(……)彼女はひどい心臓発作を起こしたのです。(……)今、私は家族の世話になっています。(……)家族の愛情に包まれ、大勢のパーキンソン病患者がやって来て私を励ましてくれます。私はほんとうに人々の愛情に恵まれています。

ジョン

数か月後に彼に電話して知ったことだが、シャーリーが亡くなる直前に、ジョンは口内に痛みを感じ、新たな診断を下されたのだそうだ。外科医は検査結果をもとに、自己免疫疾患の天疱瘡《てんぽうそう》と診断し、生存確率が三〇パーセントで、おそらく三年は生きられないだろうと宣告したのである。ペッパーは、外科医の紹介する腫瘍医の薬物治療を受けたが、血圧が一九〇／一一〇に急上昇し、治療に耐えられなかった。彼の手紙によると、「私たちは、天疱瘡の診断によってシャーリーが完全に参っていたのだと考えています。天疱瘡は末期の病気だからです。（……）それまでもずっと彼女は、私の健康の問題で苦労し続けてきましたし、私がいなくなることに耐えられなかったのです。（……）シャーリーを亡くしたことで、私はすべてを失いました」。もちろんそれには運動も含まれていた。彼女を失ったストレスで、口内の痛みはさらに悪化した。

その数か月後の二〇一二年三月、彼は別の医師の診察を受け、口内の痛みがほんとうに天疱瘡ならもうとっくに死んでいるはずで、今の彼のように動き回れるはずはないと言われる。外科医もそれに同意した。どうやら天疱瘡のように見えるが、良性の疾患である「類天疱瘡」らしいとのことだった。手紙には、「シャーリーは誤診の知らせを聞く前に死にました。私たちは皆、そのことで打ちひしがれています」と書かれていた。

それからさらに数か月が経過してから、私は彼に電話して近況を尋ねた。

彼はヨハネスブルグの街を、再び歩き始めたそうだ。

第3章

神経可塑的治癒の四段階

いかに、そしてなぜ有効に作用するのか

ここまでの二章は、二つのかなり種類の異なる治療の話に焦点を絞った。マイケル・モスコヴィッツは特定のニューロンの機能に注目し、競争的な神経可塑性の力を利用して、心的努力によって障害を引き起こしている痛みの神経回路を弱めることで、脳が再配線されるよう導いた。一方、ジョン・ペッパーの大胆な自己改善の方法は、心的努力によって、通常は歩行とは無関係な脳の部位の、特定の神経回路を強化するというものだった。また彼の実践する運動は、ニューロンとグリア細胞の成長因子に働きかけ、新たな細胞の成長を促し、さらには脳の血液循環を改善することで、それら細胞の機能全般の改善にも役立つ。

第4章からは、さまざまな形態のエネルギーを利用することによって、機能不全に陥った脳を覚醒させ、その機能回復を支援できることを示す。本章では、神経可塑性に基づく治癒の諸段階について解説する。これらの段階は、厳密な図式としてではなく、柔軟な枠組みとして見なされるべきである。しかしそれに先立って、障害を抱えた脳に頻繁に生じる三つの一般的なプロセスを知っておく必要がある。

「不使用の学習」の蔓延

『脳は奇跡を起こす』を執筆して以来、私には次の三つのことが明らかになった。

「不使用の学習」は、脳卒中にのみ当てはまるのではないということがまず一つ。前章で述べたように、脳卒中に見舞われた人は、負傷直後のおよそ六週間、脳がショック状態に陥って機能の低下を引き起こす、機能乖離と呼ばれる危機状態をくぐりぬけねばならない。エドワード・タウブが示すところによれば、脳卒中患者は、この期間に麻痺した腕を動かそうとしても動かせないという経験を何度もすると、腕がもはや機能しないと「学習し」、もっぱら麻痺していないほうの腕を使い始める。使わなければ失われる脳においては、麻痺した腕に対応するダメージを負った神経回路は、さらに衰弱していく。タウブは、機能しているほうの腕を使えないようギプスやつり包帯で固定すると、次第に激しさを増す集中的なトレーニングによって、麻痺した腕が数十年後ですら機能を回復し得ることを証明した。

タウブは二〇〇七年までに、放射線治療による脳の損傷も「不使用の学習」に至ることを示した。またその後、それが脊髄の部分的な損傷、脳性麻痺、失語症（脳卒中による発話能力の喪失）、多発性硬化症、外傷性脳損傷や、てんかんのために脳外科手術を受けた人にも見られることを、また、彼の療法がこれらの人々に有効であることを示した。★私は、「不使用の学習」が、パーキンソン病などのそれ以外の脳の機能不全が関わる疾病においても、さらには特定の精神疾患でも、ときに起こると考えるようになった。実際、脳の機能が失われた、もしくは失われつつあるいかなる状況でも、本人がその欠陥を回避する手段を探そうとするのは当然であろう。それゆえ、意図せずして神経回路の喪失をさらに悪化させてしまうのである。普遍的とは言えないにしても「不使用の学習」が広く見られる事実は、まず激しいトレーニングを課さない限り、患者の欠陥や回復能力のレベルを正しく判断するのは不可能であることを意味する。

細胞や、より複雑な生体組織、あるいは生物が、環境への通常の適応方法が無効な状況に置かれたときにとる一般的な手段が「休眠状態に入る」ことであるがゆえに、脳における「不使用の学習」がかくも広範に見出せるのではないかと、私は考える。★★

ノイズに満ちた脳と脳の律動異常

さまざまな脳の障害に適応できる第二の概念は、律動的な発火が困難になる「ノイズに満ちた脳」である。私が最初にこの概念を知ったのは、ウィスコンシン大学のポール・バキリタがシェリル・シルッツを対象に行なった研究によってであった（第7章参照）。投薬によって平衡系を損なったシルッツは、空間内に占める自分の位置を定める能力を失い、自分の脳が「騒音《ノイズ》に満ちている」と感じていた。バキリタらは、この主観的な「ノイズ」の感覚を、彼女の神経回路で起こっている事象の反映としてとらえた。つまり彼女の平衡系のニューロンは、その他無数のニューロンによって発せられた信号《シグナル》が交錯するノイズに満ちた背景のもとで際立つに十分なほどの、強く明確な信号を生成できなくなったと考えたのだ。「ノイズ」とは工学用語であり、背景の「ノイズ」と比較して弱すぎるために、システムが正常なシグナルを認識できないケースにおいて、そのシステムに生じている現象を指して言う〔この場合を工学用語では「SN比が低い」と言う〕。ゆえに「ノイズに満ちた脳」と呼ばれる。

具体的に説明しよう。毒素、卒中、感染、放射線治療、打撲、神経変性疾患など何が原因であろうと、脳が損傷すると一部のニューロンは死んで、信号を送らなくなる。しかしなかにはダメージを受けても、ここがポイントなのだが、「黙らない」ニューロンもある。生きた脳組織は、その本性として興奮しやすい。神経回路が「オフ」になっているときでさえ、「オン」になり活性化された状態のときより発火率は低いながらも、ある程度は電気信号を送り続ける。この見方に従えば、脳は心臓にたとえられる。心臓は休息時でも停止せず、安静時の心拍数へと移行する。ところが、心臓の電気系統にダメージを受けると心拍数を調整する能力を失って、種々の異常な信号を送り始める。身体の

★タウブの数ある著作では、拘束運動療法を用いて、脳卒中、外傷性脳損傷、多発性硬化症による運動能力の喪失に患者がうまく対処できるよう導いた顕著な成功例があげられている。私の考えでは、脳損傷やパーキンソン病（この疾病に関しても成功事例がある）などの疾病によって引き起こされた運動に関連する障害の治療においては、タウブの業績はつねに考慮されるべきである。拘束運動療法の研究の改訂版では、拘束運動療法が失語症に陥った脳卒中患者の発話を取り戻す治療に役立つことが示されている。またおそらくこの療法は、一方の目の視野に対応する神経回路が「オフになる」弱視などの視覚障害にも役立つものと考えられる。次の文献を参照されたい。V. W. Mark et al., "Constraint-Induced Movement Therapy for the Lower Extremities in Multiple Sclerosis: Case Series with 4-Year Follow-up," *Archives of Physical Medicine and Rehabilitation* 94 (2013): 753–60

ペースメーカーの速度が異常に遅くなったり、危険なほど速くなったりするのだ。あるいは、不整脈や律動異常などの混乱した不規則な鼓動を生むかもしれない。

脳においては、損なわれたニューロンをシャットダウンしない限り、これらの不規則な信号は結合しているすべてのネットワークに影響を及ぼし、それらの機能を「攪乱《かくらん》」する。現在では、脳の多くの障害において、ニューロンが異常な速度で発火することがわかっている。この問題は、てんかん、アルツハイマー病、パーキンソン病、種々の睡眠障害、脳損傷などで生じるもので、無数の信号が同期しなくなるためにノイズに満ちた脳が形成されてしまう。★高齢者や学習障害を持つ子どもの脳にも、あるいはニューロンが明確な信号を発する能力を失うと生じる感覚障害においても、類似の現象が見られる。

病んだニューロンが健全なニューロンに不規則な信号を送り、その機能を損なうと、健全なニューロンは休眠状態に陥る可能性がある。タウブのグループによる、脳画像法を用いた最近の重要な研究によれば、脳卒中によって「梗塞領域」と呼ばれる区域のニューロンが死ぬと、遠く離れた位置にあって死んではいないその他のニューロンが、萎縮の兆候を示したり衰弱したりする場合がある[*1]。萎縮の程度は、患者の抱える障害と拘束運動療法に対する反応の如何に相関する。（私と同様タウブは、病んだニューロンから適正な信号を受け取れないため「使わなければ失われる」原理が発動したか、健康が損なわれて脳卒中を引き起こしやすくなった、悪化した脳の状態の反映であるかのいずれか、もしくは両方が原因で、ニューロンの衰弱が生じている可能性が高いと考えていた。）かくして、これらの神経回路の働きを必要とする活動を患者が実行しようとしたときにうまくいかず、それによって「不使用の学習」が進

★★休眠状態への一時的な移行は、さまざまな生物に見出される戦略である。植物界において、種子は、細胞内の環境をコントロールできないほど気温が上昇もしくは下降すると休眠状態に移行し、何世紀にもわたって水、日光、栄養を補給しなくても生存が可能である。「ホメオスタシス」という用語と概念を提唱した偉大な生理学者クロード・ベルナールは、動物が活発な状態と休眠状態を交互する「潜在的生命」の事例を多数あげている。休眠状態は、動物が「ホメオスタシス」を維持できなくなると、すなわち外部環境が正常な生命活動の維持に適さなくなったために、内部環境をコントロールできなくなると起こる。神経系と筋肉を備える緩歩動物（クマムシなど）は、干ばつの折には、完全に水分を失いながら長期間不活性状態のままでいられる。そして湿気にさらされたときにのみ活動状態に戻る。緩歩動物のなかには、二七年間不活性状態を保てる種もある。このような保護された「仮死状態」のもとでは、「再生する」までエネルギー消費は劇的に低下する。再生するには、外部からの入力を必要とする場合が多い。私はこれまで、このような生物における休眠状態の例を、タウブの主張する「不使用の学習」について理解するための一種のたとえとして用いてきた。学習は私たちが環境のどの側面に気づくかを十分に説明するが、他の要因がそれに寄与しているかどうかは議論の余地があると彼は考えている。しかし、その能力は学習されたものであると同時に本能的なものでもあり得ると、私ならつけ加えるだろう。いくつかの本能的な能力は、その発現に環境による「呼び水《プライミング》」（学習もそれに含まれる）を必要とする。次の文献を参照されたい。C. Bernard, *Lectures on the Phenomena of Life Common to Animals and Plants*, trans. H. E. Hoff, R. Guillemin, and L. Guillemin (1878; reprinted Springfield, IL: Charles C. Thomas, 1974), pp. 1:49–50, 56

★ロドルフォ・リナス、バリー・スターマン、外傷性脳損傷の専門家ポール・E・ラップら何人かの神経科学者は、さまざまな神経疾患や精神疾患に脳の律動異常を検出している。「病んだ」ニューロンが不適当な信号を発するという考えは、ニューロフィードバック（補足説明3参照）によっても支持される。特殊なEEGによって、脳を損傷した患者の脳に、「遅い脳波」による不適当な活動が生じている領域が検出されることがよくある。ニューロフィードバックによって遅い脳波を正常な速度で発火させるよう患者を訓練すると、脳損傷に起因する症状が減退する場合が多々ある。

行したと考えられる。さらにまずいことに、患者はかつて持っていた技能を使えなくなるばかりか、ノイズに満ちた脳はきめ細かな区別や識別ができないために、新たな技能の習得もきわめて困難になるのである。

要するに、そのような状態の患者は特定の課題を遂行できなくなるが、普段その課題を処理しているニューロンの一部が死んでいるだけであり、その他のニューロンは依然として生きてはいるがいわば苦境に立たされていて、不規則でノイズに満ちた信号を発したり、不適当な信号を受け取って単に休眠状態に陥ったりしているのだ。以降の章で取り上げるアプローチは、ノイズを発生させる病んだニューロンの健康状態の改善を助長し、さらにエネルギーと神経可塑性を動員する治療手段を用いて、生き残ったニューロンが同期して発火するよう、そして眠り込んだ能力が再覚醒するよう導くものである。

ニューロン集成体の迅速な形成

神経可塑的治癒を可能にする第三の要因は、他の細胞と比較した際に顕著になる、ニューロンの独自性に由来する。ニューロンは通常、大規模なグループを形成し、脳全体にわたり広範に分布するネットワークを通じて電気的な交換を行なうことで機能する。これらのネットワークは、神経科学者のスーザン・グリーンフィールド、ジェラルド・エーデルマンらが強調するように、常時自らを再構成しながら、「ニューロン集成体」を形成している。これはとりわけ意識的な活動に当てはまるらしい。意識をともなう心的行為は、おのおのが多かれ少なかれ独自なものなので、起こるたびにわずかに異なるニューロンの組み合わせが互いに連絡し合う。かくして人が一日の生活を送るあいだ、脳は基本的な処理手順の一部として、既存のニューロンネットワークを解体したり、新たなネットワークを形成したりしているのだ。この点において生物の脳は、あらかじめ設計に組み込まれている限られた数の機能しか実行できない、固定配線された回路を搭載する人工の機械とは正反対の特性を持つ。機械は概して、毎回同じ方法で同一の作業を実行するだけである。

しかしニューロンやそのグループは、異なるタイミングで異なる目的のために用いられる。それによってもニューロンのネットワークがいかに柔軟であるかがわかるはずだ。一九二三年、神経科学者のカール・ラシュレーは、サルの頭を切開して運動皮質を露出させ、特定の箇所を電極で刺激した。そして、その刺激によって運動が生じるのを観察してから縫合した。しばらくしてから同じ実験を繰り返し、同一の箇所を再び刺激すると、それによって生じる運動が以前とは異なる場合があることに気づいた。当時の偉大な心理学史家の一人、ハーバード大学のエドウィン・G・ボーリングは、「マッピングは、行なった次の日にはもはや用をなさないだろう」とコメントしている。

ラシュレーの業績はまた、特定のニューロンのネットワークが損なわれても、別のネットワークが形成され、前者を置き換える可能性があることを示唆した。

かつて科学者たちは、「記憶や技能は、明確に区分けられた脳の小区画で実行される」と考えていた。それに対しラシュレーは、そうでないケースが多いことを示した。彼の行なったもっとも有名な実験は次のようなものだ。彼はまず、ラットなどの動物に、複雑な活動を行なえば報酬がもらえることを学習させた。次に、該当する技能を処理していると考えられる皮質領域にダメージを与えた。驚いたことにこの動物は、時間がより長くかかって、動きが不正確になったものの、依然としてその活動を行なえたのだ。このような結果が得られた理由についてはさまざまな解釈があるが、科学者たちはラシュレーの実験から、多くの技能には、それまで考えられていたよりはるかに広範に分散するネットワークが関与していることを学んだ。また彼の実験は、これらのネットワークに冗長性があることを明らかにした。というのも、一部が除去されても、動物は依然として課題を遂行できたからである。★

意外に感じられるかもしれないが、専門家でない人は次の二点を覚えておく必要がある。それは、十分に確立された見方によれば、心の活動がニューロンの活動に相関することと、学習するにつれて新たな結合がニューロン間に形成されることである。しかし、神経科学者がそれを切り詰めて「私たちの思考はニューロン内に存在する」と言うとき、それは科学的な発見をひどく誇張していることになる。思考が生じる際、いくつかのニューロンが発火し、相互の結合を形成するという主張は、二つの事象が同時に起こることを意味する。しかし神経科学者たちは、ニューロン「内」のどこに思考がコード化されているのかを実際には知らない。それどころか、思考がコード化されているのは個々のニューロン「内」なのか（まずあり得そうにないが）、諸ニューロンの結合の「内部」なのか、はたまた脳全体に分散されることによってなのかさえ知らない。この心の謎は、未解決のまま残されている。★★

どうやらラシュレーは、それに代わる興味深い説を提唱した最初の神経科学者であるらしい。つまり学習された事項や技能は、特定のニューロンの「内部」ではなく、あるいはニューロン間の結合

★ラシュレーの発見を脳の機能局在の研究に統合することは可能であり、私は『脳は奇跡を起こす』でそれについて論じた。心的活動と脳領域の対応を見出す、つまり「脳の機能を局在化する」研究があるが、特定の形態の脳機能局在論は「未熟」で、柔軟性をまったく欠く。また、脳の神経可塑性を考慮に入れた、より成熟した形態の脳機能局在論もある。脳には特定の心的活動を特定の領域で処理する傾向があるからといって、あらゆるケースにそれが当てはまるわけではない。未熟な脳機能局在論はこの点を考慮しない。私は本書で、特定の心の機能の処理に「関与する」脳領域などといった言い方を頻繁に用いている。これは実際には、「該当脳領域は、その心の機能の処理に参加するケースが多く、場合によってはその機能には必須であるが、対応する神経回路は、そこで特に名指された領域より広い範囲にわたり、他の多くの領域が含まれるのが普通である」ことを意味し、多くの機能に関して言えば、脳は、未熟な脳機能局在論が想定する以上に全体的《ホリスティック》に機能する。「海馬は短期記憶の処理に関与する」という言い方は、「短期記憶は海馬で処理される」という言い方より正確である。『脳は奇跡を起こす』では、脳の大きな部分が損傷したり失われたりした場合、そこで行なわれていた心的機能の処理を他の脳領域が引き継ぐことを示す数々の事例を取り上げた。タウブらは、放射冠と呼ばれる領域で生じたものを除くと、脳卒中によって損傷を負った領域およびその大きさと、拘束運動療法の効果のあいだにはわずかな相関関係しかないことを示している。次の文献を参照されたい。L. V. Gauthier et al., "Improvement After Constraint-Induced Movement Therapy Is Independent of Infarct Location in Chronic Stroke Patients," *Stroke* 40, no. 7 (2009): 2468–72; V. W. Mark et al., "MRI Infarction Load and CI Therapy Outcomes for Chronic Post-Stroke Hemiparesis," *Restorative Neurology and Neuroscience* 26 (2008): 13–33

★★一部の神経科学者が、心の活動が脳の「どこに」存在するのかに関する科学的な知見を誇張し、心と物質的な脳を混同していることについては、次にあげる神経科学者レイモンド・タリスの非常に示唆に富む著書を参照されたい。*Aping Mankind: Neuromania, Darwinitis and the Misrepresentation of Humanity* (Durham, UK: Acumen, 2011)

の「内部」ですらなく、多数のニューロンが同期して発火した結果として生じる電気的な波の累積的なパターンの「内部」にコード化されると主張したのだ。（この重要な仮説は、脳がいかに経験をコード化するかに関して注目すべき理論を打ち出した、神経外科医で神経科学者のカール・プリブラムが取り上げている[*2]。）

ではここで、思考、記憶、知覚、技能などの脳の機能が、個々のニューロン内ではなく、さまざまなニューロンの連合体によって生み出されるパターンの内部にコード化されることとしよう。（たとえて言えば、パターンは管弦楽曲、ニューロンはそれを演奏する楽団員のようなものである）。ニューロンの死や疾病によっていくつかのニューロンの個体を失うことは、十分な個体が残されていて対応するパターンを生成できる限り、必ずしも心の機能の喪失につながるわけではない。（音楽のたとえを続けると、一人のバイオリン奏者が病気で欠席しても、バイオリンを弾ける代わりの楽団員がいれば演奏会は開かれる。）いずれにせよ、人間の本質として考えられてきたものは、互いにきわめて似通ったニューロンなどではない。「人間を人間たらしめている」個々の特徴の多くは、脳が生成するエネルギーのパターンによって担われるコード化された経験に結びついている。経験のコード化されたパターンは、脳が構造的な損傷を受けても存続するケースが多い。★

治癒の諸段階

私は、以下に紹介する神経可塑的治癒の諸段階を観察してきた。治癒は以下の段階を踏んで起こることが多いが、つねにこの通りとは限らない。治癒するまでに、これらの段階のいくつかのみを経験する患者もいれば、すべてを経験する患者もいる。

ニューロンとグリア細胞の機能全般の矯正　この段階に限っては、「配線の問題」、つまり互いに結合して交換し合うニューロンの特殊な能力に直接対処せず、ニューロンと、細胞同士が共有する機能の全般的な健康に焦点を絞る。多くの脳障害では、脳は、ニューロンやグリア細胞が、感染、重金属毒素、殺虫剤、医薬品、食物感受性などの外部要因によって攪乱される、あるいはミネラル系栄養素

★生物学者ルートヴィヒ・フォン・ベルタランフィの主張に従えば、構造と機能の明確な区別は、生命のない物質から構成され、オンかオフの状態を持つだけの機械にもっともうまく適用できる。生物に関しては、プロセスを考慮すべきである。「構造と機能の対照は、（……）生物に関する静的な概念に基づく。機械には、運動時も静止時も固定されたままの配置が存在する。同様に、たとえば心臓のあらかじめ確定された構造は、その機能、すなわち律動的な収縮から区別される。実際には、この確定された構造と、その構造の内部で生じるプロセスの分離は、生物には当てはまらない。（……生物においては、）構造と呼ばれるものは長期間作用する緩慢なプロセスを、また、機能は短期間作用する迅速なプロセスを指す。Ludwig von Bertalanffy, *Problems of Life: An Evaluation of Modern Biological Thought* (London: Watts & Co., 1952), p. 134. 神経可塑性がいかに治癒を促進するかを理解するにあたり、思考などの心的行為を、脳の構造と一般的には呼ばれる長期的なプロセスに影響を及ぼすことが可能な、短期的なプロセスとしてとらえることができる。思考によって死んだ組織を復活させることはできないが、残った健康な組織に刺激を与え、損傷した組織が持っていた失われた機能を引き継ぐようそれ自身を再構成させることは可能である。

などの資源の供給に不足をきたすことで「誤配線」される。患者が神経可塑的治療の最大の恩恵を受けるためには、これらの全般的な問題は、続く段階に入る前に矯正しておくほうがよい。

この細胞機能全般の矯正段階は、たとえば自閉症や学習障害の治療、および認知症を発症するリスクの低減においてとりわけ重要になる。また、一般的な精神障害にも適用できる。私はこれまで、抑うつ、双極性障害、注意欠如障害を抱える患者の症状が、毒素を排除したり、自己の身体が過敏に反応する糖類や穀物などの食物の摂取を控えたりすることで大幅に改善するのを見てきた。

これらの介入の多くは、脳の全細胞のうちの八五パーセントを占めるグリア細胞を対象に行なわれる。脳は外敵の攻撃を受けないよう、その周囲に血液脳関門と呼ばれる障壁を張り巡らせている。ちなみに脳は、身体の他の部位において治癒や免疫系の働きに重要な役割を果たす導管ネットワークとなる、リンパ系を持たない[*3]。その代わり、小さな「ミクログリア」細胞が外敵から脳を保護する。これは脳が自身を保護し、癒す、独自の方法の一つである。また、グリア細胞は脳によって生み出された老廃物を除去することでニューロンを支援する。

続く四つの段階はすべて、脳の神経可塑的な能力を動員してニューロン間の結合を変化させ、その「配線」を変える。それぞれについて、以下で詳しく説明する。

神経刺激（Neurostimulation）　本書で取り上げるほぼすべての介入は、何らかのエネルギーを用いた脳細胞に対する神経刺激を必要とする。光、音、電気、振動、動作、（特定のネットワークを興奮させる）思考はすべて、神経刺激として利用できる。神経刺激は損傷した脳の眠り込んだ神経回路を再生し、治癒プロセスの第二フェーズへと導く。このフェーズでは、再生されて能力が向上したノイズに満ちた脳が、再び自身を調節、統制して恒常性《ホメオスタシス》を達成できるようにする。最初は外部のエネルギー資源を利用する場合もあるが、内的な形態のものもある。日常的な思考は、とりわけ系統的に用いられれば、ニューロンを刺激する有力な手段になる。

私たちが思考するとき、脳のあるネットワークは「オン」になり、別のネットワークは「オフ」になる。このプロセスは、モスコヴィッツが用いた視覚化による慢性疼痛の治療の基盤をなす（第1章参照）。ひとたび思考によって適切な神経回路がオンになれば、それは発火し、それから血液がその神経回路に流入してエネルギーを補給する（このプロセスは脳の血流をモニターする脳スキャンによって観察できる）。タウブの拘束運動療法は、運動を基盤とする行動療法ではあるが、徹底した意思による努力と運動計画を要する。したがって、この方法も思考を基盤とする神経刺激を引き起こすのではないかと私は考えている。（さらには最終フェーズの「神経差異化と学習」も含む。）脳に新たな神経回路を構築するペッパーの意識的歩行は、思考を用いる内的な神経刺激の一例である。神経刺激は、新たな神経回路の構築の準備、および既存の神経回路における「不使用の学習」の克服にも効果がある。また、内的な神経刺激のその他の形態として、脳の訓練や、『脳は奇跡を起こす』で取り上げた種々の心の実践があげられる。

神経調整（Neuromodulation）　神経調整は脳が自身の治癒に寄与する、もう一つの内的な方法である。この働きは、神経ネットワークにおける興奮と抑制のバランスを迅速に回復し、ノイズに満ちた脳を鎮める。脳障害を抱える人は、感覚をうまく統制することができない。彼らは、外部刺激に対してあまりにも敏感すぎるか、あるいは無感覚かのいずれかである場合が多い。神経調整はこれらのバランスをとる。第7章で述べるが、神経刺激は神経調整を引き起こし、一般に脳の自己調節を改善する。

　神経調整が機能するあり方の一つは、皮質下の二つの脳システムに働きかけることで、脳の全体的な覚醒度を再設定《リセット》するというものだ。

　一つは網様体賦活系《もうようたいふかっけい》（RAS）のリセットで、このシステムは意識レベルと全体的な覚醒レベルの調節に関与する。RASは脳幹（脊髄と脳の基底のあいだの脳領域）に位置し、皮質の最上位の部位に向かって広がる。そしてその他の脳の部位を「増強」し、睡眠・覚醒サイクルを調節する。以後の章では、光、電気、音、振動による刺激によって、（脳の問題のためにつねに消耗し、神経過敏の状態にある）脳障害を持つ患者を深く眠らせて、体力を回復させて目覚めさせ、よりよい睡眠サイクルを発達させるきっかけを与えられることを示す。RASのリセットは、脳へのエネルギー供給の回復と、それによる治癒を導く際のカギになる。

　二つ目は自律神経系への働きかけである。何百万年もの進化の過程を経て、ヒトは、捕食者が突然襲ってきて思考する間がない場合などの緊急時のために、無意識のうちに自動的に反応できるよう「あらかじめ設定された」神経系を備えるようになった。このような既製の自動反応は自律神経系に組み込まれている。「自律」と呼ばれる理由は、それがほぼ自動で作用し、意思によるコントロールを必要としないと考えられているからだ。

自律神経系には二つの系統がある。一つは闘争／逃走反応を示す交感神経系で、この神経系は捕食者と戦うよう、もしくは危険な相手なら逃げるようその人を駆り立て、血液を心臓や筋肉に流す機能を担う。闘うにしろ逃げるにしろ、膨大なエネルギーの放出と、（必要なエネルギーにただちにアクセスするために）代謝活動の活性化が必要になる。非常時の生存のために設計されたこのシステムは、すべての活動をその目的のために集中させ、一般に成長と治癒のプロセスを抑制する。脳障害や学習障害を持つ患者の多くは、たった今起こっているできごとについていけないために、絶望、危険、過度の不安を感じていて、この交感神経系が支配する「闘争するのか逃走すべきなのか」という切迫した状態に置かれている場合が多い。問題は、この状態にあると治癒や学習が妨げられ、脳の変化が起こりにくくなることである。

二つ目の系統は副交感神経系で、この神経系は交感神経系をオフにして、考えたり反省したりできるよう、その人を落ち着いた状態に保つ機能を担う。交感神経系は闘争／逃走反応システムと呼ばれるが、副交感神経系は休息／消化／修理システムと呼ばれることがある。副交感神経系がオンになると、治癒には不可欠の成長、エネルギーの保存、睡眠を助長する、いくつかの化学反応が引き起こされる[*4]。また、細胞内のエネルギー源たるミトコンドリアを再充電し、活性化させる（これについては第4章で詳しく説明する）。非常に重要な点をつけ加えておくと、ハーバード大学のマイケル・ハセルモらは、交感神経系をオフにすると脳の神経回路のSN比が改善することを示した[*5]。したがっておそらく、副交感神経系をオンにすることは、ノイズに満ちた脳を鎮める一つの方法になるはずだ。本書で取り上げるテクニックの多くは、副交感神経系をオンに、また交感神経系をオフにし、実践者をただちにリラックスさせて成長の準備を図る。なお第8章では、副交感神経系は他者とのつながりを可能にする「社会的関与システム」を有効にし、それによって自分を落ち着かせて、自己の神経系の調節を支援する例を取り上げる。

神経リラクセーション（Neurorelaxation） ひとたび闘争／逃走反応が無効にされると、脳は回復のために必要なエネルギーを蓄えることができる。本人は主観的にリラックスし、十分な睡眠をとれるようになる。脳障害を持つ多くの人は、疲れているうえによく眠れない。ロチェスター大学のマイケン・ネーデルガードによる最近の発見が示すところでは、グリア細胞は睡眠中に、老廃物と蓄積された毒素（認知症によって形成されたタンパク質を含む）を、脳の大部分を浸す脳脊髄液を通して放出する特殊な経路を開く[*6]。この独自のシステムは、目覚めているときよりも睡眠中のほうが一〇倍活発に働く。この事実は、睡眠不足が脳の機能の低下につながる理由を説明する。睡眠が大幅に不足すると、毒素に満ちた脳と化すのだ。神経リラクセーションフェーズは、これを矯正するものと考えられる。なお、このフェーズは数週間続く場合がある。

神経差異化と学習（Neurodifferentiation and learning） この最終フェーズでは、脳は休息し、ノイズに満ちた脳が調整され、はるかに「静かになる」。というのも、神経回路が自己調節の能力を取り戻すからだ。患者は注意を集中できるようになり、学習の準備が整う。これには、脳の高度な機能である繊細な識別、言い換えると「差異化」が関係する。たとえば学習障害を持つ人のための脳の訓練

や、リスニングセラピーを基盤とする訓練の多くは、繊細な音の識別能力を徐々に向上させるトレーニングを含んでいる。★

これらすべてのフェーズが組み合わさることによって最適な量の神経可塑的変化が得られるのだが、以下の各章で取り上げる例では、おのおの異なるフェーズが強調されている。第4章と第8章の一部、およびマトリックス・リパターニングに関する補足説明2は、脳細胞の全般的な健康に焦点を絞る。第6章は神経リラクセーションを、第7章は脳をリセットするための神経刺激と神経調整を、そして第5章は最後のフェーズの神経差異化を強調する。音を用いた事例を紹介する第8章は、すべてのフェーズが作用する様子を示す。

脳に損傷を負った人のほとんどは、これらの各段階を経過しなければならないが、本書で取り上げる問題の多くは脳の損傷に起因するわけではなく、患者はそもそも一度も発達したことのない神経回路を構築していかなければならない。また場合によっては、神経刺激と神経差異化のみで済ませられるケースや、いくかの異なる介入方法の恩恵を受けられるケースもある。

神経可塑的なアプローチにおける治癒プロセスの進展は、テクニックや疾病や障害のみに依存する

★神経可塑性の発見は何ら新しいものではなく、神経可塑的治癒は単なる学習にすぎないと主張する懐疑論者がいる。しかし、神経可塑的治癒で通常の学習が関係するのはこの最終フェーズにおいてのみであり、さらに言えば、神経可塑性による脳の学習の効果は心的活動による学習の効果と同一ではない。

のではない。われわれは疾病ではなく人々を治療する。遺伝と神経可塑性それ自身の影響により、二つの脳がまったく同一であることはない。それは脳の損傷や障害にも当てはまる。損傷を受けながらも概して健康を維持する脳を持つ人と、同様な損傷を脳に受け、ドラッグや神経毒にさらされた経験のある人、以前に脳卒中に見舞われたことがある人、重い心臓疾患を持つ人を比べることはできない。損傷箇所も問題になる。呼吸中枢に弾丸を受ければ、その人は「再配線」する機会を得る前に即死する。注意中枢の損傷は、脳の訓練の実践を困難にするだろう。しかし注意力でさえ、神経科学者のイアン・ロバートソンが示したように、神経の可塑性を活用することによって鍛錬できる場合もある。

次章では、最初の三つの段階を引き起こすアプローチを紹介する。次章に登場する患者は、持って生まれた臨機の才を活かして自分でプログラムを編み出し、「神経差異化と学習」フェーズを引き起こすことができた人物だ。

第4章

光で脳を再配線する

光を用いて休眠中の神経回路を目覚めさせる

「新鮮な空気の次に必要なのは光である」「密集した病室の次にもっとも患者を害するのは暗い病室である」「彼らに必要なのは単なる光ではなく直射日光である」。これらは私が行なってきたあらゆる治療の経験から得られた無条件の結論である。（……）人々は、光の効果が単に精神的なものにすぎないと考えている。この見方は正しくない。太陽は画家であるばかりでなく彫刻家でもあるのだ。

——フローレンス・ナイチンゲール『看護覚え書』（一八六〇）［*1］

小さな世界

見知らぬ人との二つの偶然の出会いから成るこのできごとは、ある都市の一ブロックの内部で起こった。最初の出会いは、私のオフィスから東に向かってすぐの場所で、そして二度目は西に向かってすぐの地点にあるトロント王立音楽院の壮麗なケルナーホールでのことだった。

二〇一一年の晩秋、オンタリオ州医師会は、州在住の医師たちに遊び心に満ちた案内を送った。彼らは小さな集まり「ドクターズラウンジ」を形成し、月に一度トロントで夕食会を開いて、そのあと医師会本部で講演を行なっている。「ドクターズラウンジ」は、州最大の医学組織の内部で運営されている。メンバーは非常に若い医師から引退した医師まで幅広い年齢層で構成され、皆、最新の医療や科学に関する講演を熱心に聴く。

かつてはあらゆる病院に医師向けのラウンジが設けられていた。そこではスクラブ〔医療用白衣〕を着た外科医や、病棟で長い一日を終えた内科医たちが、めったに見せない豊かな表情を浮かべて気ままな会話を楽しみ、患者についてや、医療や科学の最新ニュースについて語り合っていた。ラウンジにはどこか一九世紀的な雰囲気があった。しかしスピードが支配する現代社会における今どきの経営陣や「効率の専門家」は、医師が「たむろ」しないよう、ラウンジを病院から撤去していった。そのようなわけでわれわれは、一種の反抗心から、医学や人体の奇跡を学び、心を解放して自由に思索を深める場所として、医師会本部にラウンジを復活させたのである。

わがグループの創始者ハロルド・パプコ博士による公示は、あたかも硬直化した形式が真摯な職業意識を伝えるとでも言いたいかのごとくわざわざ無味乾燥に書いたとしか思えないような、大組織の公示のこわばった表現とはまったく異なる。それは「暗闇から光へ――臨床的探究」と題され、「そして神は言われた。謎よあれ。すると光があった」という架空の人物ポッカー・レベの言葉の引用で始まり、次のように続く。

光の性質とは何だろうか？　波か粒子か？　それとも臨床ツール？　イエス、イエス、イエス。光線療法の治療への適用は、すでに確立されたもの（新生児黄疸、乾癬《かんせん》など）から、最近の流行（季節性情動障害への適用など）に至るまで広範囲にわたるが、おそらくあなたは、身体の外傷から脳損傷に至るさまざまな症状に光線療法が利用できることに気づいていないだろう。（……）

二〇一一年一二月八日午後七時三〇分

公示はさらに、講演では、脳損傷やその他の生理学的、あるいは精神医学的障害に対する光の利用が強調される予定であることを説明していた。

私はそれを読んで、しばし考えた。「光を用いた脳損傷の治療だって？」「どうやって光が、骨で覆われた頭蓋を貫通できるのだろうか？」などと思ったのだ。私はそれまで、遺伝子操作によって光に反応する能力をニューロンに持たせるという、ほとんどSFに近い試みを行なっている科学の新しい分野、光遺伝学を追っていた。一九七九年、DNA構造の共同発見者であるフランシス・クリックは、他のニューロンに影響を与えないようにしながら、特定のニューロンを活性化する方法を発見することが、神経科学に課せられた主たる課題だと論じた[*2]。もしかするとクリックは、光を用いて特定のニューロンをオンにしたりオフにしたりできると考えていたのかもしれない。

藻類など、光に反応する単細胞生物が存在することはもとより知られていた。光にさらされると、内部のスイッチが細胞を活性化するのだ。二〇〇五年、そのような光に反応するスイッチをコード化する遺伝子を動物のニューロンに挿入し、光にさらされるとそのニューロンが活性化することを示す研究が発表された。研究者のなかには、重度の脳の疾病を持つ患者の脳にそのニューロンを移植してから、外科手術によって損傷箇所まで一本の光ファイバーを通し、光を使ってそれらをオンにしたりオフにしたりできるのではないかと考える者もいた。このテクニックはすでに、蠕虫《ぜんちゅう》、マウス、ラット、サルでは成功しており、次はヒトであるように思われた。しかしこのアプローチはきわめて侵襲的であり、スタンフォード大学で生体工学を専攻する精神医学者で、光遺伝学の開拓者でもあるカール・ダイセロスは、ヒトの脳に光ファイバーのような異質な素材を外科的に挿入すると、免疫反応などの種々の問題を引き起こすのではないかと懸念する。ダイセロスは、患者に適用するためではなく、神経回路の機能を理解するための基本的な科学ツールとして光遺伝学をとらえている[*3]。いつの日か光遺伝学の成果が生命を救えるようになるのかもしれないが、講演の日が近づくにつれ、私はその内容が実践的なものであることを願っていた。自然に逆らってではなく、自然に即した治療の提案を期待していたのである。

光は私たちが気づかぬうちに身体に入ってくる

幸いにも、自然光でさえ、光ファイバーや外科手術によらずとも脳の奥深くまで入ってくる。私たちは、光を遮断する絶対的な障壁として皮膚や頭蓋をとらえているが、この見方は正しくない。たとえば通常の太陽光のエネルギーは、皮膚を通過して血液に影響を及ぼす。講演の案内は、一例として光を用いた「新生児黄疸」の治療に言及していた。皮膚や目が黄色くなる新生児黄疸は、新生児の肝臓が未熟で代謝機能を実行する準備が十分に整っていない場合に生じる。私たちの身体はつねに新たな赤血球を生産し、供給している。したがって、古い赤血球は分解されなければならない。新生児黄疸は、古い赤血球が分解されることで生産されたビリルビン（胆汁〈bile〉に由来する）と呼ばれる化学物質が、身体に蓄積することで生じる。新生児のおよそ半数は黄疸を抱えている。その状況は通常数日続くだけだが、それ以上続く場合には大きな問題になる。治療を怠った場合には、脳にビリルビンが蓄積され、恒久的な脳損傷が引き起こされるのだ。

医師は未熟児の救命には長けるようになったが、その代わり新生児黄疸が大きな問題になった。イギリスのエセックス州では、南側に面して日光が降り注ぐ中庭を持つ、第二次世界大戦期の元戦時病院で、黄疸を抱えた新生児の治療が行なわれていた。子犬の飼育が得意な修道女のJ・ウォードがその任にあたっていた。彼女はよく、とりわけ繊細な新生児を保育器から出し、日光が降り注ぐ中庭に乳母車で運んだ。それを見た他のスタッフは不安を感じたのだが、その新生児たちの状態は改善し始めた[*4]。ある日彼女は、新生児の一人を裸にして、おずおずと担当医師に見せた。日光にさらされた腹部はもはや黄色くなかったのだ。

黄疸にかかった新生児の血液サンプルが自然光のあたる窓際に置き忘れられるというできごとが起こるまで、彼女の言葉をまじめに受け取る者は誰もいなかった。回収された血液サンプルは正常だった。医師たちは何かの間違いであろうと考えたが、R・H・ドッブス医師とR・J・クレーマー医師はさらに調査を進め、サンプル中の過剰なビリルビンがいつのまにか分解、つまり代謝され、血中のビリルビン濃度が正常なレベルを示していることを発見した。日光を浴びた新生児の黄疸が治ったのも、このためではないだろうか？

さらなる調査によって、皮膚と血管を通して、血液、およびおそらくは肝臓に達した光の青色の波長が、この驚嘆すべき治療効果を発揮したことが判明する。かくして光を用いた黄疸の治療が主流を占めるようになった。修道女ウォードによる偶然の発見は、私たち人間がそれまで考えられていたほど不透明ではないことを証明したのである。

実のところ、ウォード、ドッブス、クレーマーの発見はすでに古代には知られていたが、その後忘れ去られていた。ローマ帝国でもっとも有名な医師の一人であったエフェソスのソラノスは、黄疸にかかった新生児を太陽のあたる戸外に出すことを推奨した。ほとんどの異教徒は光線療法を真摯に受け取り、古代ギリシアの太陽神ヘリオスの名をとった「日光療法《ヘリオセラピー》」には非常に大きな効果があると考えられていたため、古代の建築物は純粋な太陽光線をできるだけ多く取り込めるよう設計されていた。古代ローマ人は日照権に関する法律さえ持ち、家庭における人々の日光を浴びる権利が保証されていた（やがて彼らは日光浴室《ソラリアム》を建造するに至る）[*5]。やがてこれらの法律は廃れ、光の治癒効果は忘れられていく。★

現代の看護術の創始者であるフローレンス・ナイチンゲールが登場するまで、病院は患者が十分な日光を浴びられるようには設計されていなかった。しかし彼女の貢献もつかの間、一九世紀における日光の重視は、電球の発明とともにたちまち終わりを告げる。当時は、電球の光は太陽光と同じくフルスペクトル光線だと考えられていた。（残念ながら、人工の光はフルスペクトル光線でもなければ、自然光と同じでもない。）当時の科学は、日光には治癒効果があると見抜いたナイチンゲールの洞察を説明できなかったため、病院の設計で自然光が重要視されることはなくなっていったのである。

こうして、光はすぐれたヒーラーであるという考えは、数千年にわたり忘れ去られてきた。古代エジプト人はほとんど科学らしいものを持っていなかったが、至るところで太陽が生命と成長の源泉として作用しているという、自らの目で見た事実を疑わなかった。彼らは太陽神ラーを崇拝する、文字通りの太陽崇拝者であった。そして、彼らの崇拝する神が自分たちを守るだけでなく、癒してくれることを期待していた。彼らにとって、ラーはいたるところに存在した。ラムセス大王でさえ、ラーの名前を自分の名前に組み入れていた。エジプト人やその他多くの古代の異教徒たちは、太陽を生命の第一の源泉としてとらえ、生きとし生けるもののすべてが、最終的には太陽からエネルギーを得ていることを自明と見なしていたのだ。(言うまでもなく日光は、植物が二酸化炭素と水をエネルギー源のブドウ糖に変換するプロセス、光合成に不可欠である[*6]。光合成を行なわない生物でさえ、植物もしくは草食動物を食べることでエネルギーを得ている。したがって最終的には、地球上におけるあらゆる生物の繁栄が、太陽に依存している。)

また、古代人は、損なわれた組織の治癒には成長が必要だと感じていた。古代のエジプト人、ギリシア人、インド人、そして仏教徒のヒーラーは皆、治癒を促進するために、計画的に太陽光を浴びていた。ファラオが支配した時代の古代エジプトのパピルスには、病んで苦痛に満ちた身体の部位に液体を塗り、治癒効果を得るためにその部位を太陽にさらすべきだと書かれている[*7]。したがって、たとえば手術から回復しつつある患者を(人工の光ではなく)日光の当たる部屋に収容すれば、患者の痛みを大幅に緩和できることを示した二〇〇五年の研究など[*8]、光に関する最近の発見の多くは、実際には再発見だと言える。
一九八四年、アメリカ国立衛生研究所のノーマン・ローゼンタール博士は、太陽光への曝露によってある種の抑うつを治療できることを示した。また最近の研究では、フルスペクトルの光が抑うつを抱える患者に対し、投薬と同程度の効果があり、しかも副作用がより少ないことが示されている。古代ギリシア人やローマ人はこれらの発見をすでに知っていた。古代ギリシアの医師、カッパドキアのアレタイオスは、「無気力な人々は光の当たる場所に連れ出して日光を浴びさせるべきである。なぜなら、疾病は闇だからだ」と紀元二世紀に書いている[*9]。このように日光が気分に影響を及ぼすのなら、脳にも影響するはずだ。

★ただし、完全に忘れられたわけではない。デンマークの医師ニールス・R・フィンセンは、赤色の波長を用いた天然痘の治療を含む現代の光線療法を開拓することで、一九〇三年にノーベル賞を授与されている。彼は、赤色光と天然痘の関係の最初の発見者が自分ではないことに気づいていた。彼は次のように書く。「中世の時代には、赤い覆いを巻き、病床には赤い玉を入れることで天然痘患者を治療していた。ガッデスデンのジョン（一三～一四世紀イギリスの医師）は、ウェールズ大公の天然痘を、赤い物体を巻くことで治療した。（……）日本でも天然痘患者は赤い毛布で覆われ、天然痘の子どもは赤い玩具を与えられた。天然痘治療におけるこの不確実ながら注目すべき赤色の使用は、当然のことのように中世の迷信だと見なされてきた」。次の文献を参照されたい。N. R. Finsen, "The Red Light Treatment of Small-pox," *British Medical Journal* (December 7, 1895), pp. 1412–14

学校では次のように教わる。光エネルギーは目に入って、網膜、およびその内部にある桿体《かんたい》細胞や錐体細胞に当たり、電気エネルギーのパターンに変換される。そしてそれが、視神経のニューロンを介して後頭部に位置する視覚皮質に伝達され、視覚経験が生じる。

二〇〇二年には、網膜から脳に至る、目的がまったく異なる第二の経路が発見された。視覚に関与する網膜細胞（桿体細胞、錐体細胞）のほかに、視神経内の別個の神経経路に電気信号を送り出す光検出器が存在することがわかったのだ[*10]。この経路は、視交叉上核（SCN）と呼ばれる、体内時計を調節する一群の脳細胞に至る。

体内時計は単なる時計以上のものであり、日常生活のなかで主要な身体システムが活性化、あるいは非活性化されるタイミングを制御する。SCNは視床下部の一部を構成し、ともに一種の指揮者としてホルモンの分泌を調節することで、空腹感、のどの渇き、性欲、睡眠欲が高まったり引いたりする嗜好の交響楽を統制する。また、覚醒度や神経系にも影響を及ぼす。

古代中国の人々は、身体の各システムには一日を通じてその活動が最大になるときと最低になるときがあることを知っていた。たとえば中国の臓器時計の考えによれば、心臓の活動とそのエネルギーは、動き回らなければならない正午には増大し、睡眠中には低下する。消化系の活動は食事後に高まる。臓器時計によって睡眠中の肝臓の活動が抑えられるので、私たちは夜間にあまり排尿せずに済んでいる。この働きは、一つには古時計のごとく臓器時計が正確な時を刻まなくなるために、年齢を重ねるにつれ衰弱する。つまり対応するニューロンが不規則に発火するようになるからで、これもノイズに満ちた脳の問題の一つと言えよう。

私たちが朝になって目覚めると、光が目に入ってくる。光はSCNに送られて、各身体システムを活性化する。人間の場合、夕方になって日が沈むと、外界の光が消失したことを知らせるメッセージが目から伝達される。SCNがこのメッセージを松果腺に送ると、松果腺は眠気を喚起するホルモン、メラトニンを分泌する[*11]。トカゲ、鳥類、魚類では、薄い頭蓋に当たった光は直接松果腺を刺激するので、これらの生物の松果腺はとりわけ「目のように」なる（ときに第三の目と呼ばれる）。このように、私たちが受け継ぐ進化の遺産を考慮すれば、ヒトの頭は骨で覆われていても密室ではないこと、そして脳は常時光を取り込んで、光と相互作用するよう進化してきたことが理解できる。

私たち人間には、驚くべき作用たる視覚だけを、光と結びつけて考える傾向がある。しかし、人間と光の関係はそれにとどまらず、もっと根源的である。光は視覚以外にも生体にさまざまな化学反応を引き起こす。これは植物に限った話ではない。目のない単細胞生物は、光に反応してエネルギーを供給する分子を外膜上に持つ。たとえば塩性湿地に生息する好塩菌はオレンジ光を取り込み、感光性の分子がそれをエネルギーに変換する[*12]。感光性分子がオレンジ光を吸収すると、好塩菌はさらなる光のエネルギーを求めて光源に向かって泳いでいく。また、紫外線や緑色光を嫌う。好塩菌への影響が光の波長によって異なるという事実は、光の周波数がエネルギーのみならず、さまざまな種類の情報を伝達することを意味する。興味深くも、好塩菌の表面に存在する、生存に必須の感光性分子は、人の網膜に存在するロドプシンと呼ばれる感光性分子と構造的にとてもよく似ている。この事実は、私たちの目がそこから進化したことを示す。

色に対する極端な敏感さは、私たちの身体を構成する個々の細胞やタンパク質の内部にも存在する。

一九七九年、モスクワ大学の科学者カレル・マルチネクとイリヤ・ベレズンは、人の身体がおびただしい数の感光性の化学スイッチや増幅器に満ちていることを示した[*13]。そのスイッチや増幅器は、色、すなわち波長によって受ける影響が異なる。たとえば、より効率的に機能するよう身体の酵素に働きかけ、細胞中のプロセスを有効もしくは無効にし、どの化学物質を生産するかに影響を及ぼすことができる色もある。また、ビタミンCの発見によってノーベル生理学・医学賞を受賞したアルベルト・セント＝ジェルジ〔ハンガリー出身のため、セント＝ジェルジ・アルベルトと記されることもある〕は、身体内で電子がある分子から別の分子に移ると（電荷移動と呼ばれる）、分子が色を変える、言い換えると、放射する光のタイプを変える場合がしばしばあることを発見した[*14]。（発光酵素《ルシフェラーゼ》が大量の可視光線を生むホタルには、このプロセスが極端な形態で見られる。）かくして人間と光の遭遇は、皮膚に限られるわけではなく、身体は闇に閉ざされた洞窟などではない。細胞内では、光子がひらめき、エネルギーの移動が生じ、さまざまな変化が引き起こされている。ならば、ナイチンゲールのみごとなたとえを借りると、光で頭部表面を「ペイント」する方法だけでなく、脳の回路を「彫琢《ちょうたく》」する方法は見つかったのだろうか？

講演と偶然の出会い

二〇一一年一二月のとある木曜日、私は午後七時一五分に患者の診察を終え、すぐ近くにあるオンタリオ州医師会のオフィスに歩いて行った。それには特別な目的があった。私はすでに、脳に損傷した組織がある場合、心的実践、運動、外界の感知などによる心的な経験を通して、残された健康な組織を刺激することにより、自己の再組織化や新たな結合の形成を導くことが、そしてときに、組織が損傷することによって失われた認知機能を、新たなニューロンに代替させることとさえ可能であると知っていた。しかしそのためには、損傷した組織にとって代わる健康な組織がある程度残っていなければならない。私は、依然として「病んでいる」脳の組織の治癒に、光線療法がどうにか役立たないものかを知りたかった。それはニューロンの全般的な細胞機能の治癒に役立つのだろうか？　役立つのなら、光は脳の障害を治療する新たな手段を提供してくれるだろう。脳細胞が正常に戻れば、失われた心の機能をとって代わるべく自己を再配線できるよう、ニューロンを鍛錬できるはずだ。

大皿から料理を取り分けて席にすわり、同僚の医師と話をしているときに、地中海地方の顔立ちと肌の色をした、メガネをかけた面持ちが知的な印象を与える黒髪の細身の女性を会場の反対側のほうに見かけた。注意深く歩いている彼女は、ひ弱そうに見えた。すると彼女は私のほうにやってきて、ゆっくりと話し始めた。彼女が言うには、私をどこかで見かけたのだが、どこで見たのかがよくわからず、それが気になってしかたがないとのことだった。それがわかる前に、「私はガブリエル・ポラードです」と彼女が自己紹介してきたので、私も自分の名前を告げた。彼女は私の名前を知らなかったし、私も彼女の名前に覚えがなかった。

私は、彼女の用心深く不安定な歩き方を見て、また、少し緩慢な話し方から判断して、彼女が脳に損傷を負っているのではないかと見て取った。おそらく個人的な理由があって講演を聴きにきたのではないだろうか？　そうこうしているうちに、講演が始まった。

最初のスピーカーは、血管を専門とする外科医のフレッド・カーンだった。細身で引き締まった体格で、もじゃもじゃの白髪を額に垂らしている。七〇歳代半ばに見えるが、実際には八二歳で、その年齢で今でも週に六〇時間以上働いている。いかにも太陽の恵みを存分に受けているといった彼の外見は、太陽が危険だということだけは知ってはいても、人類が日光なくしては進化し得なかったことをまったく忘れ去り、皮膚がんをむやみに心配して太陽恐怖症に陥ったためか、彼より若いにもかかわらず青白い顔をした多くの聴講者と比べるととりわけ際立つ。カーンは、平日には四時間、週末にはそれ以上の時間を費やして日光を浴びることに決めている。さらに週に四度は泳ぎ、新鮮な空気のなかを長時間かけて散歩する。今は気ままな服装をしているが、スーツよりスクラブを着ていたほうが快適に感じ、ネクタイなどはもってのほかと思っているかのように見える。オンタリオ州の田舎で育った人に特有のつっけんどんでドライな物言いをする彼は、その独特の話しぶりで、自分の経験を語り、皮肉を言い、無表情な顔つきでこぼれ話をした。

　のちに知ったことだが、カーンは一九二九年にドイツでユダヤ系の家庭に生まれた。ナチスがドイツ国内のほとんどすべてのシナゴーグに放火し、三万のユダヤ人を強制収容所に連行した一九三八年一一月九日から一〇日にかけての水晶の夜〔反ユダヤ主義暴動が各地で起こった〕を生き延びた。第二次世界大戦が勃発する三週間前、彼の家族は家財一式を置いたまま車と列車で夜間逃亡を企て、ドイツの役人に賄賂をつかませてオランダに渡った。そして最終的にはカナダのオンタリオ州アクスブリッジに移住し、一家で農場を運営するようになった。かくしてフレッドは農場で育てられ、冬の日も雪道を一〇キロメートルほど歩いて小さな赤い校舎の学校に通った。夏の日には、太陽のもとでシャツも着ずに何時間も働いた。一〇歳の頃にフォードソン・トラクターを無免許運転していた彼は、農夫の美徳を身につけ、自然の力、掟、威厳をつねに重んじた。
そののちに彼は奨学金を手にして、トロント大学医学部に入学する。卒業すると、内科医の処方する医薬品に興味が持てず、一般外科医になり、やがてオンタリオ州北部の巨大な採鉱場で主任外科医として勤務した。並外れたバイタリティを持つ彼は、四人の外科医の代わりを務め、昼夜二つの手術室を切り盛りした。その後血管手術を学びにマサチューセッツ総合病院へ赴き、それからテキサス州のベイラー大学に行き、世界でもっとも腕利きな外科医の一人で、初期の心臓移植手術の一つを行なったデントン・クーリーのもとで学んでいる。さらにカリフォルニア州で血管手術と一般的な外科手術に携わり、腹部大動脈瘤の手術、バイパス手術、頸動脈の血栓の除去などを行なっている。アメリカ陸軍のコンサルタント外科医を務めたこともある。また、主任医師として二五〇のベッドを擁する病院の設立に関わり、外科部門の部長になった。当時の彼は、二万を超える大きな手術を行なっている。

カーンの講演が始まった。「私は二〇年以上前にレーザーに出会いました。スキーに熱中して肩を負傷し、それが慢性障害を引き起こしたのがきっかけでした」と彼は語り始める。彼はアルプスなどの有名な山岳地帯でスキーを楽しんでいたが、肩回旋筋腱板を負傷した。そのため二年間、スキーはおろかいかなる身体的活動をするのも困難な状況に陥る。ステロイド注射は効かなかった。「担当の外科医は肩を手術する必要があると言いましたが、私自身外科医なので、彼らが私の肩に何をするか、どうやって切り開くか、そしておそらくみじめな結果に終わるであろうことがよくわかっていました。それはごめんです」。そのため彼はひたすら耐えていたのだが、ある日、知り合いのカイロプラクターにレーザー治療を勧められた。

このカイロプラクターはロシア製の古いレーザー装置を持っていた。一九八六年当時、冷戦は終わっていなかったが、この単純な装置が数台西側に持ち出されていた。カーンは彼にその装置を使わせてみることにした。そのレーザーを用いた五回のセッションを受けると、二年間硬直して痛みが続いていた肩は治癒した。この装置は低強度レーザーと呼ばれ、生身を焼き切る高強度の「ホットな」レーザーとは異なる。

カーンはこの結果に興味をそそられ、科学文献を渉猟すると次のようなことがわかった。低強度レーザーによる治療は、身体に備わる自身のエネルギーと細胞資源を動員し、自らを治癒できるよう支援することで機能する。副作用はない。どうやらレーザーは、手術や投薬以外に対応手段のない症状を治療できるようだった。低強度レーザーにすっかり魅了されたカーンは、外科医としてトップの地位にのぼりつめていたにもかかわらず、光について学ぶためにあっさりその地位を捨てる。

低強度レーザー療法は主流の療法家にはほとんど知られていないが、三〇〇〇件を超える科学文献にその基礎を置き、二〇〇件以上の臨床試験で肯定的な結果が得られている。初期の研究のほとんどは、当時のソ連、東欧、あるいは中国近辺の国々、チベット、インドで行なわれている。東洋医学は一般にエネルギーの役割を重視する傾向を持ち、初期の研究は欧米ではあまり知られていなかった。

二〇一一年のその夜に行なわれたカーンの講演の大部分は、光の科学の解説、およびいかにレーザーが細胞レベルで治癒プロセスに働きかけられるかについての説明に費やされていた。彼はレーザーには二つの種類があることを説明した。一つは焼き切るためのレーザーで、高強度レーザー（ホットレーザー、サーマルレーザー）と呼ばれる。こちらは生身を破壊する能力を持ち、病に犯された組織を切除する外科手術に用いられる。それに対しカーンが用いる低強度レーザー（ソフトレーザー、コールドレーザー、低レベルレーザーとも呼ばれる）は、治癒を促進する。熱をほとんど、あるいはまったく放出せず、おもに病んだ細胞にエネルギーを付与して自己治癒力を助長することで、細胞に変化をもたらすのである。

通常の光のエネルギーは、異なる波長のさまざまな種類の波（電波、X線、マイクロ波を含み、そのほとんどは目に見えない）から成る巨大な電磁スペクトルの一部を構成する。私たちは、波長が四〇〇〜七〇〇ナノメートル（一〇億分の一メートル）の光を見ることができる。可視光線は、スペクトルの一方の端から他方の端まで、エネルギーの大きさの順に紫（四〇〇ナノメートル）、藍色、青、緑、黄、オレンジ、そして赤（七〇〇ナノメートル）で構成される。自然光はこれらすべての波の混合であり、一般にレーザー治療でもっともよく用いられるのは、六六〇ナノメートルの赤色光である。しかし波長八四〇もしくは八三〇ナノメートルの赤外線光もよく使われる。これらの光は、可視の範囲を超えるため目には見えない。（「不可視の光線」という概念は不自然に思えるかもしれないが、それも光であり、光子と光エネルギーから成る。特殊部隊が使用する、暗闇でも「見える」暗視ゴーグルは、人間の目には見えない赤外線光を拾って増幅する。）

レーザーの特徴は、他の方法では生みだせない、純粋な、すなわち一ナノメートルの狂いもない光線を作り出せることにある。このためレーザーは単色《モノクロ》の光線と呼ばれる。したがって、たとえば波長が六六〇ナノメートルの光線、六六一ナノメートルの光線、あるいは六六二ナノメートルの光線を作り出すことができる。生体組織の治癒には、特定の波長が有効だが、少しでも波長が異なると効果が失われるため、低強度レーザーでは波長の精度がカギを握る[*15]。

レーザーのもう一つの特徴は、光線を一方向に照射し、エネルギーをごく狭い範囲に集中できることである。それに対し、白熱灯や太陽（自然光）などのほとんどの光は、光源から離れるにつれて拡散する。

レーザー光のさらなる特徴は、その強度だ。一〇〇ワットの電球を三〇センチメートル離れたところで見ると、一ワットの一〇〇〇分の一のエネルギーしか目に当たらない。それに対し、一ワットのレーザーは、一〇〇ワットの電球より数千倍の強度を持つ[*16]。この特徴により、レーザー光は自然光にはない焦点形成能力を持つ（だから「彼の集中力《フォーカス》はレーザーのようだ」などという言い方をする）。かくしてレーザーポインターは鉛筆の芯のように細い光線を発射し、遠方の目標に当たっても焦点を維持できるのである。また天文家は、その種のレーザーを使って特定の星をピンポイントで指すことができる。

理論的な説明を終えたカーンは、いわゆる使用前／使用後のスライドを見せた。それを見た聴衆のほぼ全員が驚いている。

スライドには、皮膚が覆えないほどの重傷を負い、骨や筋肉が見えている人々が写っていた[*17]。これらの患者の多くは、開いたままの膿んだ傷を一年以上にわたって抱え、それにはどんな治療も効果がなかった。切断手術が必要だと医師に告げられた人もいる。ところがレーザー治療を数回受けると、患者の身体は傷を癒し始め、続く数週間で傷口が閉じたのだ。カーンは、治療不可能な糖尿病性潰瘍、自動車事故による開いた傷、重度のヘルペス感染症、帯状疱疹《ほうしん》、ひどいやけど、醜い乾癬《かいせん》、重い湿疹を抱える人々が写ったスライドを続々に見せた。これらはすべて通常の治療では治らなかったが、レーザー光をあてると治癒したのである。レーザーは膠原《こうげん》組織に働きかけるので、ケロイドと呼ばれる醜い傷跡や、通常の加齢による垂れ下がったしわも改善することができる。

他のスライドには、アテローム性動脈硬化（血液供給の低下）や凍傷によって細胞が死に、壊疽《えそ》を起こして黒ずんだ手足が、レーザーの適用によって切断手術を免れ、ピンク色をした健康で肉づきのよい状態に回復した様子が写されていた。カーンは血管外科医として、感染した、あるいは壊疽を起こした手足の治療や、身体の一部から死にかけている手足に血管を移植する手術では治癒しない傷の治療を何度も行なってきた。今では光を用いてそれらに対処している。これらすべての障害は、患者の身体が、傷ついた組織に血液を供給する能力を失ったために生じたのだ。彼は、身体の治癒には良好な血液循環を維持する必要がつねにあることを心得ている。とはいえ血液循環の改善は、レーザーの数ある効果のうちの一つにすぎない。

次にカーンは、光によって予期せぬ治癒が得られた例を示すスライドを見せる。膝のうしろの腱やアキレス腱の断裂、あるいは軟骨組織が磨耗した場合に起こる変性骨関節炎すら治せたのである。軟骨は、関節のあいだで枕のような働きをする。しかし骨関節炎を発症すると、軟骨は失われ、骨と骨がこすれ合うようになってひどい炎症と激痛を引き起こす。医学部では長いあいだ、いったん軟骨が失われると交換が不可能なので、骨関節炎の治療には鎮痛剤を用いるよう教えられていた。これらの鎮痛剤は抗炎症性の医薬品で、習慣性が強く、長期的な観点からすれば副作用がかなり認められる。★また、骨関節炎に関して言えば、鎮痛剤は、症状を緩和することはできても疾病そのものを根絶しないので、長期間の投与が必要になる。

カーンが用意したスライドには、レーザー療法によって軟骨を再生した患者が写されている。そして彼は、レーザーによって骨関節炎を持つ動物の正常な軟骨の再成長が促進され、軟骨を生産する細胞の数が増えたことを示す、信頼に足る研究を引用する[*18]。また最近、ランダム化比較試験によって、人の骨関節炎の治療に低レベルレーザーが有効であることが示されている[*19]。

さらにカーンは、重度の若年性の形態を含む関節リウマチの症状がレーザーによって改善された例を紹介する。まずは一三歳の頃から若年性関節リウマチを患う一七歳の少女が、大幅な改善を見せた事例だ。ソーセージのように変形して使えなくなった指の治療を二八回受けても効果がなかったのだが、レーザー療法で改善されたのである。また次の事例では驚くべきことに、椎間板ヘルニアを抱える人がレーザーによって治癒していた。身体がどうにかして椎間板を再生したのだ。レーザーは、さまざまな痛みの症状や線維《せんい》筋痛症《きんつうしょう》にも効果がある。免疫系がひどく抑制されていたために、一面に疣《いぼ》のできた足がカリフラワーの切り株のようになっていた人も治癒していた。さらには、スポーツによる膝、腰、肩の負傷、反復運動過多損傷などにも効果があり、患者は膝や腰の手術を回避することができた。またカーンは、外傷性脳損傷、ある種の精神疾患、神経の損傷の治療でも、今や良好な結果が得られるようになったことにも言及する。

私のうしろにすわっていたガブリエルは、講演の最中にそわそわしながら立ち上がり、何度か席をはずした。どうやら彼女は頭をあげていられなくなり、音と、次々に映し出される開いた傷の映像に参ってしまったらしい。あとでわかったことだが、彼女は医師ではなく、その種の場面には慣れていなかったのである。

二人目のスピーカー、アニタ・ソルトマーシュは、おもに外傷性脳損傷、脳卒中、抑うつへの光線療法の適用に焦点を置いていた。彼女は研究者の経歴を持つ公認看護士で、オンタリオ州にあるレーザー機器会社の協力を仰ぎながら、レーザー療法を推進するようになった。丸一日のトレーニングセッションにつき添ったカイロプラクターが、レーザーに関して彼女に助言を求めた際、彼女は脳への光の適用に興味を抱き始めた。このカイロプラクターは、七年前に自動車事故に遭った、メンサレベル〔メンサとは、ＩＱの数値が人口上位二パーセントに入る人々の集まり〕の高いＩＱを持つ女性大学教授の治療をしていた。この教授は、信号待ちで停車しているときに時速九〇キロメートルで追突され、膝をダッシュボードに激しくぶつけて関節炎を発症し、頭がむちのように前後にしなって外傷性脳損傷を負ったのである。

脳損傷による症状は典型的なもので、さまざまな能力が失われた。集中力をなくし、眠れなくなった。コンピューターを二〇分以上使っていると消耗し、仕事に集中できなくなった。そして仕事をや

★アメリカでは、消化管出血を引き起こすこれらの医薬品が原因で、毎年一万六五〇〇人以上が死亡している。これはエイズによる死者数を上回る。M. M. Wolfe et al., “Gastrointestinal Toxicity of Nonsteroidal Anti-Inflammatory Drugs,” *New England Journal of Medicine* 340, no. 24 (1999): 1889

り遂げられなくなったために、辞職せざるを得なかった。話そうとすると言葉が見つからず、事故前は二つの外国語を話せたのだが、その能力も失われた。突然怒りを爆発させ、失われたものすべてに対するやり切れない思いを胸に、悲嘆にくれる日々だった。通常のニューロ・リハビリテーションを二度受けても改善のきざしが見られず、自殺も試みている。

ある日彼女は、膝の関節炎を治療するため、先に述べたカイロプラクターにレーザー療法を受けたところ、膝はすぐに改善のきざしを見せ始めた。そのとき彼女が、膝の治癒に絶大な効果を発揮したレーザー光を、頭部にも適用できないものかと尋ねたのである。

このようないきさつを経て、尋ねられたカイロプラクターは、彼女の頭部に光を当てても安全かどうかを、まずソルトマーシュに確認することにしたのだ。それに対しソルトマーシュは、「低レベルレーザー療法はほぼ四〇年にわたり実施されていますが、つねに安全で、取り立てて副作用もありませんでした」と回答した。どの脳領域がこの女性の認知の問題に関与しているかを知ったソルトマーシュは、頭部の八箇所にレーザー光を当てることを提案した。用いられた光はレーザー光そのものではなく、レーザーに類似する性質を持つ、赤および赤外線の範囲のLED光だった。

最初の治療を受けたあと、この女性は一八時間眠り続け、事故後初めて熟睡することができた。それから症状は大幅な改善を見せる。再び仕事を始め、長時間コンピューターを使えるようになり、自分の会社を設立することさえできた。再び二つの外国語を話せるようになり、抑うつは消えた。ただし、並行作業《マルチタスキング》をしようとするとすぐにフラストレーションが高じ、その点に関してだけはまだ困難を覚えていた。また、良好な状態を維持するには治療を続けなければならないことにも気づいた。重いインフルエンザにかかったときと、転倒したときに治療を中断せざるを得なくなったが、その際に症状が舞い戻ってきたのだ。「興味深いことに、彼女が〈ちょっとした休暇〉のあと治療を再開すると、以前のレベルよりさらに改善が見られたのです」とソルトマーシュは言う。彼女の主治医は症状の改善を認めたが、それが光線療法によるものだとはついぞ信じなかった。

ソルトマーシュの話では、この女性はマーガレット・ネーザー博士と、ハーバード大学、MIT、ボストン大学出身の同僚たちが行なう研究に参加している。なおこの研究のメンバーには、光線療法の細胞レベルでの作用についての研究における世界的な第一人者、ハーバード大学教授マイケル・ハンブリンも名を連ねている。ハンブリンはまた、マサチューセッツ総合病院の光医学ウェルマン・センターで、がんや心臓病の治療における光を用いた免疫系活性化の研究に従事しており、現在は、それを脳損傷にも適用しようとしている。彼らボストングループは、(経頭蓋レーザー治療と呼ばれる)頭頂にレーザーを適用する臨床検査に基づいて外傷性脳損傷へのレーザー治療の効果を研究し、その有効性を見出した。ボストン大学医学部教授のマーガレット・ネーザーは、脳卒中と麻痺にレーザーを用いる研究を行ない、また、経穴に光を照射することで「レーザー鍼治療」を実施した、何人かの先駆者のうちの一人になった[*20]。

中国では数千年間、経絡《けいらく》と呼ばれる内臓に達するエネルギーの経路が存在し、これらの経路には、皮膚表面に経穴と呼ばれるアクセスポイントがあると論じられてきた。古代の中国人は、これらのアクセスポイントが圧力や熱に反応することを知っていた。最近になって、電気やレーザー光でさえ、経穴を通して経絡に望ましい影響を与えられることが発見された。レーザーは、痛みや危害を与えずに、これらの経路に光のエネルギーを通すことができる。ネーザーは、中国では脳卒中の治療に頻繁に鍼が用いられることを知って興味を惹かれ、鍼の訓練を受けて一九八五年に中国に赴き、そこで脳卒中患者の麻痺の治療に、鍼の代わりにレーザーが使われているのをその目で見ている。アメリカに帰国すると、脳卒中で麻痺した患者の顔などに分布する経穴に、レーザーで刺激を与える研究を行なった[*21]。その結果、運動に関与する脳の経路が五〇パーセント以上破壊されていなければ、患者の動きに改善が見られることがわかった。

ボストングループの治療を受けた患者の一人に、アメリカ陸軍の女性将校がいる。彼女は軍隊で、さらにはラグビーやスカイダイビングの事故で、何度も脳震盪を起こし、軍では医学的障害者として扱われていた。ＭＲＩで撮影した脳画像は、脳の一部が、脳損傷によって実際に収縮していることを示していた。四か月間光線療法を適用すると、療法を受け続ける限り障害が消え、働くこともできるようになったのだが、中断するとやはり退行した。ソルトマーシュは現在、ボストングループとともに大規模な研究を行なっている。この研究では、脳損傷患者と脳卒中患者が、失われた認知機能を回復し、よく眠れるようになった。また、脳を損傷すると感情が激しくかつ不安定になることが多いが、それもコントロールできるようになったのである。

ガブリエルの話

講演が終わると、ガブリエルは演壇に歩み寄り、ソルトマーシュに話しかけ、自分の神経学的、認知的問題について語り始め、さらには、アメリカで行なわれている研究のカナダ人被験者になりたいと申し出た。それに対しソルトマーシュは、検討すると答えた。

私は、どのような脳障害にレーザーを使用しているのかをカーンに尋ねるために、質問の列に並んだ。それについては、彼は講演で詳しく触れなかったからだ。列に並んでいると、ガブリエルが年配の紳士を連れて私のそばにやって来て、彼女の父ポラード博士を紹介してくれた。彼は眼鏡をかけ、言葉にはイギリスのアクセントがはっきりと聞き分けられた。若い頃には、奨学金を得てケンブリッジ大学で医学を学んだそうで、カーンより一つ若い八一歳だ。

ポラード博士は私を見てすぐに、二〇〇七年以来四年間娘が読んでいた本の著者であることがわかったと言った。するとそれを聞いたガブリエルは、座席の確保のために使っていたその本のカバー写真によって私の顔を知っていたことにようやく気づいた。彼女は、「いつもの私は人の顔をよく覚えているほうなのです」と物思わしげに言い、それに続けていかに多くの心的能力を失ったかを話してくれた。

離婚して一人で暮らしていたガブリエルは、学習障害を持つ子どもの教育を支援する事業に成功して、生計を立てていた。彼女の生活の中心には音楽があり、合唱団に参加していた。しかし二〇〇〇年に聴覚の問題を覚えるようになり、病院でCTスキャンおよびMRIによる脳の検査を行なった。検査では、脳から背中にかけて異常な構造があることが判明するが、担当医師にはそれが何かがわからなかった。医師は手術をせず、MRIスキャンによる観察を続けることにした。ガブリエルが三五歳の頃だった。

二〇〇九年には、その構造がおそらくは良性ながら脳腫瘍であると診断された。しかし良性であろうと腫瘍は成長し、影響を受ける場所によっては死をもたらす。かくして腫瘍は、頭蓋内部から、頭蓋の底にある、脊髄を包含する穴の位置まで拡大していく。この穴は小さく、腫瘍が成長するにつれ、そこを通るすべての神経構造が圧迫され始める。脊髄はその対処のために、部分的にそれを包み込むような構造をとらねばならず、動作や思考の微調整に関与する脳の組織、小脳が次第に圧迫されるようになる。脊髄のすぐ上に位置し、脳の内部でもっとも低い位置にある脳幹も圧迫され、右に移動した。腫瘍は脈絡叢乳頭腫《みゃくらくそうにゅうとうしゅ》と診断された。これは、この腫瘍が脳内で脳脊髄液を生産しているものと同種の細胞で構成されることを意味する。

こうして彼女は、細心の注意を要するきわめて困難な脳外科手術を受けなければならなくなった。というのも、その手術は、生存に必須の役割を果たす神経が集中する狭い領域が対象だったからだ。「神経外科手術を受けるまでは、手術の結果死ぬかもしれないと悟っていました」とガブリエルは語る。片方の耳の聴覚を失い、「手術後には、嚥下が困難になって一生食べることも飲むこともできなくなり、さらには話すことも歩くことも困難になるかもしれず、脳卒中を引き起こす可能性もある」と宣告されたのだそうだ。そして「手術によって、あなたが私に恨みを抱くことになる可能性が三～五パーセントはあります」と言われたので、手術をしなかった場合を尋ねてみると、彼女が恨みを抱く可能性は「一〇〇パーセントに上がる」という返事が戻ってきた。手術をしなければ腫瘍の拡大によって呼吸中枢が締めつけられ、いずれは確実に死ぬだろうとのことだった。とはいえ外科医は、手術後、おそらくはここ一〇年間よりは楽に感じられるようになるだろうともつけ加えた。

彼女は二〇〇九年一一月に手術を受け、一命をとりとめた。腫瘍は切除され、事実良性だった。彼女は手足に感覚が戻ってきたことがとても嬉しかった。しかしすぐに嚥下の困難を覚え始め、さらには常時吐き気を催すようになる。平衡感覚にも問題を抱え、歩行が困難になる。一年半以上経過しても、「私はまだリハビリの最中で、頭を上げられず、いつも吐いていました」。話すスピードや声の大きさを調節できず、言葉も不明瞭になったため、彼女の話は聞き取りにくくなった。しかし「もっとも恐ろしかったのは、認知や記憶などの心的な機能が失われつつあったことです。心のなかで何かが思い浮かんでも、それを言葉にできなくなったのです。たとえば〈フォーク〉という単語を探していると、やがて口をついて出てくるのは〈ナイフ〉でした。そしてそれは正しくないともわかっていました。さらには、並行作業ができなくなってしまいました」

また、彼女は短期記憶を失った。どこかに何かを置くと、わずか数秒後には見つけられなくなってしまったのだ。ときにはどうしても見つからなかったものが、すでにそれを拾った事実を忘れたまま手に握られていることさえあった。メガネをはずして脇に置くと、家中を探し回って見つけるのに二時間かかったこともある。誰かに話しかけられると、聞いたそばから忘れてしまうので、何度も言い直してもらわなければならなかった。「ものを認識できなくなりました。すぐ目の前にあるものしかわからなくなったのです。母はよく、私をスーパーに連れて行ってくれました。友人にフルーツサラダを作ってあげるために、オレンジジュースを探していて二リットルパックを見つけると、それでは多すぎるとわかってはいても、左を見て一リットルパックを見つけることができなかったのです。黒いスウェットパンツを持っていましたが、電子ピアノのすぐ脇に置き、それよりはるかに小さなものをその上に載せておいたら、毎日使っている電子ピアノのすぐそばにあったというのに、そのスウェットパンツを見つけるのに三週間かかりました。表面しか見ることができなかったのです」

このように、彼女は対象物の視覚追跡《ビジュアルトラッキング》に難を抱えていた。「私はこれまでずっと楽譜を読んできました。初見で歌うこともできたのです。ところが手術後に合唱団に戻ったとき、スコアはただの音符の集まりに見え、そこから何の意味も読み取れなくなっていました。行の最後に達したとき、その下の行に進めばよいかどうかすらもわからなくなっていたのです」

脳損傷を負った人にありがちなのだが、音は彼女に特殊な問題を引き起こした。音が耐えられないほど大きく聴こえ始めた彼女は、あらゆる音に極度に敏感になった。有線放送の音楽がひっきりなしに流され、喧騒と不協和音に満ちたショッピングモールに出かけると、気が狂いそうになった。かつては毎日歌い、人生最大の楽しみであった音楽は、今や耐えがたいものと化してしまったのだ。「もはやそこには調性を聴き分けることさえできず、喜びはありませんでした。音と言うより騒音と言うべきかもしれません」。彼女は、同時に二人以上が話すような集まりにも参加できなくなる。平衡感覚はひどく劣え、歩く際には壁に手を這わせなければならなかった。

そして四六時中疲弊していた。

「私はとても強い人間です。これまでにずいぶんつらい経験をしてきましたが、信仰を捨てることはありませんでした。自分ひとりではないとつねに感じていましたし、いかなる困難が立ちはだかろうとも、それに匹敵する大きさの恩寵が必ず得られるだろうと思っていました」と彼女は語る。

彼女は自分の経験から学ぶよう心がけ、その経験を無駄にすることのないよう、最低でも他の人々の役に立てるようになることを願っていた。そのような理由から、自分の心的疲労、およびそれを引き起こしているエネルギー要因について調べ始めた。「手術後、私は体内のあらゆる細胞からエネルギーを搾り取られたかのように感じていました。この状態は一〇か月間続きました」と彼女は言う。些細な活動をしたあとでも、ときには何日も休息をとらねばならなかった。余力がまったくなかったのだ。

「私はいつも、脳を思考が宿る場所と考えていました。自分のあらゆる行動を支配する身体組織の一つと見なしたことは一度もありませんでした。だから、脳と身体のエネルギー源が同じだとは考えていませんでした。知的活動にエネルギーを使ってしまったら、話すことも、足を動かすことも、立ち上がることさえできなくなるなどとは思っていなかったのです」

「ソファに横たわっているときに携帯電話が鳴る頃だと思ったその瞬間に実際に鳴っても、私は孤島に取り残されたかのように感じて立ち上がるだけの力を振り絞れず、手足を動かしてそれを取りに行くことができませんでした。消耗しきっていたのです」

「回復に際して新たなスキルレベルに達するたびに、他のことをする余力はなくなっていました。というのも、そのスキルを築きあげるためにすべてのエネルギーを費やしていたからです。症状がぶり返すと、動けない状態から、次のレベルに達するために少しでも運動のできる状態に回復するには二週間がかかりました」

聴衆はすでに帰り始めていた。そのときガブリエルは、とても奇妙な感覚について私に話してくれた。彼女が言うには、何かを見ているときに、特定のパターンが耐えがたく感じるのだそうだ。たとえば、リハビリで臨床医が着ている白と黒の縞の入ったシャツを見たとき、「水平方向のコントラストが視覚的な悲鳴のように見えました。だから私は、シャツの上にタオルをかぶせてくださいと彼女に頼んだのです」

ここで私は、頭のなかで一度彼女の話を整理することにした。ガブリエルが現在抱えている問題のほぼすべては、脳幹の損傷と機能不全によって説明できる。脳幹は、人の頭部と顔面を支配するほとんどの脳神経から入力される信号の流れを処理する。脳神経は平衡系をコントロールし、内耳の三半規管から信号を受け取る。この神経を支配する脳幹の領域の損傷は、彼女の歩行と平衡感覚の問題を説明する。

音に対する過敏な反応も、脳幹に関係しているのかもしれない。耳の内部には、特定の周波数に焦点を絞り、他の周波数を抑制する、ズームレンズのようなメカニズムが存在する。脳幹に損傷を負った人は、この統制メカニズムのコントロールを失って（第8章参照）、ブーンという音やぶんぶん鳴る音の混沌を聴く。ガブリエルはそのために、ショッピングモールの喧騒、音の反響、ＢＧＭに我慢がならなくなり、同時に複数人が交わす会話を聞くことができなくなったのではないだろうか。

損傷した脳は、入ってくるさまざまな感覚刺激を統合できなくなることが多々ある。たとえばバランスの維持には、位置を知らせる内耳の三半規管からの入力と、外界の水平ラインを視覚的に追跡する目からの入力（これも部分的には脳幹の機能である）、さらには足の裏からの入力の統合が関与する。これらのいずれかのシステムが損傷し、入力情報の同期がとれなくなると、その人は混乱して見当識

〔時間や空間を把握する基本的な認知能力〕を失い、感覚統合に問題をきたす。

私の推測では、ガブリエルが縞模様のシャツを見たときに経験した「視覚的な悲鳴」の原因は二つあり、一つは平衡感覚を失った状態で、空間内における自分の位置を定めるために脳が懸命に水平ラインを探そうとしたためで、もう一つは、損傷を負った平衡系の一部をなす視覚系のニューロンが誤発火したために、引き起こされたのではないかと考えられる。脳の感覚領域が損なわれると、その領域のニューロンはいとも簡単に発火し始め、その人は感覚に圧倒されているように感じるのである。

感覚系は、外部の感覚入力によって興奮する興奮性ニューロンと、脳が圧倒されない程度に適量の感覚刺激を取り込むべく入力を抑える抑制性ニューロンの、二種類のニューロンから成る。（たとえば目覚まし時計が鳴ると、興奮性ニューロンが発火するために脳は強く刺激される。しかし刺激があまりにも強い場合、圧倒されないよう「ボリュームを下げる」抑制性ニューロンを備えていたほうが都合がよい。）抑制性ニューロンが損なわれると、その人は感覚の過負荷を経験し、実際に危害を被ることもある。これらの感覚統合の問題についてガブリエルに説明すると、彼女は「なるほど！」と喜んだ。つまり彼女は、自分の抱えるあらゆる症状に究極の原因があることを知り、ほっとしたのである。

私と話し合っている最中にカーンの手があいたのを見たポラード博士は、彼と話をしに行った。ポラード博士は、娘が手術後の二年間、背中の毛包〔毛穴の奥の部分〕が炎症を起こす、毛包炎と呼ばれる慢性的な術後感染症にかかっているのを知っていた。抗生物質もそれ以外の治療方法も効果がなかった。カーンは皮膚病の治療に関する経験が豊富なので、ポラード博士は娘のガブリエルに頼まれて、毛包炎について尋ねに行ったのだ。「レーザーの光で毛包炎を治せるでしょうか？」とポラード博士が訊くと、カーンは「治せます。いつでも来てください」と答えた。

会場をあとにすると、ポラード博士とガブリエルは私を家まで送ってくれると言う。彼らの車は、私のオフィスを少しばかり通り過ぎたところに停めてあった。ガブリエルが歩行に難を抱えているために、一時間前にはあっという間に通り過ぎた短い道のりを、今度は逆方向に彼女の歩調に合わせてゆっくりとした足取りで歩いていく。車に乗ると、わが家に着くまでの数分間、皆で講演内容のすばらしさについて話し合った。私は、手術によって組織が切断され、周囲の領域に損傷や炎症が生じた可能性がある点を考えると、ガブリエルにはレーザーが有効ではないかと思った。また、ノイズに満ちた脳内で「不使用の学習」が生じているのではないかと、さらには、脳幹に関連する神経回路のすべてが死んだわけではないはずだと考えていた。つまり、損傷して異常な信号を送っているニューロンもあれば、休眠状態に置かれているニューロンもあるのではないだろうか。レーザーによって炎症を治し、血液循環を改善してそれらの細胞により多くのエネルギーを送ることができれば、外傷性脳損傷患者と同じように、彼女もその恩恵を受けられるのではないか。私たちは今後も連絡を取り合うことを約束した。

カーンのクリニックを訪問する

続く数週間、私は何度かカーンのクリニックと研究室を訪問して、レーザー治療を視察し、スタッフたちと話をした。そして自分でも装置を試し、使えるよう訓練した。メディテックという名のカーンのクリニックは、臨床医を中心とする四五人のスタッフを抱え、レーザーを設計する研究室を備えている。訪問の真の目的は、レーザーがいかに脳に影響を及ぼすのかを観察することだったが、その前にレーザーの機能を理解し、本格的なレーザー療法が、身体の一般的な損傷にいかなる効果があるのかを確認したかったのである。

カーンの話によれば、光によって彼の肩が治ったあと、彼はレーザーに関するあらゆる文献を読み漁り、臨床医や企業がさまざまな状況のもとで用いている、波長、光の量、治療の頻度などの仕様や手順《プロトコル》に関して、多くの相違があることを知って混乱したのだそうだ。それから彼は、ロシア科学アカデミー・レーザー／情報テクノロジー研究所のレーザー生物学／医学研究室を率いるロシアの科学者ティーナ・カルに会っている。ちなみにカルは、レーザー治療の世界的な権威の一人である。カーンはカルに会ったあと、一九八九年に、トロントにあるライアソン工科専門学院のエンジニアと共同で、バイオフレックス・レーザー療法システムと呼ばれる調節可能なレーザーを開発した。このレーザーは、無数のプロトコルに自在に合わせられ、基本研究、臨床研究のいずれでも利用できる。それからカーンは、皮膚の色、年齢、体脂肪状態、疾病の種類などを考慮しつつ、どのタイプの光がどのような患者に有効なのかを調査するのに数年間を費やし、彼が開発した装置に設定できる種々のプロトコルを考案した。

レーザーの物理学

レーザー（Laser）とは、「放射の誘導放出による光増幅（Light Amplification by Stimulated Emission of Radiation）」の略である。一七世紀以来、概して光は、連続波のように振る舞うと理解されてきた。つまり、波が水面を伝わるように空間を伝播するのだ（そのため科学者は光の「波長」という言い方をする）。しかしアルベルト・アインシュタインは、粒子のごとく振る舞うものとして光を理解できる場合もあることを示し、この粒子はやがて光子と呼ばれるようになる。光子は光の小包のようなもので、原子より小さい。

レーザーが光子から生成されるあり方を説明する、二つの主要な概念がある。一つは高校の物理の教科書でおなじみの、物理学者ニールス・ボーアが提案した原子モデルに依拠する。単純に言えば、あらゆる原子は、核とその周囲のさまざまな軌道を回るいくつかの電子から構成される。核から近い軌道を周回する電子のエネルギー量は低い。それに対し、核からより遠い軌道を回る電子は、それだけエネルギー量が高くなる。（これらの高いエネルギー量を持つ電子は、「励起した」状態にあると呼ばれる。）このように、電子の周回軌道のおのおのは、それぞれ異なるエネルギー状態にある。

ほとんどの原子において、核に近い低エネルギーの内側軌道を周回する電子の数は、核から遠い高エネルギーの外側軌道を周回する励起した電子の数より多い。電子が高エネルギーの軌道から低エネルギーの軌道へ移ると、つねに光子が放たれる。この現象は光子の自然放出と呼ばれ、通常の光ではランダムに生じる（たとえば電球の内部などで）。

しかし、電流や光線などの外部エネルギーを原子にぶつけると、励起した高エネルギー状態にある電子を多く持つ原子を作り出せる。やがて励起状態の電子の数が、低エネルギー軌道を回る安静状態の電子の数を超える。このいわゆる反転分布が、レーザーを理解するうえで必要となる第一の主要概念である。

第二の主要概念は刺激で、レーザーでは反転分布を引き起こすために、原子は外部のエネルギー源によって人為的に刺激される（「ぶつけられる」と言ったほうがよいかもしれない）。

エネルギーをぶつけられると、原子は通常、光子を放つ。レーザーで生じるように、反転分布が起こった原子にエネルギーをぶつけると、大量の光子が放出される。すると放出された光子は、近くの原子を刺激し、それによってさらに多くの光子が放たれるので、連鎖してさらなる光子が放出される。光子を放出する原子を鏡で囲めばこのプロセスを強化できる。つまり、放出された光子は鏡に当たってはね返り、反転分布が生じた原子にぶつかってそれらを刺激し、さらに光子を放出させるのだ。「放射の誘導放出による光増幅」と呼ばれるゆえんである。

レーザー光を生み出す方法はたくさんある。講義で使われているレーザーポインター（あるいはパソコンのCD読み取り装置）の内部を見れば、刺激を与えるための電気パルスを供給するバッテリー、もしくは何らかの蓄電池のような形態をとるエネルギーポンプに加え、小さなレーザーダイオードが見つかるはずだ。反転分布はこのレーザーダイオードで生じる。通常のレーザーダイオードは、サンドイッチ構造をした、半導体と呼ばれる部分的に電流を通す二つの固体物質から成る。

これら二つの半導体のあいだにはわずかな隙間がある。一方の半導体は、比較的電子に余剰のある物質から成り、もう一方は比較的電子に不足をきたした物質から構成される。反転分布はこのサンドイッチ構造のもとで生じる。特定の周波数の電磁気によってこれらの半導体を刺激すると、光の増幅の連鎖が引き起こされる。二つの半導体の隙間に置かれた鏡は、光子をとらえて光の連鎖を増強する。こうして増強された光は、レーザー光の形態で射出することができる。放射される光の周波数は、システムに投入されるエネルギーの周波数を変えることにより、正確に調節することができる[*22]。

一九六〇年、カリフォルニア州マリブにあるヒューズ研究所のセオドア・H・メイマンによって開発された史上初のレーザーは、ホットレーザーだった。それから一年以内に、生体組織を焼き切ることができるホットレーザーは、手術で外科用メスの代わりに使われるようになり、一九六三年には、実験動物の腫瘍を破壊するために使われた。映画『007　ゴールドフィンガー』（米・一九六四年）に、ジェームズ・ボンドが両足を広げてテーブルに縛られ、巨大な注射器のようなホットレーザーが、焦点の絞られた細く赤い光線を発して彼を真二つにせんとしているシーンが描かれたことにより、レーザーは広く知られるようになった。

ゴールドフィンガー　（ハイテクボンドカーにそれほど興味をそそられなかった様子で）私も最新のおもちゃを持っている。（……）きみが今目にしているのは工業用レーザーだ。こいつは、自然界にはない、途轍もない光を発射することができる。月に投射することだってできる。もっと近くに向ければ金属を焼き切れる。見せてやろう（……）。

ボンド　何か意見が欲しいのかね？
ゴールドフィンガー　（うれしそうに）意見ではないよ、ボンド君。欲しいのはきみの命だよ。

レーザーはいかに生体組織を癒すのか

一九六五年には、低強度レーザーに治癒効果があることが知られていた。イギリスのバーミンガムで働いていたシャーリー・A・カーニーは、低強度レーザーによって皮膚組織のコラーゲン線維の成長を促進できることを示した[*23]。コラーゲンは、私たちの身体の結合組織を構成し、その形成を助ける、治癒に必須のタンパク質である。一九八六年、ブダペストのエンドレ・メスター博士は、ラットを用いた実験によって、レーザーが皮膚の成長を誘発することを発見した。さらに一年後には、外傷の治癒を劇的に促進することを示した。一九七〇年代中頃、ソ連政府は生体組織を刺激するためにレーザーを用いる、四つの大規模な臨床研究施設を開設した。一九八〇年代になると、この技術は共産圏で一般的に用いられるようになった。ただし西側諸国で用いられることはほとんどなかった。

冷戦が終わるまで医療用レーザーが西側で普及することはなく、アメリカ食品医薬品局（FDA）は二〇〇二年になってようやく、低強度レーザー治療装置の使用を認可した。

光子が物質に当たると、反射するか、通り抜けるか、内部で拡散するか、拡散せずに吸収されるかの、いずれか一つの現象が起こる。光子が生体組織によって吸収されると、組織内部の光感受性分子に化学反応が引き起こされる。その際、分子によって吸収する光の波長は異なる。たとえば赤血球細胞は赤以外のすべての波長を吸収し、赤い波長を可視化する。植物では、緑色のクロロフィルが緑以外のすべての波長を吸収する。

光感受性分子は目にしか存在しないわけではない。光感受性分子にはロドプシン（網膜に存在し視覚のために光を吸収する）、ヘモグロビン（赤血球細胞中に存在する）、ミオグロビン（筋肉中に存在する）、シトクロム（あらゆる細胞に存在する）の四つの主要なタイプがあり、これらのうち、日光のエネルギーを細胞が利用できるエネルギー形態に変換するシトクロムは、レーザーがさまざまな症状を治癒する理由を説明する。光子のほとんどは、細胞内の動力室たるミトコンドリアに吸収される。

驚くべきことに、ミトコンドリアは地球からおよそ一億五〇〇〇万キロメートル離れた場所で放たれた太陽エネルギーをとらえて、細胞の使用に供する。薄い皮膜に覆われたミトコンドリアには、光感受性のシトクロムが詰まっている。日光の光子は、皮膜を通過してシトクロムに接触すると吸収され、細胞内にエネルギーを蓄える分子の生成を促す。この分子はＡＴＰ（アデノシン三リン酸）と呼ばれ、いわば万能バッテリーのごとく機能し、細胞が仕事を行なう際にエネルギーを供給する。また、ＡＴＰが供給するエネルギーは、免疫系によっても、さらには細胞の修復にも用いられる。

レーザー光はＡＴＰ生産の引き金になる[*24]。したがって、軟骨細胞、骨細胞、結合組織（線維芽細胞）などの健康な新細胞の成長や修復を開始し、促進することができる。

また、レーザーは波長をわずかに変えることで、酸素消費の増大、血液循環の改善、新たな血管の成長の促進、組織への酸素や栄養の供給の増大をもたらすことができる[*25]。これらは、とりわけ治癒に重要な作用である。

カーンは、シトクロム分子まで光を通すのに四つの手法を用いる。まず、封筒大の柔らかいプラスチック製の帯の上に、いくつかの列に並べられた、一八〇個の発光ダイオード（LED）によって発せられる赤色光を用いる。臨床医は、通常およそ二五分間、患者の体表面を赤色光で覆う。赤色光は一～二センチメートルほど身体を貫通する。この方法は、より深い位置にある組織の治癒を準備し、血液循環の改善を支援するために、つねに最初に用いられる。

次にカーンは、およそ二五分間、赤外線LEDの帯を使う。この光は、さらに五センチメートルくらい深く身体を貫通して、治癒効果を発揮する。

LEDの光はレーザーに似た特性を持つが、レーザー光ではない。したがって、じかに見ても害はない。

それからカーンは純粋なレーザー光を用いる。その際、まず赤色光レーザーの探針《プローブ》を、そして赤外線レーザーのプローブを使う。★ レーザープローブはLEDよりもはるかに強力で、焦点を絞った光線を身体の奥深くまで貫通させることができる。レーザープローブを適用するまでには、表層の組織は

★赤色LED光と赤色レーザープローブの波長は六六〇ナノメートル、赤外線LED光と赤外線レーザープローブの波長は八四〇ナノメートルである。

すでに、赤色および赤外線ＬＥＤから発せられた光子で飽和しており、レーザーは組織の内部に光子の滝《カスケード》を形成し、身体内部一二一センチメートルの深さまで届く。レーザープローブはさまざまな箇所に短時間ずつ適用され、合わせておよそ七分間用いる。ＬＥＤとは異なり、レーザープローブの光をじかに見るのは危険なため、患者や医師は、使用中特殊なメガネをかける。光の「一服」のエネルギーは、光源が発する光子の量、および波長、すなわち光の色に依存する。アインシュタインが示したように、光の色は含まれるエネルギー量を表す基準となる[*26]。

レーザー光を用いれば、免疫系の必要な箇所に限定して、有益な炎症を引き起こすことができる。さまざまな疾病で起こるように、炎症プロセスが停滞して「慢性化」した場合、該当箇所にレーザー光を当て、行き詰ったプロセスの障害を取り除いて通常の消炎プロセスを発動させることによって、炎症、腫れ、痛みを減退させられるのである。

心臓病、うつ、がん、アルツハイマー病、自己免疫疾患（たとえば関節リウマチ、狼瘡《ろうそう》）などの現代病は、一つには身体の免疫系が慢性的な炎症を過剰に引き起こすことで発症する。慢性的な炎症の場合、免疫系が必要以上に長く機能し、場合によっては自己の身体組織を外敵と見なして攻撃し始める。慢性的な炎症の原因は、食物や、もちろん身体に蓄積された種々の有毒化学物質を含め多々ある。慢性的な炎症を抱えた身体は、痛みやさらなる炎症をもたらす炎症性サイトカインを生む。

幸いにも、レーザー光は抗炎症性サイトカインを増大させて過剰な炎症に対抗し、炎症を鎮める。抗炎症性サイトカインは、慢性的な炎症に寄与する「好中球」細胞を減らし、外敵や損なわれた細胞を除去するゴミ収集係たる、免疫系の「マクロファージ」細胞を増やす。

レーザーはまた、酸素によって組織に引き起こされたストレスを軽減する。身体は常時酸素を消費しており、非常に活動的で他の分子と作用し合うフリーラジカルと呼ばれる分子を生む。フリーラジカルが過剰になると、細胞が損なわれて、変性疾患が引き起こされる場合がある。レーザーのもう一つの独特な特徴として、損なわれた細胞や、機能の遂行が困難になって多くのエネルギーを必要としている細胞に対し、優先的に影響を及ぼすという機能がある。つまり、慢性的な炎症を持つ細胞や、血液循環の問題のために血液と酸素の供給が低下した細胞、あるいは（生体組織が自己治癒を試みるときに起こるように）増殖中の細胞は、正常な細胞より、赤色もしくは近赤外の低強度レーザーに鋭敏に反応する。たとえば損傷した皮膚は、通常の生体組織より低強度レーザーに反応しやすい。言い換えると、レーザーはそれをもっとも必要とするまさにその箇所に、抜群の効果を発揮するのだ[*27]。

治癒するためには、身体は通常新たな細胞を作り出さなければならない。細胞の再生は、DNAの自己複製によって最初のステップが踏み出される。レーザー光は細胞内でのDNA（およびRNA）の合成を活性化する。ペトリ皿に採取したヒトの細胞は、光の特定の波長に反応して、より多くのDNAを合成して成長する[*28]。また、ごく単純な形態のバクテリアである大腸菌は、特定の波長に反応し、イースト菌はそれとは異なる波長に反応して成長する。つまり、光のエネルギーは一つの言語体系を構成し、特定の波長が、生きた細胞が反応する個々の単語に相当すると言えよう。

しかし、レーザーは脳に対していかに影響を及ぼすのだろうか？　そもそも日光でさえ、脳の化学物質に影響を及ぼす。脳の神経伝達物質セロトニンは、ある種の抑うつ状態になると活動レベルが下がることが知られている。日光は身体にセロトニンを分泌させる[*29]。だから、赤道からはるか遠く離れた地域で暮らす人々は、日光が降り注ぐ休日を過ごすと気分がよくなり、若返ったかのように感じるのだ。レーザー光はまた、セロトニンに加え、痛みを和らげるエンドルフィンや、学習に重要な役割を果たし、損なわれた脳が失われた心的能力を再学習する際に役立つアセチルコリンなどの、重要な脳内化学物質の分泌を促す。カーン、ネーザーおよびハーバードグループは、レーザー光が脳脊髄液にも影響を及ぼすと考えている。またカーンは、脳脊髄液と血管によって光子が脳に運ばれ、そこで他の細胞同様、脳の細胞にも影響を与えると見なしている。それらの真偽はどうあれ、この側面に関する科学的研究は、まだ始まったばかりだ。

カーンの治療を完全に理解するために、私は先入観を振り払う必要があった。

今では、シンプルで安価な「フリーサイズ」のレーザーを製作することはむずかしくない。カイロプラクターやその他の健康療法家は、整体矯正が終わったあとで思いつき程度に、数分間小さなレーザーを使うことがある。私も試してみたことがあるが、別にどうということもなかった。カーンにその話をすると、彼は特に驚いた様子もせず、「そんなに短時間では効果があるはずはない」と言った。

カーンのレーザーは、手で持てるような小さなレーザーとは異なる。彼のレーザーには数万ドルの費用がかかっており、高性能のコンピューターに接続されているものもある。スタッフがつねに患者のそばにいて設定を変えながら、治療方法を調整している。

カーンとスタッフたちは、二〇年におよぶ治療の実践を通じて、ほぼ一〇〇万件に達するレーザー治療の効果を観察し、どのタイプの症状や患者にどのプロトコルがもっとも有効かについての知識を蓄積してきた。カーンは現在でも、クリニックにやって来る患者の九五パーセントを自分で診て、経過観察《フォローアップ》を行なっている。患者の皮膚の色、年齢、脂肪や筋肉の量はすべて、吸収される光の量に影響を及ぼす。患者の反応に従って、療法家は光の周波数、波形、エネルギー量（一定の時間、単位面積あたりの組織を通過する光子の数）を調節する。マイケル・ハンブリンが指摘するように、「どんな治療にも、最適な光量がある。それより多くても少なくても、治療効果は得られないであろう[*30]」。しかしときに、「量が少ないほうが、多い場合より効果がある」ことが見出されている。

＊　＊　＊

私はまず、レーザー療法がもっとも有効であるとされる症状の効果を観察することによって、カーンのレーザーの効力を知ろうとした。私が観察していたある女性は、肩回旋筋腱板損傷を負っていた。これは通常、筋肉もしくは腱が断裂することで引き起こされる。彼女は一年間、マッサージ、カイロプラクティック、整骨を試したが、いずれもほとんど効果がなかったという。ところが四回のレーザー治療セッションを行なったあと、痛みは消え、筋力と柔軟性は正常に戻った。

六六歳になる人類学者で社会学者のシリル・レヴィット教授は、六年来の腰と膝の骨関節炎に加え、アキレス腱断裂まで経験したためにうまく歩けなかった。骨関節炎は、人工膝関節置換や人工股関節置換によって対処されることも多い。一週間をかけて四回のレーザー治療を受けた彼は、薬を飲まなくても腰と膝の痛みを感じなくなり、再び階段を楽に上り下りできるようになった。さらに数か月間治療を続けると、関節炎と断裂したアキレス腱は完治した。他にも、坐骨神経痛、足首の問題、帯状疱疹に起因する慢性的な痛みが治癒した。肩の腱を断裂して手術を受ける予定だったある医師は、状態が大幅に改善したので手術をキャンセルした。聴覚と慢性の副鼻腔炎が治癒し、耳鳴りが減少した患者もいる。これらの人々が得た病状の改善は恒久的なもので、治療を続ける必要はなかった。少数ながら病状の改善を見なかった人たちもいるが、彼らは皆、数回セッションを受けただけで治療を中止している。

私の前著『脳は奇跡を起こす』で取り上げた神経可塑性療法家の一人で、脳の鍛錬を通じてさまざまな学習障害を治したバーバラ・アロースミス・ヤングも、カーンのクリニックを訪問している。若い頃、彼女は重度の子宮内膜症を抱えていた。子宮内膜症とは、子宮内膜の組織が子宮外で増殖する疾患で、痛みや出血を引き起こす。そのためにバーバラは子どもを生めなくなった。何回かの手術の結果、腹部の内部に手術後癒着と呼ばれる巨大な瘢痕《はんこん》が残った。かなり広い範囲の組織が傷を負ったために、彼女は間断のない痛みにつきまとわれ、また、月に一度は腸閉塞に見舞われ、ときには生命の危機に陥った。外科医が治療を試みるたびに瘢痕はひどくなり、彼女は何十年も苦しまされた。やがて検査によって、彼女は瘢痕組織を過剰に形成する遺伝的異常を抱えていることが判明する。

瘢痕と手術の繰り返しのために、彼女は日常生活を困難にするほどのひどい腹痛をともなう、慢性疼痛症候群に悩まされることになった。マイケル・モスコヴィッツとマーラ・ゴールデンの治療によって痛みは減退したが、依然として重度の腸閉塞に見舞われることがあった。

低強度レーザーが瘢痕組織の治癒に効果的であることを知っていた私は、バーバラにカーンの治療について話した。彼女が一連の治療を受けると、永久に治らないとそれまで言われていた問題が劇的に改善した。腸閉塞は年に数回しか起こらなくなり、危険度も下がった。痛みも軽減し、旅行にも出かけられるようになった。カーンは子宮内膜症の治療でも目覚ましい成果をあげており、何人かの患者は疾病のコントロールが非常にうまくできたので、予定していた手術をキャンセルした。レーザー治療がもっと広く知られていたなら、何度も手術をしたり、妊娠を諦めたり、さらには腸閉塞を恐れながら何十年も暮らしたりする必要などバーバラにはなかったはずだと考えると、非常に残念だ。

カーンは私に、日光への過度の曝露によって引き起こされた、高齢者によく見られるかすかな顔の傷跡を見せてくれた。「少年の頃農場で働いていたとき、私たちはいつも、戸外でシャツも帽子も日除けテントもないままに作業をしていた」と彼は言う。そして今、そのツケを払わされているのだ。皮膚科専門医に、（日光角化症と呼ばれる）その傷は前がん性だと言われたそうだ。通常この種の傷は、ホットレーザーで焼き切ることができる。しかしカーンは、その代わりに低強度レーザーを使うことに決め、何度かのセッションを経ると皮膚は正常な状態に戻った。彼の話では、ある種の基底細胞がんなど、それほど重くはない皮膚がん性の傷の多くも、低強度レーザーによって治すことができる。

カーンらが用いているレーザーは、軟骨、断裂した腱、靭帯、筋肉など、本来治癒するはずのない組織を迅速に治癒するものなのだと、今や私は確信するようになった。

私の見るところ、治療を完了して快方に向かっている患者は圧倒的に多い。では、脳の障害についてはどうだろうか？

二度目のミーティング

ガブリエルからの次の知らせは、二月二四日にEメールで届いた。「ガビー（彼女は自身をそう呼ぶ）」はこのところ多忙だったと書かれていた。アニタ・ソルトマーシュに連絡を取ってセッションを設定し、ボストングループの研究に被験者として参加していた。ソルトマーシュは彼女に、治療では頭部に短時間レーザーを照射する予定だと伝えたらしい。ガビーはそれを聞いて、これから一生、一日に一〇分間の光による治療を受けなければならないのだと理解した。同時に彼女は、カーンによる毛包炎の治療を受けることにした。というのもカーンは、皮膚の感染や損傷に関して経験豊富だからだ。

ただガビーは、脳の問題をカーンに診てもらおうとはしなかった。なぜなら、彼が聴衆に見せたスライドは、ほとんどが傷の治癒に関するものだったからである。しかし外科医のカーンは、ガビーの認知に関する症状について聞くと、それらの症状が手術による外傷によって二次的に生じたものであることを確信した。というのも、特に頭蓋内の手術では、いかに細心の注意を払って手術が行なわれたとしても通常かなりの出血が生じ、それによって、とりわけ髄膜と呼ばれる脳を覆う保護層に瘢痕組織が形成されやすいからだ。彼はまた、脳細胞が直接損傷してそれが症状の発現に至っている可能性も考えた。

ガビーは私に、「毛包炎の治療のために光を当てられていたときのことですが、カーンは〈脳の問題も何とかできる。私はそれを何年もやってきた〉と、淡々として肩をすくめながら言ったのです。例の調子で」と語る。

一九九三年以来、カーンは首の高い位置にある頸椎の治療を行なってきた。その実践を通して彼は、患者が同時に中枢神経系か脳に問題を抱えているケースでは、治療によってそれらの症状も改善されることに気づいた。また、脊髄の周囲を流れる脳脊髄液が、おそらく光を照射されたあとで脳に再び流入したに違いないとも考えた。

ガビーがカーンに脳の治療の方法を尋ねると、彼は毛包炎の治療を行なっているあいだに、脳幹を対象にして首の高い位置に別の光を照射すればよいと答えた。彼が読んだ文献は、長時間少量の光を当てることが、生体組織の再生、病的な炎症の緩和、さらには脳全体の血液循環の向上に有効であることを示していた。血管外科医の彼は、それらの効果が彼女の脳の治療には必須であることを知っていた。最初のセッションは一時間以上かかったが、彼女が理解していたように一生レーザー治療を続ける必要があるとは考えていなかった。

最初の治療では、レーザーを首の高い位置に、そして下方へと脊椎に沿って当てた。治療のあと彼女は、ただすわっていただけなのに消耗しきっていた。そして眠たくなる。これは脳が回復し始める際の典型的な兆候で、細胞を破壊する、がんの放射線治療を受けたときに生じる消耗とはまったく異なる。第3章で述べたように、彼女の状態は、交感神経系が闘争／逃走モードになっていた損傷状態の脳が、副交感神経系主体のモードに切り替わったために起こったと考えられる。副交感神経系は、闘争／逃走反応のスイッチをオフにして鎮静させ、神経の調整を行ない、神経リラクセーションによる治癒モードに入る。

二度目の治療が終わったあと、ガビーは自分の生活が変わったことに気づく。集中力を長時間維持できるようになっていた。三週間後には記憶力が改善し、活力が高まったのに気づく。たとえば、一分間歯を磨き続けられるようになり、吐き気を覚えることはなくなり、冷蔵庫を開けられるようにもなった。

八週間後、彼女は私に次のように書いてきた。

今ではものごとを思い出すことも、集中することも、並行作業をこなすこともできます。頭を思い切り左にひねって身をかがめることもできます。ラジオを聴き、歌い、シュレッダーを使い、レストランやショッピングモールに出かけることも。再びシナゴーグに通い（マイクの音は気にならなくなりました）、プールで泳ぐようになりました。泣き叫ぶ子どもも、ユダヤ人街の喧騒も、ドライヤーの音も今では気になりません。調子のよい日には、父よりも速く歩けます。私は強くなりました。（……）いつの日かもう一度車を運転したいと思っています。（……）どんなものであれ、根づくのに数か月かかっていた変化が、次第に数日ごとに得られるようになるのを実感するのはとてもエキサイティングです。捕らぬ狸の皮算用をするつもりはありませんが、二〇一二年は嘔吐ゼロの年になるでしょう。

最後に次のような追伸が書き加えられていた。

今週の土曜日の晩、「ベートーベンとあなたの脳——ダニエル・レヴィティンとともに」と題されるコンサートがケルナーホールで開催されます。

あなたの支援に感謝します。

ダニエル・レヴィティンは、音楽が脳に及ぼす影響を調査する世界的な研究者の一人だ。彼は、エドウィン・アウトウォーターの指揮でベートーベンを演奏するキッチナー・ウォータールー交響楽団と一緒に登場し、音楽が聴衆の脳にいかに影響するかを解説する予定だった。レヴィティンは冷淡なアカデミシャンなどではなく、そもそも音楽家として本格的に活動していた実績を持ち、スティング、メル・トーメ〔ジャズ歌手〕、ブルー・オイスター・カルト〔ハードロックバンド〕と競演し、スティーヴィー・ワンダーやスティーリー・ダンのコンサルタントを務め、さらにはサンタナやグレイトフル・デッドのレコーディングエンジニアだったこともある。その後カーンと同様、大きな転進を図り、心理学者として音楽と脳の相互作用を研究するようになる。現在はマギル大学の音楽知覚認知研究所の所長を務め、著書には『音楽好きな脳——人はなぜ音楽に夢中になるのか』がある。私はすぐにそのコンサートのチケットを購入した。彼には会ったことがなかったので、モントリオールにいる彼の秘書に電話して、コンサート前日のわが家でのディナーに招待した。彼女は、レヴィティンに何とか連絡をつけると言ってくれたが、彼はそのとき、ロサンゼルスから移動中であった。

その晩、友人と夕食をとっていると、ダニエル・レヴィティンはやって来た。現代ドイツや古代ギリシア哲学の話題で会話ははずんだ。デザートを食べているあいだ、レヴィティンは、二人の乙女がダンスに誘われたがっているかのように二本のギターが壁に立てかけられているのを横目で見ていた。食後に私たちは、自分たちの曲や他の人が作った曲を演奏しながら歌った。その夜は、脳の話はまったく出なかった。

次の夜のコンサートでは、レヴィティンは饒舌だった。彼と指揮者のアウトウォーターはちょっとしたコメディアンになって、ウィットに富んだジョークを飛ばしていた。ケルナーホールの壁や天井にはみごとな木材が曲線を描いて張り出し、ホールにいると、響きのよいみごとな弦楽器の内部にいるかのように感じられる。

レヴィティン、アウトウォーター、そして彼が指揮するオーケストラは、『エグモント序曲』、交響曲第九番の第四楽章〔「歓喜の歌」として知られる〕、英雄交響曲の第二楽章〔有名な葬送行進曲〕、交響曲第五番〔いわゆる「運命」〕全曲を順に演奏した。オーケストラがベートーベンを演奏するあいだ、聴衆はそのとき演奏されている音楽によってどんな感情を覚えたかを、小さなデジタル装置を使ってリアルタイムで記入し、集められたデータをコンピューターで集計した。言葉をともなわない管弦楽曲の特定の楽節を聴いた聴衆の大多数が、悲しみであろうが、喜びに満ちた期待であろうが、同じ感情を経験しているのは実に興味深い。ある特定の楽節が楽しく、あるいは悲しく、もしくは恐ろしく聴こえることは誰でも知っているが、この試みは、さまざまな音の振動が多くの人々の脳に類似の影響を与え得ることを示す実に明快な証明になる。レヴィティンは、音楽（音色、音の高さ、変化、期待される、あるいは期待されない装飾楽句）

がいかに脳に影響を与えて情動反応を引き起こすのかを説明した。コンサートは割れんばかりの拍手で幕を閉じたが、それでその夜のすべてが終わったわけではなかった。家路を急ぐでもなく、人々は木が一直線に植えられた哲学の歩道を見下ろすロビーに集まって、アジア人が弾くピアノの演奏を聴いていた。

そのとき私は彼女の姿を見かけた。音や音楽を聴くことに問題を抱えながら、ガビーがベートーベンコンサートを聴きにくるとは夢にも思っていなかった。というのは、ベートーベンは雷鳴のような曲を書いたからだ。ガビーのようにひどい障害を負った女性が耐えられるような音楽ではないと思っていた。状態がよくなったと書かれた彼女の手紙を数日前に読んだのは確かだが、これほどまでに回復したとは思っていなかった。彼女は私のほうに向かってきびきびとした足取りでやってきた。彼女の顔は晴れやかで、目は輝いていた。

私を二人の友人に紹介したあと、彼女は「以前、無理してコンサートに出かけてみたときには、音で完全に心が混乱して、三〇分ほどじっと椅子にすわっていなければなりませんでした。それでようやく立ち上がれたのです」と言い、哲学の歩道を見下ろすロビーに立って、二〇メートルほど離れた場所にある出口を指差しながら「人の手を借りたにもかかわらず、ここからあそこまで歩くのに二〇分かかりました」と続けた。

この女性の脳は、光によって再配線されつつあったのだ。

カーンはガビーの回復具合にまったく驚いていなかった。彼女と私は、四月上旬に再びカーンのクリニックで出会った。カーンは私に、彼女の頭の、脳幹と小脳に近い領域に光を当てて見せた。その際彼女は自分の髪をたくしあげ、耳の背後にある一三センチメートルほどの傷、すなわち彼女の命を救った手術による、頭蓋に切れ込む傷を私に見せてくれた。

次の八か月間、私はガビーと連絡を取り合った。彼女は、二〇一一年一二月下旬に受けた最初の光線治療以来、週に二度治療を受けている。二〇一二年三月になると、治療の頻度は週に一度に減り、短期、長期の記憶能力を取り戻し、並行作業もできるようになり、そしてもっとも重要なことに、ものごとを明晰に考えられるようになった。彼女はもはや、心の機能を喪失するのではないかという恐れから解放されたのである。

彼女は、平衡障害を持つ女性には理想的な運動であるアクアフィットネスや太極拳を含め、さまざまなトレーニングを行なっている。

何にでも積極的に取り組もうとする彼女は、理想的な患者だ。彼女の皮膚は光によって治癒したが、注意の集中に焦点を置くトレーニングを繰り返して神経可塑性を動員することで、かつてできたことを再学習しなければならなかった。傍目には小さく見える前進をなし遂げるたびに、その「小さな前進」が彼女にとってはまったく小さなものではないため、何日も疲労困憊してもとの状態に戻ることがたびたびあったのだが、それを健康な人々に説明するのはきわめて困難だった。彼女にとって回復の過程は、あたかも各ステップを初めて習得しているかのごとく途方もないものに感じられたのだ。というのも、これからしようとしている活動をかつて行なっていたニューロンが死んだために、それを肩代わりするニューロンは、初めてその活動を実行するケースが多いからである。しかしひとたびレーザー治療を始めると、ガビーはぶり返しがほとんど起こらないことに気づいた。一緒に働いている女性が白と黒の水平の縞模様のシャツを着ていても、「耐えられるようになりました。その縞模様を何かで覆ってとお願いする必要もなくなりました。まったく平気なわけではありませんが、少なくとも視覚的な悲鳴のようにはもはや感じません」とガビーは言う。

さらに彼女は、「二週間前に音楽をとり戻しました！」と続ける。音楽は、もはや彼女を消耗させる責め苦ではなくなったばかりでなく、彼女に活力を与えている。「これは私にとって、とても大きなことです。なぜなら音楽は私の命だし、（……）そして今ではダンスもできます」。つまり、彼女は平衡感覚を取り戻したのである。

「先週、合唱仲間の一人に会いました。彼は、鈍重に歩き緩慢に話す、かつての私を知っています。だから私を見て、〈何と！　普通に歩けるようになったんだ！〉と叫びました。私が〈気づいてくれてありがとう〉と言うと、〈気づいたなんてものじゃないよ。世界が変わったのかと思った〉と彼は驚いていました」

レーザーは脳を癒す

かつてカーンは、脳震盪による頭痛、血管性認知症（脳の血管の障害によって生じる認知症）、偏頭痛、ベル麻痺（顔面神経の麻痺）、耳鳴りなどの、脳やその他の神経に由来する障害を抱える人々の治療に携わっていた。彼は、イスラエルで行なわれた光線療法と脳についての研究に影響を受けたことを強調する。

テルアビブ大学の神経外科医シモン・ロックカインド博士は、レーザーを使って末梢神経系、すなわち脳と脊髄の神経を除く、身体のあらゆる神経の損傷を治療する方法を開拓した。末梢神経系の損傷は、感覚や運動の障害を引き起こすことがある。一〇〇年にわたり、末梢神経は可塑性を持ち、負傷後でも再成長し得ることが知られていた。負傷後およそ半年以内なら、手術によって末梢神経を修復するのが普通である。ロックカインドは、損傷した末梢神経に低強度レーザーを適用すれば治癒を促せること、そして光が神経細胞の代謝効率の改善、新たな神経結合の増大、新たな軸索（電気信号を伝える）やミエリン鞘《しょう》（神経を覆う脂質で迅速に信号を送れるようにする）の成長、瘢痕組織の削減をもたらすことを示した。また、動物でも人間でも、低強度レーザーが、損傷を負った神経の変性を防ぎ、自己再生を開始するよう導くことも示した[*31]。さらにはアメリカのチームと共同で、脳神経が治癒可能であることを実証した[*32]。

ロックカインドにとっての大きな問いは、「これらのポジティブな変化と新たな神経の成長は、中枢神経系、つまり脊髄と脳でも起こり得るのか?」であった。

次に彼は、脊髄の損傷にはレーザー療法に反応するものもあることを示した。彼の研究チームは、ラットの脊髄を切断して、重度の脊髄損傷をシミュレートした。それから脊髄幹細胞を傷のあいだの空間に挿入し、実験群についてはその領域にレーザーを当て、対照群については当てなかった。するとレーザーを当てられた脊髄の切断部は再生して電気的結合を再確立し、正常に信号を送り始めた。別の研究では、レーザーを照射されたラットの胚細胞は新たな結合を生み、必要とされる脳の箇所へと移った[*33]。

イスラエルでは、この種の画期的な研究成果が次々に得られている。テルアビブ大学の動物学者ユリ・オロンは、損傷した脳、筋肉、心臓組織の再生にレーザーを使う研究を行なっている。二〇〇七年、オロンらは、ペトリ皿に採取したヒトの細胞に低強度レーザー光を当てることで、完全に成長したニューロンの前駆体となる、ベビーニューロンのような神経前駆細胞のATPの生産を促進できることを示した[*34]。別の実験では、ユリ・オロン、アミル・オロンらイスラエルとアメリカの研究者たちが、マウスの頭上に重りを落として脳の奥深くに外傷性脳損傷を引き起こし、その四時間後、頭部表面に低強度レーザーを照射した[*35]。なお、対照群にはレーザー治療を施していない。脳の損傷直後は、実験群と対照群に差異はなかった。しかし五日経つと、レーザー治療を受けたマウスは、対照群に比べ神経学的欠陥がはるかに少なかった。この効果は持続し、一か月後にマウスの脳を調べると、レーザー光を当てられたマウスの損傷の大きさは対照群よりかなり小さかった。

オロンらは次に、脳卒中に見舞われたラットを用いて類似の実験を行なっている[*36]。血管を閉塞して人間のものに類似する卒中をラットの脳に引き起こし、二四時間が経過してから、何匹かのラットにレーザーを当てた。するとこれらのラットは、光の照射を受けなかったラットに比べ、発生した神経学的欠陥は少なく、新たに生成された神経細胞は多かった。

私の考えでは、緊急救命室（ＥＲ）はすべて、脳卒中に見舞われた人や頭部に外傷を受けた人のために低強度レーザーを備えるべきだ。外傷性脳損傷に有効な薬物療法が存在しない点に鑑みれば、低強度レーザー療法は、頭部の外傷にはとりわけ重要である。またユリ・オロンは、心臓発作を起こした動物の瘢痕形成を、低強度レーザーの適用によって低減することができると報告している[*37]。ならば、心臓疾患に対処するためにも、ERに低強度レーザーを備えるべきではないだろうか。

カーンは八年前、冠動脈の狭窄によって引き起こされた初期の心臓発作のために、胸に痛みを覚えたことがある。その際、ERで治療を受けたあと、自分の心臓に低強度レーザーの光を当ててみた。あとでスキャンを受けると、血管の狭窄は消えたことがわかった。今では心臓の薬はいっさい服用しておらず、症状もまったく出ていない。その後彼は、冠動脈疾患を抱える患者の多くにレーザーが有効であること、そして多くの場合、六か月から数年で症状が消えることを発見している。

レーザーをその他の脳障害に適用する

私は定期的にカーンのクリニックを訪問して、脳障害を抱える患者を観察している。いつもガイド役を務めてくれるのは、カザフスタン出身の四〇歳になる外科医、臨床ディレクターのスラヴァ・キム医師である。彼は韓国人とロシア・ウクライナ人の混血で、韓国人がロシアにもたらした伝統的な東洋のエネルギー療法に通じている。患者に対しては全人的《ホリスティック》なアプローチをとり、自身の年齢階級でのテコンドーチャンピオンでもある。カザフスタンでは、ロシアの研究者ムシャルキンとセルギエフスキーが、欧米では今日でもまったく知られていない治療法、低強度レーザー血液照射を導入して以来、手術でレーザーが一般的に使われるようになった[*38]。彼らは心血管疾患を抱える患者への光の適用を、一九八一年に始めている。

キムが初めて見たレーザー照射は、命取りになりかねない血液感染の敗血症に罹患した患者の治療においてであった。この患者は抗生物質にも反応せず、死にかけていた。光が身体の自己治癒を促すことを知っていた担当医師は、波長六三二ナノメートルのレーザー光を伝導するレーザーファイバーを静脈に通した。このアプローチは、カーンが多くを学んだ、モスクワ出身のティーナ・カルらによって開拓されたものである。患者の血液検査の結果をチェックすると、白血球の急激な減少が見られた。これは感染の度合いが弱まったことを示す。また、それまではまったく効かなかった抗生物質が急に効力を発揮し始め、やがてこの患者は完全に回復した。静脈内注射（ＩＶ）を用いて薬物ではなく光を投与するこのアプローチは、従来の療法とエネルギー療法との融合を、これ以上ないほどみごとに達成したのである。

カザフスタンでは、キムは腹部の手術を行なったあと、感染を防止し、傷の治癒を促すために、ＩＶレーザーをよく用いていた。レーザーは免疫系の働きを補助するからである。それによって彼は、レーザーを使うと患者の病院滞在日数を減らせることを発見した。レーザーの持つ治癒力は、情熱的で献身的な外科医である彼自身が、絶えざるストレスのために潰瘍を発達させ、内出血で倒れたときに身に染みて感じられるようになった。胃腸病専門医がキムに内視鏡を挿入すると、十二指腸に大きな潰瘍ができていて、胃酸がその箇所を破り、腸壁を貫通する危険があることがわかった。通常は緊急手術が必要だが、胃腸病専門医はその場で処置した。つまり、内視鏡に低強度レーザー光を通し、潰瘍に向けて照射したのだ。この治療を八回行なっただけで、手術の傷跡を残すことなく、消化作用を保護しつつ治癒することができたのである。この手法は、外科手術に比べてはるかに非侵襲的だ。光を通す他の巧妙な治療法の適用として私が見たものに、オンタリオ州で製造された低強度鼻腔内レーザーを用いて（血管が表面にも脳にも近い）鼻の内部に光を通し、ひどい不眠症をただちに治した例がある。

　私はキムとカーンとともに、脳そのものを対象に治療が始められたわけではないのに脳の機能を回復したという、注目すべき現象を何度も見てきた。いくつか例をあげよう。私が会った高齢の男性アラン・ハンナフォードは、首の重度の骨関節炎のために治療を受けた。彼はまた、数年前に視覚皮質に卒中を起こして視野の一部が破壊されたために、目が見えにくくなっていた。もちろん彼の首は治療によってよくなったが、驚いたことに、それと同時に視野も拡大した。というのも、首に向けられたレーザーの光が、脳の後方に位置する視覚皮質付近に当たったからだ。以後も、アランの改善された視力は維持されている。

　カーンとキムは、若いアフリカ系カナダ人「ゲイリー」〔以降、初出時に括弧で括られた人名は仮名であることを示す〕を治療したとき、このアプローチを新たなレベルに引き上げた。二二歳の頃に髄膜炎（脳の周辺組織の炎症）にかかったゲイリーは、視力と聴力を完全に失っていた。髄膜炎による炎症と腫れは脳に強い圧力を加えるので、脳と神経に不可逆な損傷を引き起こす可能性があった。ゲイリーとは、彼が三二歳のときに出会った。短髪で顔立ちがよく、青い上着とシャツを着ていた。思いやりがあり、スティーヴィー・ワンダーがするように頭を上下に動かした。右目は上を向いたまま固定しているように見えた。

　そのときゲイリーは、長くつきあっていたガールフレンド「スザンヌ」と一緒だった。たまたまレーザー療法家だったスザンヌはある日、ゲイリーの治療にレーザーが有効ではないかと思い当たった。そしてキムとカーンが、スザンヌと、ゲイリーを治療しているスザンヌの同僚に助言をすることになった。彼らは最初、光をゲイリーの首のうしろ側に当てた。するとすぐに、ゲイリーは耳のまわりの触覚を取り戻し始め、顔面の筋肉に、それまでにはなかった感覚と脈動を感じるようになった。治療を始めてからおよそ二か月が経過する頃、驚くべきことが起こり始めた。視覚をある程度とり戻したのだ。

ゲイリーは目と耳が不自由だったので、「手のひらに描くテクニック」を用いることが、彼と言葉でやり取りできる唯一の方法だった。私が質問をすると、スザンヌはゲイリーの手のひらに単語を次々に書いていった。すると彼はそれに答えた。

「レーザーを試す前には、何か見えましたか?」と私は尋ねる。

「いいえ何も。暗闇でした」

「影は見えましたか?」

「いいえ」

「レーザーを使うようになってからは?」

「レーザー治療を受けるようになってからは、影に気づくようになりました。とはいえ、気づいたり気づかなかったりします。たとえば、窓のそばにいる母や甥の輪郭はわかります」。つまり窓のそばの明るさによって、ここ一〇年で初めて影を見ることができたのだ。「実際に顔を判別することはできません。でも、顔の茶色い輪郭が動くのが見え、やがて消えていきます」と彼はつけ加えた。

ゲイリーは、このようなことが起こるとは予期していなかったので、歓喜し、興奮した。それを聞いたカーンは、すべての脳葉をカバーするべく頭部全体にまんべんなく光を当てるようスザンヌに勧めた。この治療を何度か行なったあとで私たちが二度目に会った際、スザンヌは「ゲイリーに再び変化が起こりました。彼は姪が彼の耳にささやいた声が聞こえたようなのです」と言った。そこで私は、ゲイリーに詳しく説明してもらうことにした。

するると、彼は次のように答えた。「姪と二階にいるときに、私は彼女に何か言いました。彼女は私のそばにやって来て私を抱きしめました。彼女の顔は私の顔のすぐそばにあり、そこで彼女は何か言いました。そのとき私は〈あっ！〉と叫びました。というのも、かん高い音が耳に入るのを感じたからです。それで私は〈今何て言ったの？〉と訊きました。すると彼女は顔を近づけて私に再び何か言いました。するとまたかん高い音が聞こえました。彼女が言葉を発するやいなや、その声は私の耳を通っていくような感じがして、私に〈あっ！〉と言わせたのです」

このとき彼は、はっきりとではないとしても、耳が聞こえなくなって以来初めて人の声を聞いたのである。彼の言葉によれば、身体に感じる振動と、かくして経験し始めた音を結びつけるようになったらしい。

当初はほとんどの音が一方の耳からのみ入ってきたが、一か月が経過すると、両方の耳から入ってくるようになった。どの単語が話されているのかを聞き分けるまでには至っていないが、各単語を区別して聞けるようにはなった。ゲイリーは音を聞くと苦痛を感じるが、私の見るところ、これは「不使用の学習」から目覚めつつある彼の脳が、入力される感覚を依然として調整できていないことを示している。彼が感じる苦痛は、システムの過敏さの現れであり、第8章で説明する神経可塑的な訓練によって対処できるかもしれない。

続く数か月間、私は数々の奇跡を目にした。転倒、スポーツでの負傷、自動車事故などで外傷性脳損傷を負った、たくさんの人々に会ってきた。その多くは、もやもや、記憶障害、疲労、運動や平衡感覚や視覚の問題、さらには典型的なものとして頭痛など、ガビーのものに似た症状を抱えていた。これらの患者は皆、日常生活に支障をきたしており、ほとんどのケースでは、レーザー療法を受けるまで何年間も改善が得られなかった。しかしレーザー療法を受けてからは、ほぼ全員がよくなり、日常生活を再開することができた。まだ完全には回復していない人でも、「普通に暮らせるようになった」★と口にしていた。気分が改善したケースもあった。首に問題を抱えていたある男性は、首の問題

★おのおの独立して治療を行なっているカーンとアニタ・ソルトマーシュは、二人合わせると一〇〇〇人を超える外傷性脳損傷患者を診察している。患者の多くは症状に改善が見られているが、そうでない患者もいる。外傷性脳損傷に分類される損傷は非常に多様であり、脳損傷には、一つとして同じものがない。光による治療によって改善を見なかった患者には、神経可塑的治癒の他の段階に対応すれば改善する見込みのある人もいる（補足説明1、2、3参照）。また、光を過剰に当てられると症状が悪化する人もいる（たとえば、薬品、あるいは光や音などの刺激に過敏に反応する人、周囲の人々の活動に圧倒されやすい人などで、外傷性脳損傷患者にはそのような症状が見られることがある）。症状の悪化が持続する期間は人によって大きく異なるが、カーンとソルトマーシュの経験によれば、幸いにも症状は、やがて光が当てられる以前のレベルまで戻る。これらの患者であっても、光による治療に効果がある人もいる。ただし、最初のうちは光の量をごくわずかに抑え、改善するにつれ徐々に増やしていく必要がある。

が軽減したばかりか、抑うつも治り、抗うつ薬の投与も減らすことができた。脳の検査結果も驚くほど向上した。（光によってその種の認知への効果が得られることについては、すでにテキサス大学オースティン校の研究によって示されていた[*39]。）また、別のある男性は抑うつがひどく、丸一年間ほとんど何もできなかったのだが、レーザー療法を受けると抑うつは治り、仕事に復帰することができた。抑うつには、脳が慢性的な炎症を起こすケースもあることを示す最新の知見を考慮すれば、慢性的な炎症を阻止する治療が有効なのもよく理解できる。

このことは、低強度レーザーと結びつけて研究されている最新の領域を思い起こさせる。それは、もっともよく見られる認知症、アルツハイマー病に関する研究だ。アルツハイマー病患者の脳も炎症を起こしてミトコンドリアが機能しにくくなり、分子の「さびつき」とも言える酸化ストレスと呼ばれる老化の兆候を示す。脳細胞の全般的な機能を改善する光は、これら三つの問題、すなわち炎症、ミトコンドリアの機能障害、酸化ストレスを改善する能力を持つ★。アルツハイマー病の特徴は、ニューロンがタウ蛋白、アミロイド蛋白と呼ばれる変形したタンパク質を過剰生成し、変性をもたらす斑《プラーク》を形成することにある。

シドニー（オーストラリア）のある研究チームは、光を使ってこれらのタンパク質のレベルを低下させた。彼らは、アルツハイマー病に関与する人の遺伝子をマウスのDNAに移植して、タウ蛋白とアミロイド斑を発達させるように仕向け、それから一か月間、マウスの頭上一〜二センチメートルの位置に単に光を保つことで、低レベルの光による治療を行なった[*40]。外傷性脳損傷、パーキンソン病、網膜の損傷の治療に有効に作用した近赤外光を用いると、アルツハイマー病が影響を及ぼすおもな脳領域で、タウ蛋白とアミロイド斑を七〇パーセント削減することができた[*41]。その後「さびつき」の兆候は減り、細胞の動力室ミトコンドリアの機能は改善した。

動物を用いた別の研究は、光線療法によって脳由来神経栄養因子（BDNF）を増大させることで、アルツハイマー病患者のニューロン間の損なわれた結合を改善できると報告している[*42]。これらに関しては、ヒトを対象とする研究が待たれる。いずれにせよ、低強度レーザーが、第2章で取り上げた運動療法や、第3章で論じた脳の全般的な健康を守るための方法とともに、脳細胞の全般的な健康を促進する強力な手段であることに間違いはない。

レーザー光の治癒力の調査に没頭していたこの時期、私は人々が自然光とその恩恵を自ら捨てている、その程度の大きさに気づかざるを得なかった。病院でさえ光の持つ治癒力にまったく無関心でいることが多い。その昔、クリミア戦争中にフローレンス・ナイチンゲールによってなされた、「日光に照らされ、新鮮な空気に満たされた臨時野戦病院より、病院の建物のなかで死ぬ患者のほうが多い」という観察に啓発されて、病院にはたいてい日光に照らされた中庭が備わっていた。しかし今や、

★炎症は他の形態の認知症でも主要因をなす。少なくともある種（二番目に一般的に見られる形態）の血管性認知症は、血管炎によって引き起こされると考えられている。しかし血管疾患のほとんどにおいて、炎症が重要な役割を果たしていることを示す証拠が集まりつつあり、それが正しければ、血管性認知症のほとんどのケースで、炎症が関与しているはずだ。したがって低強度レーザーは、おそらく血管性認知症にも有効であろう。

多くの病院には中庭がない。彼女の業績に影響を受けて建てられた「ナイチンゲール病棟」と呼ばれる病棟は、患者が終日日光を浴びられるように配置された窓を数多く備えていた。

最近の研究によれば、光は治癒を早めるばかりでなく、痛みを緩和し、睡眠を改善する。また、ビタミンDのレベルを向上させるので、がんのリスクをある程度低下させる。今日では、窓のそばの直射日光が差し込むベッドを割り当てられた患者は幸運だ。車、アパート、学校、オフィスビルなど、人々が多くの時間を過ごす閉鎖空間に設置された窓は、空調にかかる費用を削減する目的で、自然光のフルスペクトルを濾過するために着色されることが多くなりつつある。屋内では、青白い色調で明滅して「エネルギーを節約する」蛍光灯が放つ、敏感な患者なら気分が悪くなるほど不自然な、幽霊のような冷たい光に照らされて私たちは暮らしている。

「エネルギー節約」の方針によって公衆衛生が損なわれていた時代は、過去にもあった。産業革命期の石炭の使用は、ヨーロッパやアメリカの大都市の大気を汚染した。二〇世紀の初期に医師のカレブ・ウィリアムズ・サリービーは、「〈大都市の病的な生活に慣れた〉何百万もの人々が、太陽がのぼっていても暗い都会の光景のなかで暮らしている」と嘆いた。伝染病が蔓延し、医師はその原因の一部を、過密のみならず光の欠乏に帰した。一九〇五年、ニューヨークで石炭の煤煙の放出を規制する法律が導入されると、結核の感染者数は減少した。

この方針は、その後トレンドになる。ボストンではいわゆる「青空法」が通過し、結核を患う子どもたちは、治療のために日光を浴びることができる船上病院に収容された。スイスの医師オーギュスト・ロリエは患者をアルプスに連れて行き、彼の運営するサナトリウムで日光を浴びさせ、著しい回復をもたらしたという。山岳地帯の新鮮な空気の恩恵のみならず、寒冷な気候のゆえに患者が長時間日光を浴びられたことが、回復の決定的な要因になったのである。一九三〇年代に抗生物質が発見される以前は、伝染病を癒し、患者の免疫系を強化する手段として日光療法が盛んに行われていたことは、現在ではほとんど忘れられている。抗生物質の過剰な使用によって、病原菌の抵抗力の増大にその効力が追いつかなくなった今日において、私たちは再びこれらのテクニックを学ぶべきだろう。

空は青さを取り戻したのかもしれないが、気づかぬうちに、屋内の空間からは自然光がさらに剝奪されつつある。現在使われている人工の光は、生命を保護する波長によって構成されていないケースが多い。優雅な中庭や展示ロビーばかりでなく、日常生活が繰り広げられる場や仕事場にも、フルスペクトルの光が必要なのである。貧弱な光のもとでの生活が引き起こすダメージは、目には見えない。私たちは一時的になら陰うつな空間にも耐えられる。しかし、光に満ちた空間に入ったときに私たちが感じる喜びは、単なる美的な快にとどまるものではなく、健康な生活を送るためには光が必須であることを示唆する。

＊　＊　＊

二〇一二年一〇月七日、ガビーは次のように書いてきた。「およそ三年ぶりに自分で車を運転しました。（……）難なく首を回せるようになりましたし、手と目の協調にも問題はありません。（……）今のところ一般道を走っていますが、すぐに高速道路も走れるようになると思います」

その後再び「その気があってもどうにもならない」という件名で次のように書いてきた。「とても奇妙です。病気になる前、私は、やる気があれば何でもできるといつも思っていました。その後、やる気があってもどうにもならない場合があることを学びました。脳が正常に機能していなければ無理なのです。現在でも驚いたことに（……）」

「返事が遅れて申し訳ありません。（……）残念なことに、父の具合がよくありません」

ガビーは再び教え始めた。車を運転し、歌い、普通に生活している。彼女の長く苦痛に満ちた、両親に依存する生活は終わった。さらには両親の心痛も、娘の未来に対する心配も、彼女の惨めな状況に対する悲嘆もなくなった。現在の彼女は、八〇歳を超える父のポラード博士と母の面倒を喜んで見ている。ポラード一家のような絆の強い家族に見られる、世代間で高貴なる義務を遂行し合う伝統は、かくして無事に維持されたのである。一方のフレッド・カーンは、ここ半世紀のあいだ一日たりとも病気になったことはない。現在八五歳になった彼には、まだやらねばならないことがある。

第5章

モーシェ・フェルデンクライス 物理学者、黒帯柔道家、そして療法家

動作に対する気づきによって重度の脳の障害を癒す

二個のスーツケースを携えた脱出行

一九四〇年六月、ゲシュタポが踏み込むわずか数時間前に、あるユダヤ人の青年がナチス占領下のパリから脱出した[*1]。彼は二個のスーツケースを携えていた。そこには、新たに発見された物質、すなわち核エネルギーと核兵器を生み出すには必須の重水二リットルと、焼夷弾の設計書など、フランスの科学者による極秘の発明と資料が詰め込まれていた[*2]。彼に与えられた使命は、それらがゲシュタポの手に渡らないようにし、願わくはイギリスに脱出することであった。彼は強靭な体躯をしており、身長はおよそ一六〇センチメートル。胸は樽のようで、運動選手としてもある程度知られていた。しかし一〇年前にサッカーで負った膝の損傷のため、歩行に困難を抱えていた。

三六歳になったばかりのこの男、モーシェ・フェルデンクライスは、ソルボンヌ大学で博士号を取得した科学者であった。彼は若き科学者チーム、フレデリック&イレーヌ・ジョリオ＝キュリー夫妻〔イレーヌはキュリー夫妻の娘〕の研究室で、原子力に関する極秘の研究に関わっていた人物だ。数年前の一九三五年、ジョリオ＝キュリー夫妻は、人工放射性元素の合成によってノーベル化学賞を受賞した。一九三九年、彼らの研究室は史上初めて、膨大な量のエネルギーを解き放つ連鎖反応を導く、ウラニウム原子の分裂に成功した。これはやがて原子力と呼ばれることになる。そのとき、原子に衝突させる粒子を生み出す加速器を製作したのがフェルデンクライスだった。その年アルベルト・アインシュタインは、米大統領のフランクリン・D・ルーズヴェルトに宛てて、「フランスのジョリオの業績によって」新種の爆弾を製造することが可能になったと書いている。また、ナチスが彼の業績を追い、ウラニウムを集積し始めたと警告している。

一九四〇年六月、脱出の数日前、ナチスがパリに入城してきた頃、フェルデンクライスは、なぜか古傷の膝が再び痛み出しているのに気づいた。膝はひどく腫れ上がり、やっとのことでベッドから起き上がって仕事に出かけた。その当時の精神的ストレスがきつかったのは確かだが、脳で起こっている事象が、なぜ膝に影響を及ぼすのかが彼には理解できなかった。ナチスの入城後、数時間もすればゲシュタポはキュリー夫妻の研究室を捜索し、スタッフ全員を中庭に出してユダヤ人と共産主義者を割り出し、強制収容所に送るであろう。フレデリックはユダヤ人のフェルデンクライスにその旨警告し、彼のために必要な書類をただちにフランス政府からとり寄せた。

二個のスーツケースを抱えたモーシェと妻のヨナは、イギリスに渡る船を見つけるために農村地帯を通って必死に逃げた。海岸地域にたどり着いた彼らは、車で港町をまわったが、港はすでに閉鎖されたか、最後の便が出港したあとだったか、とにかく船には乗れなかった。鉄道がすでに止まっていたので、ドイツ空軍は、車で命からがら逃げ出した人々でごったがえす道路を爆撃した。たちまち道路はめちゃくちゃになり、通行不能になった。そのためモーシェとヨナは歩いて逃避行を続けたが、モーシェは膝に、ヨナは腰に痛みを抱えていた。彼女が歩けなくなったので、モーシェは何とか踏ん張って、道端に放棄されていた手押し車に彼女を乗せて進み、撤退していく連合軍の艦船に無理やり便乗することができた。この作戦は、のちにジェームズ・ボンド・シリーズの著者として知られるようになるイギリスの将校イアン・フレミングに指揮されていた。フレミングは彼らを、占領下のフランスを最後に出港するエトリック号に乗せた。この船はあまりにも混雑していたため、フェルデンクライスはスーツケースを荷物の山に投げ込まざるを得なかった。

フェルデンクライスとヨナが一九四〇年六月の最後の週にイギリスに到着すると、さっそくスーツケースを探した。しかし二個のうち一個が見つからなかったので、海軍省に捜索を依頼したのだが、そこで新たな問題が生じた。「フェルデンクライス」という名前にドイツ語の響きがあるのが引っかかったのだ。ナチスが避難民のなかにスパイを紛れ込ませているのではないかと恐れたイギリス当局は、彼を拘束してマン島の収容所に送った。

当時のイギリスにおける主要な科学者の一人J・D・バナールは、戦争に協力する科学者を探す任務を与えられていた。彼はかつてジョリオ＝キュリーの研究室を訪ねたことがあり、そこで出会ったフェルデンクライスがイギリス当局に拘束されていることを知った。バナールは、イギリスの「新たな脆弱性」の解消を手伝わせるべく彼を釈放させた。新たな脆弱性とは、ナチスのUボートがイギリスの船を沈め始めたことを指す。フェルデンクライスには、フランスでソナー（潜水艦の発見に用いられる一種の水中レーダー）に関する重要な研究を行なった実績があったのだ。イギリスでのソナー開発プロジェクトが頓挫すると、彼はスコットランドの西岸に位置する、フェアリーという名の孤立した村で、奇妙な取り合わせの科学者集団の一員として働くことになる。かくしてたった数日のあいだに、彼はスパイ容疑をかけられた外国人から、防諜活動に従事する英国海軍の技師になったのである。そこで彼は、日中は極秘プロジェクトに身をやつし、夜間は同僚に柔道を教えた。

フェルデンクライスは、欧米人で最初の黒帯柔道家の一人で、かつてパリでフランス柔道クラブの設立に貢献した。また、物理学の方程式を用いて、身体の小さな人が自分よりはるかに大きな人をいかに投げられるかを科学的に説明する、柔道に関する本も書いている。フェルデンクライスの柔道のレッスンを受けたある司令官が、自分の民兵小隊、さらには大隊を訓練するよう彼に依頼したのをきっかけに、柔道家としての彼の名声は広まった。じきに彼は、ノルマンディー上陸作戦に備えて、パラシュート部隊に白兵戦の訓練を施すようになる。

フェルデンクライス・メソッドのルーツ

一九〇四年五月六日、現在のウクライナに位置するスラブータという小さな町でフェルデンクライスは生まれた。一九一二年、一家で現在のベラルーシに位置するバラーナヴィチに移住している。彼は若い頃から、異常なまでに独立心旺盛で、わが道を行くタイプの人物だった。ロシア帝国に住むユダヤ人は、何十年ものあいだ、政府によって支援された虐殺《ポグロム》の犠牲になってきた。一九一七年、ロシアやその他の地域でのユダヤ人の窮状に応えて、パレスチナを支配していたイギリスは、バルフォア宣言を表明した。そこには、「英国政府は、パレスチナにおけるユダヤ人の国民的郷土の樹立を好意的に見る。そしてその目標の達成を推進するために最大限の努力を払う」とある。モーシェは一四歳になると、一人でベラルーシからパレスチナに向けて出発した。一九一八年から一九年にかけての冬、ブーツにはピストルを忍ばせ、袋には数学の教科書を詰め、公的な書類など何も持たずに、マイナス四〇度の気温に耐えながら湿地を横切り、ロシアの開拓地を越えていった。村から村へと歩いて渡っていくうちに、興味を抱いたユダヤ人の子どもたちがついてきた。あるときは、彼らは生き延びるためにサーカスの巡業に参加した。そこでアクロバットに触れた経験から、モーシェはタンブリング〔回転運動〕と、安全な転び方を学んだ。これらの技能は、のちに柔道の実践を通して完成される。クラクフ〔ポーランドの都市〕にたどりつく頃には、この賞賛の念を一身に集める少年のパレスチナ巡礼に五〇人の子どもたちが参加していた。その人数はさらに増え、二〇〇人を超える若者が彼に従っていた。やがて大人も加わり、中央ヨーロッパからイタリアへ出てアドリア海に達し、そこから船に乗って、パレスチナには一九一九年の夏の終わり頃に到着した。

　新たにパレスチナにやって来た人々のほとんどと同様、フェルデンクライスは無一文だった。労働者として働き、テントで寝た。一九二三年には高校に通い始め、教師がうまく教えられなかった子どもたちを教えながら生計を立てた。このとき早くも、彼は学習の過程でつまずいた人々を支援する自身の才能をいかんなく発揮していたのだ。

　一九二〇年代に入ると、アラブ人は、ユダヤ人の村やイギリス委任統治領パレスチナの町を攻撃するようになる。フェルデンクライスのいとこ、フィシェルもそのときに殺されている。ユダヤ人はイギリス政府に対し、保護するか、武装する権利を与えるかのいずれかを求めたのだが、拒否された。

そのために若き日のフェルデンクライスは、素手で自分を守る手段を学び始めたのだ。アラブ人の襲撃者はたいがい、ナイフを持って相手に襲いかかり、上から振り下ろして首やみぞおちを狙った。多くのユダヤ人はその方法で殺されていた。フェルデンクライスは、敵の一撃をブロックし、それから相手の腕をつかんでねじり、ナイフを振り払う方法を村人に教えようとした。しかし彼の生徒たちは、顔を防御するために前腕を上げたり、襲い掛かってくる敵に背中を向けたりしてしまうという、不安による自然な反射反応を抑えられなかった。そこでフェルデンクライスは、神経系の自然な反応に逆らわずに、逆にそれを利用して敵の一撃をブロックする方法を考案した。つまり彼は、敵に攻撃されたときには、顔面を守ろうとする本能的な傾向に従うよう強く求め、それをうまく活用した防御手段へと磨き上げる方法をとることにした。それから、人がさまざまな角度から攻撃される様子を写真に撮り、恐れによる自発的な反応を効果的な防御に変えるブロック方法をあみ出した。この方法は功を奏し、将来考案することになる、神経系に逆らうのではなく、従うアプローチの原型になった。

一九二九年、彼は『柔術と自己防御（*Jiu-Jitsu and Self-Defense*）』という題の、ヘブライ語で書いた本を仲間に回覧した。これは彼が書いた、素手による戦闘に関する多くの著書の、最初の一冊である。この本は、誕生しつつあったユダヤ国家の軍隊を訓練するために用いられた最初の自己防御マニュアルになった。その年に彼は膝を負傷したのだが、それを癒すあいだに、心身療法と無意識の領域に関心を抱き始めたのだ。そして、エミール・クーエ〔自己暗示法の創始者〕の催眠について書かれた本の翻訳を含む、『自己暗示（*Autosuggestion*）』という本の二章を書く。一九三〇年にパリに移り、工学で学位を取得したあと、ジョリオ＝キュリーの指導する物理学の博士課程に進んだ。

一九三三年のある日、フェルデンクライスは、柔道家の嘉納治五郎《かのうじごろう》がパリで柔道を教えていることを耳にする。嘉納は小柄で虚弱だったために、子どもの頃よくいじめられていた。柔術を改変した柔道は、相手の力を利用してバランスを失わせ、投げるよう訓練する。また、「柔《やわら》の道」である柔道は、身体面でも精神面でも、ホリスティックなアプローチをとる。フェルデンクライスは、嘉納に白兵戦について書いた自著を見せた。

嘉納は、不安による神経の自然な自己防御反応を利用するブロック防御を撮影した写真を指し、「どこでこの方法をマスターしたんだ？」と尋ねた。

「私が考案しました」とフェルデンクライスは答える。

「ほんとうかね？」と嘉納が疑うので、フェルデンクライスはナイフで自分を襲うよう嘉納に言う。嘉納が襲いかかると、ナイフは宙を舞った。

その後、嘉納はその本をよく読み、数か月をかけて内容を把握した。そしてフェルデンクライスに、エリート弟子の一人として彼を訓練することを伝えた。エリートは、投げ飛ばされても、つねに自己の身体をうまくコントロールして着地できる。こうして嘉納は、ヨーロッパにおける柔道普及の片腕となる人物をついに見つけたのだ。二年後、フェルデンクライスは、フランス柔道クラブを共同で設立する。そして博士号取得のための資金を調達するために、ジョリオ＝キュリーや他の物理学者たちに柔道を教え始めた。

フランスにいるあいだ、フェルデンクライスの膝は次第に悪化した。痛みがひどい日にはベッドから立ち上がれず、その状態が数週間続くこともあった。彼は日によって状態が異なることに気づき、なぜそうなのか、そして心的ストレスを受けると身体の問題が悪化するのはなぜかを疑問に思い始める。明らかに、膝の問題の主要な原因は心身相関的なものではない。膝がひどく傷ついたために、腿の筋肉は痩せ衰えていた。検査をすると、膝の内部の軟骨、半月板がひどく裂け、膝靭帯が完全に破壊されていた。上級の外科医にようやく診てもらったときには、手術をしなければ機能は回復しないと忠告された。フェルデンクライスが「手術が失敗する可能性は少しでもありますか?」と尋ねると、外科医は「もちろん。その可能性は半分あります」と答えた[*3]。それどころか、手術が成功しても膝は永久に硬直したままだろうとのことだった。そう言われたフェルデンクライスは、「それなら手術しません」と返答して帰った。

その後、彼は奇妙な経験をする。一人で戸外に出て、問題のないほうの足で飛び跳ねた際に滑って転倒してしまい、そちらの足も傷つけてしまう。何とか家に帰った彼は、まったく動けなくなることを恐れつつ床に就き、深い眠りに落ちた。目覚めると、膝を負傷しているほうの足で立てることに気づいて驚く。「頭がおかしくなったのではないかと思った。数か月間体重を支えられなかったほうの足が突然使えるようになり、痛みもなくなるなどということがなぜ起こったのか?[*4]」。そこで神経科学の文献を読んだところ、脳と神経系が、この奇跡のようなできごとの原因であることが判明する。「よいほうの足」が急に外傷を負ったため、彼の脳は、動いた拍子にさらなる損傷を受けないよう保護するべく、その足に対応する運動皮質の脳マップを抑制したのだ。しかし脳の一方の側が抑制されると、しばしば他方の側がその機能を受け継ぐ。つまり「よいほうの足」に対応する運動皮質の脳マップの抑制により、膝を負傷したほうの足の脳マップが、残された筋肉を動かすよう「焚きつけられ」、負傷した足がどうにか使えるようになったのである。彼はこの経験を通じて、膝の状態ばかりでなく、脳も身体の機能をコントロールしていることを学んだ。

のちにスコットランドで対潜水艦戦プログラムに参加したとき、フェルデンクライスは、湿って滑りやすい甲板に出て、膝が腫れることがあった。その状況では、自分で問題を解決するしかない。彼は、「調子の悪い日」に脳と膝に悪影響を及ぼしている要因の究明に努めた。

他の哺乳類は誕生と同時に歩けるのに、人類は、歩行のような基本的な動作を時間をかけて習得する必要があるということにフェルデンクライスは着目した。彼にとってこの事実は、歩行が経験を通して神経系に配線され、組み込まれなければならず、動作の習慣の形成を必要とすることを意味した。彼はその習慣を変えようとしていた。今や彼は、自分がいかに膝を使って、どのように動かしているのかについての、運動感覚性の気づきを発達させつつあったのだ。運動感覚性の気づきとは、空間内での身体や手足の位置や、動きの感触を知らせる感覚のことである。フェルデンクライスは、神経科学の文献と柔道の両方から、一群の筋肉（背中の抗重力筋と大腿四頭筋）に支えられてこそ直立できるということを学んだ。

人にはそれぞれ、部分的に学習された習慣的な直立の様式がある。立ち上がるたびに、無意識にこの習慣を動員しているのだ。習慣化した姿勢の悪さによって、「調子の悪い日」に膝の問題が悪化することに気づいた彼は、身体にかかる重力の作用を回避して、抗重力筋と、獲得した直立の習慣を用いないでいられるよう、横になって自分自身を観察してみた。仰向けになって足をわずかに持ち上げ、痛みがどこで始まり、どこが限界かを確認するために、膝をゆっくり動かしながら何時間も過ごすことがよくあった。のちに彼は生徒のマーク・リースに、「自分の身体のあらゆる部位の微細な無意識的結合を感じ取れるよう」自分自身を観察していた、と語っている[*5]。

「身体のいかなる部位も、他の部位に影響を及ぼさずには動かすことができない」とフェルデンクライスは述べる[*6]。このホリスティックな見方は、のちに完成させる彼のアプローチを、よくあるマッサージから区別する。骨と筋肉と結合組織は統一的な全体を構成するので、いかにわずかであろうと、他の部位に影響を与えずに特定の身体部位を動かすことはできない。腕を伸ばしてわずかでも指を動かせば、前腕の筋肉が収縮し、それを安定化させるために背中の筋肉が動員され、さらにはその動きが、それによる全体的なバランスの微妙な変化を予期した神経系と身体の反応を引き起こす。通常、「リラックスしている」ように見えるときでも、あらゆる筋肉がある程度の収縮、つまり「筋緊張（muscle tonus）」を示す。（「muscle tonus」は、「muscle tone」と同じではない〔日本語では特に区別されていないようであり、ここでは英語のまま記した〕。後者は、一般的にはやせた人の筋肉のつき方に言及するが、前者は医学用語であり、もっぱら筋肉が収縮した状態を指す。また前者には高低のレベルがある。）いかなる筋肉の緊張の度合いを変えても、他の筋肉に影響が及ぶ。たとえば、二頭筋が収縮するには三頭筋が弛緩しなければならない。

フェルデンクライスは、筋緊張に対する運動感覚性の気づきを用い、歩行を細かな動作に分割することによって、何週間ものあいだ、膝の問題にわずらわされずに歩くことができた。「その動作がいかなるものかより、自分がそれをどのように実行しているのかを観察することに没頭していた」と書く彼は、動作に対する気づきをつねに保ち、自分自身にフィードバックを与えて、そのとき実行している機能や脳の様態を変えることについて論じている[*7]。

自分の歩き方を分析すると、これまで何年にもわたり、自分が歩き方にさまざまな改変を加えてきたことに、そして改変することによって負傷する前にはできた動作のいくつかを忘却していて、そのため気づかぬうちに動作の幅が狭くなったことに思い当たった。このように、運動制約の多くは、身体的な限界のみならず、動作や心的な知覚をめぐる習慣によっても引き起こされていたのである。彼は嘉納から、「心と身体はつねに関係し合っている。ゆえに柔道は心身教育の一形態である」ということを学んだ。フェルデンクライスは次のように述べる。「心と身体の統合は、客観的な事実だと私は考える。それらは関連し合う個々の部分であるばかりでなく、必要不可欠な全体として機能するのだ[*8]」

この洞察は、ナチスがパリを占領したちょうどそのときに膝が腫れたという、奇妙な事実を説明する。ユダヤ人であるがために彼の命が危険にさらされたのは、ロシアでのポグロム、パレスチナでの襲撃に次いでこれが三度目だった。彼は、心的ストレスによって身体の問題が悪化したものととらえた。つまり恐怖の体験と記憶は、心と身体を通じて、神経系に生物化学的な筋肉の反応を引き起こす。膝の腫れも、そのために生じたのだと彼は考えたのである。

戦争中彼は、尊敬するフロイトの業績に関する考察で始まる本を書いている。フロイトは、彼が生きていた時代の多くの臨床家とは異なり、心と身体がつねに影響を及ぼし合っていることを強調した。しかしフェルデンクライスは、著書『身体と成熟した行動（*Body and Mature Behavior*）』で、フロイトの治療法である会話療法《トークセラピー》が、身体や姿勢に顕現する不安などの情動の兆候にほとんど焦点を置いていないことを、そしてフロイト自身、「精神分析家は、心の問題を治療する際に身体に働きかける」

などとは一度も主張していないことを指摘する。それに対し、フェルデンクライスの考えでは、純粋に精神的な（心的な）経験など存在しなかった。「身体と精神を分けてとらえる見方は、（……）もはや役に立たない[*9]」。脳はつねに身体であり、あらゆる身体の経験には心的な構成要素が含まれるのと同様、私たちの主観もつねに身体的な構成要素を含む。

戦争が終わった。フェルデンクライスは、自分の親戚のほとんどがナチスによって殺されたことを知るが、幸いにも両親は生存していた。彼は博士号論文を完成させて卒業した。しかしフランスに戻ると、フランスと日本の柔道家仲間と結託したナチスの手で、共同で設立した柔道クラブの歴史から、ユダヤ人である自分の名前が抹消されているのを知る。そのため彼はロンドンに住み、いくつかの発明をし、『高度な柔道（*Higher Judo*）』というタイトルの柔道に関する本を書き、さらには『力強い自己（*The Potent Self*）』という、同僚の科学者や友人のサポートに用いている彼独自の治療法を発展させる本の執筆に着手する。また、物理学者として、アルベルト・アインシュタイン、ニールス・ボーア、エンリコ・フェルミ、ヴェルナー・ハイゼンベルクなどといった錚々たる顔ぶれに会っている。フェルデンクライスは、核物理学の研究を続けるか、それともすばらしい結果が得られつつある療法家の道を進むかを真剣に悩んだ末、後者を選んだ。彼の母親は、「息子はノーベル物理学賞をとれたはずなのに、マッサージ師になってしまった」と冗談めかして言ったらしい[*10]。

しかしまたしても、落ち着いて彼独自のメソッドを追求することができなくなる。一九四八年、国連はパレスチナを二つの領域、すなわちイスラエルと呼ばれるユダヤ人の領域と、パレスチナと呼ばれるアラブ人の領域に分けた。すると数時間後には、軍備の整った六つのアラブ国家がユダヤ人国家に対する攻撃を開始した。一九五一年には、イスラエルの科学者が次々とロンドンにやって来て、フェルデンクライスに、イスラエル陸軍の電子部門に戻って極秘プロジェクトを監督するよう要請してきた。彼は一九五三年までその任を務めたのち、ようやく、自分のライフワークに専念できるようになった。イスラエルで出会った化学者のエイブラハム・バニエルは、彼の生涯の友人になった。バニエルは、「私たちの家をあなたの研究室にしても構わない」と言って、彼と妻が暮らすアパートで毎週木曜日の夜に講義をするよう、フェルデンクライスを説得した。

中心原理

膝の問題を解消し、『身体と成熟した行動』を執筆し、定期的にクライアントを診察しながら、フェルデンクライスは新たなメソッドの基礎となる原理を洗練させていった。そのほとんどは、神経可塑的な治癒の主要な段階の一つである、神経差異化（第3章参照）の促進に関係する。

1. 心は脳の機能をプログラミングする

私たちは、限られた数の「固定配線」された反射反応を備えて生まれてくるが、ヒトはすべての動物のなかでも「もっとも長い徒弟期間」を通じて学習する[*11]。フェルデンクライスは次のように書く。「ホモサピエンスは、神経の厖大な部分がパターン化も接続もされないまま誕生する。そのため人それぞれにおいて、たまたまどこで生まれたかによって、環境に合ったあり方で脳を組織化することができる[*12]」。彼は一九四九年には、「したがって、脳は新たな神経経路を形成できる」と早くも述べている。★さらに一九八一年には、「心は徐々に発達し、脳の機能をプログラミングし始める。心と身体に関する私の見方は、その人の持つさまざまな組織を、十全な機能的統合が得られるよう、言い換えると自分の欲することができるよう〈再配線〉する精緻な方法を含む。人はそれぞれ独自のあり方で、自分自身を配線する選択の自由を持つ」と書いている[*13]。私たちが何かを経験するとき、「神経物質（脳におけるニューロンの結合）は、それ自身を組織化する」のである[*14]。生徒のデイヴィッド・ゼマック＝バーシンの指摘によれば、フェルデンクライスは、神経に損傷を受けても、通常は、損なわれた機能を取って代われるだけ多くの脳の組織が残される、と口癖のように語っていたという。モーシェ・フェルデンクライスは、最初の神経可塑性療法家の一人だったのだ。

★神経可塑性に関するこの観点は、『身体と成熟した行動』の第5章ですでに扱われていた。一九七七年、フェルデンクライスの生徒の一人アイリーン・バキリタは、彼女の夫で神経可塑性研究の開拓者ポール・バキリタ（第7章参照）を彼に紹介した。フェルデンクライスはポール・バキリタの著作を読み、彼の提起する概念を積極的に取り入れ始めた。というのも、自分の考えと親和性があったからだ。バキリタは二〇〇四年に、頭部損傷に関するフェルデンクライスの業績を統合する研究に着手したが、それを完成する前に亡くなっている。E. Bach-y-Rita Morgenstern との私信による。また、彼女の論文 "New Pathways in the Recovery from Brain Injury," *Somatics* (Spring / Summer 1981) も参照されたい。

2. 脳は運動機能なくしては思考できない

フェルデンクライスは次のように述べる。「心と身体の統合は、客観的な事実であり、これら二つの実体は何らかの形態で関係し合っているのではなく、そもそも不可分の全体であるというのが私の基本的な考え方だ。もっとはっきり言えば、脳は運動機能なくしては思考することができない[*15]」

ある動作を考えるだけでも、わずかにせよその動作が引き起こされる。生徒にある動作を想像させると、その動作に関与する筋肉の緊張が高まることにフェルデンクライスは気づいた。数を数えるところを想像すると、のどの発声器官に微妙な動きが引き起こされる。手を拘束すると、ほとんど話せなくなる人がいる。いかなる情動も、顔の筋肉と姿勢に影響を及ぼす。怒りは握り締められたこぶしと食いしばられた歯に、恐れはぴんと張った屈筋や腹筋、あるいは止めた息に、喜びは手足の軽さや快活さに現れる。純粋な思考が存在すると考える人もいるが、フェルデンクライスの指摘によると、深くリラックスすれば、いかなる思考も筋肉の変化をもたらすことがわかるはずだ。

脳が使われるたびに、運動、思考、感覚、感情という四つの構成要素が作用する。通常私たちは、これらすべてをともに経験する。★

3. 気づきは運動を改善するカギになる

フェルデンクライスの指摘によれば、感覚系は運動系と分離されているのではなく、密接に関連し合っている。感覚の目的は、運動を方向づけ、導き、調整し、そのコントロールを手助けすることにある。また、運動感覚は、運動の成功の評価に重要な役割を果たし、空間内の身体や手足の位置に関する、感覚によるフィードバック情報をただちに伝達する。運動への気づきは、フェルデンクライス・メソッドの基盤である。彼は自分の教えるクラスを「運動を通じた気づき（ATM）」レッスンと呼んでいた。運動へのより深い気づきを得るだけで、（とりわけ脳に重度の損傷を負った人の）運動障害を劇的に改善できるという示唆は神秘的に響くかもしれないが、それが神秘的に思えるのは、かつて科学が身体を個々の部品から成る機械として、そして感覚機能と運動機能を互いに大きく異なるものとしてとらえていたからにすぎない。

この自己への気づきと経験のモニタリングの強調は、フェルデンクライスが東洋の武術《マーシャルアーツ》における瞑想的な側面に関心を持っていたことに一部起因し、現在の欧米におけるマインドフルネス瞑想法に対する関心に半世紀ほど先んじていた。彼のこの洞察は、学習中に人や動物が注意を集中しているときに、神経可塑性による長期的な変化がもっとも効率的に生じることを示した、神経科学者のマイ

★フェルデンクライスは、神経科学者ロドルフォ・リナスによって提起された、神経科学におけるもっとも新しい理論の一つ、思考の運動理論を先取りしていた。神経系は生命にとっては必要でないが、複雑な運動には必須であるとリナスは指摘する。動かない植物に神経系は不用である。神経系や脳と運動の結びつきは、ホヤにとりわけはっきりと見られる。ホヤは、単純な前庭器官と皮膚から感覚情報を受け取る三〇〇の神経細胞から成る脳のような原始的な細胞群を持つ幼生期においては、オタマジャクシのように動き回る。やがてエサが豊富な場所を見つけてそこに固着し、残りの生存期間を動かずに過ごす。動く必要がなくなったために脳も不要になり、筋肉組織を持つ尾とともに自身の脳と原始的な脊髄を消化してしまう。R. R. Llinás, *I of the Vortex: From Neurons to Self* (Cambridge, MA: MIT Press, 2001), p. 15

ケル・マーゼニックによって再確認されている。マーゼニックは、さまざまな学習課題を与える前と与えた後に、動物の脳をマッピングする実験を行なった。動物が注意を払わずに報酬課題を行なうと、脳マップは変化したが、この変化は一時的だった[*16]。

4. 差異化（さまざまな運動のあいだで、できる限り小さな感覚的区別を行なうこと）は脳マップを築く

フェルデンクライスは、新生児が、単純な反射に基いて腕全体を伸ばす様子など、たくさんの筋肉を同時に使って、差異化のほとんどなされていない非常に大まかな動作をするところをしばしば観察していた。また、新生児は個々の指を区別できない。そして成長するにつれ、より細かく正確な個々の動作を学習していく。しかし、気づきによって身体の動きの微細な区別ができるようになるまでは、動作は正確にはならない。彼は、脳卒中に見舞われた人々、あるいは脳性麻痺や自閉症を抱えた子どもを治療する際、差異化がカギになることを示した。

フェルデンクライスは、身体の部位が損傷すると、それに対応するメンタルマップの領域が小さくなったり、消えたりするのを何度も見出した。彼の理論は、身体表面が脳内ではマップによって表わされることを示した、カナダの神経科医ワイルダー・ペンフィールドの業績に依拠している。しかし脳マップにおける個々の身体部位の大きさは、実際の大きさではなく、その部位がどの程度の頻度と正確さで用いられているかに比例する。たとえば、膝を前に動かすという一つの役割にほぼ特化した腿のように、単純な機能しか実行しない部位は、脳マップの対応する領域が小さくなる。それに対し、繊細な作業に使われることの多い手の指に対応する脳マップは巨大である。フェルデンクライスは、

それが「使わなければ失われる」脳の特徴でもあり、身体の部位が損傷してあまり使われなくなると、対応する脳マップの領域が縮小することをよく理解していた。ある部位に、きめ細かく調整（差異化）された動作を実行させ、それに細心の注意を払うようにしていれば、その部位の脳マップが主観的に大きくなっていくように感じられるはずだ。つまりそれらは、メンタルマップのより大きな部分を占めるようになり、洗練された脳マップが形作られていくのだ。

5. 差異化は、刺激が小さいほど容易になされる

フェルデンクライスは自著『フェルデンクライス身体訓練法──からだからこころをひらく』で、次のように述べている。「鉄の棒を持っているときには、ハエがそこに止まったのか、そこから飛び立ったのかの違いを感じることはできない。しかし持っているのが羽なら、その違いを感じられるはずだ。それと同じことは、聴覚、視覚、嗅覚、味覚、温度に対する感覚など、あらゆる感覚に当てはまる[*17]」。感覚刺激が音量を目一杯あげた音楽のように非常に強い場合、相応に変化の度合いが大きくなければ、私たちはそのレベルが変わったことに気づかない。しかし刺激がもともと小さければ、わずかな変化にも気づく。（生理学では、この現象はヴェーバー・フェヒナーの法則と呼ばれる。）フェルデンクライスはATMのクラスで、ごく小さな動作によって感覚に刺激を与えるよう、生徒に教えていた。小さな刺激は感受性を劇的に向上させ、それはやがて身体の動きの変化へとつながる。

フェルデンクライスは、たとえば仰向けに寝ている生徒に、二〇回ほど頭をできる限り小さく（一ミリメートル未満）自然に上下に揺らすよう指示し、その動作が、頭、首、肩、骨盤などの、身体の

左側の部位に与える効果にのみ注意を集中するよう指示した[*18]。これらの部位の変化を観察することは、（頭を揺らしたときに、身体の両側が動いたとしても）身体の左側に位置するすべての筋肉の緊張を和らげる効果をもたらす。このような変化が起こるのは、気づきによって運動皮質と神経系の再組織化が促されるからである。動作を始める前、および終えたあとで身体の感覚を精査してみれば、終えたあとでは、左側の身体の心的イメージのほうが右側のそれより軽く、大きく、長く、そしてリラックスして感じられるはずだ。（なぜなら、この動作を終えたあとでは、左側の身体の脳マップのほうがより差異化され、身体の細かな表現が可能になっているためである。この筋緊張を和らげ、脳マップを変えるテクニックは非常に効果的に作用する。というのも、運動障害は、身体の領域が脳マップ上に適切に表現されていないために起こる場合が多いからだ。）

6. ゆっくりとした身体の動きは気づきのカギに、気づきは学習のカギになる

フェルデンクライスが指摘するように、「思考と行動のあいだの遅延は、気づきの基盤である[*19]」。急ぎすぎれば、まわりの確認がおろそかになる。「より深く気づき、学ぶために、ゆっくりと動くべし」とするこの原理を、彼は東洋のマーシャルアーツから採り入れた。太極拳を学ぶ者は、身体的な努力をほとんどせずに、ごくゆっくりと動く。彼は『素手による実践的な戦闘（*Practical Unarmed Combat*）』などの初期の柔道に関する本で、非常にゆっくりと穏やかに動作を繰り返すことの必要性を強調し、急速な動きによって学習が阻害されると述べている。

ゆっくりとした動きは、緻密な観察と脳マップの差異化を導き、より多くの変化を可能にする。前

述のとおり、感覚、もしくは運動に関する二つの事象が脳内で繰り返し同時に起こると、それらは結びつく。なぜなら、同時に発火するニューロンは結合を強め、それらの事象に対応する脳マップが融合するからだ。『脳は奇跡を起こす』で述べたように、マーゼニックは、脳内の差異化がいかに失われるかを解明し、二つの行為をあまりにも頻繁に同時に実行すると、「脳の罠」が生じると主張した。本来は差異化、すなわち区別されるべき二つの脳マップが融合してしまうのだ。彼は、サルの二本の指を縫合して同時に動かさなければならないようにすると、これら二本の指に対応する脳マップが融合することを示した。

　日常生活を送っているあいだにも、脳マップは融合する。楽器の演奏で二本の指を長らく同時に動かしていると、これら二本の指に対応するマップが融合することがあり、そうなると一本の指だけを動かそうとしても他方の指も同時に動く。言ってみれば、二つの指に対応するマップが「脱差異化」するのである。これら二本の指を無理に別々に動かそうとすると、両方の指が同時に動くことで、融合したマップがさらに強化される破目になる。こうして一度「脳の罠」に捕らえられると、そこから強引に抜け出そうとすればするほど罠に深くはまり、やがて局所性ジストニア〔神経疾患によって不随意な筋肉収縮が引き起こされる〕と呼ばれる症状に見舞われる。私たちは誰でも、それほど劇的なものではないにしろ、その種の「脳の罠」にはまりやすい。たとえばコンピューターの前にすわっていると、キーボードをタイプするときに無意識に肩を持ち上げる。しばらくすると、必要もないのに肩が上がっているのに気づくはずだ。それから首の痛みが生じる。このプロセスを無効化する一つの方法は、肩を持ち上げる筋肉とタイプするときに使う筋肉を「再差異化」することである。そのためにはまず、これら二つの動作が同時になされていることに気づかなければならない。

7. できる限り無理な努力を減らす

力の行使は、気づきと対立する。無理に何かをしているときには学習は生じない。「痛みなくして利益なし」ではなく、「無理していたら利益なし」と考えるべきだ。フェルデンクライスの考えによれば、意志（彼がそれをありあまるほど持っていたのは明らかである）の行使は、気づきの発達には役立たない。また、強制的になされたいかなる行為も役に立たない。全身の筋緊張をさらに悪化させるだけである。それどころか、無理な努力は無分別で自動的な動作を生み、やがてそれが習慣化して、状況の変化への柔軟な反応が失われる。無理強いすることで得られるのは、解決策《ソリューション》ではなく、さらなる問題である。当面必要のない筋肉を、意図せずして頻繁に使って緊張させていることに気づくことで、身体の筋緊張を大幅に取り除けるはずだ。フェルデンクライスは、これらの動作を余分、あるいは「寄生的」と呼ぶ。

8. 誤りは必須であり、動くためのよりよい方法があるのみで、正しい方法などない

フェルデンクライスは、誤りを矯正したり、人を「正そう」としたりはしなかった。彼は次のように主張する。「真剣になったり、熱中したり、間違いを避けようとしたりしてはならない。運動を通じての気づきによって得られる学習は、快をもたらす。しかしこの快は、それを曇らす何かがわずかでも生じると、その明晰性を失う。（……）誤りは避けられない[*20]」。問題のある習慣を捨てさせる

ために、フェルデンクライスは、自分にとってうまく機能する動作が見つかるまで、ランダムに動いてみるよう生徒を促した。そして誤りを矯正するのではなく、かすかに検知される動作のなかにも流動性の欠如を認知できるよう指導した。「彼らは自分の動作から学んだのであって、私からではない」と彼は主張する。ATMレッスンでは、批判的な能力は脇に置くよう生徒に諭した。「どうやって動くかをあなたが決めてはならない。何百万年もの経験を持つ、あなたの神経系に決めさせなさい[*21]」。ある意味で彼は、自然な動きのソリューションが立ち現れるよう、言葉ではなく動作を用いて精神分析的な自由連想を遂行することを、生徒に求めたのだと言えるのかもしれない。

9. ランダムな動作は、飛躍的な発達を導く変化をもたらす

フェルデンクライスの発見によれば、決定的な進歩は機械的な動作ではなく、その逆のランダムな動作によってもたらされる。子どもは、寝返りを打つ、這う、すわる、歩くなどといった動作を、実験しながら学習していく。たとえばほとんどの乳児は、自分の関心を惹く何かを目で追い、あまりにも遠方まで追ったために突然反転してしまったときに、寝返りを打つという行為を学習する。つまり、ランダムな動作に基づいて生じた偶然の事象によって、寝返りを打つことを覚えるのである。また、乳児はときに、自分の足を口に含もうとしてすわることを覚える。すわろうとしてすわるのではない。立つ、歩くなどの大きな飛躍の達成も、乳児はトレーニングなしに学習する。つまり、準備が整い次第、試行錯誤によって学ぶのだ。

フェルデンクライスがこの事実を発見してから何年かが経った頃、運動発達に関する世界的な第一

人者と目されるエスター・セレン博士は、あらゆる子どもが、万人に等しく当てはまる標準的な「固定配線されたプログラム」によってではなく、試行錯誤によって各人各様のあり方で学習することを示した[*22]。セレンは運動発達に関する科学的理解を革新したが、フェルデンクライスがすでにそれについて論じていたことを発見したとき、彼女は彼の臨床的発見に「畏怖の念を覚え[*23]」、彼の生徒に「私たちが持っている直感的で実践的な脳の知識に比べると、科学はむしろ粗野であるように思われます」と述べた。その後彼女は、フェルデンクライス療法家として訓練を積んだ。

彼らの洞察は、既存の理学療法の多くが採用するアプローチや、機械を用いたリハビリテーションとは著しい対照をなす。それらの療法は一般に、持ち上げる、歩く、椅子から立ち上がるなどの行為に対応する理想的な動きがあるものと想定し、「生体力学《バイオメカニクス》的な問題」を抱えた患者に反復運動をさせる。フェルデンクライスは、ＡＴＭクラスの実践を訓練《エクササイズ》として言及されることを嫌った。なぜなら、そもそも同じ行為の機械的な反復は、本人に悪い習慣を身につけさせるからである。

10. たった一箇所の身体部位のわずかな動きでさえ、全身が関与する

流麗で効率的な動きができる人は、いかに小さな動作を実行するときでも、身体が全体としてそれ自身を組織化している。次のような逆説を考えてみよう。私たちにとっては、何かを指差すことは簡単である。同様に、手を伸ばして友人と握手をすることも、コップを持ち上げることも楽にできる。話している最中に無意識に肩をすくめるときにも、何の努力もしていない。しかし私たちは、いかにしてこれらすべての動作を、等しくいとも簡単に実行しているのだろうか？　指は前腕よりも軽く、

前腕は手全体よりも軽い。これらの動作を等しく楽に、そして流麗に実行できるのは、全身を使ってそれぞれの動作を行なっているからだ。身体がうまく組織化されているとき、筋緊張は行為全体を通じて限定され、いかなる動作によって生じる負荷も、さまざまな筋肉と結合組織に分散される。フェルデンクライスは、「熟達した柔道家はつねにリラックスしている」「正しい動作をするときには、特定の筋肉が他の筋肉より強く収縮することはない。(……)その感覚は、努力をともなわない行為のときの感覚と同じものである」ということを嘉納から学んだ。柔道家は、全身が協調しながら動く限り、あるいはフェルデンクライスの言葉を借りると、よりよく「組織化」される限り、相手より剛腕である必要はない[*24]。

11. 多くの運動障害とそれにともなう痛みは、異常な身体構造によってではなく、学習された習慣によって引き起こされる

従来の治療のほとんどは、「身体機能は、その〈基盤となる〉身体の構造とその限界に、完全に依存する」という前提に基づいている。フェルデンクライスは、生徒の困難が、異常な身体構造そのものと同程度に、あるいは彼が負った膝の損傷の例のように、それ以上に脳が異常な身体構造に適応しようとして学んだ、そのあり方によって引き起こされたものであることに気づいた。彼の場合、膝の状態に対する最初の適応によって、ある程度動けるようになったのは確かだが、新しい歩き方を考案することによって、さらによい適応を習得できた。実際、その後の生涯を通じて、彼は手術をしないままでも問題なく暮らすことができた。運動をめぐる問題には、つねに脳に関係する側面がある。

フェルデンクライスがATMクラスの生徒にまず求めていたのは、柔道の教えに従って彼の原理を適用することだ。クラスの参加者には、首の痛み、頭痛、坐骨神経痛、椎間板ヘルニア、四十肩、手術後の足の引き摺りなどの問題を抱えている人が多かった。フェルデンクライスは、彼らを柔道マットに寝かせた。それによって、巨大な抗重力筋（背中の伸筋と腿の筋肉）は弛緩し、直立のために重力と「戦う」ことで引き起こされたすべての習慣的なパターンが取り除かれた。彼は、注意深く自分の身体を精査して、自分がどう感じているのか、どの身体の部位がマットと接触しているのかに注意を向けるよう、そして呼吸に注意を払うよう生徒に指示した。というのも、彼らは動作に困難をきたした瞬間に、息を止めることが多かったからだ。

それから彼は、かなりの時間を費やして、身体の片側の些細な動きを精査させた。それによって、それぞれの些細な動作のあいだにある微妙な差異を感じ取らせたのである。このレッスンには、催眠術と、エミール・クーエの業績に関する彼の知識が役立っている。彼が話すと、ほとんど催眠術とも言えるような暗示によって、生徒は努力しなくても、おのおのの動作を楽に引き出すことができた。だから彼らは、自分の動作をとても軽く感じたのだ。フェルデンクライスは通常、頭を持ち上げる、寝返りを打つ、這う、楽にすわれる姿勢を見つけるなど、発達初期に重要な役割を果たす動作を選んだ。彼は次のように述べる。「私は教師として、ヒトの脳が元来学んできた状況のもとに生徒の経験を置くことによって、生徒の学習を促進することができる[*25]」。たとえば彼は、首をゆっくりといずれかの側に回し、どのように感じるか、あるいはどのくらい回せるかに生徒の注意を払わせるトレーニングに一五分を費やした。次に、首を回すところを想像して身体全体の感覚に注意を払うよう指示した。すると、その動作をするところを考えるだけで、ときに筋肉は収縮した。

それから奇妙なことが起こった。レッスンがそろそろ終わる頃、彼は生徒に目を閉じさせて、もう一度自分の体を精査するよう指示した。生徒が言われた通りにすると、レッスンで使ったほうの側が、たいがいマットに近く、より長く大きく感じた。そして身体イメージは変化し、頭を以前よりはるかに大きく回せるようになり、こわばった筋肉は弛緩した。残ったわずかな時間は、もう一方の側の精査に費やされ、それによって生徒は、最初の側に得られた効果が、他方の側に迅速に移るのを感じた。

また、フェルデンクライスは、苦痛の少ないほうの身体の側に注意を払い、そちらの側をさらに楽に動かす方法を発見することに多くの時間を費やす場合があった。それによって生徒は、なめらかな動きに対する気づきが、苦痛を感じているほうの側に自然と移るかのように感じた。フェルデンクライスは、「障害を抱えているほうの側は、私からではなく、楽に動かせるほうの側から学んだのだ」と言うことがあった。

ATMクラスの参加者は、動作をしたときに何らかの限界を感じても、それに気づくだけで、否定的な判断を下してはならなかった。また、「無理に押し通そう」としたり、矯正しようとすることは戒められた。その代わりに、さまざまな動作を試し、もっとも効率的でなめらかに感じられる動きを発見するよう求められた。「求められているのは間違いの除去ではなく、学習である」とフェルデンクライスは言う[*26]。正解／不正解の観点で考えたり、否定的な判断を下したりすることは、心と身体を緊張状態に置いてしまうため、学習の妨げになる。かくして生徒は、新たな動作を探究し、学習する過程で、神経系と脳を「修理」するのではなく、発達させ、再組織化しなければならなかった。ATMクラスの参加者はこのようなプロセスを経て深いリラックスを感じ、痛みが緩和し、以前よりもはるかに幅広い身体の動きが可能になったことに気づきつつ、最後には起き上がることができた。やがて人々は、首や膝や背中の痛みを癒すために、あるいは姿勢の問題や手術後の運動障害に対処するために、フェルデンクライスの指導をマンツーマンで受けるようになった。彼は、マンツーマンの場合には自分で身体を動かすようクライアントに指示するのではなく、施術台の上で彼らの身体を穏やかに動かしながら、ATMクラスで用いたものと同じ原理を適用して、大きな成果を収めた。

＊　＊　＊

クライアントを施術台に乗せ、三〇分かけてマンツーマンで治療を行なうようになると、「機能統合」がフェルデンクライスの口癖になった。治療の目的は、身体のいかなる構造的な問題を抱えていようとも、心とあらゆる身体の部位が協調しながら、機能の統合を可能にする新たな方法を見つけ、クライアント自身が十全に機能できるようになることである。それゆえ、この方法は「機能統合」と呼ばれているのだ。彼はこの方法の適用も一種の「レッスン」としてとらえていたので、自分のクライアントを「生徒」と呼んでいた。種々の動作の実行を生徒に指示していたATMクラスとは違い、これらのセッションは、生徒が自身の問題を報告する最初の段階を除けば、ほとんど言葉を用いることなく実施された。

フェルデンクライスは、身体の緊張をほぐすために最大の快さ、リラクセーション、サポート、安心感が得られる姿勢で生徒を施術台に乗せることから治療を始めた。たいていの人は無意識のうちに、身体の一部を緊張した状態に「保つ」習慣を身につけている。腰の張りや筋緊張を緩和するために、彼は生徒の頭や膝などの下に小さなローラーを置いた。身体にわずかでも張りがあると筋緊張が高まって、改善には必須の、動作の些細な差異の検出が困難になり、新たな動作の学習が阻害される。生徒が気楽に感じ、筋緊張が可能な限り低下しているときに脳の学習効果が最大限得られる、と彼は考えていた。

フェルデンクライスは、生徒のそばにすわって触ることで彼らの神経系とコミュニケーションをとった。小さな動作から開始し、心と脳が差異化のプロセスを開始するまでその動作を続けた。この接触の目的は、無理に生徒の身体を動かすことにではなく、脳とコミュニケーションを図ることにある。生徒の身体が動けば、フェルデンクライスは決して必要以上の力を使わずにそれに反応して、自分の手を動かした。マッサージや整骨などとは異なり、筋肉をもんだり、強く押したりすることはなかった。痛む箇所に直接触ることはほとんどなかった。というのも、そうすると筋肉の張りを増長するだけだからだ。彼はこのように、生徒自身が問題ありと見ている身体の部位とはかけ離れた箇所、場合によっては正反対の側から治療を始めることが往々にしてあった。たとえば、上半身に痛みを抱えている生徒の治療を、つま先を穏やかに動かすことから開始するなどといった具合だ。また、生徒の身体に張りを感じても、それを無理にほぐそうとは決してしなかった。彼はこの治療を通じて、脳がつま先に緊張の弛緩を感じると、生徒がリラックスした動作のイメージに浸るようになり、さらにそれがただちに一般化され、対応する側の身体全体がリラックスすることを発見した。

フェルデンクライスのアプローチは、その方法と目的において身体の特定の部位に焦点を置く、従来の「局所《ローカル》」志向の身体療法《ボディーセラピー》とは異なる。たとえば、ある形態の理学療法は、特定の身体部位を対象にストレッチや筋強化を行なうためにトレーニングマシンを使う。このようなアプローチに非常に大きな価値があるのは確かだが、あたかも個々の部品から成り立っているかのごとく身体を扱う傾向があり、機械的な志向が見て取れる。またこの種のアプローチは、特定の問題に対して決められた手順をあらかじめ用意していることが多い。フェルデンクライスは次のように主張する。「私は、あらゆる人に適用できる類型化された既製のテクニックなど持ち合わせていない。そもそもそれは、私の理論に反する。私は各セッションのなかで主要な問題を探し、可能なら見つけ出す。そしてそれに対処すれば、その問題を緩和、もしくは部分的に除去できるかもしれない。こうして私は、（……）身体のあらゆる機能の点検をゆっくりと進めていく[*27]」

フェルデンクライスの名声は上がった。神経可塑性の研究に主要な貢献をなした科学者で、エイブラハム・バニエルの友人アーロン・カツィールは、フェルデンクライスの業績に大きな関心を抱いた。彼がその情報をイスラエルの首相ダヴィド・ベン＝グリオンに伝えると、ベン＝グリオンは一九五七年にフェルデンクライスの生徒になった。七一歳になるベン＝グリオンは坐骨神経痛と腰痛を患い、痛みがあまりにも激しかったので、議会で立ち上がって発言するのも困難だったのだが、何回かレッスンを受けたあとには、戦車に飛び乗って部隊に向かって演説できるようになった。フェルデンクライスの家は海岸沿いにあったので、ベン＝グリオンは朝、首相としての仕事に着手する前に海でひと泳ぎし、それからレッスンを受けた。フェルデンクライスは、ベン＝グリオンに逆立ちをさせたことがある。テルアビブの海岸で逆立ちをする高齢の首相の写真は選挙戦で使われ、世界中の人々が目にした。フェルデンクライスはすぐに、世界各地を回って機能統合レッスンを実施するようになる。生徒には、バイオリニストのユーディ・メニューインやイギリスの映画監督ピーター・ブルックらが名を連ねる。

生徒の数が増えていくと、フェルデンクライスは、彼の言う「脳でダンスをする」方法が、脳卒中、脳性麻痺、多発性硬化症、ある種の脊髄損傷、学習障害、あるいは脳の一部の喪失など、重度の脳の損傷に起因するいかなる症状をも改善できることを発見した。

脳の探偵——脳卒中を解明する

フェルデンクライスはたびたびスイスに招かれた。あるときの訪問では、脳の左側を卒中に見舞われた六〇代の女性ノラに会った。彼女の治療について記したフェルデンクライスの著書は、彼のテクニックをもっとも詳しく説明する本である。

脳卒中を起こすと、血餅や出血のために血液の供給が絶たれたニューロンが死ぬ。ノラの場合、発話は遅く不明瞭になり、身体は硬くなった。麻痺してはいなかったが、片側の筋肉は痙攣性になっていた。痙攣性の筋肉は、筋緊張が激しすぎてすぐに収縮する。痙攣（spasm）に関連する用語の痙縮（spasticity）は、筋肉の収縮を抑制する脳のニューロンが損なわれると起こると考えられている。そのために、興奮性のニューロンのみが発火するようになり、過度の筋緊張が引き起こされるのだ。これは神経系の調節がうまく機能していない典型的な兆候を示す。

ノラが脳卒中を起こしてから一年が経過すると、発話は改善したものの、文字を読めず、自分の名前すら書けなかった。二年経っても彼女はつねに監視を必要とした。というのも、外出したまま家に帰ってこられなくなることがたびたびあったからだ。彼女は、心の機能が失われたことを憂い、重い抑うつに陥っていた。

フェルデンクライスが最初にノラに会ったのは、彼女が脳卒中を起こしてから三年後のことで、当時の彼は、彼女の症状にどう対処すればよいのかがまったくわからなかった。脳卒中による認知障害はおのおのが独自であり、脳のどの機能が損なわれたかを正確につきとめるには、ときに探偵の能力を必要とする。彼は、読む能力が先天的なものではなく、その習得にあたってはさまざまな脳の機能を結びつけなければならないことを熟知していた。また、ある一つの機能を果たす神経ネットワークが脳卒中の影響を受けたとしても、ネットワーク全体が損なわれたわけではないことを理解していた。「ある能力を以前のように行使できなくなったとしても、その状態は、必要な細胞の一部が機能しなくなったために引き起こされたにすぎない[*28]」。したがって、「通常は、以前と異なる方法でその能力を行使すべく」、他のニューロンを動員して差異化を行なうよう指導される場合が多い。

フェルデンクライスは、ノラに数回のレッスンを施したものの、イスラエルに戻らなければならなかった。他の治療法では何の効果も得られなかったので、彼女の家族はノラをイスラエルに送り、引き続き彼のレッスンを受けさせることにした。

フェルデンクライスはまず、ノラが読んだり書いたりできなくなった理由をつきとめようとした。また、彼女の注意力や見当識にも疑いを抱いた。というのも、彼女はあちこちに体をぶつけ、椅子の真ん中にすわることもできず、いくつかドアがある部屋を出る際には間違ったドアから出ようとすることが頻繁にあったからだ。ある日三〇分のレッスンが終わったとき、彼は彼女の目の前に、レッスン中に脱いでいた靴を、理由を説明せずにつま先側を彼女のほうに向けて置いた。すると彼女は混乱した表情を見せ、靴を履くことができなかった。どちらが右の靴でどちらが左かもわからず、五、六分間手探りをしていたのだ。このできごとを通じて彼は、脳損傷によって左右の区別ができなくなり、そのために彼女の読む能力が損なわれたのだろうと判断した。したがって、まずは左右の識別の問題に対処する必要があった。彼がそう考えたのは、子どもなら、文字を読めるようになるよりはるか以前に、左右の区別を学ばなければならないからだ。

しかしその前に、ノイズに満ちて過度に興奮した彼女の脳を鎮める必要があった。この問題の存在にフェルデンクライスが気づいたのは、彼女の手足を持ち上げると曲がらず、それらに過度の筋緊張が生じていることが判明したからだ。彼は、ノラを仰向けに寝かせ、スポンジで覆われた木製のローラーをうなじと膝の下に置くことで、この問題を矯正した。それによって痙攣性の身体の筋緊張が緩和したのである。それから彼女の頭を前後にゆっくりと揺らし、手の接触を次第に軽くしていくと、彼女の身体はリラックスし始め、高められた気づきの状態を保てるほど脳と神経系は落ち着いた。そのおかげで脳に入ってくる刺激がごくわずかになったので、彼女は感覚の微妙な差異を容易に検知して、学習することができるようになったのだ。次に彼は、彼女の右耳に触って「これは右耳です」とおどけて言った。

仰向けになっているあいだ、彼女には、自分が横たわっている施術台の右側に置かれたソファが見えていた。フェルデンクライスは彼女の肩に触り、「これは右肩です」と言う。それから彼女の右側にしゃがんで同じ側の身体に触る。この動作を数日間続けて行なった。この期間に彼は、決して「左」という言葉を使わなかったし、左側の身体にも触れなかった。続くセッションでは彼女をうつ伏せに寝かせて、再び右側に触った。すると彼女は混乱した。というのも、仰向けになって見たときの部屋の眺めに基づいて、ソファが彼女の「右側」にあるとこれまでは考えてきたのに、うつ伏せになった今では「右側」がソファのない方向を指すようになったからだ。（子どもの頃にこの識別を学習しなければならなかったことを私たちはすでに忘れている。）彼は何回かのセッションを通じて、さまざまな姿勢をとったときに、その都度右側がどちらになるのかを理解できるよう彼女を導いていった。このように、方向のような見かけはきわめて単純な概念でさえ、実際には複雑なものであることを見て取ったのは、フェルデンクライスの持つ天賦の才と言えよう。

それからフェルデンクライスは次の段階に進み、左足の上に右足を交差させた。するとノラは、左足を右足と取り違えた。左足が右側にきたからだ。このような方法でさまざまな左右の位置を試し、彼女が左と右を完全に区別できるようになるまでに二か月がかかった。しかしそのあいだに彼女の脳は、左と右に関する身体感覚の新たなマップを形成していったのだ。次のレッスンまでのあいだに状態が退行してしまい、もう一度同じことをやり直さなければならない場合もあったが、その種の退行は徐々に減っていった。

それが終わって、ようやく読み書きの問題の対処に移ることができた。ノラは文字を「見る」ことができないと言う。フェルデンクライスは彼女を検眼医のもとに送ったが、目に異常はないと言われる。これは、問題が目ではなく脳にあることを示す。フェルデンクライスは、彼女に大きな活字で印刷された本を与えた。彼女が不安な様子をしていたのでメガネを渡すと、うまくかけられず、やみくもに手探りしていた。この件に関して彼は、「自己の身体に対する気づきから外的なモノに対する気づきへの移行にも訓練が必要であることを、きちんと認識していなかった自分に腹が立った」と書いている[*29]。メガネをつかみ、かけようとする乳児も、同じ困難に遭遇するはずだ。そのことを悟った彼は、左のレンズが左目に、右のレンズが右目にくるよう、自分の顔に対して適切にメガネを向ける訓練を彼女に施した。

文字が見えないと訴える彼女に対し、フェルデンクライスはあえて読むようには言わず(無理強いすればストレスを与える可能性がある)、フロイトの自由連想法のように、ページを見て目を閉じ、心に浮かんでくる言葉を口に出すよう促した。彼女が言われたとおりにすると、彼は見せたページを精査し、それによって彼女の言った言葉のすべてが、左側のページの下のほうにあり、しかもたいてい行末の三つの単語であることを発見した。「私は興奮した。彼女は言葉を読んではいたが、読んだ箇所がわからなかったのだ」と彼は述べる[*30]。

ノラが彼に言ったのは「文字が見えない」であって「読めない」ではなかった。ノラが言ったことの意味がわかりかけてきた彼は、ストローの一端を彼女に咥えさせ、反対の端を本の単語の上に置かれた指先に挟ませた。それによって彼がしたかったのは、言葉を発する口と、ものを見る目とのあいだに直接的な結びつきを形成することであった。彼女はストローの先の単語を見ることはできたが、読むことはできなかった。しかし二〇回ほど試したあと、子どもがおのおの単語を指で差しながら読み方を習得するときのように、ストローの先の単語を自然に声に出して言うようになった。ノラは本を読んでいた。フェルデンクライスは彼女の左側にすわり、自分の右手を彼女の左手首の上に置いて本を押さえるのを、また自分の左手を使ってストローを上下の唇のあいだに保つのを手伝った。こうすることによって彼は、彼女の身体に生じた変化や呼吸の中断を、いかに小さなものでもただちに感じ取ることができた。そしてそれらを感じたときには、神経系が再組織化するまで、ストローを動かすのをいったん中断すべきだと判断した。「それは二つの身体の共生のようなものだった。私は彼女の気分のいかなる変化も感じ取ることができたし、彼女は私の穏やかでごく自然な、しかし決然とした力を感じたはずだ。私は決して彼女を急がせなかったが、彼女が不安をコントロールできなくなって身を固くしたときには、ただちにその単語を大きな声で読んだ。このようにして私が単語を読む回数は、次第に減っていった[*31]」

フェルデンクライスが用いる、損傷した脳の学習を支援するもっとも重要な方法の一つは、生徒の神経系を自分の身体で感じ、比べ、特定することであった。触覚は彼にとってつねに重要だった。なぜなら彼は、自己の神経系が他者の神経系と結びつくときに、一つのシステムが形成されると考えていたからだ。「新たな全体（……）新たな実体。（……）触る者も触られる者も、たとえ何が起こっているのかを理解できなかったとしても、つないだ手を通して、ともに感じるものを感じる。触られた者は、触る者が何を感じているかに気づき、頭で理解せずに、自分に必要とされていると感じるものに合わせて自らのシステム構成《コンフィギュレーション》を変える。私は触るとき、触る相手から何も求めない。触られた相手が何を欲しているかを（相手がそれを知っているか否かにかかわらず）、また、相手が気分よく感じるためには、その瞬間に自分に何ができるかをただ感じ取るだけである[＊32]」

彼は、共生する二つの神経系という考えを、一方のパートナーが、相手の動きを追いつついかなる指示も受けずに学ぶダンスにたとえている[＊33]。この「ダンス」には、あらゆるダンスと同様、二人のあいだでのコミュニケーションが関与する。フェルデンクライスは、生徒の身体を動かし、制約された手足に可能な未知の動きのバリエーションを感じ取らせて、彼らの身体に何ができるのかを、非言語的に伝えようとした。これはとりわけ高齢の生徒には重要である。なぜなら、年齢を重ねるにつれ、同じ動作を繰り返してきた高齢者の場合、繰り返される動作のパターンは神経可塑的な効果によって強化され、その一方、他のパターンが無視されることで、「使わなければ失われる」脳の原理に従って、対応する神経回路が失われているからだ。彼は生徒に、かつてはできたのに現在では失われている身体の動きを思い出させることができた。

三か月後、彼はノラにペンを持たせて、巧妙なテクニックを用いて文字を書く方法を教えた。彼女の書く能力は向上し続けた。やがてレッスンは終了し、彼女はスイスに戻った。

一年後にスイスを訪問した折、フェルデンクライスは、チューリッヒの駅近辺を歩いているノラを見かけた。彼女は自信に満ちているように見えた。彼女と話をしたフェルデンクライスは、先生／生徒の関係が終わりを告げ、旧友との偶然の出会いという日常的な関係になったことを知って喜んだ。

ノラの治療を引き受けたとき、フェルデンクライスは彼女の脳が構造的な喪失を被っている事実に特に驚きはしなかった。というのも、彼は脳が可塑的であることをよく心得ており、まず見当識を取り戻し、それから読み書きができるよう、子どもを教えるかのごとく忍耐強く導いていくまでは、彼女の限界を知ることなど到底できないとわかっていたからだ。回復のカギは、脳のどの機能が失われているのかを特定したうえで、感覚刺激の差異化を行なえるよう彼女を導くことにあった。彼女の心が感覚刺激の差異に気づくと、それは脳マップに配線され、それによって彼女は、さらに緻密な差異化を行なえるようになった。

ノラの傍らに七〇代のフェルデンクライスがすわっているところを撮った、二人の高齢者の非常に美しい写真がある。彼が書いているように、一方が他方に読み方を教え、二人の神経系が強く絡み合い、影響を及ぼし合ったことによって、彼はノラと同じくらい学んだのである。しかし彼は、彼女とともに達成した成果を語るときには言葉を慎重に選ぶ。彼が言うには、それは「回復」ではない。「回復という言い方は正しくない。なぜなら、書き方を組織化して司る運動皮質の一部は、以前と同じようには機能していないからだ。よりふさわしい言い方は、書く能力の〈再生〉である[*34]」。元来読み書きに関与していた脳マップの神経回路が卒中によって損なわれたために、その機能は他のニューロンによって代行される必要があった。また彼は、他の多くの人々のように「治癒」という言葉を用いず、「改善」という言い方を好んだ。彼は次のように書く。「〈改善〉は、次第によくなっていくことであり、それに限界はない。それに対し〈治癒〉は、特にすぐれていたわけでもない、あるいはよいとさえも言えないような以前の活動状態に戻ることである[*35]」。そうであれば、脳の損傷を抱えたまま生まれ、「健全な機能」を生まれつき持っていない子どもには、彼がもたらす改善は劇的な効果を与えるであろう。

子どもを支援する

脳卒中患者の治療の経験が増すにつれ、フェルデンクライスは脳性麻痺を抱える子どもを診療し始めた。彼らの多くは子宮内で脳卒中に見舞われたか、生まれてくるときに脳への酸素の供給が欠乏したために脳性麻痺を引き起こしている。話すための舌や唇のコントロールができない子どもも多い。脳性麻痺を持つ子どもは、脳卒中に見舞われた成人のように、固縮した「痙攣性の」手足を発現させて過度の筋緊張を抱え、それが高じて正常に動けなくなるか、ときにはまったく動けなくなる。

子どもの固縮は大きな問題を生む。私たちは、個々の微細な動作を実行したり感じたりすることを可能にする、きめ細かく差異化された脳マップを備えて生まれてくるわけではない。たとえば健康な新生児が口にこぶしを含むと、手に対応するまだ差異化されていない脳マップの全体が、感覚や動作を処理するために発火する。やがて成長するにつれ、手全体から二、三の指を、さらには親指のみを差異化してしゃぶるようになる。こうして自分の手で遊びしゃぶっているうちに、手に対応する脳マップは次第に差異化され、おのおのの指の感覚や動作の処理に関して、別々の領域が形成されていく。ところが脳性麻痺を抱え、痙攣性の身体や手足を持つ子どもは、個々のきめ細かな動作を実行することができない。手足の固縮があまりにもひどく、こぶしは固く握られていることが多い。そのため、脳マップの発達を開始することすらできず、おのおのの指の動作に用いられる個別の領域の差異化ができないのである。

脳性麻痺の子どもによく見られるもう一つの症状に、ふくらはぎの筋肉の収縮によってかかとが引き上げられるために、自分で、もしくは大人に支えられて立っているときにかかとを地面につけることができないというものがある。その結果、アキレス腱はつねに緊張した状態に置かれる。また、X脚になる子どももいる。腿の内部の筋肉、内転筋が過度に緊張して、両膝を引き寄せてしまうのだ。どちらの状態も、激痛をもたらし得る。

現在主流の医療では、このようなケースには手術で対処しようとする。外科医はアキレス腱を切断して伸ばす。もしくは、ボトックス注射によって筋肉を麻痺させ、筋緊張を弛緩させる場合もある。それでも筋肉の収縮は続くので、手術をするか、注射を続けるかしなければならない。X脚の子どもに対しては、内転筋を切断して筋緊張を緩める処置がとられる。しかしこれらの、善意によるとはいえ非常に思い切った処置は、問題の根本的な解決にはならない。というのも、筋肉の収縮を指令する信号を送っているのは脳だからである。さらに言えば、この種の手術は、生涯にわたる身体メカニズムの異常を子どもに残す結果になる。その他のアプローチに、種々のストレッチ体操がある。これは筋肉や結合組織が短くなったまま固定しているという理由に基づくが、この考え自体は正しいとしても、ストレッチ体操は患者に苦痛を与え、また、「筋肉に緊張するよう〈命令〉しているのは脳である」という根本的な問題に対処するものではない。

フェルデンクライスは、痙縮が脳への最初のダメージばかりでなく、感覚と運動を調節する脳機能の障害によって、入力刺激が差異化されないために引き起こされると見なしていた。そのために脳は、運動皮質の発火を止めるタイミングを「計れ」ないのだ。

トロントのワークショップで教えていた頃、彼は脳性麻痺の幼い子どもエフラムに出会った。エフラムは普通に歩けず、歩行器を必要としていた。固縮がひどく、体のあちこちが痙攣していた。また、かかとが地面についていないため、つま先立ちで歩いていた。しかし喫緊の対応を要する問題は、両膝がくっついて離れないことだった。両膝を引き離すために、内転筋を切断する手術が予定されていた。

フェルデンクライスは最初に、つま先立ち歩きの対処に取り掛かった。エフラムを寝かせ、まず足先に、そのあと腿から足首にかけてごくわずかな動きを引き起こし、これらの部位に対応する脳マップを差異化できるよう導いた。するとすぐに少年はリラックスし、楽に呼吸をするようになった。フェルデンクライスは、足の感覚ニューロンを用いて、エフラムの脳にメッセージを送ったのである。それを受け取ったエフラムのニューロンは、つま先とその筋肉、ふくらはぎと腿の筋肉、さらにはそれらが用いられるあらゆる動作を識別することが可能になった。運動系のニューロンの発火や、筋緊張の調節は、脳がこれらの区別をできるようになってから初めて可能になる。

フェルデンクライスは機能統合レッスンで、生徒の筋肉に非常に硬い「こり《ホールディング》」を感じると、筋肉を緊張させるのをやめさせることなく、混乱した神経系が過剰に実行しているまさにその作用を自分で肩代わりすることがあった。弟子の一人で観察力の鋭いカール・ギンスブルクは、それについて次のように記している。「習慣についてのフェルデンクライスの理解は、それに対抗するのではなく、その活動を彼が直接引き継いで患者をサポートするという方針を採らせた。たいていの生徒は、ひとたび彼のサポートが得られると、習慣化した行動を手放した★[*36]。

フェルデンクライスは、エフラムの両膝を以前よりもさらに近づけ、片方の膝をもう一方の膝のうえで交差させられるようにした。両膝を以前より近づけることで、少年の混乱した神経系が過剰に実行していたことを意図的に行ない、「そんなに強くやらなくてもよい」と神経系に教えたのである。数分経つと、彼が力を行使しなくても、エフラムの痙攣した腿の筋肉は弛緩した。両膝が少しばかり離れたので、彼はこぶしをそのあいだに入れて、腿の内側の筋肉でそれを締め付けるよう促した。するとエフラムは完全に筋肉を弛緩させ、両膝は開いた。「膝を開くのがどれだけ簡単かわかったかな？　今度は閉めるほうがたいへんだ[*37]」と彼は少年に言った。フェルデンクライスはこのようにエフラムの身体を使って、脳をプログラムし直したのだ。三三人の被験者を対象に行なわれた二〇〇六年の研究によれば、ATMクラスのメソッドによって、ストレッチ体操と同程度に筋肉を伸ばせることが示された。それならば、スポーツ選手も彼のアプローチを取り入れたくなるのではないだろうか★★[*38]。

脳の一部を欠いた少女

フェルデンクライスのアプローチは、脳の大きな部分を欠いて生まれてきた人々の生活さえ、残された脳領域の差異化を助長することで劇的に変えられる。私がインタビューしたエリザベスは、運動、思考、バランス維持、注意のタイミングのコントロールを支援する脳の組織、小脳の三分の一を欠い

て生まれた。小脳がなければ、これらの心の機能をコントロールすることが困難になる。ラテン語で

★フェルデンクライスの最初期の弟子の一人でアメリカ人のデイヴィッド・ゼマック＝バーシンに機能統合レッスンを受けたとき、私もこの「サポート」を経験した。当時の私は、タイプしているときに右肩が勝手に上がる癖がついていて、それが首を緊張させ、こりと痛みが生じていた。ゼマック＝バーシンは、私の肩を首に向かってゆっくりと押し上げて高い位置に「保ち」、自分の神経系を用いて、私の神経系が行なっていることを肩代わりした。一分ほど経過すると、こりと痛みは大幅に解消された。収縮する筋肉の力に逆らうのではなく、それに従うことで対処しようとするこの考えは、柔道の原理に由来する。柔道では、相手を力でねじ伏せるのではなく、相手の力を利用して操り、倒したり投げたりするのである。

★★フェルデンクライスは、柔軟な身体ではなく（それを生む）柔軟な脳を望んでいた。彼の同僚アイダ・ロルフは、筋緊張、痙縮、姿勢の問題を抱える人々をよく支援した。ロルフは、筋膜性の層が癒合して「癒着」が引き起こされるとする前提に基づき、結合組織（筋膜）を伸ばして可能な運動の範囲を広げた。その一方、フェルデンクライス療法家は、「筋緊張を引き起こしているのは脳である」と主張する。ウルム大学（ドイツ）の筋膜研究グループのリーダー、ロベルト・シュライプと、熱心な「ロルフ主義者」の一人が、小規模の研究を開始した。この研究で彼らは、筋肉と筋膜の緊張を抱える患者に全身麻酔をかけて調査した。彼らが立てた仮説は、「筋緊張が脳によって引き起こされるのなら、麻酔によって脳が部分的にオフになったときには、緊張は緩むはずである」というものであった。そしてこの実験によって、「確認されていた筋緊張のほとんどは、麻酔下では（なくなりはしなかったが）相当に改善されたように見えた。どうやらそれまでは組織の器質的な固着と考えられていたものは、少なくとも部分的には神経と筋肉の調節の問題に起因するらしい」ことがわかった。R. Schleip, "Fascia as an Organ of Communication," in R. Schleip et al., eds., *Fascia: The Tensional Network of the Human Body* (Edinburgh: Churchill Livingstone, 2012), p. 78

「小さな脳」を意味する小脳（cerebellum）は、桃くらいの大きさで、後頭部にかけて二つの大脳半球の下にしまい込まれている。小脳は脳の体積のおよそ一〇パーセントを占めるにすぎないが、脳のニューロンのおよそ八〇パーセントを含む[*39]。エリザベスの症状は、専門用語では「小脳低形成」と呼ばれ、その治療法は現在のところ存在しない。

　母親は、エリザベスが生まれる前から何かがおかしいと感じていた。というのも、子宮のなかの彼女はほとんど動かなかったからだ。生まれたときには、彼女は目を動かさなかった。両目は揺らぎ、揃わずに互いに異なる方向を凝視していて、生後一か月になっても、物体を追うことがほとんどなかった。両親は、彼女の目がきちんと見えないのではないかと恐れた。そして成長するにつれ、彼女が筋緊張に問題を抱えていることが明らかになった。ときに彼女はだらりとした様子をしていた。つまり、筋肉の張りがほとんど、もしくはまったくなかったのである。ところが筋肉が極度に緊張して「痙攣性」になり、自発的な動作や自由な探索行動をしなくなるときもあった。彼女は通常の理学療法や作業療法〔理学療法によるリハビリテーション〕を受けたが、これらの療法は彼女には苦痛だった。

　生後四か月になったとき、エリザベスは大規模な医療センターで脳の電気的活動の検査を受けている。その結果センターの小児神経科主任は、「彼女の脳は誕生以来まったく発達していません。今後発達すると見込める理由もありません」と彼女の両親に告げた。そのような子どものほとんどは、恒久的な欠陥を持ち、彼らの小脳は限られた神経可塑性しか示さないと考えられていた[*40]。さらに医師は、彼女の症状が脳性麻痺に酷似するもので、今後すわることもできず、失禁を抑えることもできず、施設に入れる必要があるだろうと両親に言い渡した。彼女の母親は、「医師に〈私たちが望めるのは、せいぜい知能の発達の大きな遅れ程度で済ませられることくらいです〉と言われたのを覚えています」と語る。エリザベスを診断した医師たちは、従来の治療、すなわち彼らが知る唯一の治療法を受けた子どもを対象にした治療の経験からすれば、それ以上のことは言えなかったのであろう。

そのような診断を下されても、彼女の両親はあきらめなかった。ある日、フェルデンクライスの業績を知っていた友人の整形外科医から、「彼なら他の医師には不可能なことを可能にする」という情報を聞く。そしてそのフェルデンクライスが、一般開業医に訓練を施すためにイスラエルから近くの町に来ることを知り（一九七〇年代には、世界各地を回って開業医を訓練するのが彼の活動の一つになっていた）、さっそく彼に連絡して診察の予約をとった。

フェルデンクライスが最初にエリザベスを診察したとき、彼女は生後一三か月だったが、両手両足をついても、腹這いでもハイハイすることができなかった（腹這いでのハイハイ〈creep〉は、通常両手両足をついてのハイハイ〈crawl〉に先立つ）。自発的な動作は、一方向に寝返りを打つこと以外何もできなかった。最初の機能統合レッスンでは、彼女は泣き続けていた。それまでにもセラピストのセッションを何度も受けていたが、彼らは発達段階に合わないことを彼女にさせていた。たとえばセラピストの多くは、彼女を何度も無理にすわらせようとして、そのたびに失敗した。痙攣性の身体を持つ子どもには、このような動作は苦痛を引き起こす。だからエリザベスは泣いていたのだ。

フェルデンクライスによれば、発達段階を無視したこの種のアプローチは甚大な過ちである。歩くことで歩き方を学んだ人などいない。子どもが歩けるようになるためには、背中を弓なりにする能力や頭を上げる能力など、歩行以外のスキルがまず身についていなければならない。大人はこれらのスキルについてよく考えたりはしないし、自分も幼い頃に学習した事実さえ忘れている。これらのスキルがすべて揃って、初めて子どもは自発的に歩行を学ぶようになるのである。エリザベスはうつ伏せになっているときに楽に感じておらず、その状態から頭をまったく上げられないことを、フェルデンクライスは見て取った。

彼は、彼女の身体の左側全体が痙攣し、それによって手足に固縮が生じているのに気づいた。首はぴんと張り、痛みを引き起こしていた。身体の左側全体が痙攣している事実は、左側に対応する脳マップが、さまざまなタイプの動作を処理する多数の領域から成るのではなく、未分化のまま、まったく差異化されていないことを示していた。

エリザベスのアキレス腱をやさしく触ると彼女が苦痛の表情を見せたので、フェルデンクライスはまず苦痛を和らげる必要があると悟る。脳を何とかしなければならなかった。なぜなら、学習するには脳の働きが必要だからである。

彼女の父親は当時を思い起こし、次のように語る。「エリザベスを診察したあと、モーシェは私に〈彼女は問題を抱えていますが、何とかなります〉と言ったのです。彼は堂々としていました。妻が説明を求めると、娘のそばに寄り、足首を手に取って後方に曲げ、それから私の指を取り、筋肉のかたまりが感じられるよう〈ここに触ってごらんなさい。これでは腹這いはできません。足を曲げると痛みを感じるからです。けれども緊張を和らげれば、足を曲げることができます。彼女の振る舞いもまったく変わるはずです〉とおっしゃいました。そして二、三日するとその通りになったのです。彼女はハイハイをしだしたのです」

次にフェルデンクライスがエリザベスを診察したとき、彼の若い生徒の一人、フェルデンクライスの親友エイブラハムの娘であり、臨床心理学者のアナット・バニエルが、たまたまそこに居合わせていた。彼はバニエルに、レッスンのあいだエリザベスを抱いていて欲しいと頼んだ。それからエリザベスに穏やかに触り、ごく単純な動作を差異化する学習を開始した。エリザベスは興味を惹かれ、集中し、満足そうな表情を浮かべた。

次に彼は、エリザベスの頭を静かに抱え、ゆっくりとやさしく上方に引き上げて、前方に乗り出させ、背骨を伸ばした。通常は、この動作によって背中は自然に弓なりになり、骨盤は前方に転がるように動く。ちなみにこの反応は、普通は立っているときに生じる。脳性麻痺の子どもや、その他の歩けない子どもを治療する際、彼は転がるような動きを骨盤に反射的にさせるべく、このテクニックをよく用いた。しかしそれをエリザベスに適用しても、バニエルは彼女の身体に何の動きも感じなかった。エリザベスの骨盤は、バニエルの膝の上で静止したままだったのだ。そこでバニエルは、フェルデンクライスがエリザベスの頭を引き上げているあいだ、彼女の骨盤を穏やかに転がしてあげることにした。

すると突然、エリザベスの痙攣した身体が動いた。バニエルらは繰り返し、ゆっくりと背骨を動かし、それから動かし方にわずかな変化を加えた。

セッションが終わると、バニエルはエリザベスを父親に渡した。いつものエリザベスなら、頭をコントロールできずに父親に倒れかかるはずだが、このときは背中を弓なりにし、頭をのけぞらせては父親のほうを何度も見た。フェルデンクライスとバニエルが施した首と背骨の微妙な動きは、エリザベスにその動作のイメージを生み、それが脳に配線されたのである。エリザベスは大きな脊柱起立筋を自発的に動かし、自分で行なったその動作に喜びを感じていた。

しかし心配すべきことはほかにもあった。エリザベスは深い障害を負い、由々しき診断を受けていたのだ。フェルデンクライスには、両親が彼女の将来を心配していることがよくわかった。彼は、子どもが現在どの発達段階にあるかではなく、当面の発達段階に合った刺激を与えたときに、学習できるかどうかで脳を判断した。このような状況では、彼は余計なことを口にしないのが普通だったが、そのときは「彼女は賢い子です。結婚式ではダンスしていることでしょう」と言ったのである。

フェルデンクライスはイスラエルに戻った。それからの数年間、エリザベスの両親は、娘をフェルデンクライスに会わせるためならどんなことでもした。彼がアメリカかカナダを訪問した折にはホテルの部屋で会い、自分たちのほうからも、二〜四週間にわたって毎日彼のオフィスに通うために、イスラエルに三度出かけた。彼に会っていないときには、エリザベスは日常生活を通じて進歩を根づかせていった。

七七歳になったフェルデンクライスは、スイスの小さな町を旅行中に病に倒れた。やがて意識を失い、頭蓋内出血が判明する。硬膜《こうまく》（脳を取り巻く結合組織の層）および脳内に血液がゆっくりと漏れ出ていて、その圧力で脳が危険にさらされていたのだ。不運にも、その町で唯一の神経外科医は週末のあいだ旅行に出かけており、「硬膜下出血」による圧力を除去する手術がすぐには行なえなかった。

フェルデンクライスの同僚は、柔道で投げられ、倒れ、脳震盪を起こしたことで、硬膜下出血が起こりやすくなっていたと見ていた。彼はフランスで回復したが、おそらくは手術が遅れたために、脳にある程度の損傷を受けた。とはいえ、すぐに機能統合レッスンを再開した。先が長くはないことを見越した彼は、自分の最新の発見を伝授せんとして、できる限り生徒たちに教え続けた。

イスラエルに戻ったフェルデンクライスは脳卒中に見舞われ、うまく話すことができなくなった。今度は、生徒が毎日彼に機能統合レッスンを施す番だった。七〇代も終盤に差しかかり、病気になった彼は、自分のもとを訪れる子どもたちを、次第にバニエルの手に委ねるようになった。三週間にわたる毎日のレッスンを受けに飛行機でやって来るエリザベスの面倒は、徐々にバニエルが見るようになる。エリザベスは数年間折に触れてバニエルに会い、また、セラピストのドナリー・マーカスとデボラ・ゼリンスキーによる脳のエクササイズと行動検眼セラピーを受けている〔マーカスとゼリンスキーの治療に関しては、拙訳『脳はすごい――ある人工知能研究者の脳損傷体験記』（青土社）に詳述されている〕。

現在のエリザベスは三〇代になり、二つの学位を持つ。およそ一五〇センチメートルの小柄な体つきで、美しい声でしゃべり、とてもスムーズに歩く。その様子を見た人は、彼女がかつて一生歩くこともできず施設に入れられるか、せいぜい知能発達の大きな遅れで済めばまだましだと宣告された人物だとは思えないだろう。「モーシェは私の父に、〈一八歳にもなれば、誰も彼女の身に起こったことなど気づかないだろう〉と言ったそうです。そしてその通りになりました」と彼女は私に語ってくれた。彼女はイスラエルを訪問したときのことを思い出し、「青いシャツを着た白髪のモーシェの姿を今でも思い出します。部屋の中はたばこの煙が充満していました（フェルデンクライスはレッスン中にたばこを吸っていた)。私の耳に何かをささやいて、なだめてくれたことをかすかに覚えています」と言う。

二つの学位は一流大学から授与されたものだ。近東におけるユダヤ人に関する研究でまず修士号を取得したあと、もっと実践的なことがしたくなり、二つ目は社会福祉の修士号を取得した。今でも脳性麻痺の後遺症はいくつか見られ、数に関する軽い学習障害のために数学や科学は苦手である。しかしそれ以外は学ぶことを楽しみ、シェイクスピアの全作品、トルストイのほぼ全作品、その他の古典など、むさぼるように本を読み、知的な生活を送っている。現在彼女は小さな会社を経営し、幸福な結婚生活を送っている。

そしてもちろん、結婚式ではダンスをした。

言葉を生む

私は五年間にわたり、一〇人を超えるバニエルの「生徒」たちを追ってきた。これらの子どもたちは皆、重度の脳障害を持ち、特別なケアを必要としていた。私はカリフォルニア州サンラファエルにある彼女の運営する施設で、非常に大きな進展が見られつつあるのを確認することができた。バニエルは、脳や神経系に重いダメージを受けた子どもたち、すなわち脳卒中に見舞われた子どもたちや、ダウン症候群、自閉症、言葉の遅れ、失行症と呼ばれる運動障害、脳性麻痺、神経損傷を抱えた子どもたちの面倒を見る経験を、十二分に積んでいた。

私は、エリザベスと同じように小脳の一部を欠いて生まれた、話すことのできない少女「ホープ」を、バニエルが治療する様子を観察する機会を得た。ホープの母親が妊娠して一七週が経過した頃に、超音波による検査を行なった結果、胎児の小脳のうち、小脳虫部と呼ばれる領域の全体が欠け、その他の部分も異常に変形していることがわかった。担当の神経科医は、生存できたとしても自閉症を抱え、一生歩けない可能性が高いと言い渡した。バニエルのもとに連れてこられたとき、ホープは二歳四か月だった。彼女は、移動することも、すわることも、頭や身体をまっすぐに保つこともできなかった。また、斜視のために動いている目標を目で追えず、人見知りが激しく、言葉を話せなかった。従来の理学療法は彼女にとっては苦痛で、何の役にも立たなかった。

彼女の父親は、「初めてバニエルのところに連れていったとき、彼女は一〇日でハイハイができるようになりました」と言う。バニエルは、足や腰に触る、膝を小刻みにゆする、骨盤や背骨や肋骨を動かすなど、発話とは何の関係もないように見える穏やかな動きによって、彼女を話せるようにした。発話は、脳が口、唇、舌とともに、呼吸(横隔膜、肋骨、背骨、腹筋の動きの協調を必要とする)をコントロールできて初めて可能になる。バニエルは、言葉を話すことが「期待」されているのではないことをホープがわかるよう、無意味な音声を発した。(この方法は、適切に組み立てられた理解可能な言葉を発せられるよう反復訓練を課し、相応の発達段階に達していない彼女を不安にさせた言語療法《スピーチセラピー》のやり方とは正反対である。バニエルはそれを「失敗を練習すること」と呼ぶ。なぜなら、「子どもは自分の経験を学ぶのであって、必ずしも、私たちが彼らに学習させたいと考えていることを学ぶわけではない[*41]」からだ。)バニエルは遊びを通して、ホープの「学習スイッチ」をオンにし、どんなに不完全なものであろうと、発した音声がコミュニケーションを生み出せるということがわかるよう彼女を導いた。ホープはセッションのあいだ中、くすくす笑いを続け、ときおり「ノー！」と言った。四回目のセッションが終わったあと、ホープは意味のない音声を発し続け、かん高い笑い声をあげていた。現在七歳半になったホープは、短い文を話すことができる。

ホープは視野の左側が見えなかった。バニエルはまた、全身に働きかけることで、視野の左側が見えるよう、また、動いている目標を目で追えるよう彼女を導いていった。興味深いことに、この目の目標追跡の練習は、ホープのメガネの処方にも影響を及ぼし、度数はプラス8からマイナス1に変わった。やがて彼女は、メガネをかける必要がなくなったのである。★

バニエルの施設で何度か見かけた子どもは他にもいる。その一人「シドニー」は、誕生後すぐにNICU（新生児特定集中治療室）に入れられたのだが、そこで細菌性髄膜炎に感染してしまった。その後のCTスキャンによって、感染のために脳卒中が引き起こされていたことが判明する。髄膜炎は脳組織の破壊ばかりでなく、重度の腫れや脳を浸す脳脊髄液の流れの阻害を引き起こすことがある。せき止められた脳脊髄液がたまると、圧力がかかって頭部全体が肥大する（ほぼ二倍になることもある）。この症状は水頭症と呼ばれる。シドニーの命を救うためには、血液を別の血管に流して、たまった圧力を解放しなければならなかったが、この手術は失敗し、彼はもう一度手術を受けなければならなかった。

生後五か月のときに初めてバニエルの施設に連れてこられたとき、彼の身体は完全に痙攣性の症状を呈していた。寝返りを打てず、脳卒中に見舞われた人々の多くと同様、こぶしは固く握られ、腕は胸に向かって折り上げられたまま動かなかった。「あまりもきつく腕を締めていたので、すばやく動かそうとすれば折れたかもしれません」とバニエルは言う。両親は、シドニーは一生歩けないだろうという宣告を受けていた。また彼は、首を一方の側に回すことができなかった。この症状は斜頚《しゃけい》と呼ばれる。しかし最初のレッスンが終わったとき、彼の両腕は開いていた。セッションを受けるごとに彼の状態はよくなり、やがて往復して寝返りを打てるようになった。バニエルは彼の両親に、「寝返りを打つことや上体を起こすことを学んだまさにその脳が、やがて話し始めるはずです」と告げた。

バニエルのレッスンを受けるようになったシドニーは、生後二七か月で歩き始めた。彼に学習能力があることを見て取った両親は、まだ話せなかったにもかかわらず、三か国語に慣らすという尋常ならざる方法をとることにした。(英語の他に、母親はイタリア語で話しかけ、イタリア語のイマージョン教育〔学習中の言語を使って生活しながらその言語を習得する教育方法〕を受けさせた。またスペイン人の家政婦はスペイン語を話した。)

最初の数年間、シドニーは施設で、多いときには週に四〜五回、一回三〇分のセッションを受けた。バニエルは、間隔をあけるより、集中してレッスンを行なうほうが効果的であることを見出した。

五歳になると、シドニーは一年に数回しかレッスンを受けなくなった。ただし、同年齢の児童に比べると依然として不活発で、走り方は硬くスムーズではなかった。しかし九歳になった現在では活発

★ホープは寄り目だった。寄り目の子どもは、両目が揃うよう手術で眼筋を切除することが多い。バニエルによれば、それによって外観の問題は解決しても、目は正常に機能するようにはならない。フェルデンクライスは、多くの寄り目の子どもたちの視力を、手術することなく取り戻した。

さが増し、かつては話すことも歩くこともできないだろうと言われた少年が、今やそこら中を走り回り、三か国語を駆使できるようになったのである（英語、スペイン語、イタリア語で読み書きができる）。★★

最後まで制約されない人生

一九七七年、フェルデンクライスは、訓練プログラムの認定や、フェルデンクライス療法家としての資格の認証を行なう組織を設立した。現在は、北米フェルデンクライス同業組合と呼ばれている。この組織は、徹底的な実地訓練を受けて認証された、世界各地のフェルデンクライス療法家を代表する機関、国際フェルデンクライス・フェデレーションと提携している。

フェルデンクライスは生涯を通じ、遺伝だけが知性の限界を定めるのではないと考えていた。歩くこと（と重力に逆らうこと）から、物理学（彼の場合ほとんどはジョリオ＝キュリーの研究室で学んだ）、さらには柔道の習得に至るまで、重要な学習の多くは教室の外でなされると信じていた。生涯にわたる学習は、彼の家族の特徴でもあった。八四歳のか弱い母親が彼を持ち上げ、柔道技で投げ飛ばせるようになったことを、彼は誇りに思っていた。「母に投げを食らったときは、とても信じられなかったのでインチキだと思った。（……）彼女は他の人たちが相手を持ち上げて柔道の投げを打つのを見て、〈私にもできる〉と言ったんだ。一〇分くらいで投げ技を覚えたよ」と、フェルデンクライスは他の武術家にジョークを飛ばしたという[*42]。

フェルデンクライスが嘉納と柔道から学んだもっとも重要なことの一つは、可逆性の理解である。

知的な動作は、いつでもそれを止め、反転できるようになされなければならない。その秘訣は、決して無理に動こうとしないことだ。（強迫的に行動したり、生活したりしようとすることは、多様なあり方でそうすることとは正反対である。多様な行動とは異なり、強迫的な行動は、つねに同じやり方でなされ、皮肉にも多大な心的努力を要するため、気づかぬうちに機械的に実行される。）

彼は著書『高度な柔道』で、「柔道では、必要に迫られても心を変えられないような、固い決意のもとに何かをするのはよくない」と述べる[*43]。柔道でも日常生活でも、一つの習慣、思考様式、態度に凝り固まってはならない。また、自分が八方ふさがりの状況に置かれていると思っていても、実際にはそうでないことが多い。柔道では、自分が相手に完全に押さえ込まれているときでも、「〈動けなくされる（immobilization）〉や〈押さえ込まれる（holding）〉という言い方が実際の状態を表しているわけではないことを、つねに思い出さねばならない。これらの言葉は、行為のなかには存在しない最終性や固定性の考えを含む。動けない状況は流動的なものであり、たえず変化する。あなたが相手を押さえ込んでいるとき、相手の次の動きを読むことをやめれば、その途端相手はあなたの固めわざ

★★バニエルは、自身のアプローチをアナット・バニエル・メソッドと呼ぶ。このメソッドは、フェルデンクライスとの実践、およびその後の彼女自身の実践に基づいて構築されたものである。フェルデンクライス療法家には、子どもの治療を専門にする人々のほかに、クライアントとしてはスポーツ選手、ミュージシャン、ダンサーを、また、障害としては脳卒中、不安障害（フェルデンクライスの最初の著書の主題）、脊髄障害、背中の障害、慢性疼痛、多発性硬化症を専門とする者もいる。

から逃れてしまうだろう。[*44]」

決して逆転できない方向が一つある。生物は容赦なく死に向かうものであり、その事実を変えることはできない。しかし死を迎える私たちの態度を変えることはできる。自覚して死に向かうこともあり、自覚せずに死ぬこともある。一九八四年、エイブラハム・バニエルが、テルアビブの部屋を最後に訪問したとき、フェルデンクライスは病状が悪化して死に瀕していた[*45]。そのときバニエルには、フェルデンクライスが、あたかも他人の身体であるかのごとく、自分の身体に聞き入っているように見えた。彼の好奇心と、自己の人生への強いこだわりを知っていたエイブラハムは、「モーシェ、今何を感じているんだね？」と尋ねた。

フェルデンクライスの顔は腫れていたが、エイブラハムには、心のなかで微笑んでいるように見えた。

フェルデンクライスはゆっくりと、「次の呼吸が聞こえてくるのを待っているんだ」と答えた。

第6章

視覚障害者が見ることを学ぶ

フェルデンクライス・メソッド、仏教徒の治療法、その他の神経可塑的メソッド

目は静止してはいない。つねに動いている。
――アンドレアス・ラウレンティウス『視覚保護論（*A Discourse of the Preservation of the Sight*）』（一五九九）[*1]

私は今、痩身で穏やかな声のデイヴィッド・ウェバーと診察室で対面している。彼は四三歳の頃から、フェルデンクライスの脳と心についての知見を自分自身に適用して治療するまで、目が見えなかった。何年にもわたって薬を服用し、何度も目の手術を受けたが、視力は回復しなかった。だが現在、投薬の必要はなく、目は見える。過去の病気の傷跡は明らかだ。右目はやや外を向き、左目に比べて瞳孔が大きく、虹彩《こうさい》は緑がかった暗い茶色をしている。現在目は見えるが、視覚障害者のように、空間に対する身体の気づきに基づいて推論をしているかのように、注意深く動く。

二〇〇九年、私がデイヴィッドに初めて会ったとき、彼は五五歳だった。クレタ島から来たとのことで、エーゲ海に臨む一五世紀に建てられた下宿屋《ペンション》で暮らしていた。カナダで生まれた彼は、目が見えなくなったために仕事ができなくなり、引退してギリシアに移住したのだという。クレタに移る前に目はかなりよくなってはいたが、それでも日常生活に支障があった。そのため、差し迫った用事を抱えずにストレスのない生活を送る必要があり、オリーブの木に囲まれた土地でゆったりと暮らしながら、願わくはクレタの太陽と空気に活気づけられることを期待していた。クレタでは、カナダの冬のように吹雪にさらされたり、氷を踏み抜いたりする心配をしながらストレスに満ちた暮らしをする必要はなく、限られた蓄えで質素な生活を送っていた。

彼の話を聞いていると、私たちはすでに知り合っていてもおかしくなかったことに気がついた。面識はなかったが、同じ高校に通い、入学年度は異なるものの、大学では同じ哲学の教授に学んで影響を受けていた。若き日のウェバーは、一九六〇年代に一度は船乗りになりながら、その哲学教授のもとでプラトンの研究を志し、古代ギリシアの哲学を学んだ。それから彼の関心をプラトンとソクラテスに向けさせた「よく生きることとの探究」を極めるために、最古の仏教の学派、上座部仏教の古典の訓練を受けた。彼は数年間のあいだに二人の教師から教えを受けたのだが、その二人はやがてウェバーの治癒に寄与することになる。一人はナムギャル・リンポチェで、彼はウェバーに瞑想と古典を教えた。もう一人はミャンマーのウー・ティラ・ウンタ師で、ウェバーは彼に学びながら、仏塔《パゴダ》を建てる旅行につき添った。ウンタ師の内面の旅は、一日に二〇時間瞑想して、夜四時間眠るという激しいものだったが、ウェバーはその古典的な実践方法に従った。

そののちに彼は結婚し、息子が生まれた。家族を扶養する必要に迫られた彼は、自分がコンピューター関連の仕事に必要とされるシステム思考に長けていることを発見する。一九九〇年代初期には、コンピューターネットワーク・インテグレーター〔コンピューターネットワークの設計、構築、運用、保守を一括して請け負う企業や技術者〕になってＡＴ＆Ｔカナダの案件を担当し、さらにはインターネットを商業ベースに乗せるための、最初のインフラの一つを開発する国際チームに参加する。

四三歳になった一九九六年のある日、大規模な会議に参加していた彼は、メンバーの一人に「目が赤いぞ」と言われたので眼科に行くと、ブドウ膜炎と診断された。ブドウ膜炎は自己免疫疾患であり、抗体が目を攻撃し、炎症させる。アメリカでは、盲目の一〇パーセントはブドウ膜炎によって引き起こされる。炎症は急速に進行し、網膜の中心にある虹彩と水晶体に影響を及ぼし始めた。彼が盲目になるのは、もはや時間の問題であった。自己免疫疾患は次に、甲状腺を攻撃した。そのため、手術で甲状腺を切除しなければならなくなった。

さらに免疫反応によって網膜の背後に液体がたまり、その中央部の黄斑（中心視野の細部を判別する）に腫れを引き起こした。そのため彼は、細部を見る能力を失う。腕時計の時刻を読み取れなくなり、時計らしきものが腕に巻きついていることを周辺視野で感じられる程度になってしまったのだ。色にはかすかに気づいていたが、心のなかに明瞭なイメージを結ぶのに十分な情報は得られなかった。

彼は五年間、定期的に眼球と眼窩のあいだに抗炎症ステロイド注射を打った。また、免疫系を抑制するために経口ステロイド薬を服用した。しかしこれらの治療は疾病を抑えられず、炎症で死んだ組織によってできた浮遊物の黒い膜が目を満たし、やがて視野を遮断し始める。治療による視力の改善はわずかであり、かえって手術によって二つの問題が生じた。眼圧が上がって、盲目に至る可能性のある緑内障と、重度の白内障を発症したのである。そのため、二度の手術によって両目の水晶体を切除した。今や彼は、除去した水晶体の代りにぶ厚いレンズのメガネをかけねばならなかったが、それによって残された周辺視野が遮られることになった。

他人の手を借りなければならない厄介者になるのを恐れた彼は、脅威と化してしまった人混みに慣れるために、わざとメガネをはずして地下鉄に乗ったり、多くの人の集まるイベントに出かけたりした。周囲は、ぼやけたしみのようにしか見えなかったが、彼は「ぼやけた視野で生活することを学び、その状態でも気楽に過ごせるようになりました。すると私は、視覚が細部を見たり、文字や記号を読んだりするだけのものではないことを悟りました。（……）見ているのは目ではなく、私という自己の全体なのです」

さらに二度の手術（硝子体《しょうしたい》切除術）によって、眼窩をこじ開け、横から眼球を開いて死んだ組織の堆積を含むゼリー《ゲル》状の物質（硝子体液）を吸い出した。それでも視力の改善はわずかだった。そして白内障の手術のあと、術後感染のために右目の大部分が破壊された。右目は圧力を失い、実質的に「死んだ」と眼科医に宣告される。右目は眼窩内で縮みつつあった。数年後の二〇〇二年には、わずかに視力が残されていた左目の緑内障の手術をしなければならなくなる。しかし、目に穴を開けて液体を吸い出す線維柱帯切除術《トラベクレクトミー》は失敗する。合計五回の手術を受けながら、視力にはほとんど何の改善も見られなかったのだ。片方の目は、顔のそばまで近づけた指をかろうじて識別できるだけであり、他方の目の圧力は制御不能に陥っていた。痛みはすさまじく、彼は動くたびに目に入った異物に刺激されるような感覚を覚えた。この痛みは数年間続き、ベッドに釘付けになることもたびたびあった。

彼は、「心の痛みもありました。当時は、まさに恐怖の日々でした。恐ろしい不安に苛まれ、その状況はますますひどくなりました」と語る。当時を思い出すにつれ、落ち着いた声は次第に震え声になる。「家では、練り歯みがきをしぼり出すなどといった日常的な動作すらできませんでした。何かメモを残すときには、マジックペンを使って三センチ角くらいの大きさな文字で書いていました。仕事もクビになりました。次の大きな波の先陣を切る仕事をしていたときに、私がコンピューター画面を見られなくなったために案件がつまずき始めたとボスに言われ、担当からはずされました。盲目になるのと、職を失うのとでは意味がまったく違います。というのも、当時はインターネットが普及し始めていた頃で、こんな絶好のチャンスは二度とないと思っていたからです。心が折れました。私の生活は、目の障害によってものごとに集中できなくなり、自己免疫疾患の甚大な影響を受けるようになったのです」

彼は、目のさらなる劣化を防ぐためにステロイドによる治療を一生受け続けなければならなかったのだが、その副作用で顔が腫れ、心臓の鼓動が激しくなった。体重は増え、身体はとめどなく震え、気分は安定せず、混乱し、物忘れがひどくなり、薬物治療に毒されていると感じ始めた。彼の心には、「ステロイドは目の劣化を防いでくれているのだろうか？」「眼圧と炎症によって、ついに視神経が損なわれてしまったのだろうか？」という疑問がつねに浮かんできた。実際、視神経は損なわれていた。視神経症と呼ばれる疾病を新たに抱え込んでいたのだ。眼科医は検査の結果、彼が法定視覚障害者と認定されることを告知した。

正常な視力二〇／二〇は、正常な視力の人が標準的なスネレン試視力表上で、二〇フィート〔およそ六メートル〕離れた位置から文字を読み取る能力として定義される。法的盲は、二〇／二〇〇から始まる。ウェバーの視力は二〇／八〇〇で、これは正常な視力を持つ人がスネレン試視力表上で八〇〇フィート〔およそ二四〇メートル〕離れた位置から見えるものが、二〇フィートでようやく見ることができることを意味する。要するにほとんど何も見えないということだ。彼は自分の目の前に差し出された指の動きを、ぼやけた波として検知することしかできなかった。眼科医は、生涯盲目のまま暮らすことになると言うのみだった。

彼の生活はさらに悲惨になっていく。家族と何人かの親友以外は彼を見捨てた。「仕事仲間はいなくなりました。私に何かを求めていた人たちは、私が何も与えられないのがわかると、目の前から消えていったのです」。結婚生活は目が悪くなる前からすでに破綻していた。四〇代になっていた彼は、職を失ったからには両親のもとに戻るしかなかった。目が見えるようになった夢を見て、正常な視力を持つことがいかに至福であったかを思い出しながら目覚めることもあった。

しかし日中は、地元の視覚障害者コミュニティーで白い杖を与えられ、手の感触でコインを識別する方法を学んだ。かつて彼はたいへんな読書家だったので、読書ができなくなったことは「想像もつかないような地獄」だった。最大のフラストレーションは、読書ができなくなったために、自分の問題について調べられなかったことだ。完全に盲目になる前は、拡大鏡を手にして「トロントの古書店を飢えた幽霊のようにさまよい」、十分に大きく、かつ形状によって一文字ずつ推測できるくらいはっきりしたコントラストでタイトルが表紙に印刷されている本を探したものだった。「タイトルで判断して本を買い、家に持ち帰って、読める日がくることを願いながら本棚にしまっておいたのです」

「その希望は何に基づいていたのですか？」と私は尋ねる。

「単にとにかく信じただけです。成長していく息子の姿も見届けたかったですし」

一縷の望み

ある日、病気の進行を綿密に追い、事態が最悪になりつつあることを見て取った主治医は、ニューヨークのとある医師（検眼医、眼科外科医）によって開発された代替療法に関する情報をウェバーに手渡した。その医師ウィリアム・ベイツ（一八六〇－一九三一）は、実質的に神経可塑性に基づく訓練を用いて、種々の一般的な目の障害を、またときにはある種の盲目を治療していた[*2]。ベイツは、視覚が受動的な感覚プロセスではなく、動きを必要とすることを、また、習慣的な目の動きが視力に影響を及ぼすことを示して、フェルデンクライスが体の動きに対して行なったことを、目を対象に行なっていたのである。

ベイツはコロンビア大学とコーネル大学で訓練を受け、輝かしい生涯の第一歩を踏み出した。一八九四年には、ストレスや脅威に満ちた状況下で生じる闘争／逃走反応によって分泌されるホルモン、アドレナリンの医療への適用の実現を手助けしている。それを通じて彼は、ストレスが身体、筋肉、筋緊張、および目に及ぼす影響の大きさについて同僚よりもよく心得ていた（アドレナリンの働きによって瞳孔は拡大し、血液循環は影響を受け、眼圧は高まる）。ベイツは何万もの人々の視力を測定し、とりわけストレスを受けているあいだは、視野の明瞭度が変動することを見出した。そして視力の障害から自然回復した何人かの患者を観察して、視力を改善するトレーニングを患者に施せるのではないかと考えた。やがて彼は、視覚に問題のある人々の視力を向上させ、メガネが不要になるよう支援する療法家として、もっともよく知られるようになる。
「目は、水晶体が変形することによって、さまざまな距離を隔てた対象に焦点を絞ることができる」というのが、科学者ヘルマン・フォン・ヘルムホルツ（一八二一－九四）にまでさかのぼる従来の知見であった。ヘルムホルツは、検影器《レチノスコープ》と呼ばれる最新の機械を使ってこのテーマを研究した。彼は、おそらく水晶体のへりの小さな筋肉、毛様筋が収縮することでこの変形が起こるのだろうと考えた。「おそらく」という但し書きがついたこの理論は、水晶体の変形の唯一の原因を説明する普遍的な真実として、すぐに教科書に掲載されるようになり、今日でもそのように教えられている。

　しかしベイツは、目の焦点が水晶体の変形のみに依存するという考えに納得しなかった。白内障のために水晶体を除去され、（ウェバーのように）その代わりに固定レンズのメガネをかけるようになった患者の一部は、それでも焦点を調節することができたからだ[*3]。これは、繰り返し報告されている興味深い事実だが、異なる距離にある対象物をそれぞれはっきりと見るためには水晶体が変形しなければならないとする理論には都合が悪い。ベイツは魚類、ウサギ、ネコを対象に、レチノスコープを用いてヘルムホルツの実験の再現を試み、先にあげた焦点の調節の問題が、水晶体の変形ばかりでなく、目を取り囲む六つの外眼筋が引き起こす眼球全体の変形によって起こることをつきとめた。それまでは、外眼筋は目標追跡のためだけに目を動かすと考えられていた。ベイツは、外眼筋が眼球を長くしたり短くしたりすることで目の焦点を変えていることを実証した［眼球の長さとは、角膜から網膜までの距離のこと。眼軸長とも］。外眼筋を切断すると、実験動物の目は、もはや焦点を変えられなかったのである。★

　外眼筋が眼球の長さを変えられるという発見は非常に重要だ。一八六四年、オランダの眼科医フランシスカス・コルネリス・ドンデルスは、近くのものしかはっきりと見ることができない近視者の眼球が長いことを発見した。眼球が長すぎると、水晶体を通って入ってくるイメージは網膜の手前で焦点を結び、ぼやける。ベイツは、近視者の場合、外眼筋が高い緊張状態にあるために眼球が変形し、それによって視野のぼやけが生じると論じた。近視者は眼筋が張って赤くただれた目をしていることが多い。この感覚は、抑えようとしても、目を閉じて自分の感覚に注意を集中しているとわかる。

ベイツは、明瞭な視野を得るためには目の動きが重要であることを強調する。網膜の中心に存在する細部を見る黄斑は、一単語あるいは一文字を精査するためにつねに動いている。目は、サッケードと呼ばれる二種類の動きを実行する。サッケードには、外部から確認できるものもある。部屋の様子を確認している人や、友人を探している人の目は、他人が見てもわかるほど大きく動く。しかしサッケードには、外部からは確認できないほど動きの小さなものもある。チャールズ・ダーウィンの父ロバートは、静止しているように見えているときでも、目が不随意に動いていることを発見した[*4]。現在ではマイクロサッケードは特殊な装置を用いなければ観察できないほど高速で起こることが知られている。薬物によって眼筋が麻痺した場合など、マイクロサッケードが抑制されると、その人は視力を失ってしまう[*5]。このような具合に、視覚は目の動きを必要としているのである。

では、いかにしてマイクロサッケードは視覚をもたらすのだろうか？　視覚神経科学の最新の理論に従えば、網膜とそれに連携するニューロンがはっきりと情報をとらえておけるのはわずかな期間でしかなく、その期間が過ぎるとそれを伝える信号は衰退し始める[*6]。私たちがただ一つの静止物体を見るとき、目は次のようなメカニズムを通してその物体の「複数のスナップショット」を取り込む。

目は、イメージが網膜の光受容体に光を投射するよう特定の位置に移動し、そこでいったん停止する。すると新たなバージョンのイメージが送り出される。イメージが衰退し始めると、近傍の光受容体を刺激して該当イメージの二番目の「スナップショット」を送り出せるよう、目はマイクロサッケードによってわずかに離れた位置に移動する。このように、私たちが一つの物体をじっと凝視していると思っているときでも、目はマイクロサッケードを行ない、複数のバージョンのイメージを送って、脳に新たな情報を供給しているのである。(私たちは触覚に関してもこの種の刺激の衰退を経験する。服を着たりメガネをかけたりすると、私たちは皮膚にそれらが接触するのを感じる。しかし時間が経つにつれ、動いて新たな接触を感じない限り、その感覚は薄れていく。衣服の手ざわりを感じるには、その上で指を這わせて止め、それから再度動かしてそれを「精査《スキャン》」しなければならない。)

★最近の研究によってベイツの説の正しさが検証されている。つまり、水晶体の毛様筋は、さまざまな距離にある対象物を見る際に、はっきりと見えるよう目を「調節」し、焦点を絞る能力の構成要素の一つでしかないことが判明している。日本の外科医は、強膜(眼球の白い組織)を伸ばして目の調節能力を改善することに成功しており、また、外眼筋を手術した子どもの角膜の研究(角膜形状解析)によって、外眼筋の緊張がその人の眼屈折力と、網膜への光の当たり方に影響を及ぼすことが示されている。「その結果、外眼筋の緊張と弛緩は、眼屈折力に影響を及ぼす。また私たちは、視覚プロセスにおける心の状態と意図の影響を無視することはできない。私たちは、自分が興味を持っている文章なら、疲労を感じずに読めることは言うまでもない」(検眼医クリスティーン・ドレザル博士との私信)。これらの有利な証拠があがっているにもかかわらず、ベイツは現在でも、不利な証拠だけをあげつらう懐疑論者から詐欺師呼ばわりされている。

目は受動的に機能するだけの感覚器官ではなく、通常の視覚を得るためには動きを必要とする。「目は静止してはいない。つねに動いている」と、アンドレアス・ラウレンティウスは一五九九年に書いている。視覚は健全な運動／感覚神経回路の活動を必要とする。つまり脳は目を動かし、その動きの視野への影響を感じ取り、そのフィードバック情報を用いて新たな位置に目を動かさなければならない。盲目は一般に、受動的な感覚の欠落に尽きるものではない。視覚は感覚刺激を受け取るだけではなく、感覚と運動に関わる活動だからだ。したがって盲目は、運動障害に一因があるケースも多い。

ベイツは眼精疲労（休息しても痛みやぼやけ、頭痛などの症状が残る目の疲労）や強い筋緊張が視覚を抑制すると考えていたので、目をリラックスさせる運動を考案し、それを実践すればメガネの度数を下げられ、さらには多くのクライアントをメガネ不要にできることを発見した。彼は目の観点から語ることも多かったとはいえ、筋緊張や視力を矯正するいかなるアプローチにも、脳が関与することをよく認識していた。

ベイツはまた、近視、遠視、斜視などの目の障害の発達に関して新たな理論を提起している。つまり、習慣的な目の使い方によってそれらが引き起こされると考えていた。そして、文化が視覚に多大な影響を及ぼすと認識していた。ドイツの眼科医ヘルマン・コーンは一八六七年に、一万人の子どもを対象に行なった研究の結果、学年が進んで、より多くの本を読むようになり、目を近づけて作業をするようになるにつれ、メガネが必要な児童が増えることを見出した。（近視はもっともありふれた視覚の異常である。）イスラエルに住む超正統派ユダヤ教徒の少年は、幼い頃からトーラーやタルムード

〔ともにユダヤ教の聖典とされる〕を学び始め、ひいては彼らのほぼすべてがメガネをかけるようになる。一〇〇年前にはメガネが存在しないに等しかったアジア諸国では、勉学のプレッシャーにより、子どもは幼い頃から徹底的な読書をし始める。そのためメガネの需要は増え続け、現在アジア人のおよそ七〇パーセントは近視である[*7]。今日でもたいていの医学部では、遺伝子を近視の主要因として説明しているが、遺伝によっては説明しきれないほどの速さで変化は起こっている。これらの変化はおもに、人々が目を使う新たな様態に基づいて生じた、神経可塑的な脳の変化によるものだ。

メガネは、目に入ってくる光を、網膜上に焦点を結ぶように曲げることで視力を矯正する。それで手っ取り早くぼやけや頭痛を解消できるので、信頼性が高い。しかし、根本的な問題を実際に「治す」わけではない。眼精疲労や近視は維持され、次第に悪化する（したがってほとんどの近視者のメガネの度数は次第に上がっていく）。強度の近視は、盲目を引き起こし得る網膜剥離、緑内障、黄斑変性、白内障を発症する高い危険性をともなうがゆえに[*8]、逆転させないと問題は悪化する、とベイツは主張した。ベイツにとって近視の緩和によるメガネ依存からの脱却は、単に表面的なものではなく、予防医学の実践なのである。★

ベイツは、支持者らによる国際的なグループを形成した。彼の生徒は自分たちを自然視力向上教育者と呼んでいた。また、ベイツの業績はフェルデンクライスに甚大な影響を及ぼした。しかし地元のニューヨークの眼科医および（メガネを販売する）検眼医は、彼に脅威を感じていた。彼らはベイツをニセ医者呼ばわりし、追放し、教職から追い出してしまった。主流医学が神経可塑性を受け入れる以前の時代に、心的経験を通じて視覚を訓練するなどという方法を発見したことは、ベイツにとっては不運であった。

最初の試み

ベイツの業績を一九九七年に知ったデイヴィッド・ウェバーは、それについて詳しく調べだした。しかし彼の目はひどい炎症を起こしていたので、ベイツ・メソッドでは効果がないのではないかという印象を受けた。それでも調査を続けていると、耳の聴こえない両親のもとに盲目の状態で生まれ、やがてベイツ・メソッドの適用により視力を回復した、メイア・シュナイダーという名のイスラエル人の存在を知る。シュナイダーは遺伝性障害を抱え、それにより巨大な白内障と緑内障を発症した。ウェバー同様、五回の手術にいずれも失敗し、そのために目が瘢痕組織で満たされており、生涯盲目で暮らすことになると宣告された。一七歳の時点での検査では、視力は二〇／二〇〇〇であった。しかしそののちにベイツ・メソッドによって視力を改善したのだ。ウェバーは、彼よりも年少のシュナイダーから訓練方法を教わったのである。訓練は通常、一日に一時間とされていたが、彼は助言を無視して一三時間も実践した。しばらくすると、光と影のコントラストが次第にはっきりしてきたのに気づく。光はより明るく、影は暗くなってきたのだ。次にぼんやりとした形が見え始める。半年後には、物体を見ることが、また、非常に度数の高い二〇ディオプターのレンズを使えば、文字を読むこともできるようになった。さらに一年半後には、メガネをかけなくても文字が読めるようになった。今日シュナイダーは、カリフォルニア州でセルフヒーリングを教え、無制限の運転免許を持っている

（私に見せてくれた）。現在の視力は二〇／六〇で、正常な視力の一パーセントの状態から七〇パーセントにまで回復した。

ウェバーは、自分と同じ程度の重い障害を抱えていたにもかかわらず、ベイツ・メソッドの恩恵を受けたシュナイダーに大いに注目した。ウェバーはシュナイダーのケースに勇気づけられたが、あまりにも体の調子が悪く、次々に危機に見舞われて抑うつ状態に陥り、始終医師に診てもらわねばならず、そのうえステロイド薬プレドニゾンの副作用のために、カリフォルニアまで行くことがどうしてもできなかった。

★妻と私は、視力の改善にベイツの手法やその関連の手法を用いる、視覚トレーナーのレオ・アンガートによる二日間のセミナーに参加したことがある。二日間で、二人の四つの目を平均するとメガネの処方を四分の三ディオプター（ディオプターはレンズが光を曲げる大きさの尺度）下げることができた。それまで私たちの処方は数年ごとに上昇していたのだが、この傾向を逆転できたのだ。セミナーのあと、妻も私も一五年前と同じ処方のメガネをかけるようになった。アンガートは『変化（*Transformation*）』と題する本で、年齢による退行によって、催眠状態のもとで幼い頃の記憶を再経験し始めた男性のエピソードを読んでいた。年齢による退行を経験している高齢者は、一般に子どもになったかのように感じ、子どものような姿勢をとることさえある。驚いたことに、この男性はメガネを必要としていなかった子どもの頃のように外界を見始めた。おそらく催眠状態に置かれたために、目の筋肉の緊張が劇的に弛緩したものと考えられる。催眠術師ジョン・グラインダーは、子どもの頃の視力を取り戻したという暗示をかけて、彼を催眠から目覚めさせることをとっさに思いついた。アンガートはそれを読んでから、ベイツの主張には利点があることを認識し、二五年間かけていたメガネを必要としなくなるように、自分自身を訓練することができたのだ。

東洋思想への関心にもかかわらず、ウェバーはすべての望みを西洋医学に託してきた。自分の拠るべきは西洋医学だと感じていたのだ。しかし眼科医から、最善の手は尽くしたとはっきり言われてようやく、彼は長年のヨガや瞑想の実践を通じて知った、目を治すためのヨガの実践方法に関するウー・ティラ・ウンタ師の話と、古代仏教の僧院に起源を持つ目の治療の伝統のことを思い出した。そこでウェバーは、瞑想の師匠ナムギャル・リンポチェが住むオンタリオ州キンマウントの家を訪ねた。リンポチェは、炎症を起こして腫れあがったウェバーの目を見て、「古代の僧院で用いられていた、目の治癒のための四つの訓練を教えよう。効果があるはずだ」と言った。

それは一九九九年の春のことだった。最新のあらゆる介入方法を試したあとでは、リンポチェの指示はあまりにも単純で、ばかげているとは言わないまでも子どもじみたもののように思えた。口承によって伝えられてきた四つの訓練とは、次のようなものである。

第一の訓練としてリンポチェは、「一日に数時間、青みがかった黒を思い浮かべながら黙想しなさい。それは真夜中の空の色であり、目の筋肉を完全にリラックスさせる唯一の色なのです。この方法で、粉砕された目が治癒した例もあります。足を床につけて仰向けになり、膝を天井に向け、両手を静かに腹の上に置きなさい」と指示した。この姿勢は腰と首の緊張を和らげ、より自由な呼吸を可能にする。黙想するあいだ、てのひらで目を覆い、さらに目の筋肉をリラックスさせることができる。しかしウェバーによれば、この視覚化による黙想の力点は、「静穏で広々とした心の状態」を得ることにある。

第二にリンポチェは、「目を上下左右斜めに動かし、そして回転させなさい」と指示した。

第三にリンポチェは、「頻繁にまばたきしなさい」と指示した。

最後にリンポチェは、「空に低くかかる朝か夕方の太陽に対して四五度の角度ですわってまぶたを閉じ、目の日光浴をするつもりで、一日に一〇分から二〇分、暖かさと光がすべての組織を貫くよう目を太陽にさらしなさい」と言った。

それがリンポチェの指示のすべてだった。なぜこれらの指示が視力の回復に役立つのかについては、目の深いリラクセーションが必須であるということ以外、何の説明もなかった。

このテクニックは、より軽度の症状にベイツが用いたアプローチに酷似する。たとえばベイツも、目をリラックスさせるためにてのひらで覆い、まばたきをして、まぶたを閉じて長時間太陽をのぞき込むよう指示していた。（ウェバーがベイツ療法家から聞いたところによれば、ベイツは伝統的な東洋のパーミング術〔パーミングの方法については のちに説明がある〕から学んでいた。）

ウェバーは、高度な医療技術とはとても言えないリンポチェの指示をどうとらえるべきかがよくわからなかった。彼は慢性の痛みからつねに張り詰めて暮らし、左目の眼球は圧力で今にも爆発しそうに感じていたのだ。

しかしウェバーは、リンポチェの指示するごく単純な訓練さえうまくこなせなかった。青みがかった黒の黙想という第一の指示を実行しようとすると、「数秒たりともできず、私の視神経は視野の中央に生じる白と灰色の閃光という形態で、視覚的な〈ノイズ〉の連続的な流れを放ったので」不安が余計に募り、失望を感じた。（彼の話を聞いていると、不安を引き起こした花火のような感覚は、おそらく感覚器官の損傷によって神経系がノイズで満たされ、調節できない状態に陥っていたことを示す兆候ではないかと思われた。視神経は脳組織が身体の最前部へと拡張したものであり、その損傷によって視覚神経回路全体が妨害された可能性がある。）彼は単純な「パーミング」によって落ち着きを失い、仏教徒が実践する、瞑想の要素を持ついかなる訓練も、数時間どころか数秒すら気分を鎮めることも、目をリラックスさせることもなかった。

治療にフェルデンクライス・メソッドを加える

フェルデンクライス療法家のマリオン・ハリスは、ウェバーをATMクラスに招待した。彼女はフェルデンクライス・メソッドが視力の回復に役立つと彼に思わせないよう留意しつつも、リラックスする手伝いはできるのではないかと考えていた。ウェバーは、一九九九年からハリスのATMクラスに毎週参加するようになった。「私にできるのはせいぜい床を転げまわることくらいでしたが、それはほんとうに楽しく感じられました」と彼は言う。やがて彼は、ATMクラスが不安と全般的な緊張を和らげてくれることに気づく。そして一年後、彼自身がフェルデンクライス療法家になるために訓練を受ける決意をする。ATMレッスンは、クライアントに話しかけ、手足を穏やかに動かすことによって行なわれるため、目を使わずに実施することができた。また彼は、神経可塑性に基づくごく自然な適応の過程として、盲目になるにつれ繊細な触覚を発達させていた。

トレーニングを受けるあいだに、ウェバーはフェルデンクライスがテルアビブで毎週開いていたATMレッスンの実践を通じて、一〇〇〇を超えるATMコースを残したこと、また、そのなかには

「目を覆う」という視力改善のための一時間コースが含まれることを知り、その録音テープを入手した。このレッスンは視力の回復ではなく、目の見える人の視力を改善するための一連の訓練を提供していた。典型的なATMレッスンであるこのコースでは、ナムギャル・リンポチェの方法と同様、生徒は床に横になって、重力による緊張を取り除くよう指示された。

ウェバーは床に横たわってテープを聴いた。そしてただちにそれが、フェルデンクライスがベイツ・メソッドを探究して改変したものであり、驚くほど仏教の訓練に似ていることに気づいた。彼は次のように述べる。「レッスンを始めるとすぐに、目に変化を感じました。神経系の完全なリラクセーションを達成し、目をリラックスさせ、神経系と免疫系の治癒を実現するためのツールをたった今手にしていることが、すぐにわかったのです。レッスンを進めるにつれ、眼窩内に眼球が収まっていることを、そしてその重さと形状を感じ取れるようになりました。目が上下左右に動き回るにつれ、眼窩の裏側を、そして外眼筋が作用するのを感じたのです。目の無意識的な緊張は自然にほぐれていきました。しばらく休んでいると、暖かい池に浮かぶ花びらのごとく、目が浮いているかのように感じられました。一時間後には、私の目の動きは油をさしたかのようになめらかになり、首と背中の動きもスムーズになったのです。静穏でゆったりした気分になり、注意力が高まりました。私は回復への鍵を手にしてとても満足し、この治癒方法は間違いないと、そのとき確信したのです」

レッスンでは、各部位ごとに身体全体を精査し、緊張やこりがないかどうかに注意を向け、穏やかに呼吸をすることが求められる。レッスンの焦点は目に置かれていても、身体全体の精査は必須である。というのも、いかなる体の動きも全身に影響を及ぼすからだ。テープに録音された声は、すべての指示を、努力や無理強いをせずに実行するよう指示していた。

次に彼はパーミングを始めた。これは、手が完全に目に触れないようにしながら、額《ひたい》に指をあて、目をてのひらで覆うという実践方法だ。ベイツが強調するように、視覚に障害を持つ人のほとんどは、視覚系が情報を何とか取り込もうとして眼精疲労を引き起こしているということを考えれば、パーミングは非常に重要な手法だと言える。パーミングは単にまぶたを閉じるだけより、はるかに多くの日光を遮断することができる。そしてそれによって、視神経と脳の視覚神経回路に真の休息を与える。

また、パーミングは、目の動きと目全体の筋緊張を徐々に低下させる。

以下の指示は、まるでウェバーを念頭に置いて書かれたかのように見える。

手で目を覆っても、万華鏡を覗き込むようにさまざまな色や形が見えるはずです。この現象は、興奮した視神経が、色や形以外のものをとらえられなくなるために生じるのです。そして、あなたの全視覚系が静穏ではないことを示しています。(……) 目の背景に、周囲よりも黒く暗い点が見えるかどうかをゆっくりと確認してください。そうすれば次第に黒い点が見えてくるはずです。見えたら、それらがとても大きく、背景全体を覆っていると考えてください。

私見では、フェルデンクライスが言及する「興奮した視神経」「静穏ではない全視覚系」とは、ニューロンの興奮と抑制のバランスを回復するために鎮静化する必要のある、ノイズに満ちてうまく調整できていない脳の現れである。
次に休息をとるよう求められ、長い休息のあとで、テープの声は次のように指示する。

目は閉じたまま手を離し、注意を集中しながら目だけをゆっくりと右に向けてください。その際、頭を動かしてはなりません。右耳を見るつもりで精一杯右を見てください。この動きは目が重く感じられるかのようにゆっくりと徐々に行なってください。まず前方を見て、それから心のなかで、右耳が見えたと思うまで両目を右に動かしていくのです。次に目をゆっくりと前方に戻します。

頭を静止させたまま目を右に動かすのは、フェルデンクライス・メソッドの典型的な方法である。右を見るときには、普通は頭と背骨を、それらが互いにかみ合っているかのように回す。それに対しフェルデンクライスは、楽に目だけを動かせることに気づくべく、目の動きを頭と首の動きから差異化するよう生徒に求める。

ウェバーは再び休息をとる。それから声は、「〈正面〉はどこですか？　ほとんどの人にとって、それはあいまいです。目を少し右か左に動かしても、それはまだ〈正面〉を向いていると感じます。明瞭な視野を混乱させる要因の一つがこれです。あなたの感覚で〈正面〉をはっきりさせてください」と言う。

フェルデンクライスは、ベイツが視覚障害を持つ人すべてに共通して見出した問題に対処しようとしている。ベイツはこの問題を、不適切な「中心固視」と呼ぶ。細部の様相は、網膜の中央に位置する六ミリメートルの黄斑の中心部分でしかとらえられない。しかし網膜は、カメラのフィルムのようなものではない。カメラで使われているフィルムの全体は細部に等しく敏感だが、目はそうではない。錐体細胞と呼ばれる細胞で濃密に覆われた黄斑のみが、目標の細部を検出することができる。したがってそれは、正確に目標に向けられなければならない。ベイツは、現代生活で身につけた習慣のために目の照準が不正確になり、イメージが黄斑の外にある桿体細胞と呼ばれる細胞に投射され、視野がぼやけることを発見した。

人類は、ハンターが遠くから獲物の様子を窺う、採集者が小さな種子を拾うなど、さまざまな距離で対象を見られるよう進化してきた。今日人々は、コンピューターやスマートフォンで文字を読んだり、急いで読んだり、すぐ目の前にあるものばかりを見ることに一日のほとんどの時間を費やすようになりつつある。急いで本や新聞を読む人は、「一目」で何行もの文章をとらえるために、すべての語をはっきりと見ているわけではない。それを何千回と繰り返せば、このような目の使い方を脳に配線する結果になる。こうして、不適切な中心固視に、あるいは遠方や周辺視野の無視に至るのだ。

あるときベイツは、中心固視の問題を抱えていて黄斑の照準をうまく調節できない一人の女性に、視力検査表を見るよう指示した。すると奇妙な結果が得られた。目を向けているはずの文字はぼやけて見えるのに、そばの文字はそれほどぼやけていなかったのだ。つまり、彼女の照準はずれていた。フェルデンクライスの言葉を借りると、彼女は「どこが正面かがわからなかった」のである。細部にもっとも鋭敏に反応する目の部位を、注意の対象に直接向けるよう学習することで、彼女はすぐに視野の改善が得られた。

テープの声は次のように続ける。

同様に静かにゆったりとしたペースで動くよう注意を払ってください。目の動きが大きく跳躍しないようにしてください。これは簡単ではありません。おのおの目は、決まった角度で見ることに慣れているからです。目が静止する位置でははっきりと見えますが、それ以外の位置ではそれほどはっきりと見えません。目は、これらの位置をスキップしたり飛び越えたりするのです。ゆっくりと目を動かすことに慣れれば、目が見ることのない角度がなくなります。そうなれば視力は向上するはずです。目は通常、完全にじっとしていることはありません。見るために、つねに小刻みに動いているのです。

フェルデンクライスは、明らかにサッケードとマイクロサッケードに言及している。見るために目は動かなければならないが、細部をとらえる黄斑が大きく跳躍すると視野はぼやける。それを防ぐには、目はつねになめらかに動かなければならない。だが、筋緊張が高じているとそれは不可能だ。

次の指示は、普段は実行されない非習慣的な目の動きを強調する。それは、最初は非常にゆっくりと、それから迅速に目を動かし、筋緊張がほぐれたら、神経系がリラックスしたかどうかを確認するために身体の変化を精査することで実践する。神経系がリラックスしていれば、それは黒を見る能力の変化として現れるはずである。

もう一度手で目を覆ってください。大きな黒い斑点が見えますか？　周囲より黒い点が見えるはずです。背景全体がゆっくりと黒くなるところを想像してください。まぶたの内側が湿った黒いビロードでできていると考えてください。あなたの視神経全体が、いかなる作用も行なわず、どんな刺激も受け取っていない静穏な状態であれば、そのような種類の黒が見えるはずです。それは人間が見ることのできる、もっとも濃い黒なのです。

テープには、その他の動きや視覚化についての指示もあるが、いずれにしてもレッスンの基本は、ノイズに満ちた脳を鎮めるのに必要だと私が考える、神経可塑的な治癒の主要な段階を促進することにあった。それは次のようなプロセスを経過する。

第一に、パーミングによって副交感神経系がオンになり、神経系は落ち着き、リラックスして休むことができる。この神経リラクセーション段階は、休息した神経系が、学習と差異化に必要なエネルギーを蓄積することを可能にする。

第二に、神経調整は興奮と抑制の不均衡の調整を通じてなされる。ウェバーは鮮やかな色の明滅に気づいたとき、過剰な興奮が生じていることを悟った。それからこの認識をもとに、視覚系の抑制された部位に結びつく、より暗い領域の存在に気づく。そして黒い領域が拡大していくところを想像することによって神経系を主体的に調整し、視覚系の興奮と抑制のバランスを回復した。

第三に、神経系の調整に成功すれば、より緻密な区別ができるよう差異化を研ぎ澄ませていくことが可能になる。この段階に至れば差異化は楽に行なえるはずであり、そのために安定状態が保てなくなるほど困難なものではない。とはいえ、脳の既存の能力を超える程度には、その達成がむずかしいものでなければならない。差異化を達成する一つの方法は、非常にゆっくりと、なめらかに目を動かし、必要以上に大きな跳躍をしないよう目に学習させることである。

最後に、差異化の習得が完了したら、全神経系に対する新たな変化の効果を観察し、評価し、享受することができる。これは重要である。なぜなら、差異化によって神経の変化は可能であり、のみならず快いものであるという気づきが得られ、この気づきを通して、変化を引き起こす活動と神経ネットワークを強化するよう、脳を導くことができるからだ。

ウェバーが、感覚への気づきを保ちながら非習慣的な目の動きを行なう訓練を終えると、予期していなかったことが起こった。嬉しいことに、眼窩内の眼球の存在を感じられるようになったのだ。レッスンは、「自分の身体部位を直接感じることを通して、目を自己イメージに取り戻すのに役立ちました。それはとりわけ〈死んだ〉右目に関して言えます」。盲目だった期間、右目は自己の身体イメージから消えていた。身体イメージは、心的構成要素（身体の感覚に対する主観的な気づき）と脳の構成要素（脳マップ内の感覚ニューロン）の両方から成る。ウェバーは、目が頭部のどこにあるのかを感じ取れなくなっていた。なぜなら、感覚機能が混乱をきたすと、それに結びつく身体組織が脳に正常な感覚情報を送らなくなり、ひいては使われない脳の機能が失われていくからだ。すでに述べたように、使われなくなった身体部位は、それに対応する脳マップ上の領域が縮小し、心はその表象を除去する、あるいは変えるとフェルデンクライスは考えていた。彼はこの並外れた観察所見で、微小電極を用いた脳のマッピングによって、動物が特定の身体部位を使わなくなると、その部位に対応する脳マップが縮小するか、他の部位のために用いられるようになることを示した、神経可塑性の研究者マイケル・マーゼニックの業績を先取りしている[*9]。

ではなぜ、根本的な洞察を含むベイツの手法や仏教の実践は、フェルデンクライスによる改変を経なければウェバーには機能しなかったのだろうか？　この問いに対してウェバーは、「気を散らさずに瞑想できるだけの技能やエネルギーは、私にはなかったと思います。とても衰弱していた当時にあっては、神経筋系を再構成するために、もっと効率的な手段が必要でした」と答える。痛みや目の炎症と、手術による傷があまりにもひどかったので、彼は「強い筋緊張によって目の動きを抑えるあらゆる種類の反射的な反応」を発達させていた。フェルデンクライス・メソッドによる、非習慣的な差異化された動作、ゆっくりとしたペース、休息期間の適用は、習慣的で強制的な反射反応を阻止したのだ。「フェルデンクライスのレッスンは、私の身体の防御反応を無効化したのだと思います。レッスン全般を通じての突然な注意の切り替えや、繊細な差異に対する気づきの先鋭化をはっきりと意図したその方法によって、彼のプロセスに対する興味がかき立てられ、注意を集中することができました。こうして変化への準備が整ったのです」。フェルデンクライスによる差異化された動作の追加は、瞑想のスキルをうまく用いられるようウェバーを導いたのである。

青みがかった黒の視覚化は いかに視覚系をリラックスさせるのか

最近の研究によって、「青みがかった黒の視覚化は、いかに視覚系の筋緊張と目をリラックスさせるのか」「なぜ視覚化は、一般的に大きな効果をもたらすのか」が明らかにされている。脳スキャンによって、一般的に、外界の物体を知覚したときに発火するニューロンの多くは、私たちがその物体や知覚経験を思い出すときにも発火することが判明している。脳の働きに関して言えば、行為の想像とその実行は、考えられているほど大きくは異ならない。『脳は奇跡を起こす』の「想像が脳の構造を変える」と題した章で述べたように、目を閉じて、たとえば文字aのような単純な対象を視覚化すると、実際にそれを見た場合と同様、一次視覚皮質が活性化する様子が脳画像で確認できる[*10]。また、この現象は複雑なイメージでも起こる。★

想像力と記憶に依拠する視覚化は、現実の経験のなかで活性化されるものと同一のニューロンを活性化するがゆえに、悲惨な経験や記憶の視覚化は、その経験にともなって生じたすべてのネガティブな情動反応を再び引き起こし、その経験をさらに深く脳に刻み込む。もちろん、楽しい経験を思い出し、想像し、視覚化すれば、「現実に」その経験をしている最中に発火したものと同じ、感覚、運動、情動、認知を司る神経回路の多くが活性化する。催眠術師が、不安を感じている人に楽しいシーンを思い起こさせ、たちまちリラックスさせることができるのも、また、視覚化によって運動や演奏の能力を向上させることができるのも、この理由による。『脳は奇跡を起こす』の第8章で述べたように、楽器を使った音階練習をしているところを想像するだけで、実際にその楽器を演奏する場合と同程度の演奏技能の向上が得られる。また、「心的実践」を行なう人には、「実際の実践」を行なう人とおおよそ同程度の脳の変化が、同一の領域に生じることが脳画像研究によって示されている。

目を閉じて青みがかった黒を視覚化するという手法は、視覚系を光がまったく当たらない場合と同じ状況に置いて休ませ、エネルギーを回復させる。だが、単にまぶたを閉じたり、眠ったりするだけで同じ効果が得られるのではないのか？　その答えは「ノー」だ。まぶたを閉じてもある程度の光は目に入ってくる。さらに重要なことに、視覚系は、まぶたを閉じて特定のシーンを想像したり夢を見たりしても活性化する。したがって、閉じた目をさらにてのひらで覆うことは、眠っているときよりも目をリラックスさせるのだろう。だからウェバーの視覚系と目の治癒には、パーミングと、青みがかった黒を視覚化する黙想テクニックが必須だったのである。

視力が戻る――手と目の結びつき

ウェバーの視力は回復し始めた。毎日レッスンを行なって、ゆっくりと着実に回復が進むにつれ、彼は徐々にステロイドの服用を減らしていった。レッスンに独自の改善を加えさえした。それは、死んだ細胞の排出を促し、眼圧を下げるために、外眼筋だけを用いて穏やかに圧搾しながら目を刺激するというものだ。二〇〇九年七月に眼科医を訪ねた際には、メガネをかけたときの左目の視力は二〇／四〇に（手術で水晶体を切除したためにメガネをかける必要があった）、また右目でさえ二〇／八〇〇から二〇／二〇〇に改善していた。

ウェバーはフェルデンクライスの他のレッスンも試すようになり、彼の提起するさまざまな概念に基づいて、さらなる視力の改善を試み始める。

死の直前、フェルデンクライスは、手〔本節では「手」は手首から先を意味する〕と目の結びつきに関心を抱いていた。前章でも述べたが、フェルデンクライスは次のような訓練を生徒に施した。この訓練では、できる限りわずかな力と動作で首を回し、その効果が身体の左側にどのような影響を及ぼすかに注意を払っていると、ただちに首の筋緊張が低下し、それを一般化することで身体の左側全体の筋緊張を低下させることができた。気づきを保ちつつかくも単純なパターンを実行するだけで、運動皮質の過剰な発火の抑

★カリフォルニア大学ロサンゼルス校とイスラエルのワイツマン科学研究所の研究者から成るチームは、神経外科手術を受けるために脳に電極を挿入したてんかん患者に、『となりのサインフェルド』や『ザ・シンプソンズ』などのテレビ番組を見せた。研究者たちは、五〜一〇秒の一連のフィルムクリップを患者に見せ、そのあいだに一〇〇本のニューロンの発火を記録した。次に彼らは患者の気を散らせ、しばらくしてから「『ザ・シンプソンズ』について何を覚えていますか？」と尋ねた。すると実際にそのクリップを見たときに発火したものと同じニューロンが、思い出す際にも発火した。『となりのサインフェルド』のクリップを見せた場合にも同じ現象が生じ、それに特化したニューロンが発火した。つまり、特定の事象を知覚する場合にも、その直後に思い起こして視覚化する場合にも、同じニューロンが発火したのである。次の文献を参照されたい。H. Gelbard-Sagiv et al., "Internally Generated Reactivation of Single Neurons in Human Hippocampus During Free Recall," *Science* 322, no. 5898 (2008): 96–101

制を通じて、ただちに全身をリラックスさせ、不安を鎮めることができるのだ。

フェルデンクライスは、単に手をわずかに開いたり閉じたりしたときに何が起こるのかを探究し始めた。彼は生徒に、てのひらが柔らかくなったところをまず想像してから、非常にゆっくりと、ごくわずかに指を外側にそらせて開いたり内側に引き入れて閉じたりし、それによって身体にどのような影響が及ぶかを観察するよう促した。この動きは楽にできるはずである。なぜなら、息を吸うときには手と指がわずかに開き、また吐くときには収縮する傾向があるからだ。手が鐘の形になることを強調するために、彼はこのレッスンを「ベルハンド」と呼んだ。ちなみに手と指の開閉はごくわずかなものなので、鐘の振動のように見える。

このように、手の動きと筋緊張に気づくだけで、手ばかりでなく同じ身体の側の、全身の筋緊張をやがて低下させることができる。使用頻度の高い手は、運動皮質でも広大な領域が割り当てられている。手に対応する脳マップは、顔と目のそれに近接している。おそらくその理由は、子どもが目で何かを見るとき、同時に手を伸ばして触ろうとするために、それらに対応するニューロンがともに発火するからであろう。ともに発火するニューロンは結合を強め合うのだ。「手と目を結びつける神経経路は、脳の高速道路のようなものです。この結合を使って、手に対応するニューロンから、目の筋緊張や目全体の動きをコントロールしている運動皮質のニューロンへ、学習したことと筋緊張の抑制を直接伝達できるのではないかと考えたのです」とウェバーは言う。

ウェバーは手の開閉の動きを定期的に行ない、筋緊張が緩和してからてのひらで目を覆った。目の筋緊張とぎくしゃくした素早い動きは、手のリラックスした状態とは著しい対照をなしていた。脳は、ただその差異を検知するだけで、つまり感覚の差異化を行なうだけで、徐々に目の緊張を緩和していった。彼が言うには、それはあたかもリラックスした手の存在によって、目が「安心したかのようでした。目の筋緊張が、手の空虚な空間の中に溶解したと言えるかもしれません」。

この弛緩は、何ら努力をしなくても自然に生じる。実際、意図して筋緊張をほぐそうとすると逆効果になることが多い。過剰に張り詰めた神経系は、正しい情報を与えられると、すなわちリラクセーションと緊張の感覚の相違を示されると、たいがい緊張した部位をリラックスした部位に合わせようとする。気づきは変化の触媒として機能する。たとえば私たちは、緊張して息を止めていることに気づくと、自然に息を吐く。

ウェバーは、ベルハンドを用いることで交感神経系の闘争／逃走システムがただちにオフになり、それによって「感覚皮質と運動皮質内のおびただしい量のノイズを鎮める、副交感神経系が支配する受容性に富んだ学びの状態に入ることができ、この状態が目やその他の身体システムに拡大していく」のを発見した。また、ベルハンドを用いて、身体でもっとも意識的な部位（手）が、もっとも無意識的な部位（目）に動き方、筋緊張のほぐし方、機能改善の方法を教えるよう、誘導できることを知った。

目の筋緊張が正常化するにつれ、目への血液循環や、目の動きの範囲となめらかさが向上し、視覚皮質がより多くの情報を得られるようになった。彼は一日に一、二時間ベルハンドを実践した。それを六週間続けてから眼科医で目の検査をすると、メガネをかけた左目の視力は二〇／二〇だった。彼は自分と同じくらい喜んでいる医師に、変化の原因を尋ねた。医師は一瞬考えてから、「認知的なものに違いない」と答えた。つまり、脳が変化したということだ。現在では、ウェバーは特定の活動をするときだけメガネをかけている。

ウェバーにとってクレタ島は、視力の回復を根づかせるのにうってつけの場所に思えた。彼は若い頃そこに住み、オリーブの木を植え育てていたが、その木は今や大きく成長していた。クレタ島の食べ物は新鮮で、生活のペースは治癒にはもってこいだ。二〇〇六年にクレタに戻った彼は、自然の恵みを受けて、活力に満ちあふれていた。海、新鮮な空気、そして古い石造りの家が建つ村をめぐる四季おりおりの山歩き。彼はフェルデンクライスの見方に従って、習慣になった無意識の動作を誘発するトロントでの決まりきった日常生活を離れたことで、神経系が解放され、自己を再組織し始めたのだと考えた。この点で、クレタでの隠棲は、劇的に環境を変え、数か月じっくりと休養をとって身体を強化することで、病気から回復する最大の機会が得られることを知っていた昔の医師たちの、ごくありふれたアドバイスを思い起こさせる。

ウェバーは、最初のうちこそ深い孤独感にさいなまれていたが、やがて仲間を見つけることができた。彼は、自分が視覚にあまり依存していないことに気づいた。この気づきは、かつて目が見えなかった人にしか得られないたぐいのものだ。彼の脳は、盲目であった期間に再組織化されたのである。「生活していくうえで目に頼る度合いが小さくなるにつれ、心は明瞭になり、安らぎを感じられるようになりました」と言う彼は、地中海地方での生活によって、神経系がさらに沈静化され、それを通じて自己免疫疾患による生体組織の攻撃を食い止められるのではないかと期待していた。神経系と免疫系は、教科書では明確に区別されてはいるが、新たな科学、神経免疫学が明らかにするように、それらは実際には密接に関連している。ストレスは免疫反応を引き起こす。彼は、神経免疫系を鎮静化することで、視力をさらに向上させ、逆行を防げるのではないかと考えたのだ。

ウェバーは、主治医に会うためにときおりカナダに戻った。眼科医を訪れた際、盲目になりつつある患者や重度の視覚障害を持つ患者に囲まれて待合室にすわっているときに、「何も手を打てないでいる人々で満ちた」待合室が至るところにあるはずだと思い及び、「苦境から脱したら、ぜひ彼らを助けたい」と考えるようになった。

今やその願いをかなえるためのツールが手に入ったと考えた彼は、フェルデンクライス療法家の会議で、彼の最初の弟子の一人でドイツ在住のカール・ギンスブルクに出会った。ウェバーの話を聞いたギンスブルクは彼から学びたいと思い、自分の主催するマインツ、ババリア、ウィーンでの講習会に彼を招待した。ギンスブルクは数年前に角膜を損傷し、一時は激痛を感じていたが、フェルデンクライスのアシスタントの一人、ガビー・ヤロンのレッスンを受けて治癒していた。

それまでのウェバーは、ATMレッスンを実践していた。そして今、ギンスブルクから機能統合レッスンを受けた。何年も盲目のまま歩いたり動いたりしていた彼は、今や回復した視覚を統合するために、身体を再組織化する必要があった。

機能統合レッスンを受けている人の多くは、一種のトランス状態にあり、自分がしている細かな動作を口で説明することはできない。だがウェバーは、それをあとで逐一思い出すことができた。今や彼は、身体を保つあり方や情動の再組織化を経験していた。この種の経験は、深い効果をもたらす心理療法や精神分析以外では、めったに得られない。

ギンスブルクに受けた七回のセッションのうちの初めの数回で、ウェバーは身体の右側と左側の相違を調べたところ、右足で立っているといくぶん不安定になることと、右のふくらはぎに筋肉のかたまりがあることがわかった[*11]。ふくらはぎの表層の筋緊張をほぐすと、目、首、背中、骨盤、そして足に至るまで、それまでは気づかなかった深層の筋緊張を鋭敏に感じ取れるようになった。この筋緊張は「固まっているように感じました。セッションが進むと、(……)呼吸が、背中の面に沿って走る壁を押しているかのように感じられました」。「この壁は不安と恐れが凝縮したものだと悟りました。同時に構造的な現象でもあり、私の目や横隔膜や骨盤の背後の筋肉が凝り固まり、岩場に伸びる木の根のような形状でつかんでいるかのように感じました。私が感じた恐れは現実のものでしたが、新たなあり方でそれを経験することへの好奇心によって、恐れる必要を感じなくなりました。まったく安心して呼吸できるようになったのです」

台から起き上がって立つと、彼は以前よりバランスがとれていると感じた。「あたりを歩き回っていると、恐れでできたこの壁は、目に関係する、私の知らない身体の部位をなし、何年間も私の姿勢を決定づけていたことに思い当たりました」。歩いているうちに、恐れは次第に透明になり、消えたり現れたりを繰り返してから、「勝手に煙のように消滅しました」。このように、自分の筋緊張(緊張の壁)に気づくだけで、神経系は、それに結びついた情動を解き放つことができたのだ。

あるセッションでギンスブルクは、仰向けになったウェバーの頭を穏やかに持ち上げた。ウェバーの話によると、「彼が頭と耳の骨を繊細なタッチでごくわずかに動かすと、頭蓋の奥深くから解きほぐされていくように感じ、呼吸が深くなりました。彼がこめかみの上の峰のあたりを親指で押さえると、突然、再び盲目になった気がしました。悲しみの世界のなかで、ひとりで身を丸くしているように感じたのです。心のなかで、右目が頭部からこぼれ落ち、耳と床のあいだのどこかで消えていくのを見ました。これは視覚の死だと思いました。頭からつま先まで、悲しみの感情が高波のように押し寄せてきたのです。しかしカールの庇護のもとで、私は安心していました。普通に呼吸をすることができ、この御しがたい困難な感情、思考、記憶が、高波のように寄せてきて通り過ぎるにまかせていられたのです。そのうち、腰のあたりの筋肉が弛緩し、骨盤に暖かさが広がっていくのを感じました。そして右目が戻っていることに気づき、その重さと丸い形状を感じることができました。それは、眼窩の中心の奥深くに、新たな居場所を発見したのです」

ウェバーはこのような体験を経て、視覚が自己の存在に再統合されるのを感じた。たとえば水平線を見ようと身体を動かすと、背骨、肋骨、首、骨盤は、その動きを楽に行なうために必要なあらゆる調節を実行した。彼は、夢にも似た空想のなかで視覚を失う感覚を追体験することで、盲目になることの心理的トラウマの大きな部分を、最初から最後まで再度体験した。（頭部からこぼれ落ちる右目は、この喪失を表すみごとな象徴と見なせる。）そしてそれを通じて無意識の空想、恐れ、姿勢を意識化することで、新たな心身の構成をもって解き放たれたように感じつつ、生まれ変わったのである。セッション終了時、ギンスブルクはウェバーの顔までが変わったことに、すなわち右側全体が伸びていることに気づいた。

ウィーンへの移住

二〇一〇年、ウィーンの眼科医クリスティーン・ドレザル博士は、現地でウェバーが催した講習会に参加して彼の手法を知り、自分の仕事とウェバーの仕事を結びつければ多くの患者を助けられるであろうと考えた。こうしてすぐに、二人は協力し合うようになった。目は、頭の保ち方を「組織化」し、コントロールする。また、頭は身体の保ち方をコントロールする。ドレザルは、中心（黄斑の）視野を失った患者の大多数が、細部を見ようとして目をみはり、その結果、首や上半身を締めつけてしまい、不安やバランスの悪さを感じ始めるのだと認識していた。

ドレザルが通常の眼科医の治療を患者に施すあいだ、ウェバーは、患者の身体の組織化を援助して、目と首と他の身体の部位を連携する能力を改善し、それを通じた視力のさらなる向上を促した。一日中コンピューターを使っていたある患者は、目の焦点をうまく絞れなくなり、頭痛と首の痛みを感じていたが、ウェバーの援助を得て、苦痛をそれほど覚えなくなり、次第にメガネをかけずに仕事ができるようになった。また彼は、複視〔ものが二重に見えること〕を引き起こす可能性のある、斜視を持つ子どもも治療している。斜視の人は、二次的な障害を発症することが多い。彼らの脳は、複視を除去しようとしてどちらか一方の目から入力される情報を処理しなくなるのだ。この症状は「怠惰な目（lazy eye）」、あるいは弱視と呼ばれる。ウェバーは、弱視の子どもの治療も行なっている。さらには、ぶどう膜炎の合併症のために視野を失って以来外に出られなくなった法定視覚障害者を支援し、この患者の視力の改善と社会復帰に貢献している。

＊　＊　＊

ベイツ、フェルデンクライス、ウェバーによって改変された、これら古代仏教徒の教えは、神経可塑性、脳の神経回路、視覚における身体の動きの役割、脳と身体の結合などに対する理解の不足から、欧米では無視されてきた。本章では、盲目というただ一つの例に的《まと》を絞って、これらが果たしている役割について論じた。視覚は非常に複雑な機能であり、盲目になる要因は多々ある。ウェバーの治療方法が、あらゆるケースで通用すると主張するつもりはない。本章で私が言いたいのは、「ウェバーの治癒の背景をなす自然な視覚の原理は、視野のぼやけなどの軽い症状から重度の症状に至るまで、治療においても予防においても、現在行なわれている実践方法よりはるかに広範に適用できる」ということだ。

現在では、視覚系の種々の側面を再配線するための、神経可塑的な訓練が用意されている。ポジット・サイエンス社のマイケル・マーゼニックらは、コンピューターを使った、周辺視野を広げるための脳訓練を開発し、車の運転が最高齢に達するまで続けられるよう、また交通事故を減らせるよう、高齢者を支援している[＊12]。またノヴァビジョン社は、脳卒中に見舞われた人、脳に損傷を負った人、視覚皮質の腫瘍切除手術を受けて、視野が大幅に縮小してしまった人を支援する脳訓練を開発している。研究によれば、コンピューターを用いた訓練は視野を再拡張できる[＊13]。大きくは広げられないこともあるが、それでも非常に有用である。つけ加えておくと、第4章で見たように、低強度レーザーは視野を改善する能力を持つ。

あまり知られてはいないが、自然視覚療法の関連分野に、行動検眼（behavioral optometry）というものがある。この分野は一〇〇年近くにわたり、視覚を訓練可能な技能の集まりとして理解してきた。そしてその考え方は、神経可塑性の概念に基づいている。神経生物学者スーザン・バリー博士は、斜視のために五〇年間立体視ができなかった。前述のとおり、斜視は複視を引き起こし、それに対処するために脳が一方の目からの入力を遮断するため、そちらの目に対応する視覚皮質はいかなる刺激も受け取らなくなる。ところで立体視には、ごくわずかに異なる角度で視野を精査するために両目からの入力が必要とされる。バリーは、行動検眼医が提供する神経可塑的な訓練を受け、視覚皮質を再び目覚めさせて視野を再調整し、五〇歳を迎えてついに立体視を経験できるようになった。これについては、ぜひ彼女の著書『視覚はよみがえる——三次元のクオリア』を参照されたい[*14]。かくのごとく、ゆりかごから墓場まで神経可塑性はついてくる。

ウェバーやバリーやその他の人々の脳の再配線を可能にした、視覚系の神経可塑性は、彼らにとって天の賜物であった。しかしコンピューターの過剰な使用によって、私たちはこぞって、視覚系を中心視覚に偏る方向に脳の再配線をしている。北米の子どもたちは、多いときには一日に一一時間、コンピューターの画面を見ているとされる。そのあいだ、彼らの周辺視覚はあまり使われない。グーグルグラスが、道を歩いている最中でもインターネットにアクセスできるようにするべく、残されたわずかな周辺視覚を動員しても状況は改善しない。というのも、グーグルグラスは周辺視野の精査に使われるのではなく、「中心視野」偏向をより強化し、危険や好機が伏在しているのは周縁領域であるにもかかわらず、視野のへりで起こっている事象に対する注意力をさらに低下させると考えられるからだ。新奇性は周辺視野にこそ存在するということを忘れてはならない。

生物学的な構成を無視したその種の装置は、視力を守るために必要な自然な視野という原理からの逸脱を図らずも引き起こすだろう。大人が擁護するテクノロジーの一つ一つが、彼ら自身に影響を及ぼすだけでなく、成長期の子どもに「自然なもの」として経験されるのだ。だが、私たちが目を使ってすることは脳を形作り、その発達を導く。目には、脳の神経可塑性をオンにしたりオフにしたりする力がある。事実最近の注目すべき研究で、視覚系における神経可塑的な変化は、脳ではなく目から始まることが示されている。ハーバード大学医学部のタカオ・ヘンシュと、フランス高等師範学校に在籍するアラン・プロシアンツ博士の報告によれば、生まれたばかりのマウスの網膜は、Ｏｔｘ２と呼ばれるタンパク質を脳に送ることで学習を促進し、可塑的変化を可能にする段階に入るよう指示する[*15]。ちなみに彼らは、ラベリングの技術を用いて、網膜から送り出されるタンパク質を追跡することができた。ヘンシュが述べるように、基本的に「目は脳に可塑的になるタイミングを指示している」のである[*16]。脳の神経可塑性が、視覚刺激に反応して生じる目の変化によっても働きかけられることを示すこの発見は、「脳と心の活動は、身体と切り離しては理解し得ない」という、われわれが提起する核心的な原理の証明にあたって、強力な証拠となる。

ウェバーは、視力を取り戻したことをほとんど後悔していないが、ためらいもある。盲目だった頃の最大の悩みは、目で表情を確かめられないために、他人の感情が読めないことであった。自己の安全が非常に心配だったし、数々の不都合も経験してきた。とはいえ視覚障害者がときに言うように、視覚を欠いていると、人間存在の特定の側面、とりわけ内的経験がより豊かになる。彼は次のように言う。「目が見えることで失われるものもあるという言葉は真実です。目が見えないと心が穏やかになり、自分の思考、感情、感覚に対して鋭敏になったように感じました。余計な視覚情報が入ってこないので、心が散漫にならずに済むのです。つまり視覚が欠けていると、自分の内的な状態に対する感覚が、より直接的になるのです」。彼は、正常な視覚を持つほとんどの人、特に一日中コンピューターの前にすわり画面に釘づけの人に見られる、周辺視覚を犠牲にして中心視覚に依存している状態が有害だと考える。彼がもっぱら依拠する周辺視覚は、見る者に文脈《コンテクスト》を与える。それに対し、細部に焦点を絞る中心視覚は、コンテクストを失わせる。彼は言う。「中心視覚はへり、境界線、細部などといったものに関するものですが、それらのみでは他のものといかなる関係も形成しません。中心視覚への偏重は、結びつきの欠如の感覚をもたらし、それは根本的な問題だと言えます」

私は彼に、「中心視覚を持っていなかったときのほうが、世界との結びつきがより強く感じられたということですか？」と訊いてみた。

すると彼は次のような意外な返答をした。「そうです。細部を見る必要がなく、安心を感じているときには、副交感神経系が優勢なモードに入っています。変化が起こって、全身で体現される自己の全体に気づくのです」。彼はさらに、中心視覚を失って周辺視覚に頼らざるを得なくなったとき、「信頼できる直感が頻繁に得られるようになりました」と言う。

視力の回復による最大の変化は、他人の顔に感情表現を見分けられるようになった点を別にすると、「主体性の感覚、つまり自分は外界を効率的に操作できるという感覚が得られたことです。それから、美しいものを見ることができるようになりました。クリスティーンの目を見つめていたいですからね」。最後の一言は、彼とドレザルの関係が恋愛に発展したことに言及している。

ウェバーはクレタから私に手紙を送ってきた。そこには、中心視覚の喪失によって、新たな知覚様式が開けたとする考えは、ホメロスの詩のなかで、冥府に下ったオデュッセウスに語りかける盲目の予言者テイレシアスと、もちろんホメロス自身が盲目であったという伝説を思い起こさせると書かれていた。ホメロスの世界では、いったん盲目になると視覚の世界には戻れないかわりに、他の人には見えないものを見て、予知不可能なできごとを予知できるようになる。

彼の手紙には、袋小路に入り込んだときには、現代科学より過去の知恵のほうが指針として役立つ場合があるという認識が見受けられた。古代人（古代の仏教徒や、ウェバーの視力の回復に役立った訓練を最初に考案したヨガ行者など）は、過去四〇〇年間の近現代科学のように、脳を機械にたとえる見方にはとらわれず、生きた、成長する心的活動として視覚をとらえ、それゆえ発展させて、育てることが可能なのだと考えていた。

ある日ウェバーは、一度盲目になって再び視力を回復した人にしか可能でないような、視覚の真価に対する認識を示す手紙を送ってきた。手紙には、彼の家の近くにあるオリーブの木を見たときの感想が書かれていた。その木はたいへん古く、天然記念物に指定されていた。「樹齢三〇〇〇年と見積もられています。つまりミノア文明の頃にまでさかのぼるということです。とても巨大な木です。幹は管とネットワークと空間と亀裂から成っていて、(……)樹冠《キャノピー》はさしわたし四七メートルほどあります。今でも実を結び、八〇キロから一〇〇キロのオリーブ油が採取できます。かつては二二〇キロほど取れたそうですが。これは何世代にもわたる人々が注意深く木の面倒を見てきたおかげです。この木をめぐるストーリーを自由に想像してみてください。かつてこの地域には何本もの巨木が立っていました。彼ら、そう彼らは、根を生やし、静かに自分の生活を続ける人間のように見えました。ときには木々がダンスの華麗さを競っているようにも見えました。古代にその起源を持つ木々は、賢者の風格さえあります。学問の女神アテナは今でも彼らに話しかけ、教えているのです」

おそらく彼は、オリーブの木に関してばかりでなく、多くの人々には失われていても自分にとってはまだ完全に生きている太古の英知に基づいて、自己を治癒する自然な方法を発見することで、どれほどの利益が得られたかについて語っているのだろう。

第7章

脳をリセットする装置

神経調整を導いて症状を逆転させる

I. 壁に立てかけた杖

彼が最初に気づいたのは、うまく歌えなくなったことだ。それは悪夢だった。なぜなら、彼は歌で生計を立てており、歌はまさに命だったからである。やがてほとんど歌えなくなるが、セリフを発することはできた。さらに数年が経過すると、今度は声が出なくなっていった。そしてついに消え入るようなか細い声になり、かろうじて聞こえる短いささやき声しか発することができなくなった。

「彼が美しい歌声を失っていくところを見ているのはとてもつらく、心が張り裂けそうでした。私はあの声に恋をしたのです」と、五〇年来の妻パッツィー・ハスマンは語る。ロン・ハスマンはブロードウェイミュージカル、テレビ番組、映画に出演していた一流の歌手で、一九六〇年代から七〇年代にかけては、どこにいても彼のバリトンの歌声が聴こえてきた。彼は、『キャメロット』ではロバート・グーレ〔アメリカの歌手・俳優〕と、『ザ・ガーシュイン・イヤーズ』ではフランク・シナトラ、エセル・マーマン〔アメリカの歌手、女優〕、モーリス・シュバリエ〔フランスの歌手、俳優。アメリカ映画への出演も多い〕と競演している。ブロードウェイのミュージカル『テンダーロイン』に出演し、何作かのブロードウェイショーで、デビー・レイノルズ、ジュリー・ロンドン、バーナデット・ピーターズ、ジュリエット・プラウズ〔いずれも歌手、女優〕ら主演女優との競演実績がある。また、舞台ミュージカル『あなただけ今晩は』『ショウボート』『南太平洋』『オクラホマ!』の巡業で、主演を務めている〔いずれも映画化作品があるが、それらにハスマンは出演していない〕。一時は、同時に一三本のコマーシャルに登場し、『エド・サリヴァン・ショー』や、『ドクター・キルディア』『それ行けスマート』『FBIアメリカ連邦警察』『頭上の敵機』『チアーズ』などのテレビドラマシリーズや、『サーチ・フォー・トゥモロー』『アズ・ザ・ワールド・ターンズ』などのメロドラマにさえ出演している。劇場で三〇〇〇人の観客を前に生《なま》で歌う際には、他のキャストがマイクを使っていても、彼には不要だった。

低音部の声の豊かさは三〇代に入ってから成熟し始め、四〇代で完成する。しかし四四歳でピークを迎えたときに、「私の声は突然死んでしまったのです」とロンはつぶやく。

多発性硬化症と診断されるまでには時間がかかることが多く、ロンの場合も、声の喪失と他の一連の複雑に絡み合った症状が多発性硬化症によるものと判明するまでには、かなりの年月が必要だった（彼の場合九年）。多発性硬化症になると、免疫系が外敵ではなく自分の脳や脊髄を目標にし、長い神経線維を取り巻く脂質の層を攻撃し始める。ミエリン鞘《しょう》と呼ばれるこの髄鞘は絶縁の機能を果たし、神経信号の伝達速度を一五～三〇〇倍に向上させている。攻撃されると、ミエリン鞘と、多くの場合それに包まれる神経線維が損傷する（多発性硬化症〈multiple sclerosis〉の〈sclerosis〉は「固くなり傷跡のような」を意味する）。脳や脊髄のほぼいかなる場所にあるミエリン鞘も免疫の攻撃の対象になるため、患者によって、罹患した多発性硬化症の種類も症状の発現様式も異なる。ロンの豊かな声は、一連の攻撃によってその美しさを剥奪された。最初に中音域が失われ、次に彼のトレードマークである低音域の声が突然出せなくなる。彼は歌手担当の「音声係」全員に相談し、舞台監督は彼の声が観客に聴こえるようマイクを装着しなければならなかったが、そのうち増幅すべき声すら出なくなる。歌手としての経歴が潰える頃には、彼はピアノの真ん中の「ド」〔中央「ハ」の音。ト音記号の譜面では五線のひとつ下に線を加えたドの音〕の周囲のおよそ八音しか発せられなくなっていた。

　その次に、膀胱をコントロールする神経が損傷したために、尿の排出を開始したり止めたりする能力が失われた。膀胱の感覚が完全になくなったのだ。「まったく感覚がなくなったような感じでした。だから〈今だ〉といちいち自分に言い聞かせなくてはなりませんでした。膀胱の神経が死んで、信号が送られなくなったのです」。全身の筋肉が萎縮し、手足を炎症と無感覚が襲った。さらに、歩行に問題が生じ、足にうずきを感じ始める。『あなただけ今晩は』に出演した際、ジュリエット・プラウズが合図とともに舞台の端から走ってきてロンの腕に飛び込んできたときに彼はくずれ落ち、背中をひどく痛めてしまう。

　手と足の筋肉がやせ衰えたために、杖をつきながら歩かなければならなくなり、やがて松葉杖を二本使い始める。そのうち電動歩行カートを使うようになり、運動不足のために体重が二〇キログラム以上増えた。さらには平衡感覚に問題が生じ、目を閉じて立っていることができなくなった。嚥下さえ困難になる。この症状は恐ろしい。のどの筋肉の律動的な収縮を調整する脳幹が正常に機能しなくなったために、食べ物をのどにつまらせることが多くなったのだ。最悪の症状は、つねに疲労を感じるようになったことである。一分程度マイクに向かってささやくのが精一杯で、それ以上続けると、ささやくことすらできなくなり、声は無残に割れた。

　炎症を起こしてミエリン鞘が損なわれた神経の部位は斑《プラーク》と呼ばれ、脳画像で確認することができる。

ロンの脳を撮影したMRI画像は、脊髄のすぐ上に位置し、ヒトの脳内でもっとも稠密な組織である脳幹に多数のプラークが形成されていることを示していた。第4章で見たように、脳幹は、呼吸、覚醒、血圧や体温の調節など、もっとも基本的な身体機能を司る皮質下の組織である。また、神経ハイウェイの主要な経路でもあり、脳から身体へ、身体から脳へ送られるほぼすべての神経信号がここを経由する。脳神経は、目の動きや焦点、表情、顔面の動きや感覚、声帯筋、嚥下、味覚、聴覚、平衡感覚など、私たちが頭部と運動させている、ほとんどの運動および感覚機能の調節に関わっている。そして消化をコントロールしたり、自律神経系や闘争／逃走反応の調節をサポートしたりする。さらには、これから見るように、身体を損傷や感染から守る免疫系の、いくつかの機能の調節も担っているのである。

奇妙な装置

偶然にも、ロンの高校以来の友人も多発性硬化症を発症し、声に問題を抱えていた。マディソンに住むこの元大学教授は、ウィスコンシン大学の研究室が、口に含んで多発性硬化症の症状を緩和する奇妙な装置を開発したとロンに語った。この友人が、被験者として実験に参加して装置を試すと、実際に声に改善が見られたとのことだ。装置の考案者は、声ばかりでなく多発性硬化症のさまざまな症状の治療にそれを用いていた。この研究室は、「触覚コミュニケーションと神経リハビリテーション研究室」という奇妙な名前を持ち、ロシア人のユーリ・ダニロフ（元ソビエト空軍兵士）、アメリカ人の生物医学技師ミッチ・タイラー（元アメリカ海軍）、電気技師カート・カツマレクの三人で運営されていた。

彼らを募集したのは、研究室の創設者ポール・バキリタ博士であった。最近故人になったバキリタは伝説的な人物で、脳の神経可塑性を動員する治療を最初に支持した一人である。神経科学者でもあり医師でもあった彼は、「脳は生まれてから死ぬまで可塑性を保つ」と同世代の研究者のなかでは初めて主張し、この理解のもとに、効果的に神経可塑的変化を促す装置を開発したのである。彼が開発したさまざまな装置は、視覚障害者の視力回復を支援したり、脳の損傷によって失われた平衡感覚を回復したりするのに役立っている。そのなかには、脳を訓練することで、脳卒中によって失われた機能を取り戻すコンピューターゲームなどというものもある。

ウィスコンシン大学の研究室を訪れたロンは、古い建物の内部にある、実験装置をいくつか備えた小さな部屋に入った。建物の入り口のすぐ隣にはトラックの搬出口があり、廊下は改装中だった。ある患者が言うように、「科学の奇跡が起こる場所にはとても見えない」雰囲気だった。ロンは「その装置が効くのかどうかはわからないが、どのみち失うものは何もない」と思っていた。ウィスコンシン大学の研究チーム〔以下マディソンチームと訳す〕は病歴について質問し、歩行と平衡感覚を検査したあと、ロンを音声調査部門に連れていき、彼の声を調査した。彼の発する声はひどく割れていて理解不可能であり、モニター上では小さなドットとして表示された。基本的な検査が終わると、彼らはうわさに聞いていた装置を取り出した。

その装置はシャツのポケットに入るくらい小さく、紐がついていて、ペンダントのように首にかけている研究者もいた。口に含んで舌に乗せる部分は、平らなチューインガムのように見える。平坦な部分の下側には、一四四個の電極が装着されている。装置の下側全体に、流動する刺激のパターンを生成するこれらの電極は、できるだけ多くの舌の感覚ニューロンを活性化できるよう調整された周波数によって、三組の電気パルスを発する。電極は、マッチ箱大の電源ボックスに接続されている。電源ボックスは口の外に置かれ、いくつかのスイッチとランプがついている。ユーリ、ミッチ、カートは、この装置をＰｏＮＳと呼ぶ。ＰｏＮＳとは、「ポータブル神経調整刺激器（Portable Neuromodulation Stimulator）」の略だが（神経可塑的な脳を刺激し、ニューロンの発火の様態を矯正するのでそう呼ばれる）、この装置の主要な治療対象の一つである脳幹の組織、橋《きょう》（pon）の名称にもちなんでいる。

彼らはロンに、できるだけまっすぐ立って、装置を口に含むよう指示した。装置は、穏やかな信号の波によって、痛みを引き起こさずに舌とその感覚受容器を刺激する。刺激はちくちくした感触を与えるが、ときにはかろうじて気づく程度のこともある。その場合、チームメンバーはダイヤルを調節して出力を上げた。しばらく経つと、彼らはロンに目を閉じるよう促した。

二〇分のセッションを二回行なうと、ロンはハミングで歌えるようになり、四回のセッションを経ると再び歌えるようになった。その週の終わりには、「オールド・マン・リバー」を大声で歌っていた。

もっとも注目すべきことは、ほぼ三〇年間にわたって症状が着実に悪化していったあとだというのに、驚くべき速さでロンの状態が改善したことだ。現在でも多発性硬化症を患っている事実に変わりはないが、彼の脳の神経回路は、以前よりもはるかに良好に機能している。彼は二週間、月曜日から金曜日まで研究室に滞在し、休憩をあいだにはさみながら装置を口に含んで試した。最初の週には、一日に研究室で四回、家で二回のセッションを実施した。電子機器による音声テストでは、着実な音の流れが示され、大幅な改善が見られた。また、多発性硬化症の他の症状も改善し始めた。最後に研究室をあとにするときには、当初は杖をついてよろめきながらやってきた男が、マディソンチームの前でタップダンスを踊って見せたのである。

私は、ロンがロサンゼルスに戻ってから二か月後に彼と話をした。彼は得られた効果を根づかせるために、PoNSを持ち帰って家で使っていた。自分の声を取り戻した彼は、立て板に水のごとくしゃべった。ときには、ノートに書き留められないほど早口で話すので、もっとゆっくりと話してもらうよう頼むほどだった。

「二八年間まったく歌えなかったのに、突然再び歌えるようになったときの気分がどんなものかわかりますか？　二〇分のセッションを四回終えたあとで、音を次々につないで歌を口ずさめるようになった事実は、実に驚くべきことです。感動的、いやそれ以上のものです。研究所の方々からは、この装置を口に含みながらハミングしたり、声を出したりするようにと言われました。そのとおりにしていると、自分の声がだんだん強くなっていくのがわかりました。その翌日には、ユーリに〈杖はもう必要ない〉と言われ、その日から杖を使わなくなりました。三日目には、支えなしでも目を閉じて立っていられるようになり、研究所をあとにする頃には、二オクターブにわたって歌えるようになっていました。私はバリトン歌手で、舞台では低い音域で歌っていましたが、『アニーよ銃をとれ』では、かなりの高音域まで歌いました。そして（……）今は、また大声で歌えるのです。研究所では、私があまりに大きな声で歌うので、みんな耳をふさいでいました。イヌを散歩につれていくときには、私がとても素早く歩くので、妻はついてこられないほどです」

それから彼は、「かれこれ一時間も話していたって気づきました？」と私に言った。

私が「あなたの声は実際より何十歳も若く聞こえますよ」と会話の最後に言うと、彼はしばらく考えてから、「そうかもしれません。何しろ三〇年間使っていなかったのですから」と笑いながら言った。

なぜ舌は脳への王道なのか

たった今、私はＰｏＮＳを口に含みながらこの文章を書いている。というのは、ＰｏＮＳが与える刺激には、治癒を促進する効果に加え、集中力を高める効果があるように思われるので、それがどのようなものかを知りたいからだ。ＰｏＮＳが発する信号は、舌の表面から三〇〇ミクロンしか届かず、その位置にあるニューロンを活性化する（一ミクロンは一〇〇〇分の一ミリメートル）。この装置は、舌の上に乗せた食べ物を感じる場合と同様、ニューロンが脳に電気信号を送るのに十分なだけの刺激を舌に与える。ＰｏＮＳを開発したマディソンチームは、この穏やかな電気刺激を用いて、二〇〇ヘルツの「三つの信号、中断、三つの信号」のリズムで触れられて発火する場合に得られる発火パターンにもっとも近いものを感覚ニューロンに生み出すために、数年かけている[*1]。

しかしなぜ舌なのか？[*2] なぜなら、彼らの発見によれば、舌は脳全体を活性化するための王道だからである。舌は身体の組織のなかでも、もっとも鋭敏な器官の一つだ。ユーリは次のように指摘する。「肉食獣が地上をうろつき始めたとき、地球の表面と最初に接触する部位は舌と鼻先だった。舌も鼻先も、密接に接触することで環境を探索するよう設計されている。昆虫からキリンに至るまで、多くの動物は大々的に舌を用いる。そして舌は精密に動く。だから脳は、舌との強い結びつきを発達させたのだ」。また、口唇期の乳児は、ものを口に含み、舌で感じることで外界を知ろうとする。舌の表面には、触覚、痛覚、味覚を感じるための四八種類の感覚受容器が存在し、先端だけでも一四種類ある。これらの感覚受容器は、神経線維を介して脳に電気信号を送る。ユーリの分析によれば、舌先には一万五〇〇〇〜五万の神経線維が存在し、それらによって、巨大な情報ハイウェイが形成される[*3]。PoNSは舌の前方三分の二を占めるように置かれるが、その位置には、舌の受容器から感覚情報を受け取る二つの神経が走っている。一つは触覚刺激を受け取る舌神経《ぜつ》[*4]で、もう一つは味覚刺激を受け取る、顔面神経の分枝である。

これらの神経は、舌の背後およそ五センチメートルの位置にある脳幹に直接接続する脳神経系の一部を構成している。脳幹は、脳に出入りする主要な神経が集まる場所で、動作、感覚、気分、認知、平衡を司る脳領域と密接に結びついており、脳幹に入った電気信号は、脳のさまざまな部位を同時に活性化することができる。PoNSを使っている最中の被験者の脳の活動を脳スキャンやEEGで記録したマディソンチームの研究は、四〇〇〜六〇〇ミリ秒後に脳波が安定し、脳のあらゆる部位がともに反応して、発火し始めることを示した。脳の障害の多くは、脳のネットワークが同期して発火しないために、もしくは発火が低調なネットワークが存在するために生じる。しかし脳スキャンを用いてさえ、どの神経回路が低調なのかを正確に特定できない場合が多い。神経可塑性のゆえに、人の脳はそれぞれ、ミクロのレベルではいくぶん異なった様態で配線されている。したがって、脳スキャンによってある患者の特定の脳領域に損傷が見つかっても、その脳領域で何が生じているのかを一〇〇パーセントの正確さで予測することはできない。ユーリは次のように言う。「だが、PoNSを使った舌の刺激は脳全体を活性化する。だから、どこに損傷箇所があるのかがわからなくても、装置が脳全体を活性化してくれるのだ」

マディソンチームは、脳に刺激を与えてから、失われた脳機能の回復を促進するための課題を与える。患者には、課題を遂行しながら脳を刺激する装置を使うことがつねに求められる。たとえばロンは、ハミングするよう指示された。平衡感覚に問題を抱える人は、目を閉じてバランスボールの上に立つように、また、歩行に難のある人は、ランニングマシンを使ってまず歩き、それから走るよう指示された。

舌には、欧米の臨床医は無視しても、ロシア出身のメンバー、ユーリ・ダニロフには興味津々の特徴がある。何千年ものあいだ、中国医学やその他の東洋医学では、診断を下す際に舌が重要な役割を果たしてきた。なぜなら、舌は身体内部の組織でありながら、外から観察できるからだ。

中国人は、身体には「気」と呼ばれるエネルギーを伝達する経路(中国では経絡《けいらく》という)が通っていると見なしていた。そして主要な二つの経絡、督脈《とくみゃく》と任脈《にんみゃく》は舌で出会う[*5]。武術家、太極拳の実践者、気功瞑想家は、技量を向上させるために、舌を口蓋に当ててこれら二つのエネルギー経路の結合を図る。経絡は、体表面には経穴として現れる。中国医学によって用いられる経穴は数千年間変化していないが、ユーリが指摘するように、いくつかの経穴は舌の上に存在すると、近年主張されるようになった。これらの舌の経穴は、香港では外傷性脳損傷、パーキンソン病、脳性麻痺、脳卒中、視覚障害などの、神経障害の治療で活用されている[*6]。鍼《はり》療法士は、鍼の代わりに電気刺激（電気鍼療法）をしばしば用いる。ならば、PoNSは電気鍼療法の一形態として機能するのかもしれない。

ユーリ、ミッチ、カートに会う

ユーリ・ダニロフは身長が二メートル近くあるスキンヘッドの堂々たる巨漢で、モンゴル人特有の高い頬骨を持つ。シベリアでは最古の都市の一つイルクーツクで生まれ、幼年期の一〇年間は北極圏で育っている。極地を調査する地質学者の両親が、スターリンによって建設された収容所《グラグ》都市ノリリスクに家族を連れて移住したのである。人口の半分が収容所で暮らし、一〇万人の囚人が近くに埋められていた。ノリリスクは世界でもっとも北方に位置する工業都市であり、つばを吐くと地面に達する前に氷になるほど寒さが厳しい。ユーリの個人的な記録では、温度計で測れる限界温度の摂氏マイナス六五度を下回る寒さのなか、戸外で立っていたことがあるという。ユーリは二二歳で大学を卒業するとすぐにソビエト陸軍に入隊し、北極圏の都市ムルマンスクに二年間駐屯した。彼の部隊は、NATO軍の北極圏展開部隊と国境をはさんで対峙しつつ演習を行なうことがあった。

東洋医学に対するユーリの科学的関心は、早い時期に芽生えた。シベリアで暮らしていた頃、「中国人がそこらじゅうにいて、中国茶や薬草が出回っていた。だから私たちは、普段の生活で中国医学や鍼治療を実践していたんだ」とユーリは言う。彼は若い頃、皮膚上の電気活性度を検知することで経穴を特定する測定器を考案し、また、鍼を用いて歯痛や頭痛の治療を行なっていた。

神経科学者として熟練したユーリは、ソビエト科学アカデミーの一部門であった著名なパブロフ生理学研究所の、視覚神経科学研究所（当時のソビエトを代表する研究所）に所属した。彼は生物物理学の学位（今日、エンジニアと共同作業を進めるのに役立っている）と、パブロフ研究所による神経科学の博士号を持つ。彼の専門分野は視覚神経科学で、脳が可塑的であることが広く知られるようになるはるか以前から、脳の視覚系の持つ神経可塑的な特質を研究していた。偶然にも、一九七五年に彼が初めてロシア語に翻訳した論文は、彼が現在勤めている研究所の創設者ポール・バキリタ博士が著したものだった。またユーリは、電気刺激を用いた、不眠症などのさまざまな障害の治療にも長じている。電気睡眠マシンは、欧米ではまったく知られていないが、ソビエトでは何百もの診療所で使われていた。

彼がパブロフ研究所に入った頃には、二〇〇〇人のスタッフが働いていた。そのうちの五〇〇人は科学者で、まさに厳正な知的営為の偉大なる牙城であった。しかしソビエト崩壊後の経済的な混乱のために三〇回にわたって予算が削減され、この威厳ある研究所は崩壊の危機に直面する。資金不足のために、実験をするにも装備を整えるにも、それどころか電気、実験動物、薬品、給料の調達さえ困難になったのだ。一九九〇年代初頭、ユーリはアメリカの一六の大学で神経可塑性について講義するために研究所を去り、短期間アメリカに滞在する。しばらくしてロシアに戻ると、研究所は空っぽになっていた。一二年間かけて設置してきた装置も、実験動物も、実験のための資金も、すべて消えていたのだ。

一九九二年に再びアメリカに渡ったとき、彼のような人物は他に誰一人いなかった。長い髪をポニーテールに束ねた彼は、鍛え抜かれた練達の神経科学者であり、ヨガ、瞑想、太極拳、ロシア流の武術（ロシアの特殊部隊やスターリンのボディーガードによって完成されたものを含む）などの東洋的身体操法の実践にも通じている。一五年後に彼は、PoNSと併用すれば、これらの実践の種々の側面が、神経疾患や脳の損傷を抱えた患者の脳の「リセット」に大いに役立つことを発見する。

マディソンの研究所では、ユーリは患者の治療にあたり、装置の長所や短所を見つけるたびに、その情報を同僚のミッチとカートに伝える役目を担っている。

ミッチは生物医学技師で、研究のまとめ役をしている。ユーリと他の臨床医の仲介役を受け持ち、また、研究の科学的、技術的側面を担当している。彼の課題は、皮膚越しにいかに情報を取得するかを探究することだ。

ミッチも東洋の武術を実践している。二段の黒帯を持ち、テコンドーのインストラクターを務め、マインドフルネス瞑想を毎日実践している。冷戦時にはアメリカ海軍に所属していた。ソビエトがスプートニクを打ち上げたときには、もっとも優秀なアメリカの子どもの一人に選ばれ、数学や科学のエリートコースに組み入れられた。海軍に入ってからは、ソビエトの輸送船団、潜水艦、駆逐艦、通信を追跡する役割を担った。カリフォルニアで育ち、丁重かつ控え目でやさしい声のミッチと、北極圏で育ち、冗談の通じないユーリは、性格は正反対ながらもお互いをよく理解している。ミッチは大学院に通っていた頃から、英語に翻訳されていない論文の概要を読むことから始め、ロシア語をある程度学んできた。

ハイテク電気機器のエンジニアとして訓練を積んできたミッチは、生物学のコースを取ったことがなかった。「当時の私は少しばかり傲慢でした。〈どこの誰が、あんなやわな科学を必要としているのか？ 俺は世界を征服するエンジニアだ！〉などと思っていましたから」とミッチは当時を回想する。しかし一九八一年に自動車事故に遭い、背骨を折って腹部から下が麻痺して以来、彼の態度は変わった。「病院のベッドに横たわり、足の感覚がまったくないのに気づいたときには恐怖を感じました。神経の働きについて何も知らなかったのです」。看護師から『グレイの解剖学』〔一九世紀イギリスの解剖学者ヘンリー・グレイによる解剖学の書〕をもらったミッチは、「その本は私のバイブルになり、どうすれば電気回路の知識を生体組織に応用できるかに関心を持つようになりました」と語る。

ミッチは一九八七年には完全に回復し、ポール・バキリタ研究室に所属していた。ポールは、はるか未来を見据えてものごとを考える大局的な見地を持つ研究者で、ミッチの仕事は、彼の考えを実現することだった。ポールに課された最初の仕事は、脊髄損傷のためにペニスの感覚を完全に失った対麻痺患者用のコンドームを考案するという、感覚の可塑性を活用するプロジェクトの一つを推進することであった[*7]。このコンドームは、性交時の摩擦を検知する「触覚圧力センサー」を備え、検出された情報を電極に送り、この電極が感じる能力のある身体部位にくすぐるような刺激を与えるというものだ。そして刺激を受けた部位は脳に信号を送る。彼らはこの仕組みによって、性交によって得られる快感を奪われて意気消沈した被験者が、再び性的興奮を味わえるようサポートできるのではないかと考えたのだ。そしてそれは、実際うまく機能した。

三人目のメンバー、カート・カツマレク博士は電気技師である。一九八三年に学生としてバキリタ博士に出会ったカートは、三人のなかでもっとも長く彼のもとで研究していた。現在では、ウィスコンシン大学の生物医学エンジニアリング部門の研究主幹になっている。現在五〇代のカートは、痩身でダークブロンドの髪をし、まじめで誠実な雰囲気を醸し出している。少年の頃はシカゴ北部で育ち、電気装置を設計し、組み立て、修理し、改造するのが趣味だった。テレビの修理屋で数年間働いていたこともあり、現在でも古い電気製品の修理を趣味にしている。

カートは、皮膚の触覚受容体に入力して脳に送ることのできる複雑な情報を伝達する、人工的な電気信号を発生させる方法を習得するまでに二五年を費やした。バキリタ、ミッチらと協力し合って、カメラから舌に視覚情報を与えて脳に伝え、視覚障害者がその視覚情報を見られるようにする装置を開発した(この装置については『脳は奇跡を起こす』で述べた)。彼らは、一四四個の電極の配列を使って舌に情報を与え、一連の電極から波状のパターンで信号が発せられるよう調整する方法を考案したのである。また、波のパターンには、ロシア製の睡眠マシンのように睡眠を誘導するものや[*8]、逆にアンフェタミンやリタリンなどの医薬品のように、刺激を与えて覚醒度を高めるものもあることを発見した★。

カートはチームの計算担当で、深くまで掘り下げて分析する思考力の持ち主だ。ある概念を、実際に機能する装置として実現させる能力は天才的である。おそらく彼は、自身が「電気触覚刺激」と呼ぶ、電気刺激を用いて皮膚から脳に語りかける技術の世界的な第一人者と言えるだろう。彼の長期的な目標は、これまで習得してきた知識を総動員して電気触覚装置を製作するための、ガイドラインの作成である。しかしPoNSが開発され、その再設計と改良に追われるようになったため、この大きな課題は中断を余儀なくされることが多くなった。彼は言う。「人々は杖をつきながらここへやって来るが、帰るときには杖を置いていくんだ」

PoNS開発の歴史

ユーリの小さなオフィスの壁には、一本の杖が立てかけてある。この小さな研究室を訪れた患者の一人が置いていった最初のものだ。シェリル・シルツという名のその患者は、五年間身体障害者として日々を送っていたのに、帰るときにはほんとうにダンスを踊った。ユーリのオフィスは、かつて創設者のポール・バキリタ博士が使っていたものである。シェリルの回復のストーリーと、脳が可塑的であることをバキリタ自身が認識したいきさつは、非常に興味深い個人的な体験に満ちているが、それらについては『脳は奇跡を起こす』に詳しく書いた。

★フィッシャー・ウォレス装置やアルファスティム装置などの頭蓋電気刺激療法（CES）の装置は、頭部に刺激を与える。これらはロシア製の睡眠マシンを改造したもので、アメリカ食品医薬品局（FDA）は、不眠、不安、抑うつの治療における使用の安全性の認可を検討している。これらの装置は一九九一年より市場に出まわっている。

一九五九年、六五歳になるポールの父ペドロは脳卒中に見舞われ、顔と半身が麻痺し、話すことができなくなった。医師はポールの兄ジョージに、回復の見込みはないと告げた。医学部の学生だったジョージは、「変化しない脳」という教義を叩き込まれるにはまだ若かった。だから彼は、先入観を持つことなく父の治療を開始した。集中的かつ段階的な脳と動作の訓練を二年間毎日続けると、ペドロは完治したのである。ペドロが七二歳で登山中に死亡した際、ポールが父の検死解剖を要請したところ、脳幹の主要経路の神経の九七パーセントが破壊されていることがわかった。このときポールは一つの洞察を得た。ペドロの行なった訓練は、脳を再配線、再組織化し、脳卒中による損傷を迂回する新たな処理領域や結合を形成したのだと思い至ったのである。つまり、高齢者の脳でさえ可塑的なのだ。

ポールは視覚を研究対象にしていた。神経可塑性の最初の適用例の一つは、視覚障害者が「見る」ことができるように支援する装置の開発であった。彼は「私たちは目ではなく脳で見る」と述べる。つまり、目は単なる「データポート」なのだ。目の網膜や受容体は、私たちを取り巻く電磁気スペクトル（このケースでは光）から得た情報を電気放電のパターンに変換し、神経に送り出す。脳内には絵やイメージは（その意味では音や匂いや味も）存在せず、電気化学信号のパターンがあるのみだ。ポールは網膜と皮膚の比較分析に基づいて、皮膚もイメージを検出する能力を持つことを見出した。これは、たとえばてのひらに文字Aを描いて、子どもにアルファベットを教えることを考えてみればわかる。皮膚の触覚受容体は、その情報を電気放電のパターンに変換して、神経に送り出すのである。

そう考えたポールは、カメラを備えた装置を考案した。この装置は、カメラが取り込んだ画像をコンピューターに送り、コンピューターはそれを画素《ピクセル》（コンピューター画面に表示される画像を構成する、最少要素）に変換し、さらにその情報を、舌のうえに乗る小さな板に装着された電極に送る。なおこの方式は、ロン・ハスマンが使った装置のプロトタイプになった。ポールはこの装置を「触覚・視覚装置」と呼んだ。電極のおのおのはピクセルのように機能し、被験者がカメラを対象に向けると、電極のいくつかは光を表現するためにコントロールされた小さな電気刺激パルスを、また、灰色を表現するためにそれより少なめのパルスを発し、別の電極は暗さを表現するためにオフになる。こうして、カメラの前に現れたものと同じイメージが舌の上に表現される。ポールが舌を「データポート」にした理由は、舌が死んだ皮膚の層を持たず、湿っているために伝導効率がきわめてよいからだ。舌には非常に多くの神経が存在するので、ポールはそれを通じて高解像度のイメージを脳に送ることができるはずだと考えた。

生まれつき目の見えない被験者でも、この装置を使ってある程度訓練を積むと、対象がぼんやりと現れ動くところを検知することができる。また、「ベティー」と「ツイッギー」の顔を判別でき、電話の前の花瓶などの複雑なイメージも「見る」ことができる。ある盲目の男性は、触覚・視覚装置を使って遠近をとらえ、バスケットボールでゴールを決めることができた。ポールはこのプロセスを「感覚代行」と呼ぶ。これは脳の神経可塑性の注目すべき例である。なぜなら、触覚を処理する脳の神経回路が自身を再構成し、視覚皮質と結合したのだから。

しかし触覚・視覚装置の利点は、盲目の人が「見る」ことができるよう支援する新たな手段の提供だけに留まらない。それは、原理的に感覚入力によって脳の再配線が可能なことを、つまり「感覚は脳の再配線への道を開く」ことを示したのだ。

二〇〇〇年一月、チームメンバーの一人ミッチは、重度の感染症のために平衡感覚を司る組織が損なわれ、めまいがして立てなくなった。そのとき彼は、視覚用の装置が平衡感覚にも適用できるのではないかと思い当たった。ポールもその考えに同意した。そこで彼らは、動きと空間内の位置を検出するジャイロスコープに似た装置、加速度計をカメラの代わりに用いた。それを帽子に装着し、そこからコンピューターに位置情報を送り、コンピューターがそれを舌の上の装置に転送した。被験者のミッチはそれによって、空間内の自分の位置に関する情報が得られたのである。身体が前方に傾くと、装着された電極は穏やかな刺激を与え、ミッチは舌の上でシャンパンの泡が前方に転がるような感覚を覚えた。横にかしいだときには、泡は横方向に転がった。

彼らの最初の患者は、前述のシェリル・シルツだった[*9]。五年前に抗生物質の副作用で前庭器官(平衡感覚を司る内耳の器官)の九七・五パーセントにダメージを負った彼女は、日常生活もままならない状態に陥っていた。見当識を失い、立っているだけでもサポートを必要とした。当時の彼女は三〇代前半であったにもかかわらず、杖をついて研究所にやって来た。

しかし装置を口に含むやいなや、シェリルは見当識と落ち着きを取り戻したのである。舌に与えられた情報が触覚を処理する脳幹の領域に直接伝えられ、さらに平衡感覚を処理する脳幹の別の領域、前庭神経核へと中継されたのだ。初めて装置を一分間だけ口に含み、取り出したときには、彼女は数秒間立っていることができて、とても気分よく感じた。次に二分間装置を試すと、効果は四〇秒ほど持続した。このように訓練と実践を続けるうちに、効果は数日、数か月と徐々に長い期間持続するようになり、二年半使用し続けると、装置を使う必要はなくなった。訓練によって、シェリルの脳は新たな神経回路を発達させつつあったのだ。そして彼女は完治した。前作『脳は奇跡を起こす』では、シェリルの話はここで終わっている。

しかし彼女の話は次のように続く。自分の回復に驚嘆した彼女は、学校に戻ってリハビリテーションの専門家になる決心をする。バキリタ研究室でインターンを務め、彼女を回復させた装置を使えるよう患者を訓練する役割を受け持った。もちろん彼女は、自分の最初の患者が誰になるのかは、まったく予想していなかった。シェリルが回復した直後、私はポールから、彼自身に関する衝撃的なEメールを受け取った。最近せきがひどくなったので医師に診てもらったところ、たばこも吸わないのに肺がんを発症し、すでにそれが脳に転移していることが判明したらしい。シスプラチン〔抗がん剤〕による化学療法を受けるとがんは後退し、仕事に戻れるようになったのだが、抗生物質がシェリルの平衡感覚を破壊したのと同様、ポールの受けた化学療法も彼の平衡感覚を破壊した。そしてポールが開発を手伝った装置を使って彼を訓練する役割を担ったのは、シェリルだった。平衡感覚は治り、彼は再び仕事に戻る。しかし二〇〇五年一二月、彼から、「がんが戻ってきました。（……）私にはもうほとんどエネルギーが残っていません！」と書かれたメールが来た。彼は、二〇〇六年一一月の死の間際まで仕事を続けることができた。それは、神経可塑性がようやく広く知られるようになる、およそ一年前のできごとだった。

死んだ組織、ノイズに満ちた組織、そして装置についての新たな見解

ポールによる最後の業績の一つは、「二パーセントの神経組織が残存するだけでも機能を回復できるか?」と題する論文である[*10]。この論文で彼は、それまでの自分の業績に加え、人間や動物を対象に行なわれた他の著者による業績を再評価し、興味深い一致を見出している。父ペドロは、大脳皮質から脳幹を経て背骨に至る神経の九七パーセントを失った。また、シェリルは、医師の診断によれば前庭器官の九七・五パーセントにダメージを受けていた。さらに他の症例は、神経組織の二パーセントが残存していただけでも、失われた機能の回復が可能であることを示していた。ポールは、ペドロに関して言えば、リハビリテーションによって「負傷以前は回復した機能と特に関係のなかった既存の経路が有効化《アンマスク》された」という理論を立てた。既存の経路の有効化は、神経可塑的な再配線を説明する。

しかしポール、ユーリらは、シェリルの平衡感覚の障害に関しては組織の喪失のみならず、前庭系のノイズの激しさにも起因すると考えた。つまりこういうことだ。損なわれたニューロンが無秩序にランダムな信号を発するようになり、それによって残された健康な組織が発する有用な信号の検知が妨害されるようになった。そのような状況にあって、装置は空間内の自分の位置に関するより正確な情報を与え、健康なニューロンからの信号を強化した。やがて脳は、神経可塑性の働きによってこれらの神経回路を強化し、効果が次第に長期間持続するようになった。彼らは、そう考えたのである。

第3章で論じたように、SN比の劣る「ノイズに満ちた」脳は、さまざまな形態の脳損傷に当てはまる。というのも、いかなる形態であれダメージを負いつつ生き残ったニューロンは、必ずしも「沈黙」せず、正常時とは異なる速度やリズムでスパイク〔脳内の電気パルス〕を放つ場合があるからだ。これらの常軌を逸した信号は、脳が損なわれたニューロンをシャットダウンしない限り、結合している健康なニューロンの機能を「台無しに」する。工学用語を借りれば、シェリルの脳のSN比は小さかったと言えるが、これは、彼女の脳のネットワークでは、強くはっきりした信号が、その他の信号、つまりノイズから成る背景のもとで十分に検知できなかったことを意味する。ノイズに満ちた脳は、所与の機能を実行する能力を失い、すぐにその実行を停止する。すると次に、「不使用の学習」が作動し始める。

装置を装着する前後で脳がどのように感じられたかを尋ねると、彼女は次のように答えた。「私は頭のなかにいつもノイズを感じていました。実際に聞こえたわけではありませんが、まさにノイズを感じたのです。混乱を聞いているような感じです。混乱というものが聞こえればの話ですが。実際のところ、何をすればよいかが皆目わからなかったので、私の脳は完全に混乱していました。立ち上がって背筋を伸ばし、A地点からB地点に移ろうとするだけで激しく消耗しました。それはあたかも、一つの部屋にものすごい人数が集まって一斉に話をしているようでした。頭のなかでそう感じていたのです。装置を口にすると、〈何とすばらしい！　ようやくやかましい部屋から出られた。海辺に立っているように感じる。そしてこの静けさ〉という思いがわき上がってきました。そこは静穏に支配されており、とてもいい気分になったのです。まるで故郷に帰ってきたような感じでした」

チームでただ一人残った神経科学者のユーリは、いくつかの意外な効果に気づいた。装置を使っているときのシェリルは、深い瞑想状態に入っているように見えた（私の見解では、それは神経調整に続く一種のリラックスした状態であり、神経可塑的な治癒に大いに役立つ）。また、平衡感覚の問題を抱えて研究所に来たシェリルや他の患者は、装置によって、意外ではあれ歓迎すべき効果が得られることに気づいた。目的は平衡感覚の是正だったが、彼らは睡眠、並行作業能力、集中力、注意力、動作、気分にも改善が見られるのに気づいたのだ。さらに言えば、装置を使った治療は、脳卒中、外傷性脳損傷などの種々の障害にも効果があった。あるいは、平衡感覚の問題のために研究所を訪ねてきた数人のパーキンソン病患者は、この病気特有の動作における問題の緩和を感じている。

マディソンチームが最初に立てた仮説は、「シェリルが使った装置（〈ブレインポート〉と呼ばれるようになった）は、〈シャンパンの泡〉を動かすことによって発せられた、空間内で自分が占める位置に関する正確な情報を脳に送った。そしてこの情報が、損なわれた組織によって発せられる不正確な信号を打ち消すことで、ノイズに満ちた脳が鎮静化した」というものだった。正確な情報は、残された二・五パーセントの健康な組織に伝えられ、それらを鍛錬してより強力な結合の構築を促進し、さらにはおそらく他の脳領域に平衡感覚の処理を肩代わりさせたと考えられる。かくして電気刺激は、この貴重な情報を配信する媒介の役割を果たしたのである。

しかしユーリは、それとは違う考えを持っていた。電気刺激そのものが、治癒に重要な役割を果たしているのではないだろうか。空間内の位置に関する情報だけが治癒の要因なら、壁をまっすぐ見ることができたときや、身体が片側に傾いたあと手で肩を触られたときに、彼女の状態はなぜよくならなかったのだろうか？　また、なぜ装置は他のさまざまな症状にも効果があったのだろうか？

　これらの疑問を感じたユーリは、ロシア製の睡眠マシンが不眠症を治癒したのと同じで[*11]、エネルギー刺激そのものに効力があるのではないかと考え始めた。「ユーリは、舌に対する電気刺激によって変化が引き起こされたという考えを主張し始めたのです」とミッチは言う。ちょうどその頃、別の研究所のグループが、無作為の刺激によっては有用な情報が提供されないという前提に基づいて、もとの装置を使った被験者と、空間内の位置に関する情報ではなく無作為に電気信号を発するよう改造した装置を使った対照群の被験者を比較する実験を行なおうとしていた。それに対してユーリは、「それはおかしい。その対照群ではだめだ！（……）電気刺激そのものが役立つはずだ」と異を唱えた。そしてその通りの結果が得られた。

　ユーリはこの結果から次のように考えた。舌の感覚受容体に端を発し、脳幹の平衡感覚を処理するニューロンに「スパイク」を送り出した電気刺激は、脳幹で止まるわけではない。明らかに脳幹の平衡感覚系のニューロンは、脳幹にある他の多くの組織やその他の脳領域にスパイクを送り、それらすべてを活性化する。これらの領域には、睡眠、気分、感覚を調節する領域も含まれる。この仮説は、脳全体をスキャンしながら被験者に装置を使わせることでその正しさが証明された。脳のほとんどが活性化したのである。

　この結果は、とりわけ装置が提供する平衡感覚に関する情報と、適切な心的、身体的刺激や運動を組み合わせた場合、他の障害や脳の問題にも有効に作用する理由を説明する。おそらく装置は、他の形態の脳損傷にも有効なのではないだろうか？　もしかすると通常の学習さえ支援できるのではないか？　このときポールの業績の継承に心血を注ぐ弟子たちは、万能の脳刺激器の製作を可能にする洞察を手にしているのではないかという考えが突如ひらめいた。彼らはこのように、空間内の位置を知らせるのではなく、継続的な刺激を与えるだけの新たな装置としてＰｏＮＳを製作したのである。

ユーリは、ＰｏＮＳと同じように機能し、脳に弱い刺激を送る刺激器が他にもあることを知っていた。その一つ迷走神経刺激（ＶＮＳ）は、電極によって左迷走神経（頸動脈近くの脳神経）に刺激を与える。するとこの神経は脳幹の孤束核に刺激を伝達する。ＶＮＳはときに抑うつの治療に効果を発揮するが、電気刺激を発するペースメーカーを手術によって胸部に埋め込まなければならない。また脳深部刺激療法（ＤＢＳ）は、関連する神経回路を直接目標にする方法で、パーキンソン病や抑うつを抱える患者に適用され、ある程度の成功を収めてきた。しかしＤＢＳは、手術によって脳の奥深くに電極を埋め込まねばならない。それに対しＰｏＮＳは、子どもがペロペロキャンディーを口にくわえるように、ただ口のなかに保っているだけでよい。

次の節では、さまざまな症状を抱える患者の症例を取り上げ、この新たな装置の効果のほどを見てみることとしよう。

II. 三つの事例

パーキンソン病、脳卒中、多発性硬化症

パーキンソン病

現在八〇歳になるアンナ・ロシュケは二三年間パーキンソン病を患っていた。五〇代後半に症状が現れ始めたのだ。ドイツ在住の彼女は自国の医師にさじを投げられ、ウィスコンシンに連れられてきた。歩くこともバランスを保つことも、さらにはこぼさずにコップにミルクを注ぐことも、震えを抑えることもできなかった。話すスピードは遅く、会話の流れについていけなかった。抗がん剤の開発に携わる分子生物学者の息子ヴィクター・ロシュケは、「母の状態はよくありません。震えは最悪です。病状は投薬によってある程度抑えられてはいますが……医師によれば、ここまでくるとそれ以外の治療方法はないとのことです。つまり選択肢は尽きたということです」と言う。アンナは進行性疾患の早期診断を下された割には、しばらくは事態に比較的うまく対処できたと考えてはいたが、それでも孫のためにクッキーを焼くなど、ささやかながらでも意味のあることをして、もっと役に立ちた

いと思っていた。しかしパーキンソン病の進行によって無動の状態に陥ることが多くなったために、窓のそばにじっとすわって外を眺めながら、あるいはテレビを見つめながら過ごす日が続いていた。

マディソンチームは、ＰｏＮＳ装置が役に立つはずだと考えていた。というのも、平衡感覚の障害を持つ患者に装置を使わせて脳をスキャンしたところ、驚いたことに、パーキンソン病に罹患すると過剰に活動し始める脳の組織、淡蒼球が活性化することがわかったからだ。

装置を二週間使ってみると、アンナは発話と歩行の能力を取り戻し、震えは減退した。もはや歩行器を使う必要はなく、ヴィクターは「母はまったく普通に歩けるようになりました」と言う。彼はさらに続ける。「まったく驚きました。話し方が明らかに改善したことにも気づきました。震えを除けば、彼女はごく普通に見えます」

彼女は定期的に装置を使い続けていた。次にヴィクターが彼女を訪問した際には、八〇歳の彼の母親は台所のテーブルの上に立って、ドイツの主婦らしい几帳面さで天井を塗装していた。彼女が本来活動的で、人の役に立ちたがっていることを知っていたヴィクターは、「とてもはらはらしました」と笑いながら言い、彼女の平衡感覚と運動能力がいかに損なわれていたかを思い出しつつ、「母が転倒せずに天井を塗っているのは驚異的でした」とつけ加える。現在の彼女は、日中は公園に行って気軽に歩き回り、家では孫のためにクッキーを焼いている。

彼女は依然としてパーキンソン病を抱えてはいるが、心身の機能は大幅に改善したので、パーキンソン病患者にはとても見えない。ヴィクターは言う。「当初はあの装置の効果を疑っていました。私は科学者で、科学的なデータしか信用していないからです。でも、とりわけ母の運動協調性と認知能力に改善が見られたとき、この技術はすばらしいと思うようになりました」

脳卒中

マンハッタン在住で五四歳のメアリー・ゲインズは、ブロンドの髪、赤い頬、大きな目の、とても魅力的な人物だ。二〇〇七年には、二二年間勤めてきた私立学校の校長になった。ヨーロッパで育ったアメリカ人の彼女は、フランス語、イタリア語、さらには少しばかりドイツ語、フラマン語〔ベルギーやフランス北東部で話されている〕を話せる。しかし五〇歳にもならないうちに、脳の血管の破裂により大規模な脳卒中に見舞われた。それは一連の「軽微な脳卒中」から始まった。最初に腕と足が重くなるのに気づき、閃光を見るようにまでなったため、夫のポールが彼女を病院に連れて行った。「ニューヨーク・プレスビテリアン病院のMRIに寝かされていたときに大規模な脳卒中が起こりました」と彼女は言う。この典型的な脳の左半球の卒中によって、彼女の身体の右半分が衰弱し、言葉に障害が現れた。「私は話すことも、読み書きをすることも、咳をすることもできなくなりました。どんな音も立てられなくなったのです」

さらには、思考にも問題が生じ、不要な情報を濾過できなくなったために、感覚過負荷を経験し始める。また、日常の生活音によるノイズがひどく、会話の内容を理解できなくなる。脳が健康なら、注意するべき情報の選別は自動的に行なわれる。それについてメアリーは、「脳卒中に見舞われたあと、あらゆる音、影、ほぼすべての匂いを意識的に評価して、それらが危険かどうかを判断しなければならなくなったのです」と語る。彼女は視覚情報の処理があまりにも遅くなったため、車に乗っているとまわりの車の流れがまるで理解できなくなった。「私はいつも追いつこうとしていました」と彼女は言う。何が安全で何が危険なのかがわからなくなったため、彼女の神経系はつねに闘争／逃走反応モードに置かれていた。

彼女は、たとえばストーブを点火するなどのごく単純な動作さえできなかった。単純な作業を行なうだけで消耗したので、社会的にも孤立していった。また、ヘレン・ヘイズ病院で失語症と構音障害（正しく音声を発せられなくなる障害）のリハビリを毎日行なった。「私は、すわって他の人たちが話しているのを聞いていました。でも、皆が何を言っているのかまったく理解できず、話についていけませんでした」。半年間の休暇をとったあとで仕事に戻ろうとしたが、それは無理だということがわかった。彼女は、「現状と折り合っていくしかないと思ったのです」とつけ加えた。

日常生活にも支障をきたし始めた彼女は、四年半のあいだ何とかよくなろうと努力したが、ほとんどの症状は治らなかった。やがて、身内が住んでいたマディソンの、とある研究室のことを聞く。二〇一二年一月、彼女は思い切って二週間研究室に出かけることにした。長期間病気を患い、評判のよい病院で主流の治療を受けてきた人々の多くと同様、当初彼女は疑いを抱いていた。「研究室に来て二日目には変化を感じ始めたのですが、自分の希望的観測にすぎないのではないかとも思われたので、そのことは誰にも言いませんでした。ところが二日目に昼食を食べに外に出たとき、脳が、もつれた髪を櫛できれいに梳《と》かしたかのように整い、心にもつれを感じなくなっていました」と彼女は述べる。つまり、感覚刺激の濾過と思考の問題はいつのまにか消えていたのだ。闘争／逃走反応のスイッチがオフになり、周辺視覚を突然取り戻し、彼女はリアルタイムで視覚処理を行なえるようになったのである。「周囲の車の動きがよくわかるようになりました。三日目には活力が戻ってきました。そして驚いたことに、テーブルの向かい側にすわった人と会話ができるようになったのです。私はとても興奮しました。頭がおかしくなったと思われたくないから、必死に興奮を抑えなければならなかったほどです。あの装置は私の生活を変えました」

マディソンに二週間滞在したあと、彼女は装置を自宅に持ち帰って一日に三〜五回使った。二〇一二年三月までの二か月間、自宅でその装置を使っていた。彼女は私に、ほとんど淀みなく次のように語ってくれた。「まだ完治したわけでないことはよくわかっています。でも今は、自信があります。（……）何と言っても〈流れるように〉ものごとを行なうことができるようになりました。昔のように自然にできるようになったのです。今では普通に毎日の生活を楽しむことができるのです」。少し前までは新聞の記事をかろうじて読める程度だったのが、今では「読みたいものは何でも読めるようになりました」と言う。

このように、メアリーの回復は生活を大きく変えたが、それでも完治したわけではない。依然として週に一度は偏頭痛に悩まされる。並行作業は再びできるようになったが、以前ほど長くはできない。作業のスピードも速くはない。彼女は当初、チームの指示通り長期間ＰｏＮＳを使うつもりだったが、装置を使わなくても退行しないことに気づき、半年で使用を中止した。「今はヨガや瞑想を実践し、歩き、家の中を掃除し、庭仕事をし、料理を楽しんでいます。最大の喜びは自由になれたことで、今はそれを満喫しています」

多発性硬化症

ネブラスカ大学医療センター理学療法部門の研究主幹マックス・カーツは、生体力学《バイオメカニクス》と運動コントロールを専門にする科学者で、マディソンチームのメンバー以外で初めてＰｏＮＳの研究を行なった人物だ。ユーリ、ミッチ、カートは、他の研究グループが、ＰｏＮＳを使って自分たちが得た成果を、多発性硬化症患者を対象に再現できるかどうかに注目していた。カーツの研究には、再発寛解型多発性硬化症患者と、進行性多発性硬化症患者の両方が含まれていた。八人の被験者は二週間、一日に二度診療室に来て訓練を受け、その後の一二週間は自宅で装置を使った。当初、ほとんどの被験者は杖をつき、一人は歩行器を使っていた。

「患者に見られた変化は非常に顕著なものでした。それは、診療室で通常見られる変化より非常に迅速でした」とカーツは語る。杖をついていた七人は全員、「長時間、すばやく歩けるようになりました。また、手すりにつかまらずに階段の昇降ができるようになりました。これは非常に説得力のある結果です」。平衡感覚や歩行の問題ばかりでなく、多発性硬化症のいくつかの症状も改善した。つまり、全般的に治癒が進行しているようだった。「患者は、膀胱の制御や睡眠の質の向上も報告しています。これらは治療の直接の対象ではありませんが、変化が見られます」。車椅子を使っていたある患者は、椅子からベッドへ移動する、寝返りを打つ、膝立ちをする、正座をする、ひとりでバランスをとるなどの動作が可能になった。「こういう動作は、このタイプの患者には見られないものです」

とカーツは言う。

「ある女性患者は、頭や腕の震えがひどかったのですが、症状は消えました。それまで、投薬では震えを抑えられなかったのだそうだ。カーツは次のように語る。「彼女が最初に訪ねてきたとき、歩行は乱れていました。杖をつきながらやって来たのですが、そのうち杖は不要になりました。それどころかやがて歩けるようになり、最後には走れるようになったのです。数週間が経つうちに、なわとびまでできるようになりました。これらのいくつかはどうにも説明不可能なものです」

カーツが言及している患者は、キム・コゼリキという名の女性で、彼女は症状の悪化を食い止め、改善することができた。熱心なアスリートでテニスプレーヤーでもあった彼女は、テニスで奨学金を得て大学に通った。そして、テニスチームのマネージャーとして働いていた二六歳のとき、潜行性の多発性硬化症を発症した。最初は足にうずきを感じ、それが手に広がった。次に足、手、首、背中に神経因性疼痛が現れた。それから平衡感覚に支障をきたし、しょっちゅう壁にぶつかるようになる。歩くときには足を引き摺り、ものが二重、三重に見え始める。テニスでボールを打ち返そうとすると、三〇センチメートルほど狙いをはずした。それまで弾いていたピアノも弾けなくなった。頭部の震えがあまりにもひどくなり、つねに首を横に振って「ノー」の意思表示をしているように見えた。膝は内向きになって杖が必要になり、やがて長距離を移動する際には、警察で殺人課に勤める夫のトッドが、車椅子に乗った彼女を押すようになった。彼女の疲労は激化し、さらには言葉を思い出し、思考し、リアルタイムでものごとを行なう能力が著しく低下したために、仕事は辞めざるを得なかった。MRIスキャンを受けたところ、脳と脊髄の至るところに多発性硬化症に起因する損傷が見つかった。

キムを介護していた上級看護師は、カーツ博士の研究に参加することを彼女に勧めた。運動選手やミュージシャンは、よき患者になる場合が多い。というのも、彼らは段階的な練習を積み重ねることの効果をよく心得ているからだ。彼女の言によれば、PoNSを使い始めてから数日のうちに、「平衡感覚が改善し、壁にもぶつからなくなり、強くなったように感じました。多発性硬化症患者としては、これ以上ないほど正常な状態に戻ったのです」。装置を使い始めると、ランニングマシンで手すりにつかまりながら時速およそ一・六キロメートルで歩けるようになり、二週間後には時速四キロメートルほどになった。それからPoNSを自宅に持ち帰り、二〇分のセッションを毎日二回、一回は平衡感覚の改善のために、もう一回は歩いたり家事をしたりしながら行なった。そして四週目を迎える頃には、手すりにつかまらずに、時速およそ五・六キロメートルで歩けるようになった。「解放されたように感じました」と彼女は言う。一一週後には、トッドがボールを投げてテニスの練習をするようになった。トッドは、「彼女がラケットを思い切り振るので、ボールをかわすのがたいへんでした」と語る。

一年後の現在、彼女は杖なしで歩き、ピアノも弾けるようになった。もちろん完治したわけではなく、疲労や認知の問題は残っており、仕事はまだできない状況にある。しかし彼女は以前よりはるかに活動的になり、苦痛もさほど感じず、何よりも希望を持っている。今や彼女とトッドは一緒に映画を観に行き、外食したり、散歩をしたりと、生活を楽しんでいる。

III. ひび割れた陶芸家たち

ジェリ・レイク

PoNSが、進行性神経変性疾患のパーキンソン病や多発性硬化症の患者に有効だったので、マディソンチームは、脳に損傷を負った患者にも効果があるのではないかと考え、従来の治療法では効果がなかった外傷性脳損傷患者の治療を試みたいという話を周囲に伝えていた。

四八歳の上級看護師ジェリ・レイクは、二月の寒い日に自転車に乗って研究室にやって来た。彼女は次のように語る。「私はどんな天候の日でも自転車に乗って仕事場に通っていました。六年前のその日は、道路に雪が少し積もっていました。交差点で止まり、再びペダルをこいで発進した直後に、一台の車がウインカーを出さずに角を曲がり、私のほうに向かって突進してきました。私は急に止まらねばならず、そのせいで自転車はひっくり返りました。私はその車にひかれはしませんでしたが、道の片側に投げ出されヘルメットは壊れました。そのあと何が起こったのかはまったく覚えていません」

以前の彼女は、週末に五五キロメートルほどサイクリングをしていた。その後、息子と二人でさらに時間をかけ、五〇〇マイルレース〔およそ八〇〇キロメートル〕に出場するために訓練を始めた。レースには二人で毎夏参加した。厳しい訓練をしていない時期でも「頭がすっきりする」という理由から、ジェリは毎週一二〇～一六〇キロメートルほどの距離を自転車で走っていた。短く刈り込んだ茶色の髪をした彼女は、小柄で陽気、丈夫で活発な女性で、自身の表現では「エネルギー第一主義の（……）じっとしていられない」家族のもとで育ったとのことだ。助産術を身につけ、イリノイ州シャンペーンの病院で夜間の出産病棟を担当するチームのリーダーとしてフルタイムで働いていた。仕事をしながら四人の子どもを育て、シェイクスピアの専門家として教壇に立つ夫のスティーブ・レイバーンと過ごす時間の合間を見つけては、キャンプやハイキングをしていた。そして一年中自転車に乗っていた。

　事故直後、ジェリはそのまま自転車に乗って職場に向かった。彼女の状態に驚いた同僚は、彼女を緊急救命室（ＥＲ）に連れていった。彼女は吐き気を催して嘔吐し、頭がうまく回らなかった。ヘルメットは右耳の背後の部分が壊れていた。この事実は、頭頂葉や後頭葉に衝撃を受けた可能性が高いことを意味する。また、右側の肩と腰に打撲傷が見られた。医師は脳震盪の診断を下し、鎮痛剤を与え、休みをとるよう告げて彼女を自宅に帰らせた。それは水曜日のことだった。それから数日間、彼女は眠り続けた。土曜日は出勤日だったものの、夫は彼女を仕事に行かせたくなかった。しかし彼女は、「同僚に負担をかけるから行かないと」と出勤した。

「その日、仕事を終えたメンバーから報告を受けると、彼らが何を言っているのかさっぱりわからず、涙がこぼれてきました。その週末はずっと闘争／逃走モードが入りっぱなしになり、信じられないほど不安でした」と彼女は述懐する。

彼女は小さな音にも敏感になり、ナイフやフォークや皿の立てる音に驚いてしまい、食事をすることさえ困難になる。さらに悪いことに、一度でも物音に驚くと、過剰反応は留まるところを知らなかった。「誰かが少しでも物音を立てると、みんなは私をなだめなければならなくなりました。私はひきつり、抑え切れずにすすり泣いてしまうようになり、眠る以外にそれを止める方法はなかったのです」。光にも過敏になった彼女は、暗い部屋にこもらなければならなかった。それはあたかも、彼女の脳が音、動き、光、あらゆる種類の混乱を濾過できなくなったかのようで、それを無理に正そうとするとひどい頭痛に襲われた。この状況では、並行作業を行なうことなどもってのほかだった。

次に彼女は、筋肉のコントロール能力を失う。負傷の大部分は、左側の身体の動作を統制する右半球に対するものであった。手にしているものをしょっちゅう落とすようになった彼女の多くの問題は、身体の左側に関連していた。「左の腕と足はひきつり、体が震えていました」と彼女は言う。

月曜日には、顔の感覚を失っていた。同僚の一人が、緩慢な脳内出血を起こしているのではないかと恐れて、彼女をもう一度ERに連れていった。医師は外傷性脳損傷と診断したが、彼女はまともにとりあってもらえなかったように感じた。「医師は過呼吸のために顔の感覚がなくなったと言いましたが、それは正しくないとわかっていました。というのも、顔の感覚は気が動転する前からなかったからです。それでも医師は、私の話を聞いてくれませんでした。担当の看護師からは、むずかしい計算などは半年間は無理だと、医師からは気を鎮めるよう諭されました。夫には、こんなに怒った私は見たことがないと言われました」

ジェリは、むずかしい計算ができなくなったばかりか、さまざまな問題を抱え始める。状況が急激に悪化し、あらゆる種類の認知機能が失われていった。話そうとしても言葉が出てこなくなり、あえぎ、流し台を見て「靴」と言う有様だった。平衡感覚が失われ、度々ひっくり返って倒れる始末だった。

さらには視力を喪失する。左側の物体が見えなくなり、そちら側にあるものによくぶつかった。さらには奥行きの知覚、すなわち立体視の感覚を失う。そのため、車に乗るのが恐ろしくなった。というのも、他の車の位置が把握できなくなったからだ。「車に乗っているあいだ中、悲鳴を上げていました。他の車が突っ込んでくるように思ったからです。あらゆるものがのしかかってくるように感じられました」。家族は、ジェリを車に乗せる際には、窓のカーテンを閉め、目を閉じて後部座席に座らせるようにした。

彼女は歩行中、地面の状況を感じ取ることができなくなった。だからたとえば、坂を歩いているとき、家族は「上り」「下り」などと叫んで、転倒しないよう注意させる必要があった。絨毯《じゅうたん》の模様や活字は動いて見えた。両目の輻輳《ふくそう》〔対象をとらえる際に両目が連動すること〕を司るシステムが機能不全に陥ったために、目の焦点を合わせられず複視が生じた（外傷性視覚症候と呼ばれる）。複視の矯正のために用いられるプリズムメガネを処方されたが、依然として目の焦点を合わせることはできなかった。

冷静沈着でガッツがあり、運動能力とリーダーの資質に恵まれたジェリは、今や感覚、運動、情動反応をコントロールできず、悲嘆にくれていた。ジェリが勤めるオフィスの産科医は彼女の立ち直りの早さを知っていたが、その彼女の悪化した状態に驚きを隠せず、神経科医に診てもらうよう彼女に勧めた。その結果、彼女は脳振盪後症候群の診断を下された。ちなみに脳振盪後症候群は症状が持続するため、一般に脳震盪よりも重い。彼女は、半年間自宅で休養する必要があると言われ、その指示に従った。

半年後、ある神経心理士が、さまざまな人々が写った一連の写真を彼女に見せた。同じ顔の写真を何度か見せられても、彼女はすでに見た顔を識別できなかった。つまり、人の顔を識別して特定する能力を失っていたのだ。神経心理士は彼女に、一年間は仕事に戻らないよう忠告し、一年後にもう一度検査をするために来院するよう告げた。

家では、すべてがうまくいかなくなった。食事を作ることも洗濯もできず、彼女の面倒を見ていた夫の重荷になっているのを感じていた。彼は決して「くじけ」なかったが、彼女は家族のなかで自分が何の役割も果たしていないと思い始める。「私は、子どもたちと一緒に遊びたがる、混乱と喧騒が大好きな母親でした。子どもの友だちのこともよく知っていました。その母親が衰弱し切っていたのです。何かが起こると、それがどんなに小さなできごとでも動転してしまい、泣き出し、一週間寝込むようになってしまったのです」

一年後、彼女は指示どおり神経心理士のもとを再訪した。何の進歩も認められないのを見て取った彼は、「あなたは大脳右半球に恒久的な損傷を受け、前頭葉の実行機能はひどい状態にあります。助産士の仕事ばかりでなく、どんな仕事もしてはなりません。今のあなたは何かに奉仕できる状態にはありません。回復は、たいがい一年以内に起こります。二年目にも、多少の回復はあり得るかもしれません」。つまり脳の修理はあきらめて障害と折り合っていくよう、つまり自己の限界にうまく対処しつつ、障害の「埋め合わせをする」よう諭されていたのだ。「要するに彼は、〈現状を受け入れろ〉と言いたかったのです」と彼女は語る。次の数か月間、彼女は何人もの医師に「あなたの症状は恒久的なものです」と言われ続けた。

脳震盪という用語は一般的に、医師によって軽度外傷性脳損傷と互換的に用いられる。軽度外傷性脳損傷と診断された人の大多数は、三か月以内に、日常生活を送るのに必要な機能をもとのレベルまで回復する[*12]。しかし損傷が軽度か否かは、症状が消えたかどうかという結果を通してしか実際にはわからない。ときには本人が回復したように感じても、とりわけ二度以上脳震盪を被ったケースでは、これから見るように、長引く障害につながる病的なプロセスが始動され、実際には「危機を乗り越えた」とは言えない。軽度外傷性脳損傷の症状が三か月を過ぎても続くようなら、診断はジェリの事例のように「脳振盪後症候群」、および外傷性脳損傷に変更される。外傷性脳損傷は現在、若者の障害や死の第一の要因である[*13]。

多くの人々は、軽度の外傷性脳損傷と呼ばれるがゆえに、またスポーツで頻繁に起こることから、脳震盪を軽く見ている。脳震盪は心の機能の一時的な混乱や変化を引き起こすにすぎず、選手が「大丈夫だ」と口にし、試合に戻れるなら、重大な損傷は生じていないと考えているのだ。しかしアメリカンフットボールの選手や他のスポーツ選手を対象に実施された最近の調査では、繰り返し脳震盪を被ると、アルツハイマー病やその他の記憶障害、神経障害、抑うつの早期発症率が、一九倍に上昇することが示されている[*14]。また、軽度外傷性脳損傷を二度以上受けると、慢性外傷性脳症と呼ばれる変性障害を引き起こす場合がある。これは、何度も脳震盪を起こしやすいフットボール選手に限られるわけではない。トロント大学の研究者ロビン・グリーンらは、症状の回復がいったん見られながらも、おそらくは脳の変性プロセスのゆえに、やがて再び状態が悪化するケースがあることを報告している[*15]。

脳震盪の症状が軽く見られているもう一つの理由として、ERのCTスキャンやMRIでは、脳震盪後の状態は、組織が実際に損傷していたとしても、概ね正常なものとして記録されることがあげられる。空間内を動いていた頭部が何かにぶつかると、加速された状態にある頭蓋内の脳は、頭蓋内壁に当たって突如減速する。それから通常は後方にはね返り、反対側の内壁に当たる。これらの打撃によって、ニューロンによる化学物質や神経伝達物質の分泌が生じ、過剰な炎症、電気信号伝達の阻害、脳細胞の損傷と死、代謝活動の低下が引き起こされる場合がある。

ハンマーで窓を叩くと当たった部分だけが壊れるわけではないのと同様、衝撃を受けた箇所のみが脳震盪の影響を被るわけではなく、脳全体にわたって巨大なエネルギーが伝わる。また、ニューロンの細胞体のみならず、ニューロン同士を結合する軸索も影響を受ける。軸索の損傷は、拡散テンソル画像と呼ばれる最新のスキャン技術を使わなければ検出できない。軸索は異なる脳領域を結合しているので、その損傷は結合するすべての脳領域に障害を引き起こし得る。そのため、衝撃を受けた箇所の如何にかかわらず、感覚、運動、認知、気分に関わるさまざまな機能が影響を受ける。頭部の異なる箇所を損傷してもきわめて類似した症状が発現するのは、このためかもしれない。

ある日ジェリは言語療法士から、「奇妙なことに、まったく同じ損傷を負った女性を治療することになりました。あなたのケースと瓜二つです」という話を聞いた。この患者の脳の損傷は最近のもので、治療の進度はジェリより一年遅れになる。療法士から、二人でお互いに助け合ってはどうかと勧められ、実際にそうすることにした。

キャシーに会う

医療技師のキャシー・ニコル＝スミスはイリノイ州シャンペーンに住む中年の女性で、帰宅途中に運転していた車が二度にわたり衝突された。最初は後方から、さらに後続車が制御しきれず、今度は横から突っ込んできた。キャシーは頭部を打ってむち打ち症になり、記憶喪失に陥る。そしてジェリ同様、外傷性脳損傷と診断された。事故直後に複数の症状が発現し、時間の経過とともに減退することがなかったのだ。激しい頭痛を覚え、過度の睡眠をとり、光が苦痛に感じられるようになったために日中でも目を閉じていなければならず、持っているものを落としてしまい、歩行に難を感じ、運動協調性と平衡感覚に問題を抱え、話すのが困難になり、空間内での自分の位置や地面の傾斜を把握できなくなった。また、記憶障害になり、作りかけの料理を焦がしてしまうようになった。立体視を失って「すべてが平坦に見え」、複視が生じた。「メガネにワセリンを塗られたかのように、あたり一面がぼやけて見えました」。読むことも、集中することも、テレビを観ることすらできなくなった。「私の脳は、あらゆるものごとについていけなくなったのです」

キャシーは、もう一つ重大な問題を抱えていた。事故の直後に、彼女を支えてきた夫が膵臓癌になり、その四か月後に亡くなったのだ。

ジェリとキャシーは定期的に会うようになった。ジェリは次のように語る。「キャシーはさまざまな能力を次々に失い、私より多くの問題に対処しなければならなかったので、私は彼女がうまくやっていけるよう手助けしていました。私たちは、目と手の協調性の回復と手の力の補強のために、一緒に陶芸クラスに参加し、自分たちのことをひび割れた陶芸家《クラックト・ポッターズ》と呼んでいました。というのも、ひび割れているのは陶器ではなく陶芸家のほうだったからです」。その間ジェリは、脳損傷に関する情報をグーグルで集められるだけ集めた。

あれこれとウェブで検索しているうちに、ジェリはマディソンの研究室を知り、キャシーの治療も担当していた神経科医チャールズ・デイヴィスにそれについて話すと、デイヴィスはユーリに面会できるよう取り計らってくれた。しばらく待たされたあと、二人に研究所に来るよう通知する電話がかかってきた。ジェリはその日、八七歳の病気の父親を訪問する予定だったため研究所には行けなかったが、キャシーに一人で行くよう勧めた。「キャシーは出かけました。その二日後、彼女の声を電話で聞くと、話し方が変わっていました。なめらかになっていたのです。抑揚もありました。それまでは私と同じように、平坦な声で躊躇するように話していました。抑揚はなく、声には感情がこもっていませんでした。ところが突然、まったく新たな声で、〈ジェリ、あなたも来たほうがいい。ほんとうにすばらしい〉と言ったのです。彼女に何か奇跡が起こったことはすぐにわかりました」

こうしてキャシーは、ロンと同様に杖をついて研究所を訪ね、帰るときには杖を置いてきた。

二〇一〇年九月、ジェリが夫に連れられてマディソンの研究所を訪ねたとき、衰弱した彼女は腕をほとんど振らず、ためらいがちにゆっくりとした足取りで研究所の廊下を歩いていた。かつて活動的だったこの女性は、今はプリズムメガネをかけ、おびえて意気消沈したマウスのような表情をし、腰から上は硬直し、下はふらついていた。直立姿勢は、二つの太古の力の拮抗に依存する。一つは、二足歩行するヒトの直立姿勢で、これは、背中と背骨の伸筋系と直立を維持する神経系を発達させた、数百万年にわたる進化を通じて得られたものだ。もう一つの力は重力である。これまで見てきたように、たいていの歩行は前方への倒れ込みを制御するものであり、恒常的な脳幹のフィードバックを必要とする複雑なプロセスから成る。ミッチはジェリを最初に見たとき、「フラストレーションに駆られてスイッチボードからすべてのプラグを引き抜く電話交換手を演じる、リリー・トムリンのコメディー劇を思い出した」という。診断名は、瀰漫《びまん》性軸索損傷をともなう外傷性脳損傷であった。

私は、マディソンチームが制作した、治療前と治療後のジェリを撮影したビデオを仔細に観察した。研究室に到着したときの彼女は、つねに今にも転びそうな様子をしている。足元は不確かで、前に進むたびにバランスを失いかける。腕は突然四五度の角度で外に向けて伸び、その様子は姿勢を安定させるために必死で羽をバタつかせているかのようだ。緊張した表情には、一歩を踏み出すごとに感じている恐れがはっきりと見て取れる。足を前に投げ出そうとするときには、つま先が床に貼りついているかのように見え、ようやく地面から離れると、かかとは持ち上がってまっすぐ前に進まずに、外に振れたり、他方の足の進路と交差して歩幅があまりにも狭くなったりするために、彼女はあやうく転倒しそうになる。一歩前進するたびに足首はねじれる。方向転換をする際には壁に手を伸ばして身体を支えねばならず、そのあいだに両足がぶつかり合ってもつれる。上を見上げると、後方に倒れてしまう。

マディソンチームは、動的歩行指数と呼ばれる尺度を用い、標準化された障害コースを歩かせることで彼女をテストした。靴が入るくらいの箱の前まで来ると、彼女はそれをまたぎ越せずに完全に立ち止まる。それから、あたかも腰の高さのフェンスを越えようとするかのごとく横向きになり、かろうじて倒れずに通り越すことができた。階段を下りる際には、両手で手すりをつかみ、一段ずつ休みながら下りなければならなかった。また、彼らは、床と壁を動かして被験者の平衡指数を正確に測定する「揺れる電話ボックス」に彼女を入れて、バランスを保つ能力をチェックした。

ジェリは外傷性脳損傷の患者によく見られるように、「何とか生活を続けていくためだけに」四種類の医薬品を服用していた。興奮剤もあれば鎮静剤もあった。「数時間作業をするために必要なエネルギーを得るために」朝にはリタリンを、不安を抑えるために抗うつ剤を、睡眠のためにアチバンを、頭痛の鎮静のためにレルパックスを服用していた。このように当時の彼女は、自己調節能力を失った神経系を持つ患者の典型のようであった。

診察初日、彼女はユーリに、主治医からこれ以上の回復は見込めないと宣告されたことを泣きながら語った。何しろ、事故から五年半が経過しても何の改善も見られなかったのだ。彼女の脳はユーリとミッチの基準検査に参ってしまい、ユーリの話についていけず、だんだん質問に答えられなくなってきた。これ以上は無理だろうと感じた彼女の夫は、その日はそこで自宅に連れて帰るべきだと考えていた。彼女の話によれば、そのときユーリはミッチに「この結果は予想していなかった」と言ったので、彼女は家に帰されるのではないかと不安になったそうだ。

それからジェリはPoNSを口に入れ、ユーリから細かな指示を与えられた。首が痙攣しないよう、また脳幹への血流が遮断されないよう、完全にまっすぐ立たねばならなかった。ユーリは腰の位置を確かめ、膝に関して注文をつけ、肩と頭部のあいだの距離を測った。それから装置を舌に乗せたまま、目を閉じて二〇分間立っているよう彼女に指示した。この指示に彼女は恐れをなした。というのも、周囲が見えないと必ずバランスを失って倒れるようになっていたため、二〇分間も立っていられるとは彼女にはとても思えなかったからだ。

ユーリは装置のスイッチを入れ、ジェリは目を閉じた。彼女がふらついたときには、チームの誰かが腕や肩に触って空間内の位置を彼女に知らせた。というのも、シェリルが使っていた装置とは異なり、このPoNSは空間内の位置を知らせなかったからである。ジェリの心は落ち着き（たいがい装置を使い始めてからおよそ一三分経過すると被験者は落ち着く）、自分の身体が揺れてもチームのメンバーが触らないことに気づく。やがて二〇分が経過し、「そこまで」というメンバーの声が彼女の耳に聞こえてきた。

彼女は装置を口から出す。すると、平衡感覚の問題はなく、ほぼ正常な足取りで歩くことができたのだ。部屋から出るときに左に曲がる際、驚いたことに、倒れずにそちらの方向を肩越しに見ることもできた。ビデオに映っているジェリが「首を回せた！」と喜んで叫ぶのを見て、そばにいた夫は泣き出していた。彼女の声は正常で、変化に富み、生き生きとしている。言葉は明瞭で、構音障害も消えていた。抗重力筋は正常に機能し、彼女は感嘆符のごとくまっすぐに立っている。そして胸をふくらませて、なめらかに歩いている。

しかし彼女は、ひどく混乱した表情を見せた。「こんなに早く変われるものなのだろうか？」「五年半も続いた障害なのに、こんなに早く解消されるものなのだろうか？」。これらの疑問は、時間が経つにつれ、ほんとうに解消したという確信に変わっていく。「外に出て走りたい！」と彼女は叫ぶ。実際、二日後には、ランニングマシンを使って走っていた。

「とても驚きました。マディソンチームは私の人生を取り戻してくれたのです。二度とたどりつけないと思っていた地点に、たった一日で再び到達できたのです。四八年間知っていた自分の感覚を取り戻すことに夢中になってしまい、新たな神経経路の形成を促すために、無理をせず休みをとるように言われていたことなんかも忘れかけていました。ウィスコンシンに出かける直前には、夜間は一一時間から一二時間眠り、さらに一時間から二時間昼寝をしていました。それでも活力はまったく戻りませんでした。ところがその夜は、八時間眠って朝六時半にすっきりと目覚め、十分に休むことができました。そして久しぶりに、脳が身体と同時に目覚めたことを感じたのです」

その朝目覚めたとき、彼女はまず窓の外に目をやった。「私は思わず叫んでいました。シャワーを浴びていた夫があわててやって来たので、〈あの湖を見て！〉と言いました。湖岸はもはや単なる直線ではありませんでした。木が生い茂り、その背後には他の木々が立っていました。だからそれらのあいだには入り江があるはずです。突然奥行きを見る能力を取り戻した私は、自分の視野がいかに平坦だったかに気づきました。それまでは湖の絵を見ているようなものでしたが、３Ｄ映画も顔負けの立体視が可能になったのです。そして人の顔も見分けられるようになりました」。これらの変化のほとんどは、最初の四八時間のうちに起こっている。こうして彼女は、二日も経たないうちにプリズムメガネを不要に感じていた。

五日後、ジェリは、最初に足取りのテストを行なったその廊下を検査のために再び歩いていた。今や彼女は敏捷かつなめらかに歩くことができ、笑顔を浮かべて堂々としていた。上体は流れるように動き、優美な運動家だった頃のように喜々として腕を振る。障害物の箱の前に来ても歩調を緩めず、注意を払うことさえなく楽々とまたぎ越す。こうして彼女は、はねるようにして障害物のあいだを縫って歩き、手すりにつかまらずに階段を上り下りした。それから片足で立ち、さらには外に出て、子どものように近くの丘を登ったり下ったりした。

彼女はマディソンに一週間滞在したあと家に帰り、その後は持ち帰った装置を用いて二〇分のセッションを毎日六回行なった。彼女は、思考、知覚、意思決定の能力に言及しながら次のように語る。「私の認知のスピードは、日ごとに速くなっていきました。脳の霧は晴れ、日常生活が楽になったことに驚きました。活力に満ちあふれ、どこでそれを使えばいいのかがわからないほどでした」。すぐに難なく車に乗れるようになり、夫スティーブの運転する車で孫娘のエバの顔を見に行った。事故に遭ったのはエバが生まれる前で、それ以来顔を認識する能力を失っていたため、ジェリは「初めてエバの顔を見るように感じました」と語る。

それから「輝かしき三か月」が始まる。ジェリは仕事に戻れると確信した。ユーリはシェリルの治療での経験に基づいて、一年半はジェリに装置を使い続けさせるつもりだったようだ。

彼女より数週間前にマディソンを訪問し、劇的な回復を見せていたキャシーは、すでにシャンペーンに帰っていた。彼女も神経可塑的な成長を促すために、一日に六回、二〇分ずつ装置を使っていた。そのうちの二回は、平衡感覚を司る脳の神経回路の改善のために、マットの上につま先もしくは片足で立ちながら、もう二回は動きの改善のためにランニングマシンで走りながら、最後の二回は脳内のノイズを鎮めるために、瞑想しながら装置を使った。そしてその効果は驚くべきものだった。ほぼすべての症状が消え去ったのだ。再び読書を楽しめるようになり、言葉を探すのに苦労することもなくなった。複視と二次元の平坦な視覚も消え、平衡感覚も改善した。並行作業ができるようになり、感謝祭《サンクスギビング》の日には、来客のために一二人分もの食事を準備することもできた。

まるまる三か月が経過すると、スティーブが「ひび割れた陶芸家たち」を車でマディソンに連れて行き、彼女たちが装置を正しく使っていることを確認するために再検査を受けさせた。その結果ユーリは、「脳のノイズに満ちた発火は鎮まり、神経可塑性によって新たな結合が形成され始めてはいるが、完治したわけではない」と二人に説明した。彼女たちはシェリルと同様、時間をかけて残留効果を蓄積していく必要があった。

ぶり返し

二〇一〇年一二月二七日、ジェリ、キャシー、スティーブの三人は、再検査をしに研究所に行く途中、研究所のすぐ前の大学通りで信号待ちをしていた。不運にも、そこへ後ろから車が全速力で突っ込んできて、彼らの車は完全につぶれてしまった。警察の事情聴取で、突っ込んできた車を運転していた男は、携帯電話を探していたらしく、信号が赤だったのか青だったのかまったくわからないと供述した。

「頭蓋の底にナイフで刺されるような痛みを感じました。スティーブによれば、そのとき私は〈ひどく痛む〉と言ったそうです。キャシーは、そのときちょうどPoNSを口に含んでいました。この事故は、キャシーの脳損傷を引き越した事故とまったく同じでした。私はキャシーを落ち着かせ、それから私たちはERに連れていかれました」

平衡感覚の障害、言葉が見つからない問題、めまい、長時間の睡眠など、キャシーがかつて抱えていた症状はすべて戻ってきた。ジェリの症状は、次の数日でさらにひどくなった。発話は退行し、再び言葉がなかなか見つからなくなった。平衡感覚は乱れ、走ることはできず、複視は再発し、奥行きの知覚は失われた。睡眠の質もひどく劣化し、疲れてまったく活力を失った状態で目覚めるようになる。思考の問題も再発した。最悪なのは、直近三か月のあいだ一度も生じなかった頭痛が、これまで一度も経験したことのないほどの激しさで舞い戻ってきたことである。二〇一一年一月、症状が激化し、主治医は脳内出血の可能性を恐れて彼女をERに行かせた。だが検査の結果、脳内出血はしていないことがわかった。いずれにせよこれは、部分的に治癒した外傷性脳損傷の患者が、再度頭部を負傷すると発現する典型的な症状だ。

ユーリは、ジェリとキャシーにもう一度最初からやり直す必要があると告げた。また、一日に六、七回、二〇分ずつ瞑想しながら装置を使わなければならなかった。心的なものであれ身体的なものであれ、いかなる種類の訓練も、二人の傷つきやすくなった脳には負担が大きすぎた。

このような状況に対処するために、神経可塑的な治療を行なういかなる施設も、専属の精神科医をスタッフに加えるべきである。脳を損傷した患者や神経疾患にかかった患者のほとんどは、明らかに、認知、情動、動機づけに問題を抱えている。脳が十分に機能していないのだから、抱えていないほうがむしろおかしい。幸いにもマディソンの研究室には、言葉は辛らつながら思いやりにあふれたソビエト出身の移民アラ・スボティンがいた。ジェリとキャシーは、ロシア人とアメリカ人から成る合同チームが、二度にわたって損傷を負った脳に起因する災厄から脱出できるよう、いかに二人を導いていくかを十二分に知ることになる。「アラはすばらしいコーチで、私には不可欠の存在になりました」とキャシーは語る。「いつもリラックスしていてとても親切な人ですが、私たちに必要なことは必ずやらせました。その意味では研究所のメンバーはみな厳格です。ユーリは世界でもっとも意地が悪く、そしてもっとも愛情にあふれた人です。彼は、私たちのことをとても心配していました」

キャシーはさらに続ける。「彼らは、決して私たちのことをあきらめたりしません。私たちが普通に暮らしている姿を見るために仕事をしているのです。そこでは、私たちのような患者に奇跡が起こります。ユーリは私たちが普通に暮らせるようになるのを願っていますが、私たちが間違ったことをすれば厳しく対応します。私が生きる喜びを取り戻して嬉しさのあまり泣いているときに、私の名前を呼んで抱きしめてくれるのも彼です。彼らは、治癒には患者自身の真摯な努力が必要であることを、正直に教えてくれます。彼らはコーチでありチアリーダーでもあります。でも第一に必要なのは、自分自身が懸命に治癒を渇望することです」

ジェリは着実に回復していった。二月後半に入ると、PoNSを使いながら瞑想してあとで、それを口に含んだまま歩き回ったり、Eメールを読んだりするなど、他の作業も徐々に行ない始めた。「三月には、回復は信じられないほどの速さで進みました。気分は最高でした」と彼女は言う。再び走れるようになり、六五キロメートル程度のサイクリングも再開した。現在では、二度目の事故に遭う前の状態と同程度にまで回復している。

五月初めに再度会って話をしたときには、彼女は興奮していた。「息子が先週末に結婚したんです。その夜は七時から真夜中まで、招待客にあいさつし、みんなと踊っていました。八か月前ならパーティーには参加できず、家で寝ていたことでしょう」。そう言ったあとで彼女はしばし沈黙し、それから「嬉しくて泣きそうです。この気持ちは言葉にはできません」とつけ加えた。

もちろん問題はまだ残っている。度重なる脳震盪に起因する症状を治すのは簡単ではない。たとえば、依然として脳損傷を負う以前より疲れやすい。けれども五〇〇マイルレースのうちの三八〇マイルを走れるようになり、運転免許証も再度取得できた。さらには、パートタイムでボランティア活動を始め、外傷性脳損傷の患者に神経心理学検査を施すための訓練を受け始めた。

キャシーも現在回復しつつある。一日におよそ五キロメートル歩き、動けずにいたあいだに増えた分の体重およそ二二キログラムの減量に成功した。今では快眠できるようになり、頭の働きもはっきりしている。音や感覚に襲われることもない。ただし、並行作業を行なうとその情報に参ってしまい、仮眠が必要になる。「でも、以前のように、脳が文字通りシャットダウンしてしまうようなことはありません。自分の生活を取り戻すことができました」と彼女は言う。依然として毎日装置を使っているが、当初の半分の時間で済むようになった。残留効果は蓄積されつつある。数年にわたって装置を使い続ければ、装置を使う必要がなくなったシェリルのケースと同程度の残留効果が得られるかどうかは、今のところわからない。しかしシェリルがそのレベルまで回復するのには、二年半かかっている。また、キャシーとジェリは一度ではなく、二度も脳に損傷を負っている。

キャシーは今でもジェリと頻繁に連絡を取り合っている。「そう。陶芸はまだやっています」と彼女は言う。

IV. わずかな支援で脳はいかにバランスをとるのか

脳幹の組織を失った女性

これを書いている現在、マディソンチームはスー・ボイルズの治療にあたっている。スーは脳幹の一部を失っており、彼らの課題は、失われた組織がかつて担っていた機能を行なえるよう、残された組織を訓練することである。スーは、四四歳にもかかわらず歩行器を使って研究所にやって来た。

スーが三五歳になったとき、彼女の筆跡と平衡感覚は、原因不明の劣化を呈し始めた。脳画像を撮影すると、彼女の脳は、まれな症状、海綿状血管腫（異常な血管のかたまり）を発現し、それらの一つがもれ始めていることがわかった。それから九年後、神経外科医はすぐに手術をしなければ死ぬかもしれないと彼女に告げる。さらに、手術をすれば日常生活すら困難になる危険性があり、成功しても完治はしないだろうとつけ加えた。スーは、まだ手のかかる二人の息子を持つ教師であり、手術を受ける選択をする。私は今、彼女のｆＭＲＩ画像を手にしている。それを見ると、足の親指程度の厚さの領域からスプーン一杯くらいの脳の組織が欠けているのがわかる。手術の結果、彼女は一命をとりとめたが、普通には歩けなくなり、顔面、平衡感覚、発話、視覚のコントロールが効かなくなった。

私は今、マディソンの研究所で、ユーリとミッチが午前の時間を費やしてスーの諸機能の基準検査を行なう様子を見ている。彼らは彼女を「揺れる電話ボックス」に入れて、どれくらいの時間まっすぐに立っていられるかを観察することで、平衡感覚を検査している。それから、標準化された障害コースを歩かせて足どりのテストを行なう。fMRI装置に彼女を寝かせ、平衡感覚を失ったかのような感覚を与えるバーチャルリアリティーのビデオを見せながら、脳の活動を観察する[*16]。そして彼女が頭を保ち、微笑み、目で物体を追う様子を撮影する（これらの動作は、脳神経によってコントロールされている）。

ユーリは、スーに最初の課題を与える。この課題は、装置を口に含み、バランスをとりながら二〇分間立ち続けるというものだ。瞑想で得られるような心の静けさを保つために、室内の明るさは抑えられている。ユーリは装置のスイッチを入れる。最初の目標は、神経調整の働きによって脳をリセットし、ノイズに満ちた神経回路を無効にすることだ。彼女はすぐに落ち着き、リラックスした表情を見せ、うまくバランスをとる。

ユーリは、姿勢をゆるめないよう彼女に指示する。これは、エネルギーの自然な流れを確保して、立ったまま瞑想状態に入れるようにするためである。彼女は、頭がひもでごくわずかに持ち上げられたかのように立ち、首をねじって脳幹への血流を阻害しないよう留意し、横隔膜で呼吸し、身体の緊張を精査してリラックスさせ、両膝のあいだをゆるく保ち、腰をまっすぐにしていなければならなかった。東洋では、瞑想によってリラクセーションを得るための模範的な姿勢が四千年の実践を通じて確立されている。ユーリは、それらの姿勢が、装置を用いて神経系を正しい状態に導く際に役立つことを発見していた。

翌日、スーはランニングマシンを使った。時速〇・八キロメートルから始めて、やがて二キロメートル、さらにはそれ以上の速度へとペースを上げていく。昨日まで歩行器を使っていた彼女は、もう疲れたという表情をしながらユーリを見る。

「あなたをくたくたにするのが私の仕事です」と彼は言う。

「ユーリ、背中が痛むんです」と、装置を口のなかから出してスーは嘆願する。

それに対してユーリは、「疲れたり背中が痛んだりしないのなら、私は自分の仕事をしていないことになります」と答えたあと、彼女の姿勢がくずれているのを見て「それではだめです」と注意する。

彼女はあえぎながら、必死にやっているという形相をする。

それを見たユーリは「私をだますつもりですか？」と言い、肩をすくめ眉をひそめる。何しろロシア出身のユーリには、北米流の甘っちょろいごまかしは通用しない。

何とか彼女を助けたいと思っている彼には、彼女の態度はもどかしくてしかたがないのだ。彼は、神経可塑的なアプローチでは、おのおのの動作に注意を集中することで、患者自身が積極的な役割を担わなければならないことを説明する。彼はいったん彼女をランニングマシンから下ろし、腰をもっと動かして歩く方法を教える。歩行器を使っている人によくあることだが、彼女の姿勢は神経可塑性の効果によって変化し、前かがみになっていた。

「今のあなたの体は、一個の大きなかたまりと化しています。身体の個々の部位を使って動く方法を学ぶ必要があります。たとえば、もっとも大切にしなければならないのは頭だと考え、上半身を動かさずに下半身を動かす方法を習得するのです」。そして彼は、彼女の硬直した身体を生き返らせるために、太極拳でするような姿勢のとり方を教える。

ユーリは私に、「彼女の個々の動きはすべて正常なのですが、うまく組み合わさっていません。安定している瞬間が少しでも見受けられれば、統合は可能なはずです。三歩に一歩は正常です。だから正常な歩行ができるはずなのです。私はいつも彼女を叱咤激励し、課題を徐々にむずかしくしています」

「よろしい！」と、ユーリはランニングマシン上のスーに大きな声をかける。

「そう。手荒にやる必要もあるのです」と彼は言う。「少しやさしい言葉をかけると、誰も彼も状態が悪化してしまうのです。だから、私は嫌な奴に徹しなければなりません。見てください。彼女は今足を引き摺っています。十分にかかとを上げていません。角度を変えてみましょう」。そう言って彼はランニングマシンの斜度を変え、「足を引き摺らないで。膝を上げて！　スー！　引き摺らないで！　歩幅はもっと大きく！　着地は柔らかく！」と大声で叫ぶ。

失われたスプーン一杯ほどの脳組織を埋め合わせるには、相当の時間がかかるだろう。彼女の回復プロセスは、迅速に歌声を取り戻したロン・ハスマンのケースより、はるかにゆっくりとしたものになるはずだ。ロンの場合は、健康な組織が残っていて、それがうまく機能していなかっただけであったのに対し、スーのケースでは、組織が完全に欠けているために、他の領域を再配線して、失われた組織の機能を肩代わりさせなければならないからである。それには時間がかかる。歩行器を恒久的に使わずに済むようになるか否かは、これからわかるだろう。

ランニングマシンを使ったセッションがようやく終わる。

「きょうはとても従順なラットでしたね」と彼は言う。

「そうですね。ありがとうございます」と彼女は微笑みつつ、ゆっくりと答えた。

ユーリの理論

西洋医学では一般に、個々の病気は独自の経過をたどるがゆえに、おのおのに対して異なる治療法が用いられなければならないと考えられている。だから私は、なぜPoNSが、多発性硬化症、パーキンソン病、外傷性脳損傷、慢性疼痛など、さまざまな疾病に有効なのかをユーリに尋ねた。

私の問いに対してユーリは、「すぐれた理論ほど実践的なものはありません」と、ソビエト科学アカデミーのモットーを繰り返しながら答えた。彼は、自己を修正し、調節する脳のシステムに働きかけ、「ホメオスタシス」の達成を可能にすることでPoNSが機能すると考えている。第3章ですでに述べたように、「ホメオスタシス」という言葉は、自己と内的環境を調節し、内的および外的な攪乱を受けながら身体を安定した状態に保つ生体システムの能力を指す用語として、一九世紀フランスの生理学者クロード・ベルナールによって西洋医学に導入された。かくしてホメオスタシスは、進化によって獲得された最善の能力を発揮できる最適状態からシステムを逸脱させる効果を打ち消す。たとえば人間は通常、三六度台の体温を保ち、身体はその状態にあるとき最善の働きをする。体温が上昇すると身体はもとの体温に戻ろうとし、戻れなければ私たちは死ぬだろう。肝臓、腎臓、皮膚、神経系など、多くの身体組織が、このホメオスタシスの機能に寄与している。

さまざまな神経ネットワークは、おのおのが独自のホメオスタシスを持つ。そのことは、各神経ネットワークが、それぞれ異なる機能を果たしていることを考えればよくわかるはずだ。「運動系のニューロン」は、動作を実行できるよう、おもに脳から筋肉へと情報を送る。「感覚ニューロン」は、身体の各部位から入力される感覚情報を処理する。運動ニューロンと感覚ニューロンは「一次ニューロン」と呼ばれ、どちらも電気信号によって情報を伝達する。

他には介在ニューロンがあり、そのおもな働きは、近傍のニューロンの発火活動を調整することにある。介在ニューロンは、他のニューロンに最適なタイミングとレベルで信号が到達するよう、そしてそれを受け取ったニューロンが伝達された情報を過不足なくきっちり処理できるよう調節することで、ホメオスタシス的なコントロールを行なう[*17]。

「介在ニューロンの働きの好例は、網膜の光受容体に見られる」とユーリは言う。光受容体が処理しなければならない光の量は、暗い部屋でじっとしているときから浜辺で日光浴をしているときに至るまで、状況によって非常に大きなばらつきがある。光の量はルクスと呼ばれる単位で測定する。居間でテレビの前にすわっているときの明るさはおよそ一五ルクスだが、日光が降り注ぐ夏の浜辺では一五万ルクスに達する。ヒトの目の個々の光受容体は、かくも広範な光の量を処理すべく進化したのではない。介在ニューロンの働きを借りて、そのような状況に適応したのである[*18]。

入力される信号のレベルが低すぎて感覚ニューロンがそれを検知できない場合、対応する介在ニューロンは、入力信号を増幅することでそのニューロンを興奮させ、発火の手助けをする。入力される信号のレベルが高すぎる場合、対応する介在ニューロンは、感覚ニューロンの反応度を下げることでその発火を抑制する。また介在ニューロンには、信号をシャープで明確にする働きもある[*19]。さらに、介在ニューロンで構成されるネットワークは、瞳孔を取り巻く小さな筋肉に信号を送り、必要な量の光を取り込むようその大きさを調整する。（したがって瞳孔の大きさの変化は、介在ニューロンのフィードバックが機能している証拠になる。）しかしホメオスタシスの維持のために再調整を行なうのは何も瞳孔だけではなく、介在ニューロンで構成されるネットワークの多くは、その仕事を請け負っているのである。

脳の疾患は、この介在ニューロンに悪影響を及ぼすことが多い。脳細胞が生きているにもかかわらず、適量の神経伝達物質を生産できなくなる脳の疾患がある。それに対し、脳卒中や脳損傷では、脳細胞は死ぬ。いずれのケースでも、介在ニューロンによって構成されるシステムは、ホメオスタシスを維持できるよう脳の他の部位を支援する能力を失いかねない。信号のレベルが低すぎて、脳が重要な情報を取りこぼすかもしれない。あるいは高すぎて信号が脳全体に広がり、本来刺激を受けるべきではないニューロンまで影響を受けてしまうかもしれない。ジェリが音や光や動きに過敏になったとき、まさにこの現象が生じていたのである。また、信号が長すぎて、後続の信号と混ざり合い、どちらの信号も不明瞭になってシステムにノイズを引き起こす場合もある。慢性疼痛症候群に見られるように（わずかな動作によって、何時間あるいは何日も続く痛みが引き起こされる）、神経回路が過敏になり、それ自身をオフにできなくなることもある。★さらに言えば、信号が長すぎかつレベルが高すぎると、ネットワークが飽和する恐れが生じる。ひとたびネットワークが「飽和」すると、入ってくる信号に処理が追いつかなくなるために、情報は取りこぼされ、個々の情報間の区別ができなくなる。（おそらくそのために、この種の問題を抱えているほとんどの人が途方もない疲労を感じ、最低限のものごとを行うだけでも膨大な労力を要し、脳に過剰な負荷がかかっているという感覚を覚えるのではないだろうか。）

ホメオスタシスが乱れると抑制と興奮のバランスがくずれ、システムは広範囲に及ぶ入力を調節できなくなる。そのためこの状態に陥った患者は、入力信号のなすがままになるのだ。たとえば、暗闇で懐中電灯のわずかな光を目にしただけで苦痛を感じ、目を覆わなければならない。特定の刺激には過剰な興奮や混乱を感じるのに、別の刺激にはまったく何も感じないなどということもよく起こる。これが運動神経に生じると、筋肉のコントロールがうまく効かなくなる。

★三叉神経痛と呼ばれる慢性疼痛症候群でも、信号のレベルは異常に高くなる。それは、三叉神経と呼ばれる顔面を走る脳神経が、血管の影響を受けたりつねられたりして、狭い範囲で急性疼痛が生じる際に起こる。三叉神経は、繰り返し圧迫されると過敏になる。レベルが極度に高まった信号が、脳のネットワーク全体に広がり、そのために顔のわずかな動きが顔面全体の激痛を引き起こすようになるのだ。ＰｏＮＳは急性疼痛を治すわけではないが、顔面全体を覆う慢性疼痛への急性疼痛の拡大を劇的に抑制し、ただちに痛みを和らげることがある。おそらく介在ニューロンが活性化され、痛みの伝播が抑制されるからではないかと考えられる。

ユーリの仮説によれば、PoNSがさまざまな疾病に効果があるのは、それがホメオスタシスを調節する神経ネットワークの、全般的なメカニズムを活性化するからである。このように、脳のホメオスタシスを自己治癒の新たな手段として利用することを強調する彼の説は、とてもユニークだ。

彼の考えでは、装置は臨時の電気信号を介在ニューロンシステムに送り、疾病のために自力でスパイクを放てなくなった介在ニューロンにスパイクを生じさせる。こうして、興奮と抑制のバランスをとる能力を失ったネットワークの回復を可能にするというのである。

マディソンの研究所が達成したもう一つの奇跡的な成果は、二〇〇人の患者を治療して、副作用が一件も発生していないことである。（ユーリは最初に自分でPoNSを数時間試し、副作用の有無を確認している。自分を鉱山のカナリアにして、一日に三〇分から一時間装置を使い続けたのだ。）「一二年間の研究を通して、結果は有益な効果があったか、効果がなかったかのいずれかであった」とユーリは言う。脳の正常な機能を取り戻す有益な効果が得られるか、そうでなければ何の効果も得られないという発見は、「PoNSは、ホメオスタシスを通して、ネットワークの自己矯正を誘導することによって機能する」という考えにも一致する。

ユーリは以下のように語る。「一〇〇万のインパルスを人為的にネットワークに投入すると、自己調節と自己治癒のプロセスが始動する。脳幹は脳と脊髄、小脳経路といくつかの脳神経の結節点にある。つまり、われわれはあらゆる領域に結合している脳領域に、数百万のスパイクを送っているのだ。この領域は、さまざまな組織が凝集した脳の部位であり、それらの半分は自己調節能力を持つ自律神経系や、ホメオスタシスに基づく調節を行なう他の組織を司っている」

したがって、脳幹とその介在ニューロンを治療の対象にすることは、身体の大部分を支配するホメオスタシス調節システムに働きかける一つの方法だと言える。この調節システムには、平衡感覚や視覚に関与する脳神経（シェリルはこの神経を損なっていた）や、つねられると三叉神経痛と呼ばれる慢性疼痛症候群を引き起こす脳神経によって供給される、感覚刺激を調節するメカニズムが含まれる。脳幹は、大規模な自律神経系（闘争／逃走反応の交感神経系と、興奮を鎮める副交感神経系）を制御する働きを持つ。したがって、心拍数、血圧、呼吸は脳幹で自己調節されている。また、脳幹は、消化管や消化作用を調節する迷走神経を宿す。その刺激は副交感神経系を活性化し、人を落ち着かせる。さらに、脳幹には網様賦活系（ＲＡＳ）も存在する。ＲＡＳは覚醒度をコントロールし、睡眠・覚醒サイクルに影響を及ぼす。また、脳の他の部位を増強する（第３章参照）。ユーリの考えでは、ＰｏＮＳを使った患者が夜間にはよく眠れて、昼間の覚醒度が上がる理由は、迷走神経とＲＡＳに対する影響によって説明できるようだ。★

発声と嚥下のコントロール（ロンはそれに苦労した）は、延髄と呼ばれる脳幹の下側の部分で行なわれる。よって脳幹を治療対象にすることは、身体の自己調節中枢に働きかけることを意味する。

脳幹（と近傍の小脳）は、運動、高次の認知機能、気分を統制する他の重要な脳領域と結合している。運動を司る脳領域との結合は、パーキンソン病、多発性硬化症、脳卒中患者にＰｏＮＳが有効である理由を、また、高次の認知機能を司る脳領域との結合は、装置の使用によって被験者の注意力や並行作業を行なう能力が高まった理由を説明する。

ユーリによれば、運動皮質に損傷を負った患者の場合、運動ネットワークの発火が特定の領域で減少する。人が正常に動くためには、脳は、空間内の自分の位置を「知り」、必要に応じて動作を調整するために、筋肉や手足からのフィードバックを必要とする。この「感覚・運動ループ」は、統合された神経回路を構成する。ユーリの考えでは、損傷を負った脳では、身体から脳に、そして脳から身体に発せられる感覚・運動ループのスパイクの流れは、バランスを失い、非同期化し、混乱し、そのレベルが低下する。たとえば、歩くためには一〇〇ミリ秒間に一〇〇スパイク必要だった場合、患者の筋肉はその期間に一〇スパイクしか受け取らなくなり、収縮が遅くなって衰弱するために正しく歩けなくなるのだ。マディソンチームはジェリを治療する前、脳から筋肉に発せられるスパイクの数をカウントした。その結果彼らは、スパイクが短く、すばやく到達するのではなく、はるかに長い時間をかけて筋肉に到達していることを見出した。さらに言えば、ユーリの推測では、システム内で発せられる一秒あたりのスパイクの数が少なすぎるために、筋肉からネットワークに送られる感覚入力のレベルが低下し、またその到着が遅くなり、神経回路の運動を司る部位でも感覚を司る部位でも、スパイクの数が著しく減少する。このような状況では、理学療法の効果はあまり期待できない。

しかし理学療法を施すあいだに、悪影響を受けた感覚や運動を司る神経回路にＰｏＮＳを用いて数百のスパイクを追加投入すれば、動作の制御能力を取り戻せるかもしれない。このような理由によって、装置を使うようになってからジェリの脳が発したスパイクは、正しい数と速度で筋肉に到達するようになったのである。

これらのスパイクが神経回路の運動を司る部位に届けば、手足は活発に動き始め、それによって感覚を司るシステム部位は活性化し、はっきりと手足の動きをとらえ、フィードバック情報としてさらなるスパイクを運動系のニューロンに送り返すことができるので、好循環が形成される。

その結果、それとは別の理由によってさまざまな症状に改善がもたらされる。この結果は、「心の機能は、ごく限られた領域で固定配線されたモジュールによってつねに実行される」と考える、厳密な局在論の観点から脳をとらえる思考様式の臨床医には意外に思えるはずだ。局在論モデルに従えば、いくつかの心の機能が損なわれた場合、それらのおのおのに対して異なる介入手段が必要になる。

しかしほとんどの心の機能は、限定された領域内ではなく、広く分散したネットワーク上で実行される。指を曲げてキーボードで文字を入力するなどといった単純な動作でさえ、前頭葉の（動作の計画に関与する）いくつかの領域、それよりやや後方に位置する（個々の動作を調節する）運動皮質の領域、脳の中央深くに位置する領域（タイプする指は前方に動いてから上下しながらキーを押すので、自動的にいく

★PoNSによる迷走神経の刺激は、パーキンソン病の症状の改善も説明する。パーキンソン病の理解における、神経科学者ハイコ・ブラークの画期的な業績によれば、パーキンソン病は胃に起源を持つ可能性がある。病原体が迷走神経につながる消化管の神経に入り、脳幹、そしてPoNSの刺激の対象になる神経核に至るのである。この説は、パーキンソン病患者が、かくもさまざまな自律神経系や消化系の障害を引き起こす理由を説明する。これらは大脳基底核にこの疾病を局在化する現行の理論では説明し得ない。次の文献を参照されたい。C. H. Hawkes et al., "Review: Parkinson's disease: A Dual-Hit Hypothesis," *Neuropathology and Neurobiology* 33 (2007): 599–614; H. Braak et al., "Staging of Brain Pathology Related to Sporadic Parkinson's Disease," *Neurobiology of Aging* 24 (2003): 197–211

つかの動作を結びつける必要がある）、そして末梢神経の活性化をともなう。これらの巨大なネットワークは、機能システムと呼ばれる。このように、単純な動作でさえ、それを支える巨大な機能システムを必要としている。

ユーリによれば、運動皮質における脳卒中などにより、運動を司る機能システムの一部が損なわれると、その影響は運動皮質に限定されない。運動皮質は他のさまざまな脳領域と結合してネットワークを構成しているので、運動の基盤をなす機能システム全体が影響を受け、システム内で受け渡される信号が、至るところで少しずつ衰弱する。言い換えると、運動皮質の死んだ組織は、それに結合する生きた組織に影響を及ぼし、システムのすべての構成要素が多かれ少なかれ衰弱するのだ。現在の非全体的《ホリスティック》で局在論的な脳の問題へのアプローチでは、この点は十分に強調されない。というのも、そのような見方においては死んだ組織のみに焦点が置かれ、不整脈の理論でも強調されている、それに結合している生きた組織への影響が無視されるからだ。

しかし臨床医は毎日のように、ダメージがネットワーク全体に広がっていく様子を見ている。パーキンソン病、脳卒中、多発性硬化症、外傷性脳損傷などの患者は、最初に損傷を受けた脳の領域が疾病ごと個人ごとに異なっていても、同様に平衡感覚、運動、睡眠、さらには思考、気分に障害を抱えていることが多い。平衡感覚を失ったパーキンソン病患者は、最初に症状が発現する領域が異なるにもかかわらず、平衡感覚障害を抱える多発性硬化症患者と非常によく似ていることが多い。疾病はすぐに、広く分散されたネットワークの全体に二次的な影響を及ぼし、さまざまな機能を阻害し始める。マディソンチームのアプローチの巧妙さは、機能システム全体を覚醒させるために、ネットワークに対する電気的な刺激と、リハビリ訓練を結びつける点にある。彼らの患者のほぼ全員は、抱えている疾病がパーキンソン病、多発性硬化症、脳卒中、外傷性脳損傷、あるいはその他の脳障害のいずれであろうと、心的な訓練とともに、感覚ノイズを鎮め、平衡感覚、運動、運動感覚を刺激する訓練を受ける。

脳を刺激する方法は、経頭蓋磁気刺激法（これに関しては『脳は奇跡を起こす』で詳述した）や脳深部刺激療法（DBS）など、他にもいくつかあるが、PoNSにはそれらにはない利点がある。経頭蓋磁気刺激法は、磁場を変化させるためのコイルを備えた非侵襲的な装置を頭部の近くに保ち、三センチメートルほどの深さまで脳領域を活性化させるが、必ずしも目標とする機能ネットワークを対象にできるわけではない。DBSは、ときにパーキンソン病の治療に使われており、目標とするネットワークを活性化できるが、電極を埋めるためには脳外科手術が必要となる。ユーリ、ミッチ、カートの三人は、パーキンソン病患者の治療でDBSが対象とする脳領域の一つ淡蒼球を、PoNSを使って刺激できることを脳画像によって実証している。おそらくは、彼らがアンナのパーキンソン病の症状を大幅に改善できたのも、この理由によるのだろう。

ユーリにとって、狙いとする機能ネットワークを活性化する最善の方法は、たとえば平衡感覚障害を持つ人にバランス運動をさせるなど、通常そのネットワークを動員する活動を実行させ、そのあいだに自然なスパイクを送り込んで補完することで、無理なく行なうことである。

PoNSを使えば、人為的な電気的刺激は舌の表面に与えるだけでよい。PoNSは、三〇〇ミクロンの深さの感覚ニューロンを活性化する。かくして活性化されたニューロンは、脳神経を介して正常な信号を脳幹、および機能ネットワーク全体に送り出す。こうして、最初に少量の人為的な電気的刺激を舌に与えたあと、ネットワーク内のすべてのニューロンが、ネットワーク内のニューロンの連鎖を介して、装置からの電気そのものではなく、いつもどおりの信号を順次受け取ることで刺激されるのである。ユーリの説明によれば、このスパイクの臨時投入が有効に作用する理由は、これまで見てきたとおり、疾病の影響を受けて、正常に機能するには不十分な数のスパイクしか放てなくなったネットワークが存在するからである。使われなくなった神経ネットワークは、衰退するか他の心的活動に用いられるようになる。より多くのスパイクを循環させることで、機能ネットワークは再度活性化し、神経可塑的な成長プロセスが始動する。そしてシナプスが維持され、その数を増やす。これらの活動はすべて、機能システムの調節、バランス維持、最適化を行ない、さらには衰退した神経回路の再覚醒を促す運動《エクササイズ》を容易にするスパイクを投入することによって、促進されるのである。

四種類の可塑的な変化

ユーリは、二〇〇〇人の被験者を対象にする実験と、可塑的な変化の時間経緯に関する知見に基づいて、PoNSによって四種類の可塑的な変化が得られると論じている。

可塑的な変化の第一のタイプは、ロンの声の改善やジェリの平衡感覚の回復に見られたような、ただちに生じる反応である。装置使用開始後一三分くらいで、本人が気づくことはあまりないが、被験者の呼吸方法は変わり始める。その後、どんな認知的、身体的な訓練を行なっても特別な効果が得られる時間帯が二時間ほど続く。この迅速な変化は、「機能的神経可塑性」とユーリが呼ぶ能力を通じて生じる。それがきわめて迅速に生じる理由は、種々の症状を生んでいる、興奮／抑制システムの生理的な不均衡を是正するからだ。ロンの「痙攣性発声障害」は、声帯筋の損なわれた神経がつねに発火することで引き起こされた。ホメオスタシス機能を活性化し、過剰に発火し続けるニューロンを抑制することで、PoNSはいとも簡単に発声障害を逆転できたのである。何年ものあいだ不連続的な動きをしていたスーの視線の障害は、数分で安定した。また、彼女の顔面の対称性も改善した。このタイプの可塑的な変化は、症状に対処する。

第二のタイプは、「シナプス神経可塑性」と呼ばれる。数日から数週間、PoNSを使いながら訓練を続けることで、ニューロン間に新しく持続的なシナプス結合を生成することができる。ユーリの考えでは、さらにそれによってシナプスのサイズが大きくなり、受容体の数が増え、電気信号が強化され、軸索の伝導効率が向上する。ロンは、装置を使い始めて数日後には杖が不要になった。また、ジェリは五日で再び走れるようになった。最初の数日間でよく見られる変化は、睡眠、発音、平衡感覚、歩き方の改善である。このタイプの可塑的変化は、基盤にあるネットワークの病理に働きかける。

第三のタイプは、シナプスのみならずニューロン全体の変化が関与している。したがってユーリはそれを、「ニューロン神経可塑性」と呼ぶ。このタイプの変化は、神経回路を一か月以上活性化することによって生じる。研究によれば、二八日以上ニューロンを活性化し続けると、ニューロンは新たなタンパク質と内部組織の生成を開始する。ジェリは二か月で自転車に乗れるようになり、彼女の視覚は四か月で完全に正常なレベルに戻った。一二月の二度目の事故のあと、彼女の視覚は再び劣えたが、プリズムメガネが不要になるまで四か月かかっている。キャシーは三か月で普通に話せるようになった。パーキンソン病を抱えるアンナは、三か月かけて右手の震えを、六か月かけて左手の震えを克服することができた。

第四のタイプは「システム神経可塑性」と呼ばれる。これが生じるには一年近くから数年を要する。この段階では、装置を使う必要はない。このタイプの可塑性は、前述の三つの可塑性のすべてが安定化し、新たなネットワークの基盤が確立したうえで、装置を使わなくてもシステムが十全に機能し、自己修正が可能になるまでは生じない。シェリルは装置を六か月使ったあとで、残留効果が毎日毎時間持続することに気づき、装置の使用を中止した。しかし四週間装置を使わないでいると、もとの症状がすべて戻ってきた。つまり、神経可塑的な変化が根づいていなかったということだ。そこで彼女はまる一年装置を使い続け、その時点で再び装置の使用を中止した。このときは四か月間良好な状態を保てたが、その後徐々に退行した。そしておよそ二年半装置を使い続けて初めて、使用を中止してもぶり返しが起こらないことがわかった。こうして彼女は「システム神経可塑性」による変化を達成したのだ。今や彼女の脳は自立した新たなネットワークと、いくつかの回復したネットワークを備えている。ユーリは、非進行性の脳損傷に関して、安定した残留効果を得るために、およそ二年間装置を使い続けることを奨励している。

ユーリの考えでは、装置はまた、損傷した神経回路の修復を支援する神経幹細胞（脳のベビー細胞、神経前駆細胞）を刺激することで効果を発揮する。ちなみに、脳幹の橋《きょう》に隣接する、第四脳室と呼ばれる液体に満ちた空隙に幹細胞が発見されている。これらの細胞は、細胞の全般的な健康にも寄与す

る。★

PoNSを用いれば、私が提案する四つの治癒の段階に即して治療を分けることができる。「神経刺激」は、ネットワークのバランスを図るホメオスタシスの改善、つまり「神経調整」に至る。神経調整は患者の過敏性を迅速に緩和し、覚醒レベルを調節する脳幹の網様賦活系をリセットして正常な

★低強度レーザー（第4章参照）とPoNSはともに脳にエネルギーを通すが、一般にそれぞれ異なる生物学的レベルで作用する。低強度レーザーに関して言えば、その光が頭蓋を通過する際、進路に位置するすべての個々の細胞がそれを浴びる。光は慢性的な炎症を取り除き、選択的に損傷した組織にエネルギーを付与する。したがってレーザー光はおもに、現在わかっている限りで言えば、一つの脳領域全体の細胞の全般的な健康に働きかける。それに対しPoNSは「一緒に配線され」、関連し合う既存の機能ネットワークに働きかける。したがってそれは、ニューロンの特定のネットワーク機能を改善する。低強度レーザーとPoNSはそれぞれ異なる脳のレベルで作用するために、両方の恩恵を受けられる患者もいる。問題が炎症に関するものなら（脳損傷、手術後の炎症、脳卒中、髄膜炎、おそらくは多発性硬化症、そしてある種の抑うつ）、脳の細胞環境を正常化するために低強度レーザーを先に試してから、ネットワークを正常化するためにPoNSを使うのが妥当であろう。

それはそれとして、レーザーでも、ある種のホメオスタシスの是正が生じると私は考えている。たとえば、第4章に登場したガビーの音に対する過敏は劇的に改善したが、これはホメオスタシスの効力によるものだ。この改善は、損傷した細胞が回復したあと自然に生じたのかもしれない。というのも、彼女はレーザー療法を受けているあいだ、ネットワークを活性化するためにあらゆる種類の心的、身体的リハビリを実践していたからだ。光がその進路に位置する損傷した介在ニューロンを活性化し、治癒することによって、損なわれた機能システムが神経調整されるということは十分に考えられる。

睡眠サイクルを回復する。それによって「神経リラクセーション」に至り、神経回路は休息をとってエネルギーを蓄積できるようになる。このようにして回復したエネルギーと、持続する神経リラクセーションの作用により、この段階で次第に実践可能になる心身の訓練を通して、休眠中の神経回路が活性化される。ホメオスタシスが是正され、脳が休息をとり、調節されて十分なエネルギーを確保することでリズムを取り戻せたときに初めて、患者は、脳の損傷や疾病でよく見られる「不使用の学習」を克服する機会が得られる。こうして患者は、「神経差異化と学習」の準備が整う。これらすべての段階が結びつくことで、最適な神経可塑的変化が得られるのである。

　必要とされる装置の使用期間は、疾病や症状によって変わる。多発性硬化症やパーキンソン病などの進行性疾患を治療するには、長期間、おそらくは一生を通じての使用が求められる。なぜなら、進行性疾患は毎日新たなダメージを引き起こすからだ。ユーリが述べるように、「多発性硬化症は休むことがない」。進行性疾患を抱える患者は、神経結合が根づく前に（装置を自宅に置いて旅行に出かけるなどして）治療プログラムを中断すると、進歩が止まり、症状が戻ってくるのを経験するはずである。多発性硬化症（自己免疫疾患による炎症）を抱えた歌手のロン・ハスマンは重度の関節炎を発症し、膝と肩の関節を置換する手術を何度か受けた。その期間、外科に通わねばならないのと、手術を受ける妻のサポートをしなければならないのとで、PoNSを使う時間をほとんど取れず、そのため彼の声は再び劣化した。このようにPoNSは、使っているあいだはノイズに満ちたネットワークをリセットすることで症状の緩和に役立つが、根本的な炎症の病理と（多発性硬化症による炎症を引き起こした）病原性因子を除去できないために、それが使えなくなると、彼の脳はもとのノイズに満ちた状態に逆戻りしたのだ。このゆえに、神経配線に関する特定の問題とともに、できる限り脳細胞の全般的な健康の問題に対処することが必要になるのである。★

PoNSによって改善できる症状とできない症状がある理由は、現在のところ完全に明確にはなっていない。ノイズに満ちたネットワークに対するPoNSの効果は迅速かつ劇的であり、ジェリ、キャシー、メアリー、ロンは、長期にわたって続いていた重い症状の顕著な改善を経験した。ここで私は、PoNSが従来の薬物療法以上に進行性疾患の根本的な病因を取り除けると主張するつもりは毛頭ない。言いたいのは、従来の薬物療法では効果がなかったさまざまな重い症状を、PoNSの使用によって副作用なく除去できるということだ。さらに言えば、最悪の神経性疾患や損傷の多くは、基盤となる疾患が発達するためのみならず、もとの疾患によって「ノイズ」や「不使用の学習」が引き起こされるほど神経系が攪乱されるために進行するということを、PoNSは教えてくれる。

辛らつな小説家のノーマン・メイラーは『ぼく自身のための広告』で、「人は一瞬一瞬を、一歩成長するか、一歩後退するかしながら生きている。こうして人はつねに、少しばかり生きるか、少しばかり死ぬかしているのだ」と書く[*20]。脳内でも同様のことが起こっているのではないだろうか。ノイズに満ちた神経回路内での健康な活動の欠如は、単にネットワークを不活性化するばかりでなく、

★ダイエットをしたり、身体から毒素を除去したりする多発性硬化症へのアプローチは、全身の炎症に至り得る、細胞の全般的な問題に対処する試みである。

崩壊と無秩序《カオス》に導く。（また、ノイズに満ちたネットワークは、機能不全に陥っているため、健康な脳のネットワークのように、他の心的機能が取って代れない可能性が高い。）しかし、ノイズに満ちた神経ネットワークのホメオスタシスを回復できれば、容赦のない症状の進行を遅らせることができる。

非進行性の障害に関しては、一般的には、ある程度の時間をかければ装置を使う必要がなくなるまで残留効果を蓄積していくことができる。それに対して進行性疾患の場合は、長期間あるいは一生をかけて装置を使う必要がある。（ちなみに、たとえばある種の脳震盪症など、かつては非進行性と考えられていたものが、実際には進行性であることが判明した疾患もある。）スー・ボイルズのようにどちらとも言えないケースもある。彼女の場合、生き延びるために脳幹の大きな部分を切除した。彼女の状態の改善は非常に緩慢であった。確かに平衡感覚は向上し、支えなしでも立っていられるようになった。たとえば教会では、信徒席の背で身体を支えずに立てる。しかし現在でも、移動には歩行器を使っている（ただし最近、本人も驚いたことに、歩行器なしで車道まで出ることができた）。なお、元運動選手の彼女は、ほぼ二年間毎日ＰｏＮＳを使っている。

新たなフロンティア

「どの患者も新たな問題を抱えてやって来るために、私たちがどれほどやっかいな事態に直面しているか想像できますか？」と、ユーリは憤慨しながら言う。マディソンチームは、効果があるとはこれまで思いもよらなかった障害にもＰｏＮＳが有効であることを見出しつつあり、それらのすべてを詳細に研究しなければならないと感じている。万能の脳幹ホメオスタシス矯正器の考案は、容易な課題ではない。

多発性硬化症に関する予備研究が刊行され[*21]、また、オマハ多発性硬化症研究が進行中の現在、彼らは、脳卒中、パーキンソン病、外傷性脳損傷の研究を急ピッチで進めつつある。米陸軍は最近、外傷性脳損傷を抱える兵士を対象にPoNSの効果を評価する研究を開始した。オマハでのもう一つの研究は、脳腫瘍手術による術後脳損傷を受けた子どもへのPoNSの効果を評価するものだ。バンクーバーでは、脊髄損傷に対する装置の効果を調査する研究が予定されている。また、ロシアのいくつかのグループが、パーキンソン病、脳卒中、脳性麻痺、耳鳴り、聴力損失に対する効果を研究している。さらにマディソンチームは、平衡障害に起因する偏頭痛、眼震（視線に関する障害）、化学療法による脳損傷、神経因性疼痛（三叉神経痛を含む）、ジストニア〔神経障害による不随意な筋収縮が原因の運動障害〕、動揺視（ものが揺れて見える視覚障害）、嚥下障害、脊髄小脳失調（小脳が衰退し、運動コントロールが失われる進行性疾患）、上陸後症候群（船酔いし、上陸後も揺れの感覚が続く）、および一般的な平衡感覚の問題を抱える人に関するさまざまな改善事例を見てきた。また、自閉症スペクトラム（小脳が影響を受ける場合が多く、平衡感覚や感覚統合の障害が顕著に見られる）、神経疾患、てんかん、本態性振戦〔原因不明のふるえ〕、脳性麻痺、睡眠障害、特定の形態の学習障害、そしておそらくはアルツハイマー病や、加齢による平衡感覚の喪失を含めた神経変性疾患にも装置が有効ではないかと考えている。

だからといって彼らは、装置が万能だと主張するわけではない。しかし調整の狂った脳のネットワークを調整し（言い換えれば自己調整を可能にし）、生存には不可欠のホメオスタシスを司る神経回路を神経可塑的に強化する装置は、適用範囲がきわめて広い。装置は慢性の炎症を緩和するので、とりわけ多発性硬化症には有効であろう。ちなみに、この脳に対する電気の効果は最近発見されたものである。科学者は、迷走神経に「神経炎症性反射」を見出し、最近では迷走神経の電気刺激によって、多発性硬化症同様の自己免疫疾患、関節リウマチに罹患し、あらゆる薬物療法が失敗した患者の治癒に成功している。神経炎症性反射と、電気刺激がいかに過剰に活性化した免疫系を迅速に鎮静するかについては、巻末の原注[*22]を参照されたい。

PoNSについて聞き及んだ医師のなかには、装置の非特定性、すなわち脳や身体に内在する多くのシステムに効果を及ぼす点に関して、疑問を抱く者もいる。ここ数世紀間、西洋医学は、身体を、器官、細胞、遺伝子、分子と次々に細分化していくことで理解しようと努めてきた。この方法は、単位が小さくなればなるほど、それだけ疾病の原因が明確になり、それに対する治療方法が見つかる可能性が高くなるという前提に基づく。神経学では、このアプローチは、通常脳全体に伝播する巨大な活動の波を研究対象にしている電気生理学者に対する、科学者や遺伝学者の勝利をもたらしたかのように見える。また、それぞれの病気は、ミクロな欠陥を対象に特効薬を投与したり、独自の治療を施したりすることで治療するのがもっとも効果的だとする信念を生んだ。

ホメオスタシスに依拠する脳の自己制御システムの巨大なネットワークを刺激する装置は、脳の疾病を治療するにはあまりにも非特定的であるように見えるだろう。要するに私たちは、疾病に明確な住所を持っていて欲しいのだ。そのため、巨大なネットワークの迅速なバランスの回復を支援する万能の介入法という考えは、いんちき療法、あるいはプラシーボ効果として簡単に見捨てられる。身体は全体として機能するがゆえに全体として治療されなければならないと考える生気論者と、個々の部位を侵すものとして疾病をとらえる唯物／局所論者は、数千年にわたって論争を繰り返してきた。現在は後者が優勢であるが、実際のところ、どちらの側も重要な洞察を提示している。脳の多くの領域を喚起するとはいえ、PoNSはつまるところ、受容体、ニューロン、舌のシナプスなどといった非常に小さな実体が反応する特定の刺激や周波数に関する、焦点を絞った分析の産物なのである。

このようにPoNSは、西洋の科学の概念や方法論を導入しつつ、ホリスティックで東洋的なあり方で、すなわち治癒のプロセスの一部としてホメオスタシスに働きかけ、自己制御を促進することで、身体の自助を支援するのである。この点でPoNSは、科学の力を治療に動員するための、きわめて自然な手段を提供する。ホメオスタシスに基づく自己制御は、生物が行なう無数の処理のなかの一つというだけではない。混沌のなかで秩序を維持する自己制御は、まさに生命の本質をなす。それは、薄い皮膜に包まれたミクロの生物を、それを取り巻く無生物の過酷な混沌から分け隔てるものでもあり、また、生命を宿す私たちと、秩序を維持する能力を失ったときに私たちを待ち受けている混沌を分かつものでもある。私たちの身体は、やがて混沌に帰し、無生物になる。したがって自己制御、すなわちホメオスタシスの回復による治癒は、私たちが折に触れて実行するプロセスなのではなく、生命と健康の維持のためにつねに働いているものなのである。だからこそ、ごくありふれていながら、かくも魅力的で、ありがたいものなのだ。

第8章

音の橋

音楽と脳の特別な結びつき

（ソクラテス）グラウコンよ。音楽による訓練は他の何にもまして強力な道具なのだ。なぜなら、リズムと調和が魂の内部の場所を探り当て、そこに堅固に根づくからである。

――プラトン『国家』［*1］

I. 識字障害を抱えた少年の運命の逆転

二〇〇八年の春のある日、一度も会ったことのない女性から電話がかかってきて、彼女の息子を救ったポール・マドールという人物に関する話を聞いた。彼女の息子「サイモン」は、三歳のときにいくつかの気になる兆候を呈し始めた。名前を読んでも応えず、彼がいるほうにボールを転がしても、返そうとしなかった。ハイハイや歩行を覚えるのは遅く、動作はぎごちなかった。どうやら発達が遅れているようだった。母親「ナタリー」の話では、心理士に相談したところ、彼は自閉症スペクトラムを抱えているかもしれないと言われたそうだ。また、他の臨床医には「自閉症のような症状」を呈していると言われた。だが、ナタリーはこれらの診断を信用していなかった。すると、ある作業療法士から、ポール・マドールに診てもらってはどうかと提案されたとのことだった。

サイモンは自閉症の「周縁的な」症状を抱えている、と、マドールはナタリーに告げた。発達上の大きな問題を抱えていることには彼も同意したが、サイモンは自閉症の核心的な症状と一般的に考えられている、他者の心を想像する能力が欠如しているわけではなかった。ナタリーによれば、マドールの治療を受けることで息子は完全に変わった。引きこもっていたサイモンは、みんなと遊ぶようになり、動作や話し方はなめらかになった。そしてナタリーは、「私とも、初めてほんとうの会話をすることができた」と言う。

しかし彼女によれば、マドールの手法はあまりにも変わっているので、主流の療法家や、同じ問題を抱えた子どもを持つ両親にその話をしても、誰にも信じてもらえなかったらしい。彼らは、はなから彼女の話を疑うか、自閉症に似た症状を持つ少年がいかにそれを克服したかという話題自体にまったく関心を示さないかのいずれかであった。

マドールがどのような治療をしたのかを彼女に尋ねると、「信じてくれないでしょうけれど」と躊躇しつつ、話し始めてくれた。それによればマドールは、音楽、とりわけモーツァルトの音楽を使ったらしい。ただしそれには、息子の脳を再配線するために、ナタリーの声を録音して改編した音を混ぜた、奇妙なアレンジが施されていた。しかしそれは、息子の聴力や人間関係を形成する能力を劇的に改善しただけでなく、音とは何の関係もない、さまざまな心的活動を生まれて初めて可能にした。これは音楽療法と言うべきもので、音のエネルギーを用いて、発話を可能にするために脳に至る橋を架けたのである。

五年後の現在、「息子の学校の成績はトップです。友だちも私が把握しきれないくらい大勢います。そして息子は、とても親切で思いやりがあり、周囲の雰囲気をよく読めるようになりました」とナタリーは言う。どうやら彼女の抱えていた問題は解決したようだ。現在のサイモンは水泳の選手で、サッカーやクリケットに熱中し、空手の競技会では金メダルをもらった。「ポールたちの治療は、さまざまなあり方で根底から私たちの生活を変えました。彼らに出会わなければ、今でも私たちは途方にくれるばかりだったはずです」と言ったあと、彼女はとまどいながら「そんなことは考えてみたくもありません」とつけ加えた。

ポール・マドールについて調べてみると、彼は私が住んでいるトロントの一地区で暮らしていたことがわかった。小さな公園ほどの大きさの植物園に囲まれ、往来からはかなりはずれた場所に、木の柵に隔てられてひっそりと佇む、一八八〇年代に建てられた古風なビクトリア様式の家に住んでいた。彼は当初、白アリに侵食されて配管がむき出しになっている、荒れ果てた下宿屋の所有権を買い取った。当時、敷地の一部は地元のゴミ捨て場として使われていたらしい。彼はその下宿屋の一室に住み、間借り人が部屋から出ていくたびに彼と友人はその部屋を改装していった。残った間借り人の賃貸料を生計の足しにすることで、彼は一室ずつ部屋の改装を進めていくことができた。妻のリンの手も借りながら何年もかけてこの建物をよみがえらせ、秘密の楽園へと変えていったのだ。彼はこのように、子どもの治療に関しても、私生活においても、誰にも救えなかった宝物を救済する才能を備えていた。

黒髪で均整のとれた顔立ちをしたフランス人のマドールは、包容力を感じさせる大きな茶色の目をし、顔の骨には地中海地方の芸術家の趣がある。謙虚で感受性が強く、押し付けがましいところのない臨床医だ（この特徴は、発達障害を抱える過敏な子どもの治療には必須である）。ゆったりとしたしなやかな物腰には、鎮静効果すらある。その存在感の大きさにもかかわらず、彼は人に何かを強要したり、自己を見せつけたりすることがない。彼と一緒にしばらく過ごせば、あなたは彼の気配りの質とその広がりを感じずにはいられないだろう。まさにそれは、芸術家の注意力なのだ。彼があなたをじっと観察しているときでも、あなたは動揺したり、支配されていると感じたりはせず、彼の人間性を十全に感じ取れるはずである。しかし彼のもっとも際立った特徴は、人の心に深く穏やかに響き渡る、朗々として確信に満ちたその美しい声にある。

だが、昔からそうだったわけではない。

ポールは、一九四九年、フランス南部の孤立した小さな町カストルで、ひどい学習障害を抱えて生まれた。当時そのような場所では、子どもの脳の障害に対する理解などないに等しかった。ポールの両親は一九六〇年代に、心理士、精神科医、言語療法士（単調で無意味なつぶやきを発していたため）など、フランスで治療を行なっているあらゆる種類の療法家のもとに彼を連れて行った。通常の聴力検査ではまったく問題がなかったにもかかわらず、話を聞こうとすると、彼はつねに相手に言い直してもらわなければならなかった。学校では四度落第している（さらに彼は、合格に値しないのに試験に合格したことが何度かあったと言う）。識字障害と診断されたが、彼はこの言葉を発音することもできなかった。識字障害はもっともありふれた学習障害で、失読症を含む。多くの失読症患者と同様、活字体で書くときに、文字「b」と「d」、「p」と「q」、数字「6」と「9」をあべこべに使った。

識字障害は、読字以外にも影響を及ぼした。自身による話では、彼はアヒルのように歩いていたそうだ。空間認識能力と注意力が欠けており、しょっちゅう電柱にぶつかっていた。学習障害の子どもの多くと同様、同級生にからかわれ、教師でさえ彼のぎこちなさを嘲った。体育教師は、ときに彼を「太ったガチョウ」と呼びさえした。


私は今、ポールが一〇年生のときにもらった「週間成績表　カストル中等神学校」とフランス語で書かれたピンク色の小さな通信簿を手にしている。各週の終わりに、教師はその週における各科目の成績とクラスでの順位を記した成績表をつけていたようだ。それを見ると、二つのことが明らかになる。就業態度や努力についてはつねに合格点をもらっていたが、学科の成績はすべて不合格で、合格点に近いことさえほとんどない。第一週の成績は、数学が一／二〇、国語が三／二〇、スペイン語が四／二〇、英語が八／二〇で、クラスでの順位は、毎週つねに二五人中の二五位である。彼にとって最悪だったのは、この成績表を毎週家に持ち帰り、両親のサインが必要だったので、週末はいつも打ちのめされていたことだ。学習障害の多くの子どもと同様、無理解な両親は彼を怠け者と見なしていたために、成績表を見せる日は必ずや言い合いやののしり合いになったので、それが彼にはとても耐え難かった。のちに彼は「そんな状況は、誰にとっても地獄だ」と書いている。

ポールはつねに自信を持てないまま成長していった。そしてその度合いは、学年が進むにつれ、他の生徒との差がどんどん広がっていったためにさらにひどくなった。職業学校に行くことも考えたが、動作が鈍すぎてネジ一本締められなかった。皆の前では、考えこそすぐに思い浮かぶのに、それをうまく言葉にできなかった。一〇代の頃の彼は、自宅の寝室に引きこもり、何時間も同じ歌を聴いていた。楽しかったのは絵を描くことで、現代の巨匠たちの作品に魅了された。

一〇年生になると、あらゆる科目で不合格と評価され、落第した。これで四年続けての落第になった。彼はすでに級友より三歳年長だったので、一〇年生の試験を再度受けることは認められなかった。最後には学業をあきらめ、退学した。

アンカルカ修道院での偶然の出会い

一八歳のポールは学校に行かなくなり、仕事もなく、突然社会から孤立する。時間だけは無限に手にしていたので、自宅から一六キロメートルほど離れたところにある、ベネディクト会の修道院まで自転車で通い始めた。彼がこの修道院に惹かれたのは、そこには何人かの芸術家がいて、彼自身も芸術家になりたかったからである。アンカルカ修道院と呼ばれるこの僧院にいると、不思議と心が落ち着いたのだ。ある日、ポールの事情を知った神父マリエは、修道院に来ているある医師が、かつて識字障害に関する講義を行なったことがあると彼に教えてくれた。この医師は、ポールのケースと非常によく似た症状について語っていたというのだ。

この医師、アルフレッド・トマティスは、僧侶たちのあいだで奇妙な事態が発生したために修道院に呼ばれて来た。ほとんどの修道僧が病いに倒れ、原因不明の症状を呈し始めたのである。厳しい修行を続け、およそ四時間しか眠らないこともまれではない九〇人の僧侶のうちの七〇人が、一日中けだるそうに自室にこもるようになったのだ。医師が次々と呼ばれ、それぞれが何らかのアドバイスをして帰っていった。もっと睡眠をとるよう勧めた医師もいるが、眠れば眠るほど僧侶たちは疲弊した。ある内科医は、一二世紀以来菜食主義を貫いてきたベネディクト会の僧侶たちに肉食を勧めた。しかし、事態は悪化したのである。

最後に修道院を訪れた医師がトマティスだった。一見、場違いな訪問であるようにも思えた。というのも彼は、耳鼻咽喉科の医師だったからだ。しかし彼は診断の天才として知られ、心身医学に関心を持っていた。修道院の小さな部屋になにやら装置を設置し、一人の僧侶に、それを用いて他の病んだ僧侶を検査する方法を教えた。トマティスはポールの診察にも同意したが、まずは検査をするということになった。

ポールがその部屋に入ると、そこは聴力検査用とおぼしき機器で満たされていた。彼はヘッドフォンをし、ビープ音が右耳に聴こえたら右手を、左耳に聴こえたら左手をあげるよう指示される。次に二つのビープ音を聴いて、どちらが高いかを告げるようにと言われる。ポールには、これまでに彼が受けてきた聴力検査と何ら変わらないように思えた。

しかし、それは聴力検査《ヒアリング》ではなく、聴き取り《リスニング》検査であった。トマティスは、ヒアリングを耳が関与する受動的な経験としてとらえていたのに対し、耳を通じて入ってきた刺激から脳が何らかの情報を解読し、それを抽出する積極的な過程をリスニングと見なしていた。検査を実施した僧侶は、それが終わったあとでポールにグラフを渡し、中庭にいたトマティスに会うように指示した。

「トマティスです」と彼はあいさつする。当時四七歳で、背筋をまっすぐに伸ばして立っていた。この姿勢は、ヨガの実践によって獲得したものだ。胸は広く、スキンヘッドで（当時は珍しかった）、耳はとがった奇妙な形をしていた。彼は威圧感のある体格をしていたが、話すときの声はソフトで暖かく、そこには聞く者の心を落ち着かせる響きがあった。その輝く目は、ポールに、自分がちゃんと向き合ってもらえているという印象を与えた。そのときのことをポールは以下のように述懐する。「トマティスの声は、私に自信を与えてくれました。自分のことを他人に打ち明けられるくらいの自信が得られたのです。彼に会ってすぐに、私は気が楽になりました」

トマティス医師は検査の結果を見てから、ポールと中庭を散歩し、芸術に対する関心、日常生活、異性に対する関心、宗教、夢や希望など、学校での悲惨な体験を除くあらゆることを尋ねてきた。ポールとは意見を異にする場合もあったが、つねに彼自身の意見も尊重されているという印象を与えた。

トマティスは最後に、ポールをこれまで悩ませ続けた症状、「いまいましい小さな障害」の意味を説明した。それによってポールは、生まれて初めて自分の失読症、極端な内向性、かんしゃく、不安、ぎごちなさ、不眠症、そして未来に対する恐れを理解できた。またトマティスは、それらの症状がいかに関連しているかを説明した。リスニング能力の検査だけでそれだけのことがわかったのが、ポールには驚きだった。そのときポールは、「トマティスは僕に語りかけてくれた最初の人物だ。他の人たちは皆、それまで彼らが見てきた患者を僕に投影して話をしていたにすぎない」と思ったそうだ。トマティスは、パリの診療所で治療しようとポールを招いた。それからなぜか、ポールの母親の声を録音したテープを持ってくるようにつけ加えたのである。

パリのトマティスの診療所で、ポールは再びヘッドフォンを装着させられて、治療はリスニングから始まること、数週間にわって毎日治療することを告げられた。最初に彼は、モーツァルトの音楽を電気的に加工した、耳障りな音の断片を聴いた。それを聴くあいだ何をしていてもよいと言われたポールは、絵を描くことにした。かくして週ごとに、異なるリスニング検査を受けた。

日が経つにつれ、徐々に、耳障りな音の断片の背後に個別の単語が聴こえ始める。これらの単語は、最初どこか遠くから聴こえてくるかのように思われたが、やがて語句や文章も聴こえ始める。数週間が経過した時点で、ポールは自分のリスニング能力が向上しつつあるのに気づく。音をよく理解できるようになり、症状が衰退し始めたのを感じた。そしてある日突然、自分がそれまで聴いていたかん高い音のなかに、自分の母親の声が混ざっていたことに気づいた。

四週目の終わりには、彼は別人になっていた。この変容がいかに起こったのかを、言い換えると「単なる」エネルギー（音波によるエネルギーと情報）が、いかに彼の脳を再配線したのかを理解するには、何年もの研究が必要であろう。

若き日のアルフレッド・トマティス

アルフレッド・トマティスは、一九一九年の一二月の終わりにフランスで生まれた。二か月半の早産で、誕生時の体重は三ポンド〔およそ一・三キログラム〕を切っていた。今日では、医師たちは「未熟児」の生命を維持できることを誇っている。しかし、暖かい羊水に満たされた子宮というパラダイスから、機械の音や照明の光や金属の輝きで混沌とした外界に突然引き出され、三ポンドの身体にチューブを装着されて保育器で育てられる未熟児にとって、生き続けるのはそうたやすいことではない。トマティスの場合、脳が、侵入してくるこれらすべての感覚刺激を処理し、濾過し、やわらげる能力を十分に発達させる二か月半前に、外界に引き出されてしまったのだ。発達を律する自然の時計は厳密で、感覚を処理する機能の多くが外界の現実に対応する準備を整えるのは、一般に出産予定日の二週間前である。ただし耳だけは例外で、妊娠期間の半分を過ぎると完全な大きさになり、機能し始める。

トマティスは次のように述べる。「私は、自分の仕事と思索が、乳児期に消すことのできない痕跡を残した誕生時の状況やできごと、感情や感覚、意識的および潜在意識的思考、基本的な欲求、そして密かな欲望に深く結びついているという、確固たる直感を抱いている[*2]」。早産によって誕生した事実は、トマティスに一生つきまとう。アルフレッドの誕生時二〇歳だった、イタリアのピエモンテ出身の父親ウンベルト・ダンテは当時カリスマ的なオペラ歌手で、ヨーロッパ随一の声を持つと讃えられており、母親はそのときティーンエイジャーだった。トマティスは以下のように言う[*3]。

私の誕生は、当時一六歳だった母には期待も望みもされていなかった。(……)家族は皆、私の誕生に困惑したらしい。この招かれざる子どもを、波風を立てずにすみやかに手放したがっていたのは疑いもなかった。妊娠が気づかれないよう、胴回りを締め付ける尋常ならざる努力が払われたらしい。過去の遺物だったはずの、鯨のひげで強固に支えるコルセットが活躍したようだ。

トマティスは、妊娠を隠すこの試みが早産を引き起こし、外傷による異常な症状を残したのだと信じていた。

明らかにあの圧縮が、私の人生の前半四〇年間を、衣服をきつく巻きつけて暮らさなければならない状況にした。体を二つに引き裂くようなベルトをし、きつい靴を履かなければならなかった。夜間は、八枚毛布を重ねなければ眠れなかった。寒かったからではなく、母の子宮で感じていた生存に必須の状況を再現するために、自分を取り巻く世界の圧力をつねに経験し続ける必要があったのだ。

彼のこの症状は、いかにも特異な神経質の発露に思えるが、未熟児として生まれた人や、自閉症スペクトラムを抱える人にはあり得ない話ではない。自閉症の作家テンプル・グランディンは、身体に深い圧力を受けると落ち着くことを発見し、気分を鎮めるための「圧搾機」を考案した[*4]。トマティスは自閉症ではなかったが、自閉症者や未熟児が経験する異常な渇望のいくつかを経験した。しかし、ひとたび圧力に対する渇望の起源について理解が得られると、彼はその必要性を感じなくなったそうだ。

母親とのコミュニケーションは、「心地良く感じたことはなかった。親密な触れ合いを求めると、つねにはねつけられた[*5]」という。家族はニースに住んでいたが、歌手の父は、一年のうちの半年は巡業に出ているのが普通であった。アルフレッドは生まれたときからつねに病気がちで、幼い頃から消化器疾患を抱えていた。ある医師は彼の症状を理解できなかったが、「原因を究明しなければならない」と言った。その言葉に動かされたトマティスは、自分も医師になる決意をする。

若い頃のアルフレッドは、遠くから父ウンベルトを理想化していた。というのも、父は家を離れていることが多かったからだ。ある日ウンベルトはアルフレッドに、「よく考えてみたんだが、ほんとうによい医者になりたいのなら、パリに行くべきだ。ただしパリには知り合いが一人もいないから、一人で何とかしなければならない。だがそこでは人生の何たるかを学べるだろう。それはいつか必ず役に立つ[*6]」と言った。

そのときアルフレッドはまだ一一歳にすぎなかったが、父が喜ぶだろうと思ってその計画を実行に移した。彼は下宿生活を始めるが、その何年かはとても孤独な日々だった。落第したあと、音読が学習に効果的であることに気づく。それから熱心に勉強し始め、仕事中毒の父に倣って、夜は遅く寝て、朝は四時に起きた。モーツァルトの音楽を聴きながら勉強することが多かった。

三年生になった彼は、ほぼすべての科目で賞を取った。高校時代の教師はジャン＝ポール・サルトルだった。トマティスは、科学の二つの講座（一つはソルボンヌ大学の講座）をトップの成績で修了する。医学部に入るとすぐに第二次世界大戦が勃発し、彼は召集される。しかし戦争初期に、彼の所属する部隊はまるごとドイツ軍とイタリア軍の捕虜になった。彼は脱走計画を手伝い、みごとにそれに成功する。それから伝令としてフランスのレジスタンス組織に参加し、昼間は収容所で医師の手伝いをした。連合軍がノルマンディーに上陸してからはフランス空軍に配属され、音楽を愛する父の影響を受けていた彼は、耳鼻咽喉科の専攻に進んだ。

トマティスの第一法則

若き日のトマティスは、学問では優秀な成績を収め、仕事では妥協のない労働倫理を体現した。そして彼は天賦の才をいかんなく発揮し始める。戦争が終わると、医学の学位を取得して空軍のコンサルタントを務めた。聴力測定器を用いて、航空機製造工場に勤める労働者が四〇〇〇ヘルツ近辺のある一定の範囲に対する聴覚能力を失うという重要な発見をして、騒音による職業上の健康災害を指摘した最初の人物となる。また、ジェットエンジン、砲撃、爆発などの音による聴覚消失が、運動障害や心的な障害を引き起こすことに気づく。耳には、これまで知られていない身体との結びつきがあるらしいことにトマティスは気づいたのだ。

ほぼ同時期にトマティスは、声のコントロールに難を呈し始めた父の友人など、オペラ歌手の治療を行なうようになった。当時の歌手は耳鼻咽喉科に行くことを勧められた。というのも、当時の主流医学の見方では、オペラ歌手の障害は、全力で声を出すことで喉頭の一部の声帯が損なわれるために生じるとされていたからだ。そして患者に（毒薬の）ストリキニーネを処方して、声帯筋を締めることによって治療していた。あるとき、声帯が伸びて緩んでいると診断されたヨーロッパの一流バリトン歌手が、トマティスのもとを訪ねた。トマティスはこの患者に、航空機工場の労働者に実施したものと同じ検査を行ない、そのときと同様、四〇〇〇ヘルツ近辺の聴覚喪失を見出した。それ以来彼は、従来受け入れられていた「喉頭は歌うための重要な器官である」という見方が間違いではないかと疑い始める。彼によれば、重要なのは耳だ。

トマティスは、オペラ歌手の声量のデシベルを測定する装置で検査を始めた。半分の力で歌う場合、一般に歌手は八〇〜九〇デシベルの声量を生む。全力だと一三〇〜四〇デシベルまで上がる。彼は、歌手から一メートル離れた場所に設置された測定装置が一三〇デシベルを検知していることから、耳に直接影響を及ぼす頭蓋内の音量は一五〇デシベルに達すると見積もった。(彼が航空機工場で測定したフランス製カラベル・ジェットエンジンの音量は一三二デシベルである。)つまり特定の周波数のもとでは、歌手は、歌うことで頭蓋内に生じる音の強度のために、自らの聴覚能力を損なっているとも言える。要するに、彼らの歌が劣化するのは聴覚能力が低下するからだ。

一九四〇年代後半、トマティスは、喉頭が歌うための主要な器官だとする従来の見方を批判し続けた。そしてそれとは逆に、低い声の歌手が高い声の歌手より大きな喉頭を持つわけではないことを示した。人間は、長いパイプほど低い音を出すパイプオルガンのようには組み立てられていないということだ。パワフルなテノール歌手は八〇〇〜四〇〇〇ヘルツの周波数で歌うが、それはバリトンでもバスでも同じであり、唯一の違いは、より低い音を聴くことができるがゆえに、バリトンとバス歌手がそれらの音を加えられることである。そのことを指してトマティスは「人は耳で歌うのだ」と、簡潔かつ挑戦的に主張したのだが、周囲からは嘲笑された。

しかしソルボンヌ大学のある科学者が、トマティスの実験に関連する自身の研究をフランス医学アカデミーとフランス科学アカデミーに提出したとき、彼らは「発することのできる声の周波数は、耳が聴くことのできる周波数のみである」と結論づけた。この考えは「トマティス効果」と呼ばれるようになり、彼の名を冠した最初の法則になった。

彼の次のプロジェクトは、「良い」歌声と「悪い」歌声を区別する方法を発見することだった（「良い」歌声とは、当時の偉大な歌手の歌声を指す）。彼は「音声分析器」と自身が呼ぶ、音声が含むあらゆる周波数を図示する装置を考案し、歌手にこの装置を適用して、障害を持つ子どもの治療の基盤になる発見をした。

このプロジェクトは意外な方法で始まった。トマティスはオペラ歌手の診断を続けるかたわら、一九二一年に歿した世界でもっとも有名なオペラ歌手エンリコ・カルーソーの録音（七八回転のレコード盤を再生するろう塗りの蓄音機シリンダー、レコード、マスターレコード）を集められるだけ集め、音声分析器で詳細に分析した。その際トマティスは、カルーソーの声が、人間に発声可能な最高音（一万五〇〇〇ヘルツ）に達するものと予想していた。ところが驚いたことに、彼の声の周波数はせいぜい八〇〇〇ヘルツまでしか達していなかった。（トマティスは、すぐれた歌手のほとんどが七〇〇〇ヘルツまでしか達していないのをのちに発見している。）カルーソーの声には二つの時期がある。第一期は一八九六年から一九〇二年までで、彼の声が非常にすばらしかった頃だ。第二期は一九〇三年から病気が悪化する前までで、第一期に輪をかけて彼の声が華々しく美しかった時期である。トマティスは、第二期のカルーソーの声を客観的に見れば、二〇〇〇ヘルツ未満のあらゆる周波数の音声については豊かさに欠けることを見出した。トマティスの仮説によれば、第二期のカルーソーは、低周波数帯域の音がよく聴こえなかったのだ。

さらなる調査によって、カルーソーは一九〇二年初期に、(中耳と喉のうしろを結ぶ)エウスタキオ管に影響を及ぼしたと思われる顔面右側の手術を受けたことが判明する。トマティスは、エウスタキオ管が閉塞した人に、カルーソーと同じ周波数の問題が見られることを発見した。カルーソーは手術によって聴くことのできる音域が狭まったがゆえに、その音域以下の質の劣る声を出せなくなったのだとトマティスは結論した[*7]。トマティスは次のように述べている。「カルーソーは、低周波音より、調和に富んだ高周波音のほうがよく聴こえるようにする一種のフィルターを手にしたと言えるかもしれない[*8]」。つまり低音を聴くことができなくなり、そのために(通常は高音域の知覚を阻害する)低音域の声を発せられなくなったカルーソーは、超高音域に対する、より豊かな知覚を手に入れたということだ。トマティスはよく、「カルーソーは美しい声を出すべく罰せられたのだ。彼にはそれをどうすることもできなかった」と冗談めかして言っていたとのことだ。

トマティスの第二法則と第三法則

次にトマティスは、声を損なった歌手を支援する新たな装置を考案した(彼はそれを「電子耳」と呼んだ)。この装置は、マイクとヘッドフォン、そして任意の周波数を遮断するフィルターと強調する増幅器のシステムから成り、彼のあらゆる治療の基盤になった。治療を受ける歌手はマイクに向かって歌ったり話したりし、ヘッドフォンでフィルターのかかった自分の声を聴いた。

トマティスは声を損なった歌手を検査し、彼らが高周波の音をうまく聴くことができていないという事実を発見する。そこで彼は、カルーソーの耳で自分の声を聴けるようなフィルターを設定した。つまり低音域を遮断し、高音域がよく聴こえるようにしたのだ。そのように設定されたトマティスの装置に向かって歌った歌手の声には、劇的な改善が見られた。彼はこの結果から、「損なわれた耳に、失われた、もしくは阻害された周波数の音を正しく聴く機会を与えれば、その周波数はただちに、そして無意識に、発声において回復される」というトマティスの第二法則を導き出した。端的に言えば、聴覚の「修理」は、発声能力の治癒を可能にするということだ。彼は、数週間にわたって毎日、歌手に「カルーソーの耳」を通して自分の声を聴かせた。この訓練によって得られた聴覚と発声の能力の改善は、装置を使わなくなったあとでも持続した。彼はこの結果に鑑みて、「適切な周波数に耳をさらす訓練は、リスニング（したがって脳）と発声の能力に恒久的な効果を及ぼす」というトマティスの第三法則「能力維持の法則」を引き出した。「私たちが耳と呼んでいる感覚器官は、大脳皮質の外部属性にすぎない[*9]」と述べる彼は、これが脳の訓練の一形態であることを知っていたのである。（第7章では、脳に対するこの恒久的な効果を「残留効果」と呼んだ。これは、ともに発火するニューロン同士が結合を強め、脳に持続する変化をもたらした結果生じる。）

トマティスはまた、良いリスニングの持つ活性化効果にも気づいた。とりわけ、声が不完全な歌手を対象に電子耳を用いると、「ただ一人の例外もなく全員が気分の高揚を感じた。自分が歌手でなくても、歌いたくなったと打ち明けた人が大勢いた[*10]」。高周波音が聴こえると、被験者は自然にオペラ歌手のように胸をふくらませ、背筋を伸ばし、深く息を吸い、自分の声によく耳を傾け、活力がみなぎったように感じた。逆に高周波音を遮断すると、彼らは生気のない声で話し始め、姿勢が前かがみになった。声は単調で聴き取りにくくなり、聴き手を疲れさせる場合すらあった。

さらにトマティスは、耳が平衡感覚のみならず、体の姿勢にも緊密に結びついていることを見出した。クラシック音楽に聴き入っているときによく見られる、はっきりとしたリスニング姿勢がある。その際ほとんどの人は、頭部と右耳がわずかに前方に出る。このリスニング姿勢は身体の全般的な筋緊張に結びつけられ、その人は活力に満ちあふれ、集中しているように見える。ニューロンが完全にオフになることはないのと同じように、健康な人においては、リラックスした筋でも決して完全に緩んでいるわけではない。トマティスの主張によれば、耳からの入力は、全身の垂直性と筋緊張に影響を及ぼす。もちろんある種の音楽は、人を立ち上がらせて踊りたいと感じさせる。良いリスニングによって活力が付与されることを確認したトマティスは、高周波音が脳を活性化させるという結論を導き、「耳は脳のバッテリーである」と要約した。

聴覚ズーム

トマティスは次々に新たな発見をしていった。たとえば、被験者が電子耳を通じてカルーソーのように聴くと、彼らは「r」の音をナポリ人のようなアクセントで発音した。カルーソーがナポリ出身であることを知っていたトマティスは、アクセントも、耳にする音の周波数に関係するのではないかと考え、すぐに次のような発見をした。フランス人は一〇〇〜三〇〇ヘルツと一〇〇〇〜二〇〇〇ヘルツという二つの音域で音声を聴き、イギリス英語を話す人は二〇〇〇ヘルツ〜一二〇〇〇ヘルツというより高い一つの音域で聴く。したがって、フランス人がイギリス英語を習得するのは困難である。それに対し、アメリカ（北米）英語は八〇〇〜三〇〇〇ヘルツで話されるため、フランス人の耳の音域に近い。ゆえにアメリカ英語はフランス人にとって習得しやすい。

彼はこの発見に基づいて、母国語話者の発音を反映するフィルターを設定することで、人々が容易に外国語を習得できるようにした。これらの「異なる耳」は、異なる「聴覚地勢」に基づくと彼は推測した。森林地帯、平地、山地、海沿いなど、どんな場所で育ったかは、その人の聴く音に大きな影響を及ぼす。なぜなら、環境によって特定の周波数の音が抑えられたり増幅されたりするからだ。電子耳を「イギリスの耳」に設定して、イギリス英語を学習するフランスの子どもに聴かせると、彼らの英語は上達し、さらに理由は不明ながら他の教科の成績も向上した。こうしてトマティスは、探究の焦点を「さまざまな耳」と言語、学習、重度の学習障害の関係へと次第に絞っていく。

異論はあるかもしれないが、彼の果たしたもっとも重要な発見は、「耳は受動的な器官ではなく、特定の音に焦点を絞ってその他のノイズを排除する、いわばズームレンズのような働きをする」というものだ。トマティスはそれを聴覚ズームと呼んだ。パーティー会場に入った直後、特定の会話に焦点を絞るまでは、わずかに異なる種々の周波数で生じる騒音が聴こえてくる。それから特定の会話に意識して聴き入る。生理学的な観点から言えば、この聴き取り行為は受動的なものではない。なぜなら、中耳の二つの筋肉が、特定の周波数に焦点を絞れるよう、また、突然の大きな音から聴き取りを保護するよう作用するからだ。ほとんどの人においては、聴覚ズームを可能にするこの筋肉の調整は、たいがい無意識のうちに自動的に生じる。たとえば、突然の大きな音は反射的に締め出される。しかし聴覚ズームは、うるさい部屋のなかで重要な会話に聴き入ろうとするときや、外国語を学ぶときなど、意識によっても部分的にコントロールできる。

二つの筋肉のうちの一つはアブミ骨筋で、この筋肉は緊張すると、高周波音の邪魔をする低音を消して、言語の発する中高域の周波数音への知覚を強化することで、環境から言語音を抽出することを可能にする。もう一つの筋肉は鼓膜張筋で、鼓膜の緊張を調節する。アブミ骨筋を補完し、緊張すると背景のノイズである低周波音の知覚を減退させる。これら二つの中耳の筋肉は、話をするときには自分の音声で耳を傷つけないよう収縮する。これはオペラ歌手にのみ起こるのではない。子どもは通過する電車の音と同じくらい大きな声で泣く[*11]。トマティスはまた、これらの筋肉が弱くて十全に機能していないと（子どもの多くはこの状態にある）、低周波音、つまり背景のノイズを過剰に受け取り、高周波の音声を十分に受け取れなくなることに気づいた。

音声に合わせられるこれらの中耳の筋肉は、脳によって調節される[*12]。メリーランド大学の神経学者ジョナサン・フリッツらの研究によれば、重要な情報を運ぶ特定の周波数の音を耳にすると（たとえば実験では、ある音が鳴ったあとに電気ショックを与えられるという設定の場合など）、その周波数に対応する聴覚皮質の脳マップ領域は、それに聴き入るために数分以内に増大する[*13]。その周波数の音が止まると、その領域はもとの大きさに戻るか、ときにそのままの大きさを保つ。すなわち聴覚ズームには、神経可塑的な要素が含まれるのである。

耳感染症が慢性化した子どもの多くは、筋緊張低下症を抱えている。全身の筋緊張低下症は、発達の遅れた子どもによく見られる。この全般的な筋緊張の低下は耳の筋肉にも影響を及ぼすため、彼らは特定の音の周波数に焦点を絞ることができない。したがってそのような人には未分化の音や鈍った音のみが聴こえるか、一度にあまりにも多くの音が聴こえ、聴覚皮質が明確な信号を受け取れないため、正常な発達を遂げられない。ポールに起こったのは、まさにこの現象だった。つまり彼が聴くあらゆる音が鈍っていたために、彼の発する言葉のすべてが不明瞭なつぶやきになり、また、聴覚脳マップの差異化がしっかりとなされていなかったのだ。同様に、自閉症スペクトラムを抱える子どもの多くは、聴覚ズームの機能に支障をきたしている。

トマティスは、電子耳を使って音を操作することで、聴覚ズームを訓練することができると考えた。未分化の聴覚マップを持つ人には、緩んだ耳の筋肉と、関連する脳の神経回路を交互に刺激したりリラックスさせたりする、周波数の異なるいくつかの音を聴かせた。トマティスがアレンジした音楽を聴く人は、より差異化された脳マップを形成する訓練を受けているのだ。そしてそれによって、背景のノイズから言語音を識別できるようになる。

口の片側で話す

トマティスはさらにもう一つ、臨床上の重要な発見をしている。それは、私たちが日常生活のなかでつねに目にしていながら、決して見ていない現象に関するものである。つまり、ほとんどの人はおもに口の片側で話していることを発見したのだ。リスニングスキルの高い人は、圧倒的に口の右側で話し、発した音声は右耳に入る。また、右耳とその神経回路は、歌唱にも重要な役割を果たす。トマティスが検査した、名を成したプロの歌手は、一人を除いて全員「右耳聴き」であった。右耳にノイズを聴かせると、右耳で自分の声が聴こえなくなるため、声質が劣化したのである。

右利きであろうと左利きであろうと、ほとんどの人は、発話された言葉の重要な要素を左半球で処理する。ところで、それぞれの大脳半球は、処理する音のほとんどを身体の反対側の耳から得る。★すなわち、左半球に情報を供給する神経線維のほとんどは、右耳に端を発する。したがってほとんどの人においては、左半球に位置する言語領域にもっとも迅速に直接情報を送る神経経路の大部分は、右耳からのものなのである。ただし左利きの人には、若干の例外が存在する。★★

★トマティスによれば、右耳は聴覚神経線維の五分の三を左半球に、五分の二を右半球に送り出している。同様に左耳は神経線維の五分の三を右半球に、五分の二を左半球に送り出している。

★★ビル・クリントン元大統領のように話の上手な左利きの人は、口の両側を使って話す。これは、両側で均等に聴くことを意味する。右利きの健常者の九五パーセントは、話し言葉の主要な要素を左半球で処理する。残りの五パーセントの人々は右半球で処理する。左利きの人の七〇パーセントは、それを左半球で、一五パーセントは右半球で、そして残りの一五パーセントは両半球で処理する。左利きの人は全体のおよそ一〇パーセントにすぎないので、圧倒的に多くの人が、言語活動を左半球で行なう。トマティス療法家は、右半球で言語処理を行なうわずかな左利きの人に対しては、右耳リスニングの訓練を施さない。次の文献を参照されたい。S. P. Springer and G. Deutsch, *Left Brain Right Brain: Perspectives from Cognitive Neuroscience* (New York: W. H. Freeman, 1999), p. 22

トマティスとポールが会った日、修道院の庭を歩いているとき、トマティスはポールの顔の左側により活発さが見られ、話すときには口と唇の左側がよく動き、身体の左側と左耳がこちらに乗り出しているのに気づいた。これは、ポールが左耳で言葉を聴いていることを意味する。その場合、音の信号は左半球の言語領域に到達するのに非効率な、遠回りの経路をとる。左耳から右半球を経て、さらに脳の中央部を横切って左半球に到達しなければならないのだ[*14]。それによる最大で〇・四秒の遅れは、他者の発話をリアルタイムで処理する能力を低下させ、さらに自分の思考を言葉にしようとするときにはつねに余分な時間を必要とするために、思考の流れを失う傾向がある[*15]。そして口の左側で話し、左耳で聴くことを長く続けていると、発達中の脳に混乱をきたし、一見すると聴覚とは無関係に思われる学習障害を発症し、口ごもりや吃音に至るのである。

たいていの人は、特定の活動を右半球で、別の活動を左半球で行なっている。たとえば右利きの人のほとんどは、右手で書き、野球では身体の右側でバットを構え、力、筋肉の協調、コントロールを必要とする活動には右手を使う。彼らにとっては右手が優勢で、右手は左半球でコントロールされている。しかしトマティスは、ポールが行動によって右手を使ったり左手を使ったりしていることに気づく。これはミクスト・ドミナンスと呼ばれ〔クロス・ドミナンスとも〕、左耳で聴く識字障害者に典型的に見られる。この観察によって、トマティスは脳の障害の可能性に思い至る。ポールはミクスト・ドミナンスのために、右手と左手に対応する脳領域の差異化ができず、ギターを弾くときに片手で指板を抑え、もう一方の手で弦をつまびくなど、おのおのの手で異なる作業を同時に実行する能力を欠いていた。また、それゆえ、全体的な動作がぎごちなくなり、筆跡が乱れ、文字を読むときには目でうまく追えなかったのだ。彼の目は左から右へ整然と文字を追うのではなく、あと戻りしたりページのあちこちに飛んだりしていた。ポールを「右耳聴き」にし、ミクスト・ドミナンスを矯正するために、トマティスは左耳への音量を下げることで、右耳とその神経回路を刺激するべく電子耳を設定したのである。

ポールは、ただ聴き取りが遅いというだけではなく、人の話をよく聴き損ねていた。トマティスは、その原因が低周波音を聴きすぎるために、高周波音を十分に聴き取れないことにあると悟った。その理由はいくつかある。第一に、ポールの全身にわたる筋緊張の低下は見た目にもわかり、それが彼の姿勢の悪さや動作のぎごちなさ、あるいはきびきびと歩くことにたいする嫌悪につながっていた。この筋緊張低下症によって耳の筋肉と聴覚ズーム機能は衰退し、言語音の周波数が識別できなくなっていた。第二に、ポールはたいてい左耳で聴いていた。トマティスはすでに、一般的に左耳に比べて、右耳とその神経回路が、より高い周波数の言語音を聴く能力に長けることを発見していた[*16]。したがってポールは、明確な言語音より、背景のノイズやうなりを聴くことが多かったのだ。右耳とそれに関連する聴覚皮質は通常、高い周波数帯域を処理するので、右側の刺激によって、明確に言語音を処理できるよう彼の脳を訓練することができたのである。

耳の刺激によって脳を訓練する

トマティスは、彼の考案したリスニングプログラムを二つの段階《フェーズ》に分けた。最初の受動フェーズは通常一五日間続く。クライアントは、アレンジされた音楽を集中せずに聴くだけでよいので、「受動」と呼ばれる。（実際、音楽にあまり注意を向けないほうが効果は上がる。というのは、注意を向けると、そもそも治療の対象にすべき古い習慣を呼び起こす可能性があるからだ。）

このフェーズでは、高周波数帯域を強調するフィルターをかけたモーツァルトの音楽が使われる。したがってそれには笛のような音や蒸気機関車のような音が含まれる。クライアントが子どもや思春期の少年少女の場合、高周波数帯域を強調するフィルターをかけた母親の声も加えられる。リスニングの初期の段階では、母親の声は、強いフィルターがかかっているために別世界から聴こえてくるかん高い笛の音のようにしか聴こえない。母親の声が利用できない場合、音楽だけでもよい。（受動フェーズでは、電子耳のマイクは使わない。子どもは単にヘッドフォンから聴こえてくる音楽や、母親の声を聴くのみである。）

「適正なリスニングのシミューレーター」とトマティス自身が呼ぶ電子耳は、二つの聴覚チャンネルから構成される。一つは高い周波数帯域を強調し、低周波数帯域を抑制するフィルターがかけられた音楽を出力する。（人間の声は高周波数帯域に属する。）それに対して低周波数帯域のチャンネルは、筋緊張が低下した貧弱な耳による聴覚経験を再現する。リスニングに支障をきたした人にこのチャンネルを聴かせると、彼らの耳は「弛緩」して、リスニング時のいつもの習慣を呈する。高周波チャンネルと低周波チャンネルは、つねに音量の変化をきっかけに切り替わる。つまり音量が小さいときは低周波チャンネルの音が聴こえ、それが一定のデシベルまで上がると高周波チャンネルに切り替わる。こうして高周波チャンネルに切り替わるたびに、耳の筋肉と高周波リスニングの能力が行使され、低周波チャンネルに切り替わると、耳の筋肉と、対応する周波数に結びついたニューロンが休む。受動フェーズはこの訓練サイクルによって構成される。

音楽の音量の変化によって引き起こされる二つのチャンネルの切り替えは（電子エンジニアはこれをゲーティングと呼ぶ）、新奇性の感覚を聴覚経験に加える。新奇性の感覚の経験は、脳の神経可塑性に働きかけ、注意を司る脳のプロセッサーを覚醒させ、ニューロン間の結合の形成を容易にする。また、ドーパミン（や他の脳の化学物質）の分泌を促し、そのできごとを記録するニューロン相互の結合を強める。これは脳が「そいつを救え！」と指示しているようなものだ。トマティスは何年もかけて、このゲーティング、つまり二つのチャンネルの切り替えを予測できないものにした。というのも、意外性が脳の変化のカギになるからで、ランダムな変化を欠く録音テープは、効果的とはとても言えないことが判明した。

受動フェーズは、モーツァルトの音楽や母親の声から、フィルターが完全に取り除かれた時点で終了する（フィルターは治療の進行につれて徐々に減らされていく）。

訓練で得たリスニング効果を根づかせ、統合し、実践に応用するために、受動フェーズの終了から能動フェーズの開始まで、通常四〜六週間の静養期間がとられる。ポールはこの時点でリスニング能力が向上し、努力をしなくても会話についていけるようになっていた。それまでは教師や指導者からもっと努力するようにと叱られていたが、脳が適正な情報を受け取り始めるとリスニングに「流れ」が生じることによって、大した努力をしなくてもうまくやれることを彼は実感した。

受動フェーズが終了したとき、トマティスはポールに、地元に戻るのではなく、英語を学べるイギリスに行くよう勧めた。リスニングに問題を抱える人にとって、外国語の学習は非常に困難なので、ポールはトマティスの提案に驚いた。トマティスは巧妙にもこの提案によって、ポールの能力を損なってきた生まれ故郷カストルから離れ、新たな能力を試す機会を与えたのだ。ポールはこの提案に興奮したが、同時に当惑も覚えた。彼はかつて、イギリスで英語を習得しようと二度にわたって挑戦したが、いずれも失敗して断念していた。しかし今回はイギリスの人々とうまく意思の疎通がとれたので、一九六〇年代のロンドン散策を楽しむことができた。「あらゆることが、そして英語の会話でさえ、驚くほど簡単に感じられた」と彼はそのときのことを記録している[*17]。

ポールがイギリスから戻ってくると、トマティスは、新たなスタートを切るにあたっての心構えを強化するために第二の意外な提案をした。それは、一〇年生の試験に通らなかったポールを、パリ近郊の寄宿学校に入れるという提案だった。ポールは恐れをなしたが、トマティスは、大学に入るのに必要な高校の卒業証書を二年で修得するよう勧め、リスニングの訓練に傾けた努力をもう一度繰り返せば、イギリスでもうまく過ごせたのだから大丈夫だとポールに告げた。パリ近郊の寄宿学校に入ることは、自己表現の問題に焦点を置く第二フェーズの治療を続けることを意味する。

こうして次の能動フェーズが始まった。よりよい自己表現能力を習得するために、ポールはヘッドフォンを装着してマイクに話しかけ、電子耳を通じて自分の声を聴いた。聴覚の処理能力はすでに大幅に改善していたので、彼は初めて自分のほんとうの声を聴いて、聴覚の処理能力をさらに向上させることができ、それがポールの活力となった。細心の注意を払い、舌や他の筋肉を動かしながら言葉を発音することによって、声を出す際に生じる唇、喉、さらには顔面やその他の骨の振動を感じることができた。こうしてさまざまな言葉を発するうちに、十分に差異化された自己受容感覚、すなわち唇、舌、あるいはその他の身体部位の正確な位置に対する気づきが発達した。フェルデンクライスのレッスンと同様、彼はこれらの気づきを用いて脳マップを差異化していったのだ。

トマティスはさらに、つぶやきながら一本調子で話すポールに、発話の流れを改善するためにハミングし、はっきりとした母音の発音を心がけ、同じ文を繰り返し口にするよう指導した。これだけなら言語療法士にも可能であったはずだが、ポールは電子耳を使って、ヘッドフォンから聴こえてくるフィルターのかかったフィードバックをもとに訓練を続けた。フィルターによって、彼の声の中高音域は、豊かな音色を含み、活気に満ち、力強く、表現力に富んで聴こえてきた。ヨガの訓練の影響を受けていたトマティスは、ポールに背筋を伸ばしてすわらせ、正しく呼吸するよう指示した。そしてある日ポールが書店に入り、ページをめくって絵をながめていると、文章を読んで理解できることに気づき、驚いた。

読み方、書き方、スペリング能力の向上を図るために、トマティスはポールに、目で意識的に文章を追いながら音読し、電子耳を通してその声を聴くよう指示した。また、新たに形成された神経経路を強化するために、ポールは電子耳を使わずに、右手のこぶしをマイクに見立てて語りかけながら音読する練習を一日に三〇分行なった。この単純な手法によって、発せられた声がこぶしに跳ね返って右耳に達し、それによって右側のリスニング能力と、高周波数帯域の優勢が強化された。

当初は腰が引けていたにもかかわらず、寄宿学校でのポールにはすぐに仲間ができたので、孤独も感じなくなった。週末にはバスでパリに出て、リスニングスキル向上のための訓練に励んだ。そしてその年、運転免許の試験を受け、無事に合格した。これは、彼が生まれて初めてまともに合格した試験であった。学校に通ううちに、自分には不可能と思っていた学業は、「単にむずかしいもの」ととらえられるようになった。ポールは毎日、トマティスの課す音読の宿題をこなした。このように言葉の世界が開けてくると、彼は絵を描くのではなく、詩を創作して余暇を過ごすようになった。二〇歳になっても高校に通っていることが恥ずかしかった彼は、懸命に勉強し、フランスでは一度で通るのがむずかしい卒業試験に晴れて合格することができた。トマティスに今後の計画について尋ねられたポールは、自分が助けられたのと同じように、他の困っている人々を手助けすることが目標だと答えた。彼は心理士になって、トマティスと仕事をしたいと考えていたのだ。

ポールは二〇歳から二三歳になるまで、(オフィスのある)トマティスの家に住み込みの見習いとして暮らした。ポールの部屋は、昼間は心理士のオフィスになり、夜は彼の寝室になった。彼は大学に入り、トマティスの診療所の手伝いをしながら、音楽にフィルターをかけ、クライアントの母親の声を録音し、学習障害を抱えた人々を支援する方法を学び、やがてトマティスのチームの上級メンバーになる。トマティスは彼を、自分の家族や、オペラ歌手、音楽家、画家、科学者、精神科医、哲学者、宗教家など、世界各国からの招待客が参加する夕食会に招待した。この豪華なメンバーに比べると大学は見劣りがするほどだった。ポールは誉れ高いパリ＝ソルボンヌ大学で心理学の学位をとり、一九七二年には心理士のライセンスを取得している。

ポールがトマティスから与えられた最初の仕事は、南フランスのモンペリエと南アフリカに、リスニングセンターを開設することであった。一九七六年にトマティスが心臓発作に見舞われると、ポールはパリに戻り、トマティスと一緒にクライアントを教え、訓練した。また、二人でヨーロッパとカナダを旅行したこともあった。つけ加えておくと、この時期にトマティスは、胎児期の言語の発達と、リスニングに関与する脳の神経回路について論じた著書『胎児の夜（*La nuit utérine*）』を刊行している。神経科学の世界において神経可塑性の考えがまだ受け入れられていなかった当時にあって、トマティスは「脳は可塑性を持つ」と主張するようになっていた。

子どもの頃は人と話をすることすらほとんどできなかったポールは今や、流暢に英語とフランス語を操り、数か国語で講義を行ない、新たに獲得した「耳」でたちまちスペイン語も習得した。そして身のまわりの整理整頓もままならなかった少年が今や、メキシコ、中央アメリカ、ヨーロッパ、南アフリカ、アメリカ、カナダなど三〇箇所にリスニングセンターを開設する手伝いをしている。一九七九年から八二年にかけて、トマティスは一年のうちの半分をトロントで過ごした。そのあいだに、ポールと心理学者のティム・ギルモアを共同責任者として、そこにリスニングセンターを開設した。トロントを居心地のよい都市だと感じたポールはこの地に落ち着き、フランスで学んだことを新たなレベルに発展させ、脳の発達が止まった患者を対象に、きわめて困難な治療を開始したのである。

II. 母親の声

階段の途中で生まれる

三四歳のイギリスの女性弁護士「リズ」は激痛で目覚めた。妊娠二九週半で早産しかけていたのだ。すぐに夫が救急車を呼び、彼女は階段を下りようとするが、半分ほど下りたあたりで胎児の頭が外に出てきてしまった。彼女は階段を下りきって、自力で出産した。こうして一五分で出産は終わったのだが、青みがかかった灰色で出てきた男児「ウィル」は低体温症を呈していて、自力で呼吸できない状態にあり、生き延びられるとはとても思えなかった。救急車で病院に運ばれたウィルは、すぐに人工呼吸器につながれた。二日目、息子が今夜限りの命であると告げられた両親は、保育器のそばで夜通し様子を窺っていた。

ウィルは生き延びた。しかし、それだけ未熟な状態で生まれてきた子どもは、通常さまざまな合併症に見舞われる。彼は出産時に酸素欠乏を被っており、これは脳に損傷を引き起こす原因となる。ウィルは生まれてからの二年間のうち、六割の時間を病院で過ごした。生後三か月でヘルニアの手術を受け、その後排尿ができなくなり、二度目の手術を受けている。また、ひきつけを起こし、髄膜炎の疑いで二度病院に収容された。さらには感染症のために片方の腎臓を失い、肺炎と豚インフルエンザに罹患し、つねに抗生物質を与えられていた（消化に必要とされる健康な微生物を殺す抗生物質は、消化管に負荷をかける）。子宮内の至福の安らぎと、乳児期のおだやかな眠りと、無限の抱擁を剝奪されたウィルは、両親が何もできずにただ見守るなか、絶えざる苦痛と病原菌の攻勢に耐え、死との戦いを繰り返していた。

ウィルは扱いのむずかしい乳児で、夜中の一時頃目覚め、機嫌を損ねたまま朝の四時、五時まで起きていた。リズと夫の「フレデリック」は、二年半のあいだ、一日に二、三時間の睡眠しかとれなかった。ウィルは食べるのをいやがり、舌に食物が触れることさえ厭うありさまだった。また、少しでもべとべとするものは持とうともしなかった。発達障害の子どもによく見られるように、腕をバタバタさせた。一日のほとんどの時間を、腰に圧力がかかる姿勢をとってテーブルの下かソファで過ごした。寝るときには、子どもの頃のトマティスと同様、毛布を何枚もかけて、重さに対する奇異な嗜好を見せた。

ウィルは言葉をなかなか話さなかった。彼が発した最初の言葉は、生後一〇か月のときの「ダダ」であったが、父親という意味でこの言葉を使ったことは一度もなく、この言葉を五分間発し続けることもあった。生後一五か月の時点ではいくつかの言葉を覚えていたが、コミュニケーションに用いたことはなく、ただ「ノイズ」を立てるだけだった。彼は耳が聴こえないかのように見えた。自分の名前にまったく反応しなかったからだ。歩くことも這うこともなかった。それでもウィルの受けている責め苦が少しでもおさまったときには、両親は愛らしい乳児の表情を垣間見ることができた。

その頃、医師は両親に、三種混合ワクチン（麻疹《はしか》、流行性耳下腺炎、風疹《ふうしん》）をウィルに受けさせるよう指導した。というのも、「ウィルほどこれらの病気にかかりやすい子どもはいない」と医師に言われるほど、彼の免疫系はあまりにも虚弱だったからだ。三週間後、ウィルは四一度の高熱を発して意識を失った。そこでERの医師が髄膜炎を疑い、静脈注射をしようとしたとき、彼は意識を取り戻す。その際のあばれ方があまりにも激しかったので、八人がかりで三〇分かけてようやく彼を抑えることができた。抑えつけられている彼の目をリズがのぞき込むと、彼女にはその目が、「なぜこんなひどいことをさせるの？」と訴えているかのように見えた。

それ以来彼は、針や、いかなるものであれ抑えつけられることを、極端に恐れるようになった。

この時点で、ウィルは発話をまったく止めてしまう。生後一六か月以降、ただの一言も発しなくなったのだ。性格も変わり、完全に殻に閉じこもるようになる。無数のストレスのうち、どれが彼に沈黙を引き起こしたのかはわからない。リズは次のように言う。「生後一八か月になっても、ウィルはおもちゃで遊びませんでした。自閉症のように見えました。おもちゃの自動車をひっくり返したり、車輪を回したりはしましたが、本来の遊び方をしないのです。何かにとりつかれたかのように、何時間もドアを開けたり閉めたりし続けることもありました」。彼は、家具のまわりを正面、側面、背面を同時に見ようとするかのごとく回り続けたり、テーブルの上に一枚の紙を置いて、そのまわりを回ったりした。いつもと勝手が違うショッピングモールに行くと、新たな刺激を処理しきれず、公園ではすべり台もブランコも使わず、彼がしたことといえば、フェンス沿いに走って行ったり来たりするだけだった。

ウィルは、自分の身体の欲求に気づくことがなく、空腹なのかのどが渇いているのかもわからず、食べ物や飲み物を自分で取りに行こうとは決してしなかった。また、つま先立ちで歩いた。これは発達障害の子どもに見られる行動で、初歩的な「足底反射」の持続によって生じる。（医師が足の裏をなでると、足底反射によって足の親指が反射的に持ち上がる。この現象は乳児に見られるがやがて消える。しかし消えない場合、それは脳に問題があることを示す。）筋緊張の低さのために身体各部位の協調性がなく、クレヨンやスプーンを持っていることができなかった。

言葉を話せず、つねに周囲の状況に参っていたウィルは、自分の情動を痛々しい方法で爆発させた。ひとたび限界に達すると、自分の指や腕を噛み始めたのだ。ひどいときには、頭を前方に乗り出して自分の腹部に噛みつき、血を流すことさえあった（筋緊張が著しく低下していたので、それが可能だった）。「しばらくするとガスが抜けたかのように静かになりました。当時のビデオを見直すと、彼の目に見られる苦痛の様子は信じられないほどです」とリズは述べる。

リズは発達障害の専門家を紹介される。「私の人生が完全に変わったその日、ベテランの小児科医に、〈ウィルは脳の損傷に起因する重度の認知障害を抱えています。すでに二歳と二か月になっているにもかかわらず、認知能力は生後六か月の乳児と同じレベルです〉と言われました。医師は一時間かけて彼を検査しました。彼女がおもちゃの茶器一式を取り出してお茶を作るようウィルに言うと、ウィルはカップを重ねて倒すばかりでした。自閉症の検査も行ないましたが、その兆候は見られなかったようです。彼女は最後に、〈ウィルはよくはならないでしょう。一三歳になっても、おそらく二歳児と同じ認知能力しか持ち合わせていないはずです〉と宣告したのです」

リズは、ウィルの将来をなぜ医師たちがそれほど強く確信しているのかをしつこく問いただしたために、しまいには国民保健サービスのスタッフから「ノイローゼの母親」と呼ばれていた。未熟児について書かれた本をむさぼるように読んでいた二〇一一年一月、サリー・ゴッダード・ブライスの著書『反射、学習、行動（*Reflexes, Learning and Behavior*）』に、ウィルに似ている子どもの症例が書かれているのを見つけた。リズは、ウィルの症状を詳しく書いてゴッダード神経生理心理学研究所に送ったところ、研究所の創設者で神経心理学者のピーター・ブライスが連絡してきて、誕生後のウィルのビデオをすべて送るよう要請してきた。彼女が、ウィルを救える人がイギリスにいるかどうかを尋ねると、彼はこう答えた。「いません。ウィルを救えるのは世界でただ一人しかいません。その人物は今、トロントに住んでいます」

「私たちがカナダに到着したのは三月で、大雪が降っていました」とリズは言う。ウィルは三歳になろうとしていたが、一八か月のあいだ一言も発していなかった。相変わらずしっかり眠ることができず、つま先立ちで歩き、つねにフラストレーションを抱えて動き回っていた。

ウィルを診察したポール・マドールは、彼の障害がおもに神経学的なもので、内耳の前庭系、すなわち平衡感覚を司る器官（第7章参照）、およびそれと平衡感覚を処理する脳領域との結びつきに関係するはずだと確信した。

トマティスは、耳には二つの機能があることを強調していた。トマティスが「ヒアリングの耳」と呼ぶ渦巻管は可聴音を処理し、二〇～二万ヘルツの音を検知する。それに対し、トマティスが「身体の耳」と呼ぶ前庭器官は、通常二〇ヘルツ以下の周波数を検知する。人は一六ヘルツ以下の振動を「律動的《リズミック》」と感じる。というのも、その帯域の振動は、個々の波の間隔を知覚できるほど遅いからである。この周波数帯域は、一般に身体の動きを誘発する。

トマティスが前庭器官を「身体の耳」と呼ぶ理由は、それを構成する三半規管が、空間内での身体の位置と重力の影響を検知する、身体の羅針盤として機能するからだ。三つの半規管はそれぞれ、水平面での動き、垂直面での動き、前後の動きを検知する。三半規管は、液体で満たされた槽のなかに小さな毛を擁し、頭を動かすと液体の流れによって揺れ動かされた毛が、特定の方向に身体の動きの速度が増したことを告げる信号を脳に送る。前庭器官からの信号は、前庭神経核と呼ばれる脳幹の特殊なニューロン群に伝達される。前庭神経核は送られてきた信号を処理し、自己調節して、平衡を維持するよう筋肉に命令を送る。このようにして「身体の耳」は、大きな頭で地面を這う水平的な存在たる乳児を、細い足で直立して、転ばずに歩ける存在へと変えることを可能にするのである。

イギリスの専門家は、ウィルが家具やテーブルのまわりを走り回る理由を、立体視ができないために、その行動によって奥行きを検知しているからと見ていた。しかしポールの見立てはそれとは違っており、前庭系に障害を抱えるウィルの脳が、前庭系の刺激に「飢えている」のだと考えていた。つまり、家具のまわりを走り回ることで、ウィルは三半規管、足の裏、両目から伝達される、空間内の方向定位に重要な役割を果たす入力情報を統合する、平衡感覚を刺激しようとしていたのだ。

通常、歩いている最中に何かを見ようと頭の向きを変えると、前庭系からの感覚入力によって、目標物ではなく自分自身が動いたことがわかる。しかしウィルは、頭を動かした際、目標物のほうが動いているものと認識し、それに魅了され、活気づけられて何時間も動き続けたのである。また、前庭系の障害のために、揺れるボートに乗っているかのような身体の不安定さをつねに感じていた。要するに、周囲の世界が動いているがゆえに、彼自身もそれとともに動き回らねばならなかったのだ。

ウィルが重さを求めた理由の一つは、前庭系の機能低下のために、空間内での自分の身体の位置がわからなかったからである。平衡系は、自分の身体がしっかりと大地に立ち、外界とは明確に境界づけられていることを示す、安定した自己の維持には不可欠の感覚を与える。未熟児は、子宮による保護という安らぎを十分に享受することなく生まれてくる。よって彼らは、脳が不要な感覚入力を濾過する能力を獲得する以前に誕生するために、外界からの刺激に襲われていると感じてしまう。ポールの考えでは、ウィルはあらゆる感覚と経験を一つの自己に統合する試みの一つとして、いわば「自分を引き締める」ために、身体に重みがかかることを求めたのだ。未熟児を担当する看護師は、ときに彼らを落ち着かせるために、毛布できつくくるむ。ウィルは自ら、自分の身体をきつくくるんだのである。

ポールにとって、ウィルが言葉によらずに他者と双方向のコミュニケーションを図っているという事実は、彼が自分以外の人々にも心があると認識していることを示していた。つまりこの事実は、一般的な定義からすればウィルが自閉症ではないことを意味する。しかし彼は、つま先立ちでの歩行や極度の過敏さに見られるように、「自閉症の周辺症状」と呼ばれるものを抱えていた。一〇週間早く産まれたこととそれに続くトラウマに満ちた数年を経ることで、彼はポールの言う「発達における踏みはずし」に至った。さらに「死に直面することからくる、大人には言葉にできても子どもにはできない、とりわけ小さな子どもに強い影響を及ぼす苦痛や恐れ」に苛《さいな》まれた。ポールの直感では、ウィルの脳の一部は「修理不能」であるとするイギリスの専門家の診断はある面では正しいが、正常な発達の促進に必要な刺激を必要な時期に受け取れなかったために、正常な発達が妨げられたという可能性を無視していた。ポールには、ウィルのどの症状が脳細胞の死に起因するもので、どの症状が一般的な発達の遅れによるものかを区別することはできなかった。とはいえ、脳が可塑的であることを知っていた彼は、「ウィルの脳を刺激し、何が起こるかを確かめてみる」というアプローチをとることにした。

ウィルの治療の最初の一五日は、受動フェーズにあてられた。彼は、ヘッドフォンから流れてくるフィルターのかかったモーツァルトの音楽と、童謡を歌うリズの声を九〇分間聴いた。そして次に、フィルターのかかっていない、男声合唱によるグレゴリオ聖歌を聴いた。激しい音の刺激を受けたあとで、男声合唱の周波数は彼をリラックスさせた。また、グレゴリオ聖歌のリズムは、静かでリラックスした聴き手の呼吸や心臓の鼓動のリズムに合致する。この治療が自分のためになることをウィル自身がすぐに感じたのだろうと、リズは思った。日が経つにつれ、ますます熱心に取り組むようになった彼は、ポールの診療所に到着するやいなやベビーカーから飛び降りて階段を上り、ドアを思い切り開けて、治療を始めるようになる。

ポールは、音楽を聴いているあいだ、ウィルはよく眠るだろうとリズに告げた。実際、ウィルはよく眠った。一週間後には、彼はさらによく眠れるようになっているはずだとポールは予測した。そして実際六日目になると、ウィルは生まれて初めて夜通し眠ることができたのだ。

「まったく信じられませんでした。誰かにこんなことが起こると言われ、そしてそれで息子の人生が変わるのなら、誰もが必死にそれにすがりつくことでしょう」と、リズは泣きながら語る。

ウィルが最初にフィルターのかけられたリズの声を聴いたとき（強いフィルターがかかっていたので、彼女自身それが自分の声であることに気づかなかった）、彼はリズを頻繁に見るようになり、もっと深いコミュニケーションをとろうとしてきた。そばにすわって、彼女のしていることに加わろうとしたり、彼女を自分のほうに引き寄せたりしたのである。彼女に向けられたウィルのフラストレーションや怒りはおさまった。「彼には、その音が私だとわかったかのようでした」とリズは言う。彼女のこの発言は非常に興味深い。というのも、当然ながらウィルは、それまでフィルターのかかっていないリズの声しか聴いたことがなかったからだ。子どもは、フィルターがかかった笛のような音が自分の母親の声であると意識的に認識することはないが、ポールやスタッフは、他者への関心をあいまいにしか、あるいはまったく示さない子どもたちが、自発的に母親に抱きつき、生まれて初めて視線を合わせ、感情を表現するところを何度も見ている。興奮していた子どもは静かになり、いい子ぶる子は健康で明るく振舞い始め、ほとんどの子どもはよき聴き手、よき話し手になるのだ。ポールは次のように述べる。「それはあたかも、フィルターのかかった母親の声が、コミュニケーション手段として音や言語が用いられる世界で生きたいという子どもの欲求を強化しているかのようだ[*18]。最初は意味のない音を発し、やがて数日間かん高い声で叫び、それから言葉を話しだし、視線を合わせるようになる自閉症の子どももいる。母親の声を用いた訓練を受けた成人は、リラックスし、よく眠れるようになり、快不快を問わず多彩で豊かな情動を表現できるようになり、みなぎる活力を感じるようになったことに気づくはずである。

ポールはまた、ウィルの言葉の習得を予測した。「彼の予測は非常に具体的なもので、四日目には言葉に変化が見られるはずだと言いました」とリズは言う。そして実際、ウィルは四日目に最初の言葉を発している。彼は床にすわって、フィルターがかかった音楽を聴きながらライオンの絵を見ているときに、「ライオン」と口にしたのだ。文脈に合った言葉を彼が発したのは、これが生まれて初めてだった。翌日には、パズルで「8」の字を作っている最中に「エイト」と口にした。こうして彼は、フィルターのかかった音楽を聴きながら、毎日一つずつ語彙を増やしていった。トロント滞在の最後の日、ウィルを担当していたセラピストのダルラ・ダンフォードは彼をブランコに乗せ、何回か「一、二、三!」と言いながら背中を押したあと、「一、二」と言ってから最後の言葉を彼が発するまで押さないようにした。すると彼が「三!」と言って文を完成させたので、彼女が彼を押してあげる手は喜びに満ちあふれたのだった。

ウィルの語彙は一五日後には一〇語になり、それらを文脈に応じて使えるようになった。また、夜通し眠れるようになり、生まれて初めておもちゃで正しく遊ぶこともできた。常時動き回ったり、自分の腹部に噛みついて血を流したりすることもなくなった。

ここまで見てきたとおり、母親の声は未熟児の治療に重要な役割を果たす。この方法は、ポールの手法のなかでももっとも奇異に思えるものの一つだが、トマティスが最初にそれを考案したときには、さらに奇異なものに思われていた。胎児が母親の声を認識できることは、現在では万人の知るところとなっているが、子宮のなかで偶然にも耳の形のように身体を丸くした発達途上の胎児が、音を聴く能力を備えており、母親の声を認識することができるとトマティスが最初に主張した頃、医学部では、胎児はおろか新生児ですら、何かに気づく能力を持っていないと教えられていたのである。一九八〇年代まで普通に行なわれていた議論では、乳児の神経系は十分に完成していないとされていた。誕生前の子どもは、知能のないオタマジャクシと見なされていたのだ。

一九八〇年代初期、科学者たち（とりわけトロントの精神医学者トマス・バーニー）は、胎児が子宮内で独自の経験をしていることを示す研究を蓄積していた。それまでは、（胎児に歌を聴かせるとよいと信じていた）一部の母親や、（D・W・ウィニコット[*19]を含む）数人の精神分析医たちだけが、胎児に知覚や感情があると考えていた。生誕によってトラウマが引き起こされると論じたフロイトやオットー・ランクは、この考えを支持していた。トマティスは、大人同士の会話のなかにいると、新生児が母親の声がするほうしか向かないことを示した小児神経学者アンドレ・トーマスの著書を読んでいるときに、胎児の覚醒について知った。トマティスはそれに関して、「この新生児の行動は、胎児であった頃に気づいていた唯一の声を認識したことを意味するはずだ」と書いている[*20]。

さらにトマティスは、「私自身、未熟児としての経験によって、知識への欲求をかき立てられた」

と書く[*21]。一九五〇年代、リスニングの起源についてさらに深く理解したいと考えていた彼は、子宮のなかで身体の内側から母親の声を聴く胎児の体験がいかなるものかを知りたかった。そしてそれを確かめるために、子宮内環境における音の再現を試みるべく、液体で満たされた人工の子宮を製作した。彼はこの「子宮」に防水マイクを設置して、その内部で妊婦の腹部から採集した音を再生してみた。するとその人工子宮からは、とても鎮静効果のある音が聴こえた。小川の流れのような音、岸辺に打ち寄せる波のように寄せたり引いたりする母親の呼吸のリズム、心臓の鼓動、そして遠い背景には、かすかな母親の声が聴こえてきたのだ。彼は早産を、これらすべての音の喪失によって子どもが経験する情動的なトラウマとしてとらえ、未熟児を落ち着かせるために保育器に母親の声を流す、ヨーロッパの一部で取り入れられていた試みの導入を提案した。また、幼少の頃から聴覚障害を抱えている人の治療のために、子宮内で発せられた音のように聴こえるようフィルターをかけた母親の声を、電子耳に用いるようになった。

一九六四年までのあいだに、鼓膜や耳の内部の骨が、妊娠期間の半分を経過する頃にはすでに成人の大きさに達すること[*22]、聴神経も成熟し、信号を伝える能力を持つこと、そして音を処理する側頭葉も大部分機能していることなどが科学者たちによって発見されていた。やがて三次元超音波や、胎児の鼓動や脳波を検知する方法を用いて、胎児が声に反応することが明らかになった。最近の研究では、胎児には母親の声とそれ以外の声を識別する能力があることが示されている。バーバラ・キシレフスキーらは、六〇人の妊婦（平均・妊娠三八・二週）を対象に、腹部の一〇センチメートル上で、録音した彼女たちの声を再生する実験を行なった[*23]。その結果、胎児の心拍数は自分の母親の声を聴くと上がり、そうでない人の声を聴いたときには上がらなかった。また、新生児は、赤の他人の声より自分の母親の声を[*24]、まったく新たなストーリーより、胎児の頃、母親が妊娠中の最後の六週間に語りかけたストーリーを好む[*25]という、アンドレ・トーマスの発見が追試されている。新生児は誕生後すぐに、「母語」をその他の言葉から聴き分けられる[*26]。ここで言う「母語」とは、新生児がまだ子宮にいた頃に母親が話していた言語を指す。さらに言えば、新生児は母語に敏感な神経回路網を備えて生まれてくる[*27]。

トマティスの考えでは、すべての胎児は、子宮内で耳が機能する四か月半のあいだ、まだ理解の及ばない言葉をつぶやく唯一の声に「引きつけ」られる。「子どもと母親の接触はおもに物質的なものではないのか?」と疑問を呈する人に対して彼は、「言語にも物質的な側面がある。周囲の空間に振動を引き起こすことで、言語は文字通り聴く者に〈触れる〉、一種の見えない腕と化すのだ」と答えている[*28]。

ポールは次のように言い換える。「私たちは直接関係を結ぶわけではありません。声を媒介にして関係を結ぶのです。声はツールであり、脳はそれを使うユーザーなのです」。子宮内に宿る胎児は、心臓の鼓動や呼吸などさまざまな低周波音を聴き、それに加えて、ときおり低周波と高周波の音が入り混じった母親の声が、その間隙をついて届くのを聴く。

ポールはこう続ける。「私たちは、胎児が母親の快い声に初めて〈つながろうと〉試みるところを想像できます。しかしラジオとは違って、声はつねに〈オン〉になっているわけではなく、胎児はそれをコントロールできません。それを聴くためには、待つ必要があります。こうして何かを求めようとする最初の欲求が生まれるのです。そして、求めていた音をもう一度聴くことができたという最初の満足が得られます。この最初の沈黙の〈対話〉は、リスニングを生みます。（……）多くの母親は、胎児の静かなる対話への欲求を感じ取って、それに応えます。同じ歌を繰り返し歌うのです。（……）もちろん胎児は、母親の声によって送られるメッセージの意味を理解することはできません。胎児が〈理解〉するのは、それらのメッセージに付与された情動なのです[*29]」

ウィルは、リスニングセラピーにとても熱心な反応を示した。そして、よく眠り、親密な関係を結び、情動をコントロールすることが可能になったのだ。その時点で、一五日間の受動フェーズは終了した。ポールは、脳が得た改善を根づかせるためには六週間が必要だと見積もった。進歩は続いたが、初めて他者とコミュニケーションをとるようになると、ウィルは新たなフラストレーションを蓄積するようになった。逆説的なことに、この変化はまさに進歩の兆候の一つだったのである。

イギリスに戻っても、ウィルの進歩は続いた。語彙は二二語に増え、睡眠は「すばらしく」、食欲は向上し、異常行動の多くは消えた。毛布を何枚も重ねたり、テーブルのまわりを走り回ったりすることもなくなった。さまざまな角度から目標物を見ようとすることも、ドアを何度も開けたり閉めたりすることもなくなった。そして、それまで手に取ったことのなかったおもちゃでもうまく遊べるようになった。

六週間後の二〇一一年五月、ウィルとリズは、能動フェーズを開始するべくトロントを再訪し、一五日間滞在した。ウィルは再びフィルターのかかった音楽を聴いたが、フィルターのかかった自分の言葉や歌も聴き始める。一五日間で語彙はますます増え、コミュニケーション能力はさらに向上し、気分は落ち着いた。自分の思考や情動を伝えられるようになったため、不満を感じても、怒ったり自分の体を噛んだりはしなくなり、リズは彼を言葉で説得できるようになった。今や想像力も発達した彼は、ロールプレイやごっこ遊びができるまでに進歩した。音の刺激による脳の覚醒は目覚しく、彼は生まれて初めて嗅覚も発達させた。

　しかしポールの予想どおり、ウィルはたびたび不満を感じるようにもなった。能動フェーズが始まって二、三日が経ち、コミュニケーション能力が高まり始めると、伝えたいことが伝わらないときに突然激しくイライラして、かんしゃくを起こすようになったのだ。一度コミュニケーションのおもしろさを味わうと、それを最大限求めるようになったのである。しかし一か月が経つと、フラストレーションは当初募り始めた頃と同様の速さで収束していった。

「ポールは、〈ウィルはクリスマスまでに文《センテンス》を口にするようになるだろう〉と予測していました。そして予測にたがわず、クリスマスの一週間前にはそのとおりになりました」と、ウィルの父親フレデリックは語る。

　ポールは携帯用の電子耳を開発し、「リスニング・フィットネス・トレーナー（LiFT）」と名付けた。そしてその一台をリズに渡し、イギリスに持ち帰らせた。ポールはスカイプ〔インターネット電話〕で家族に連絡をとり、必要に応じて、ウィル用にカスタマイズしたプログラムを更新した。二〇一二年の後半、イギリスの言語療法士は、ウィルの言語能力、発話能力、理解力が四歳児にふさわしいものであるという診断を下した。ポールの支援を得て、四歳の時点で六歳レベルの読解力と理解力を示したウィルは、四年分以上の言語能力の発達を一八か月でなし遂げたのである。彼が「科学者（scientist）」という言葉を読んだとき、フレデリックは「二年前には一言も話せなかったのに！」と驚いたそうだ。最初にウィルを診察したイギリスのベテラン小児科医は、ウィルの進歩に非常に驚かされたことを認めて、「私が完全に間違っていました」と謝罪し、今ではウィルと同様の症状を呈する子どもたちにリスニングセラピーを紹介するようになっている。

ウィルの症状は改善しないだろうというこの小児科医の最初の評価が、「脳は変化しない」とする学説に由来することは間違いない。彼女はそう教えられてきたし、現在でもその学説は未熟児の医療現場で通用している。多くの未熟児がその命を救われるようになってはいるが、長期的な統計データによれば、（リスニングセラピーを受けていない）未熟児の二五〜五〇パーセントには、認知障害、学習障害、注意力の問題、社会性の欠落が見られ、脳性麻痺を発症することも多々ある。主流の医師のあいだでは、その種の重度の欠陥は、脳細胞の死によって引き起こされると考えられている。

しかし、ジャスティン・ディーンとスティーブン・バックによる二〇一三年の研究では、羊の胎児が脳内の酸素欠乏のような致命的なダメージを被った場合、ニューロンの分枝やニューロン間のシナプス結合の数は減っても、必ずしもすべての脳細胞が死滅するわけではないことが明らかにされている。これらの胎児の脳は通常より小さかったが、その原因は、全般的なニューロンの喪失ではなく、ニューロン間の結合の欠乏にあった。他のニューロンから信号を受け取る各ニューロンの樹状分枝は少なく、分枝の長さは短く、ニューロン間のシナプスが少なかった[*30]。つまり、ニューロンが適正に成熟していなかったのだ。ディーンらは次のように結論する。「われわれの発見は、未熟児における認知障害や学習障害が、主としてニューロンの変質に起因する不可逆的な脳の損傷によって生じるとしている、現行の想定に疑義を呈する[*31]」

酸素の欠乏がなくても、早産はニューロン間の結合の減少を招く。なぜなら、胎児のニューロンにおける分枝の急速な増加は通常、妊娠期間の終盤三分の一の、胎児が子宮から押し出される時期に起こるからだ。問題は、現在の医学界で主流の医師が、「ともに発火するニューロンは結合を強める」という事実を有効活用し、心的活動や感覚刺激を用いて互いに連絡のないニューロンを「つなげ」、その成熟を促進させるための訓練を受けていないことである。ニューロンを刺激して発火させ、互いに結合させる方法を適用する際には、アルフレッド・トマティスやポール・マドールのような専門家の手が必要になる。というのは、日常の経験では不十分だからだ。そもそも、日常の経験ならウィルもありあまるほど手にしている。日常経験を成熟に結びつけるには、私がこれまで指摘してきた段階をまず経なければならない。ここでもう一度繰り返そう。最初の数日間は適切な「神経刺激」が必要であり、覚醒を「神経調整」する脳の部位をオンにしなければならない。ウィルは、神経刺激を受けることでよく眠れるようになった。この「神経リラクセーション」の状態はエネルギーの蓄積を可能にし、「神経差異化」の兆候である言語の発達と感覚の識別に、巨大な飛躍をもたらすのである。

二〇一三年六月、ウィルがリスニングセンターにやって来た。これで三度目の訪問になる。私たちは、ブランコやハンモックやさまざまな材質のおもちゃが置かれた、感覚調整室にいる。ウィルは豊かなブロンドの髪の上にヘッドフォンをして、フィルターのかかった音楽を聴いている。今では、ふくよかな頬をした、チャーミングで人なつこいおしゃべり坊やになっている。

彼は私を見るなり、視線をしっかりと交わしつつ、暖かい声で「ハロー」と言う。手に洗浄液のチューブを持ったセラピストのダルラは、床の上に置かれた鏡のそばに立って、ウィルに「何回吹きつける?」と訊く。

「七回」とウィルは楽しそうに答え、「その上ですべってもいい?」と訊く。

「いいよ」とダルラは答え、彼が靴下を脱ぐのを手伝い、鏡に向かってチューブを七回噴射させる。ウィルはツルツルした鏡の上に立ち、足をあちこちに動かす。そのうち転んで笑い出し、洗浄液まみれになって遊んでいる。かつては少しでもべとべとするものを嫌っていたのがうそのようだ。立ち上がった彼は、また元気に走り回る。

現在ウィルは、感覚入力、運動、平衡感覚、運動協調性の統合を学んでいる。感覚入力の統合に問題を抱えていたことは、聴覚刺激や触覚刺激に対する極度の敏感さや、絶え間のない動作、あるいは運動強調性の欠如に見て取れる。

発話能力がない、もしくはその発達が遅れている子どもの治療を通じて、ポールは彼らに電子耳を装着し、ブランコに乗せて揺らすと発話能力を刺激できることを見出した。これは、前庭器官と渦巻管の相互作用を示す。彼の観察によれば、身体の動きは自然に発話を引き出す。つまり母親は、乳児を膝の上で揺り動かすことで前庭系を刺激し、発話への準備を整えているのである。

トマティスは、音を拾う二つの経路があることを強調した。一つは空気を媒介として音波が外耳道から渦巻管に伝わる経路で、空気伝導と呼ばれる。もう一つは、音波が直接頭蓋の骨に当たって振動し、それが渦巻管と前庭器官に伝わる経路だ。これは骨伝導と呼ばれる。彼は、とりわけ低周波音をよく伝える骨伝導によって前庭系に影響を及ぼすのがベストであることを発見した。そこで彼は、電子耳のヘッドフォンが頭蓋に直接あたるようにして、小さな振動装置を装着することにした。そして同じく、ウィルのヘッドフォンにも骨伝導振動器がとりつけられた。前庭系に対する振動器の効果は、物体を見る際に走り回りたくなる欲求を大幅に減退させた。なぜなら、彼はもはや前庭系の刺激に飢えていなかったからだ。機能が低下した前庭器官（そのために彼は走らなければならないといつでも感じていた）への刺激によってこの問題が改善し、ぎごちなさや不安定感が緩和され、身体が楽に感じられるようになったのである。

リスニングセンターは、前庭系の機能を客観的にモニターする装置を備えている。健全な前庭器官を持つ人を椅子にすわらせ、それを急速に回転させたのちに突然停止させると、その人の目は、回転とは反対の方向へと引かれるように何度もすばやく動く。回転後眼振と呼ばれるこの正常な反射反応は、前庭器官が身体の動きを検知し、視線を再調整するよう伝える信号を目に送ることから生じる[*32]。ところが発達の遅れた子どもや自閉症スペクトラムを抱える子どもの多くは、この反射を示さない。ウィルが初めてこの検査を受けたときには、彼の目は静止したままだった。しかし数日前に同じ検査を行なったところ、彼は「へんな気分がする」と言い、目は初めて回転後眼振を、つまり前庭器官が作動している兆候を示した。ダルラがウィルに「へんな気分」とはどんな気分なのかを説明させると、それは彼にとってまったく新たな経験である、めまいであった。

三度目の訪問の直前に、ウィルはアデノイド切除手術を受けなければならなかった。どんな手術であれ、過去の手術によって受けた未解決のトラウマを喚起してしまうため、彼の技能と行動は少しばかり退行していた。リズの話では、「昨日、ウィルはつまずいて転び、〈どうしてぼくを転ばせたの?〉と私を問い詰めたのです」

父親のフレデリックは「何か悪いことが起こると母親のせいにするのです。私に文句を言うことはありません」と言う。

それに対しポールは、「その話はよく聞きます。苦痛を感じている子どもの観点からすれば、母親はすべての苦痛の原因なのです。自分に命を与えてくれた人が、生きることで生じるあらゆる苦痛を与えていると思っているのです。不当にも、その考えは母親に過酷な罪悪感を覚えさせます。われわれは、あらゆる手を尽くしてカウンセリングを行ない、その問題に対処しています。しかし他にも方法はあります。それは、母親の声を使って子どもを落ち着かせることです。母親の声は、このような状況のもとでは癒しになります」と返答した。この考えに基づいて、ポールがウィルにリズの声を聴かせると、ウィルはたちどころに穏やかになった。これこそ、生きていくうえでの困難が始まる前に、子宮という聖なる場所で響いていた母親の声を再現する、フィルターがかかった音の持つ癒しの力なのだ。

二日後、ウィルはリスニングセンターで五歳の誕生日を迎えた。ただ話すようになったばかりでなく、語彙がとても洗練されつつあった。ダルラが誕生日のプレゼントに、彼のお気に入りのおもちゃが入った袋を二つ持ってくると、彼は「プレゼントをもらえるなんて思ってなかった！」と言いながらポールに抱きついた。それから紙コップで水を飲み、使ったコップを捨てに行く。ゴミ箱が二つ並んでいるのを見ると、「リサイクルする紙コップはこっち」と大きな声を出して一方のゴミ箱の標示を読んだ。

そこへケーキが運ばれてくる。それを見た彼は微笑みながら「ヒップ・ヒップ・フーレイ！　ヒップ・ヒップ・フーレイ！」〔応援やかっさいのかけ声〕とかわいらしい英国アクセントで叫んでから、ダンスを踊る。それから「ホワイトケーキだ！」と歓喜の声をあげながら、ろうそくの火を吹き消す。「これみんなで分けるの？」とリズに尋ね、早くケーキを切ってとねだる。

リズは言う。「昨晩、ウィルは私に、〈おかあさん、あしたになったらぼくはもう少し大きくなっているかな？〉と訊きました。私は〈鏡を見れば確かめられるよ〉と答えました。今朝になるとウィルは実際に鏡を見ながら、〈見て！　首が長くなっている〉と言ったのです」。このような冗談を言うようになった彼は今、満ち足りている。リズ、フレデリック、ポール、そして私の四人で、これから数年間、ウィルはこれまで経験したことのない大きなトラウマに直面しなければならないだろうと話し合ってはいたものの、さしあたって彼は、誰も押さえつけようとしない限り、愛情に満ちあふれた闊達で幸福に満ちた表情を見せている。

ウィルは現在、普通の学校に通っている。

ウィルを見て満足感に満たされていたポールは、私に近寄ってきて次のようにささやいた。「脳の神経可塑性が、どんな年齢でも、いついかなるときにも変化が可能な能力である点に疑いはありません。でも、ウィルのように、早期にこの能力を利用できれば、できることはたくさんあります。一〇年治療が遅れていたら、ダメージは深刻なものになっていたはずです。もちろんそうなっていたとしても助けられはしたでしょうが、その場合彼は、何年もあがき、正気を完全に失い、まともに話すこともできず、自分の感情や欲求を表現できずに暮らすことになるので、それらいっさいの経験が蓄積して自分の殻に固く閉じこもっていたはずです」

リズ、フレデリック、ウィル、そして生まれたばかりの彼の妹は、今晩イギリスに帰る。ウィルの親戚たちは驚いている。「彼らは、フィルターがかかったモーツァルトや、グレゴリオ聖歌や、母親の声を聴くことで彼の人生が変わったなんて理解できないのです。そんな話は非現実的なのでしょう」とリズは言う。

フレデリックが会話に加わってきて、「奇跡のようです。でも、これが現実です。ピーター・ブライス以外のすべての専門家やコンサルタントが、脳に損傷を負ったウィルは永遠に生後一八か月のままだろうと言ったにもかかわらず。たいていの人はそう言われたらあきらめるはずです。でも彼女は」と言い、ウィルの妹となる一歳の娘を抱いているリズを震える指で差しながら、「そんなことは信じませんでした」。

私は、膝に生まれたばかりの健康な女の子を乗せてゆすっているリズを見る。ブロンドヘアの彼女のまなざしは真剣だ。ラフなジーンズを穿いている彼女は、どこにでもいる母親に見える。幸せそうな息子の、この五歳の誕生日には特に。

Ⅲ. ボトムアップで脳を再構築する

自閉症、注意欠如、感覚処理障害

一世紀にわたり、ほとんどの神経科学者は、脳には「上」と「下」があると考えてきた。この二つの境界をどこに引くかについては科学者間で異論があるものの、ほとんど誰もが、前頭皮質と呼ばれる、脳のもっとも外側に位置する薄い層が「一番上」であると見なしてきた。この前頭皮質は、推論、計画、衝動の抑制、長時間の集中、抽象的な思考、意思決定、他者の思考や感情の把握など、人間が備える「高次の」機能を担う領域であると考えられており、当初この見方は広く受け入れられていた。というのも、この領域に損傷を受けた人は、実際一連の心的機能に支障をきたしたからだ。

子どもの精神疾患の多くは「高次の」能力に影響を及ぼすので、治療は前頭皮質の構造を目標に定め、設計されていた。しかし、そのような治療に特大の効果があったわけではない。このアプローチでは一般的に症状のコントロールや緩和を目指しており、脳を治癒して恒久的に障害を除去しようとするものではなかった。本節で私は、それとは異なるアプローチをとり、サウンドセラピー〔音楽療法（Music

Therapy）とは異なる。また、日本のヒーリングサロンなどでの呼称とも異なる〕が最初はボトムアップで作用し、よりよい方向に脳が再配線されるよう導けること、またそれによって、恒久的な改善が得られることを明らかにする。

サウンドセラピーがこれまで注目を浴びてこなかった理由の一つは、その主要な対象である脳の皮質下の構造に関する知識が不足していたからだ。この構造は、脳の一番上にある薄い層、皮質の下にあるがゆえに「皮質下」と呼ばれる。解剖学的にも、頭蓋の基底に向かう低い位置に存在する。

残念なことに、皮質下の脳は、そのきわめて洗練された実際の機能に比して、きわめて雑な扱いを受けてきた。理由はいくつかある。脳の奥深くに位置するため、二〇世紀のほとんどのあいだ、当時の技術ではアクセスが困難だったことがまず一点。ゆえにその役割が十分に把握できていなかったのである。第二に、多くの単純な動物の脳は皮質下の組織しか持たず、また、これらの動物は、人間には備わる「高度な」思考能力を持たないために、「皮質下の脳は単純である」と考えられていたからだ。進化が進むにつれ、皮質下の領域を取り巻くようにして、脳の外側に皮質の薄い層が発達し、後者が前者に「つけ加えられた」と見なされた。皮質を備えた、より新しく進化した動物は高い知能を持つように見えたので、これらの動物の高い知能は、高度な進化の象徴たる皮質に由来すると想定された。人類は、もっとも進化した皮質を備える。当時の厳格な局在論の影響もあり、すべての高度な思考能力は、皮質でのみ作用すると考えられていたのだ。ゆえに、複雑な思考活動を行なえない人は、必ずや皮質に障害を抱えているものと見なされていた。

この推論の誤りは、「進化を通じて発達した新たな構造は、古い構造に単純に追加され、両者は独立して機能する」と仮定している点にある。しかし実際には、新しい構造が追加されると古い構造はそれに適応する。つまり、新しい構造の存在は古い構造を変え、両者は全体としてともに機能し始めるのだ。動物と人間を対象に行なわれた最近の研究は、この現象をみごとに実証する。それによると、皮質が発達してサイズが大きくなると、皮質下の構造も大規模な成長を遂げてその変化に呼応するのだ[*33]。局在論はときに有用ではあるが、ときに誇張されすぎるきらいがある。皮質中心の見方は、皮質下の脳の役割を十分に考慮しない。その役割の重要性は、一般的な小児精神障害を持つ子どもの皮質下の脳を音で刺激すると、「高次の」心的機能が著しく改善する事実からもわかる。

自閉症からの回復

ウィルがさまざまな発達障害を抱えていたことから、彼は自閉症だったと考える人もいるであろう。しかし彼は、臨床医が自閉症の中心的な特徴と考えている、「他者の心を理解できず、それゆえ社会的な関係を結ぶことに関心が持てない」という症状を呈してはいなかった。さまざまな問題を抱えていたとはいえ、ウィルはつねに他の人々との結びつきを求めていた。他者との結びつきの喪失は、早い時期にはそれに関心を示していたにもかかわらず、やがてそれが失われた場合に、とりわけ顕著になる。

ジョーダン・ローゼンは、二人の兄弟姉妹と同様、健康で賢い子どもで、順調に成長しているように思われた。少しでも両親に心配があるとすれば、それは、ほとんどの子どもがいくつかの言葉を話せる時期にさしかかったのに、依然として意味のない音を発するばかりだったことである。単なる偶然かもしれないが、生後一八か月の頃、予防接種を受けた一週間後にひどいウイルス性胃腸炎にかかった。それを境とするかのように、人と目を合わせなくなり、自分の名前にも反応しなくなった。また、顔の表情が読めなくなったようだ。遊びにも加わらなくなり、人とのつながりを求めようとしなくなった。母親のダーレンには、彼は他者にも心や感情があることを理解しておらず、人をもののように扱っているように思えた。たとえば、少し大きくなってからのことだが、のどが渇くと、彼女の手をあたかもドアを開ける道具であるかのように扱い、冷蔵庫のほうへ引き寄せた。また、よそよそしい態度をとり始め、部屋に両親がいるにもかかわらず、誰もいないかのように振舞った。特定の歌を耳にすると、手で耳を覆って叫びながら家中を走り回った。一日中怒り続けて自分の頭を床や壁やダーレンにぶつけ、なぐさめようがなく、まったく手がつけられなかった[*34]。また、他の子どもに噛みついたために託児所を追い出された。医師は、彼のかんしゃくの激しさと執拗さをまったく理解していなかったので、ダーレンはジョーダンの行動をビデオに録画した。三歳になっても言葉を覚えず、言語療法を受けても効果がなく、医師には一生話せないかもしれないと言われる。発達小児科医と、トロントのクラーク精神医学研究所と提携している、子どもの自閉症を専門にする精神科医は、彼に自閉症の診断を下した。

「ジョーダンは言語的、非言語的な手段によってコミュニケーションを図る能力、そして社会的な関係を築く能力に重度の支障をきたしている」と医師の一人がコメントしており、これらは自閉症の主要な症状をなす。また、「好奇心や活動の範囲がごくわずかに限られ、強迫的な振舞いも明らかに見られる」とあり、要するに彼は同じ行動を何度も繰り返し、他のことはほとんど何もしなかったということだ。これも自閉症の主要な症状である。ジョーダンは、おもちゃのブロックや食器類を繰り返し集めては並べていた。何本かのビデオに過剰に執着するようになったために、ダーレンは見たテープをすぐに巻き戻せるよう二台目のビデオデッキを買わなければならなかった。お気に入りのビデオが途切れずに再生されていないと、彼は金切り声をあげたからだ。

両親は、「ジョーダンを治療する術はない」「一生施設で暮らさなければならないだろう」と宣告される。生後一八か月より以前の写真では、彼は目を輝かせて満ち足りた表情をしている。ところがその後のすべての写真では、彼の目はうつろであったり、何かを警戒したりするような目つきをしている。

自閉症の子どもを持つ親を支援するあるグループは、彼らの絶望感をさらに増した。誰かがポール・マドールのリスニングセンターに言及した途端、その思いつきははかない望みだと切り捨てられたのである。だが、簡単にはあきらめないダーレンは、「だから調べてみることにしたのです」と決意する。何しろ息子は聴くことも話すこともせず、多くの自閉症の子どもと同様、感覚入力に、とりわけ音に極度に敏感だったので、とにかく何とかする必要があった[*35]。

三歳になった頃、ジョーダンはポールの治療を受け始めた。ポールは、ジョーダンがまともに話せる言葉を持っていないことをただちに見て取った。確かに言葉らしきものをいくつか発しはしたが、それらは文脈からはずれた、ただのノイズとして使われており、そこには誰かとコミュニケーションをとろうとする意図はまったく見られなかった。しかし、母親の声を使ったリスニングセラピーが終わると、彼は話し始め、正常に振る舞うようになった。それから数年にわたり、半年ごとに状態が向上した。やがて友人ができ、普通の学校に入り、優秀な成績で卒業し、ハリファックスにある大学に入学した。

二〇一三年一二月、私はジョーダンに会ったときにその後の経緯を聞いてみた。彼は、一九九〇年代半ばに最後の治療を受けて以降、ポールとは会っていないとのことだった。ジョーダンは今や、ハンサムで洗練された二三歳の好青年になっている。目を輝かせて、私とジョークを飛ばし合いながら話をした。彼は実に生き生きとしている。最近、マネジメントとグローバリゼーションをテーマに学位を取得したと言う。彼は、「大学は最高の場所でした。さまざまな文化のもとで育った人々が、さまざまな場所から集まってきますからね。でも、やっぱりパーティーが一番楽しかったかな」と言って微笑んだ。彼は人間関係をとても大切にし、大学で出会った友人とは今でも連絡をとっている。トロントに戻ってからも新しい友人を作った。「もちろん、だからといって家族と疎遠になったりはしていませんよ」とつけ加えた。彼の言葉は洗練されていて無理がなく、穏やかでウィットに富んでいた。

ジョーダンは物流関係の会社に就職して商品の輸出入を担当し、多様な人生を歩んできた世界中の人々と取引をしている。この仕事には交渉力が必要だ。私は、「扱いのむずかしい人」への対応の際はどうするかを尋ねてみた。彼の答えは、「誰かを批判しなければならないときには、まずほめることでその人の自尊心を傷つけないようにします。とりわけ扱いがむずかしい人に出会ったときには、まず穏やかに交渉する方法を探します。怒るのは最後の手段です。いつでもできますからね」というものであった。この言葉は、子どもの頃、いつも壁に自分の頭を打ちつけていたジョーダンの口から発せられたのだ。彼は明らかに、他者の心というものについて知り尽くしている。ジョーダンが自閉症の治療を受けたのは、効果のなかった言語療法を除けば、ポールのリスニングセンターにおいてのみである。彼は一六歳の頃、次のような詩を書いている。

医師はぼくが自閉症だと言った
それは心を殻のなかに閉じ込めるようなものだと
彼らは治療の手段はないと言った
ぼくを精神病院に閉じ込める以外には

彼は、精神病院に閉じ込められるのではなく、今やますます増えつつある、自閉症になりながら人生が変わるほどの劇的な改善を経験した子どもの一人になった。彼の場合には「治癒」という言葉がピタリと当てはまる。ポールは、あらゆる自閉症の子どもに奇跡をもたらせるなどとは主張していない。しかし、リスニングセラピーによって恩恵が受けられるはずだとポールが見定めた自閉症患者のほとんどが、症状がいくつか残る人もかなりいるとはいえ、大幅な改善を見せているのも確かである。★「ティモシー」の事例はもっと典型的だ。彼の症状は大幅に改善したが、自閉症の残滓はまだ残っている。ジョーダンと同じように、ティモシーは誕生してしばらくは健康そのものだったが、生後一八か月のときに、最初は正常であった情動、心的機能、言語能力の発達が、自閉症によって退行し始めた。人と触れ合うことへの関心を失ったように見えた。言葉を発しなくなり、自分の名前に反応せず、目を合わせなくなり、普通の遊びをせず、怒りを爆発させるようになった。三歳になる頃には自分の殻に閉じこもるようになり、母の「サンドラ」と夫は、もはや息子を失ったかのように感じていた。「私たちは、とにかくティモシーと触れ合いたかったのです」と彼らは語る。ティモシーは自閉症の典型的な症状を呈し、何人かの専門の医師に重度の自閉症と診断された。サンドラによれば、彼らは「ティモシーは普通の人生を送ることはできないでしょう。普通の学校へ行くのも、職業訓練を受けるのも無理です」と言ったそうだ。

リスニングセンターに通い始めると、ティモシーはすぐに落ち着いた。初日には、常時動き回ることはなくなり、二日目には、自閉症になって以来最長の一〇時間の睡眠をとり、三日目には、サンドラが次のように言うまでに回復した。「彼は変わりました。夫が帰宅すると、ティモシーはその方向に向かって行き、自閉症になって以来初めて彼に抱きついたのです」。ティモシーの状態は、数年に

★ポール・マドールは、リスニングセンターを訪れた自閉症の子どもの、およそ三分の二にリスニングセラピーが有効であることを見出した。ここで言う「有効」には、ジョーダンの事例のような目覚しい改善（それほど多くはない）から、ティモシーの事例のような改善（典型的に見られる）、さらには、既存のセラピーを効果的に受けられるようにし、統制され、気づきを持ち、自立したあり方で、学校、社会、家族生活を送れるようにする、適度ながら歓迎すべき改善まで、さまざまな程度がある。自閉症を持つ子どもは、なるべく年少のうちに治療を受け始めれば、それだけ効果が上がる。毎年追加治療《ブースト》を受けるとさらに効果的であり、子ども自身がセンターで再度治療を受けることを望む場合も多い。ある子どもは、「心を鎮めるためにあの音楽をもう一度聴きたい」と言ったそうだ。

わたってゆっくりと着実に進歩した。年に一度リスニングセンターを訪問して、一〇時間のリスニングセラピーを受け、表現豊かな発話の訓練を行なった。さらに、成長の各時期、とりわけ思春期に生じた新たな問題に対処した。リスニングセラピーは、ただ患者を機械につなげるだけではなく、自閉症や学習障害を抱えた子どもの心に触れる方法を十二分に会得した、ポールのようなセラピストを必要とする。

ティモシーは、当初家庭教師を必要としていたが、やがて一人で勉強するようになった。一七歳の頃にはAをとる生徒になり、かつては言葉の障害を抱える少年だった彼が英語でもAをとった。友人もできて、次第に家族への依存度が低下していく。自閉症は重度から軽度のものに変わり、仲間と普通の学校を卒業して、就職した。彼との「触れ合いを求めていた」両親は、今やそれを手にすることができたのである。

これまで自閉症は治療不可能と考えられてきたが、『自閉症治療の革命（*The Autism Revolution*）』の著者で、ハーバード大学医学部の小児神経学者マーサ・ハーバート博士は、劇的な改善を見せた自閉症の子どもの事例をいくつか取り上げている。「何十年にもわたり、ほとんどの医師は、自閉症が子どもの脳に存在する遺伝的な問題であると、（……）そしてこれは一生続くことを覚悟しておかねばならないと両親に宣告してきた」と彼女は書く[*36]。しかし彼女は、自閉症が概して動的なプロセスであることを例証する。それは単なる遺伝的な問題、あるいは脳の問題なのではない。また、たった一つの要因によって引き起こされるわけでもないし、とりわけ早い時期にセラピーを開始すれば、つねに治療不可能というわけでもない。

確かに、誕生時や誕生直後に症状を呈する自閉症もある。しかし「退行性自閉症」では、心の発達が最初は至って正常に見えた子どもが、たいていは二歳から三歳のあいだに自閉症の症状を呈し始める。

自閉症者の数は、現在爆発的に増えつつある。五〇年前は五〇〇〇人に一人の割合だったのが、二〇〇八年のアメリカ疾病予防管理センター（ＣＤＣ）の調査では、八八人に一人となっている。医師のあいだで自閉症に対する認知度が高まり、その診断を下すケースがより増えたという側面もあるが、自閉症の治療にあたっている医師の多くは、この障害を発症する子ども自体が増えつつあるという印象を抱いている。この急激な上昇は、何世代もの期間を要する遺伝的な要因によっては説明しきれないはずだ。ハーバートは次のように指摘する。「現在では、何百もの遺伝子が自閉症に関連づけられている。しかしそれらのほとんどに大きな効果はなく、おそらくは軽度の脆弱性をもたらすだけにすぎない。（……）自閉症の要因として強い影響力を持つ遺伝子でも、（……）実際には自閉症者の総数のほんの一部に影響を及ぼすにすぎず、（……）該当する遺伝子を持っていても自閉症にならない人もいる[*37]」

遺伝子が自閉症を発症する危険性をもたらすのは確かだが、一般的には、その危険性が実際に疾病の発症を引き起こすには、環境的要因が必要になる。これらの要因の多くは子どもの免疫系に作用し、抗体を生産させ、脳に影響を及ぼす慢性的な炎症を引き起こす。自閉症の子どもの多くは、活動過多の異常な免疫系を持つ[*38]。また、消化管の感染や炎症、（おもに穀物、グルテン、乳製品、糖分への）食物アレルギー、ぜんそく（炎症が関与する）、皮膚の炎症を発現する可能性が高い[*39]。抗炎症薬は、自閉症の症状を緩和することがわかっている。もちろん、必要な化学物質の欠乏など、他の非炎症性の要因もあるが、炎症が主要因であることに間違いはない。ハーバートは、炎症への対処によって劇的な改善を見せた子どもの事例を数多くあげている。たとえば、炎症と感染のさまざまな兆候を呈していた少年カレブは、そののちに退行性自閉症を発症したのだが、彼が一〇歳のときに母親が食事からグルテンを抜くと、自閉症は消えたという事例もある。

他の要因である毒素は、脳を刺激して、炎症を引き起こす場合がある。昨今の乳児は子宮にいるあいだに毒素にさらされ、あらかじめ汚染されて生まれてくる。子どもの誕生時の臍帯血《さいたいけつ》〔へその緒（臍帯）に含まれる胎児の血〕には、平均して二〇〇種類もの主要な有毒化学物質が含まれている[*40]。そのなかには、三〇年前に使用が禁じられたものも含まれており、多くは神経毒である。毒素は身体とは異質であるため、免疫反応を引き起こす。

炎症を起こした脳のニューロンは結合しない

かつて考えられていたように、自閉症は単に脳の疾病なのではない。ハーバートは、それが脳の健康にも影響を及ぼす、身体全体の疾病の現れであることを示す。身体の慢性的な炎症は、脳を含むあらゆる組織に影響を及ぼす。二〇〇五年にジョンズホプキンス大学医学部のチームによって行なわれた研究によれば、自閉症者の脳は炎症を起こしている場合が多い。検死解剖によって、皮質（脳の外側の層）と軸索に炎症が見出されたのだ。また、炎症は、（サウンドセラピーの治療対象である）前庭系と強い結びつきを持つ皮質下の領域である、「小脳にとりわけ顕著に見られた［＊41］」。第4章と5章で、小脳は思考と運動を微調整すると述べたことを思い出してほしい。新しいバージョンのサウンドセラピーでは、小脳にも刺激が与えられる。

二〇〇八年以来五つの研究によって、かなりの数の自閉症の子どもは、子宮にいるあいだに脳細胞を標的とする母親由来の抗体を持つことが示されている［＊42］。ある研究によれば、自閉症の子どもの母親の二三パーセントはそのような抗体を持つ［＊43］。それに対し、正常な子どもの母親に関して言えば、そのような抗体を持つ人はわずか一パーセントにすぎない。科学者は、何が抗体を誘発するのかをまだつきとめていないが、おそらく自閉症の子どもの母親は、自身の免疫系を変えるような感染をしたか、あるいは毒素にさらされたのではないかと考えられている。妊娠したサルにこの種の抗体を注射すると、その子孫は、自閉症の子どもに類似する行動を示した［＊44］。また、自閉症の子ども自身も、血中の抗体のレベルが高い［＊45］。（抗体を誘発するようデザインされたワクチンの接種が、特定の子どものグループに問題のある炎症を引き起こすか否かには議論の余地がある。これに関しては巻末の原注［＊46］を参照されたい。）ハーバートの理論によれば、これらすべてのストレスや炎症は脳に影響を及ぼし、ニューロンを損なうのである。★

慢性的な炎症は、神経回路の発達を阻害する［＊47］。自閉症の子どもにおいては、多くの神経ネットワークが「過少結合［＊48］」され、脳の前面のニューロン（目的の追及や意図を処理する）と背後のニューロン（感覚を処理する）の結合が不十分である［＊49］ことが脳画像で示されている。また、他の脳領域は「過剰結合」され、これは自閉症の子どもによく見られる痙攣発作の原因となっている［＊50］。過少結合と過剰結合が組み合わさると、脳領域間の同期をとることが困難になる。まとめると、自閉症は、遺伝的な危険因子と、多くの環境的な誘発要因の産物であり、誕生前に子どもに影響を与えることもあれば、誕生後に与えることもある。そして、免疫反応と炎症が顕著に見られる。これらの要因の結びつきは発達中の脳に悪影響を及ぼし、ニューロンの適正な結合とニューロン同士のコミュニケーションを阻害する。

近年、リスニングがいかに自閉症の影響を受けるかを説明する一助となる「脳の配線の問題」について、神経科学者たちの理解が進んだ。二〇一三年七月、ダニエル・A・エイブラムズとヴィノッド・メノンが率いるスタンフォード大学の科学者たちは、自閉症の子どもにおいては、人間の声を処理する聴覚皮質と皮質下の報酬中枢の結合が不十分であることを明らかにした[*51]。人は課題を完成させると、報酬中枢が活性化してドーパミンが分泌され、それによって快感情が引き起こされ、その課題を繰り返す動機が形成される。この研究では、脳領域間の結合を示す特殊なMRIを用いることで、左半球の言語領域（言語のより象徴的な側面を処理する）と右半球の言語領域（韻律《プロソディー》と呼ばれる音楽的、情動的な側面を処理する）が、脳の報酬中枢に十分に結合されていないことがわかった。その結果、声を処理する脳領域を報酬中枢に結びつける能力を欠く子どもは、発話を快く感じられなくなる。

リスニングセラピーはいかにして自閉症の治療に役立つのか

私の考えでは、この発話における快感情の喪失は、両親や他の人々との結びつきを形成する子どもの能力に甚大な影響を及ぼす。一九四三年に初めて自閉症について論じたレオ・カナーは、自閉症の子どもが声に関心を持たず、話そうとしないのに気づいた。たとえばある患者は、「話しかけられても表情がまったく変わらなかった[*52]」。現在では、親と子どもの結びつきにおいて声が重要な役割を果たし、声に対する無関心によってこの結びつきが阻害されることが明らかにされている。ある二〇一〇年の研究では、健康な子どもがストレスを受けたあとで母親の声を聴くと、脳内でオキシトシンが分泌されることが明らかにされた[*53]。オキシトシンとは、暖かく穏やかな感情を喚起して愛情や信頼に満ちた気分を醸成し、両親と子どもの結びつきを促進する脳の化学物質である。両親の声

★ハーバートの理論によれば、「栄養不足、毒素、ウイルス、ストレスの結合、そしておそらくは遺伝的脆弱性によって全身に負荷がかかると」、脳の支援システムが圧倒される。Herbert and Weintraub, *The Autism Revolution* (New York: Ballantine Books), p. 119. 炎症は多量の老廃物を生産する。脳は身体の他の部位と同様、つねに老廃物と死んだ細胞を除去し、ニューロンを再構築しつつ栄養を供給しなければならない。この作業は、脳のグリア細胞によって行なわれる。グリア細胞に過負荷がかかると腫れを起こし、正常にニューロンのサポートを行なえなくなる。ニューロンへの血液の供給は減り、ニューロンのミトコンドリア(細胞の動力室、第4章参照)はストレスを受ける。グリア細胞の適切なサポートを受けられなくなったニューロンは、やがて「アイドリング状態」に入り、正常に信号を発することができなくなる。すでに述べたように、ニューロンは損なわれても、あるいは機能不全に陥っても、発火を続けて「ノイズ」を生んだり、過剰に興奮したり、統制を失ったりする。ハーバートの指摘によれば、グリア細胞とニューロンのシステムに過負荷がかかると、ニューロンを興奮させる脳の化学物質グルタミン酸が大量に放出される。それによってニューロンが非常に興奮しやすくなって過敏になり、私の用語を用いれば、「ノイズに満ちた脳」に至る可能性がある。

は子どもをなだめ、コミュニケーションの発達を促す。自閉症者の場合、このオキシトシンのレベルが大幅に低下している[*54]。（オキシトシンレベルの低下の原因は現在のところ不明だが、おそらく二次的なものではないかと思われる。以下に述べるように、多くの子どもの場合、聴覚刺激に対する過敏さのゆえにリスニングが苦痛になり、そのために聴覚野と脳の報酬中枢の結合が低下した結果である可能性が考えられる。）いずれにせよ、言ってみれば「声の結合」が生じないのである。

自閉症の子どもの多くは、音の快さに無関心ではあれ、音そのものに無関心なのではない。彼らのほとんどは音に極度に敏感で、だからこそ苦痛を感じて手で耳を覆い、神経系が闘争／逃走モードに入ってしまうのだ。なぜこの反応が起こるのかを、また、なぜ音楽が母親と自閉症の子どものつながりを促進するのかを理解するためには、進化と関連していくつかの重要な点を指摘しておかねばならない。

神経科学者のスティーブン・ポージェスは、私たちの安全や危険に対する感覚が、音の特定の周波数帯域に結びついていることを示した。生物にはそれぞれに対して独自の捕食者がいる。そして捕食者の立てる音は獲物に闘争／逃走反応を引き起こす。聴覚皮質と脳の脅威を検知するシステムのあいだには、直接的な結びつきがあり、それゆえ不意に生じたびっくりさせる音はただちに大きな不安を引き起こす。また生物は、自身の捕食者には聴こえない音の周波数帯域でコミュニケーションをとることができる。（何百万年ものあいだ人類のような中型の哺乳類を捕食していた爬虫類は、人間の声の周波数を検知できない。）

安全を感じると、副交感神経系は闘争／逃走反応をオフにする。ポージェスがみごとに示したように、副交感神経系は「社会参加システム［*55］」と中耳の筋肉をオンにし、相手の話に聞き入り、コミュニケーションをとって他者とつながりが持てるようにする。副交感神経系が他者とのつながりの形成に役立つ理由は、まさにそれが、人間の音声の高周波数帯域に波長を合わせるのに用いられる中耳の筋肉をコントロールし、声や顔の表現のために使われる筋肉を活性化するからだ。「副交感神経系のモードに入る」ことは、平穏、冷静さ、つながりを取り戻すことでもある。

トマティスの示すところによれば、自閉症、学習障害、発話や言語能力の発達の遅れを抱える子ども（および複合的な耳感染を抱える子ども）の多くは、中耳の筋肉によって低周波数帯域を抑制できないために、人間の音声の周波数に波長を合わせられない。低周波数帯域の音が大きな音量で押し寄せてくると、高周波数帯域の音声は覆い隠され、自閉症の子どもを、音、とりわけ電気掃除機や警報などの持続音に対して過敏にする。さらに言えば、人間においては、低周波数帯域の音は捕食者を想起させるがゆえに不安を引き起こす。音に圧倒された自閉症の子どもは、闘争／逃走システムをオフにできず、社会参加システムをオンにできない。トマティスが主張するように、中耳の筋肉をコントロールする神経回路のトレーニングは極度の過敏性を緩和し、他者との結びつきが快い経験になるよう社会性を増大させるのである。★

私の見るところ、トマティスやポージェスらは、自閉症の第一の特徴が、他者の心の存在を認める能力や、他者に共感する能力の不足であるとする、従来の見方を考え直すべきときがきたと考えているはずだ。従来の見方はつねに正しいわけではない。感覚刺激に常時圧倒され、つねに闘争／逃走モードに置かれている子どもは、社会参加システムを発達させてオンにすることができず、他者の心に気づかない。この他者の心に気づく能力の欠如は、感覚刺激を処理する脳機能の障害によって引き起こされる二次的な問題である場合が多い。ポールは次のように指摘する。「感覚系の目的は、世界との接触を求めると同時に、感覚世界から自己を守ることにある。ところが感覚刺激に対して過敏に反応するようになると、その人は、外界を遮断するメカニズムを発達させ始めるのだ」

学習障害、社会参加、抑うつ

トマティスの生徒の一人に、音によって学習障害を矯正できるという考えに最初は懐疑的だった医師がいる。しかしこの疑念は、自分の娘の命が危機にさらされたときに消え去った。ロン・ミンソンは、デンバーの長老派教会医療センターの主任精神科医で、個人開業医になる前に教鞭をとっていたマーシー・メディカルセンターの行動科学部の部長を務めていた。

乳幼児突然死症候群で子どもを失ったロンと妻のナンシーは、愛らしい乳児のエリカを養子に迎えた。ところが、よちよち歩きの頃は幸福だった彼女も、小学校に上がると文字の発音が満足にできず、スペリングも算数もできなかった。声は平板になり、同級生を理解することもできず、彼らが冗談を言っているのか、怒っているのか、何を言いたいのかもわからなかった。そして彼女は、学年が進むにつれて、どんどん落ちこぼれていった。

ロンの明敏な同僚は、エリカが識字障害なのではないかと考えた。それを受けて、ロンは家庭教師、言語療法、特殊教育などあらゆる既存のアプローチを試してみたが、いずれも効果はなかった。低下した注意力を矯正しようとリタリンに似た刺激剤を試したが、それも彼女を興奮させただけだった。やがてエリカは、不機嫌でふさぎ込んだ、反抗的なティーンエイジャーになる。心理検査では、「彼女はほとんどの時間を、超自然的な思考などの空想の世界に閉じこもって過ごしている」と診断された。抗うつ剤は、抑うつ以上に苦痛な副作用をもたらした。高校では、彼女の読解力は小学校五年生なみで、それにもかかわらず彼女は、あらゆる手を尽くして助けようとする両親に逆らった。学校は彼女を見限り、彼女は絶望のうちに高校二年で学校を退学し、洗車場やファーストフード店で働き始める。しかし、態度の悪さや無断欠勤のため、すぐに解雇されるのが常だった。一八歳になると、同い年の誰もが大学進学や成績評価（ＧＰＡ）について考え始めているというのに、彼女には自分の未来がまったく見えなかった。学習障害を持ったいていの若者と同様、自分自身に見切りをつけ、自殺を考え始める。ロンは有能な精神科医であったが、自分がもっとも助けたい人を助けられないことに苦しんだ。

★ポージェスは、子どもが音に過敏になっているのを、彼らを観察することで判断できると指摘する。中耳の筋肉、アブミ骨筋を調節する「顔面神経」は、まぶたを上げ、表情をコントロールする筋肉も調節している。私たちが誰かの話に興味を持つと、その人の音声の周波数に合わせられるよう中耳の筋肉は収縮し、まぶたは開いたままになる。つまり表情に出てくる。経験を積んだ教師は、表情を読むことで生徒が授業をしっかり聞いているからわの空かを判断できる。自閉症の子どもの多くは、この神経が機能していないため、うつろな表情に見える。彼らの顔の筋肉は平坦で、表情の豊かさに欠ける。

一九歳のある日、エリカは手首を切ろうとカミソリを手にして、湯を張った浴槽に身を沈めた。するとちょうどそのとき、彼女が飼っていたネコが浴室に入ってきて浴槽のへりによじ登り、彼女の肩を舐めた。この一瞬のできごとで、彼女の気は変わったのだ。

その頃、ロンの別の同僚がある会議に出かけた先で、トマティスがいかに自分を救ったかについて語るポール・マドールの講演を聴いた。ロンの話によれば、あまりにも奇妙な話だったので、同僚は「笑い飛ばした」そうだ。しかしエリカの抑うつがますますひどくなってきたので、彼はトマティスに関する資料を探し始めた。英語で書かれた論文は一編だけ見つかった。それはポール・マドールが書いた「識字障害化された世界（The Dyslexified World）」というタイトルの論文だった。「それを読んで私は泣きました。彼女がどんな世界に生きているのか、よくわかったからです」とロンは言う。

この論文は、ポールがまだ二八歳のときに書かれたものだが、私がこれまで読んできた臨床医学関連の論文のなかでももっとも注目すべきものの一つだ。簡潔に述べられた臨床医学論文の傑作と言えるだろう。精神医学は、学習障害を簡単に片付けてしまう。『精神疾患の診断・統計マニュアル（DSM-Ⅳ-TR）』は、「読書障害（Reading Disorder）」など、わずかなカテゴリーしか設定していない。それによると、標準化テストの結果に基づいて読む能力を持たないと判定された場合、この障害の基準が満たされる。つまり、識字障害《ディスレクシア》は単にテストの点数の問題にすぎないのだ。ポールの論文は、この見方を粉々に打ち砕く。

多くの人の目には、識字障害は教室内にのみ存在するように映るかもしれない。なぜなら、それは読解力の不足というレッテルを子どもに貼るものだからだ。（……）本論文は、識字障害を持つ若者、すなわち「識字障害」として知られる現象の背後に隠れた、人間に焦点を絞る。というのも、識字障害の子どもは、休んでいるときにも、家にいるときにも、あるいは友だちと遊んでいようが、一人でいようが、眠っていても、夢のなかでも、つねに識字障害とともに暮らしているからだ。識字障害者は、人生の一瞬一瞬を、識字障害とともに暮らしているのである。（……）識字障害の子どもを理解するのは容易ではない。なぜなら、彼ら自身が自分を理解していないからだ。彼らは、自分自身が混乱しているがゆえに、他者を混乱させる。事実、彼らは自分の内的世界を他者に投影し、それによって私たちは混乱する。つまり、「識字障害化される」のだ。[＊56]

次にポールは、心理療法士がティーンエイジャーの識字障害の治療に関して無力感を覚えていること、識字障害者自身が、「自分が何を望んでいるのかがはっきりとわからず、一つの役割を演じている」ように思われること、「彼らとの直接的でオープンな関係の構築がしばしば困難である」ことを述べる。この見解は、教師や学校が、ある側面では役立っても、この件に関してはなぜ子どもを見限ろうとするのか、なぜ途方にくれる両親が多いのか、そして、なぜ診断システムが識字障害というレッテルを貼ることによって、実質的にこの症状を無視しようとするのかを説明する。識字障害は、関係者のすべてを混乱させるのである。

誠実な教師でさえ、識字障害の子どもに「識字障害化」される。つまり、混乱させられ、戦いに倦《う》み、そのために「無為徒食」「怠惰」「愚鈍」「不作法」「注意力がない」「ぼやっとしている」「まわりに悪影響を与える」などのレッテルを貼ることで、識字障害の子どもにあらゆる種類の悪徳をなすりつけるのだ。ポールはさらに述べる。「かくしてこれらの生徒は、心の病を周囲に伝播すると考えられるがゆえに、同級生から贖罪山羊《スケープゴート》として扱われるのだ」

ポールは識字障害者を、未知の言葉が話される異国を旅する者にたとえる。

異国を旅する者は、自分が何を言いたいのかはわかっているが、不完全な方法でしかそれを表現できない。不十分な語彙とおかしな構文で言葉として組み立てられた思考は、不正確なものでしかあり得ない。ニュアンスを表現することなど土台無理だ。(……)また、現地の人々の話を聞くときには、旅人は実際に込められている言葉の意味によってではなく、自分の部分的な理解に基づいて彼らの意図を判断するしかない。話すときには正しい言葉を探そうとし、聞くときには相手の言葉の意味を理解しようとすると、その努力は高度な集中力を必要とするため、旅人は自分の思考の流れを見失い、消耗して疲労を感じ始める。

こうして彼らは、自信が粉々に砕かれるのである。新たな環境を恐れ、理由なくホームシックに駆られ、やがて引きこもる。

それからポールは別の側面に光を当てる。識字障害は言葉の問題と考えられてはいるが、識字障害者の多くは、身体に常時違和感を覚えている。身体という道具を自分で管理し、コントロールすることができないと感じているのだ。（……）識字障害者は、身体全体にわたって識字障害化されているのである。彼らはぎごちない動作をし、身体によって邪魔をされ、束縛されているように見える。（……）彼らは手や足、とりわけ、手首から先をどう扱えばよいのかがわからない。緊張していようが弛緩していようが、彼らの姿勢には柔軟性と自然さが欠ける。

これらすべての心理的な効果によって、「言葉が不要な」場所に逃れたいという望みが生まれる。しかし、「識字障害者には戻るべき故郷がない」のである。同級生とは気軽に話せない。友だちとゲームやスポーツをして休日を楽しむこともできない。現実から逃避するために、彼らは夢や空想や放心の世界へと引きこもる。彼らは未熟で、思春期になるとアルコールや麻薬に手を出しやすい。夢を売る商人、詐欺師、煽動家などの手にかかって、怪しげな団体に加わることも多い。これらすべての問題に翻弄されて、識字障害者は神経過敏になりやすく、重い抑うつを抱え、自殺願望が生じる。ポールによれば、心理療法士が識字障害者をもてあます理由は、彼らが用いるおもなツールが言葉によるコミュニケーションだからだ。識字障害者は、自分の問題を言葉に翻訳する能力を持たない。問題を解決する手段なくして内省に頼ることは、結局古傷を広げるだけなのだ。

一九八九年、ロンは、エリカの治療に役立つかもしれない音楽を使ったプログラムがあることを知り、彼女にその話をして、自分も一緒に参加すると告げた。それから彼女をビリー・トンプソンの運営する、アリゾナ州フェニックスの「音のリスニングと学習センター」に連れて行った。ポールはこの施設を頻繁に訪ねており、その発展に貢献している。エリカは激しい自殺願望を抱いていたが、担当の精神科医は、父親がつねにそばにいるのなら施設に入る必要はないと判断した。「だから私たちは、三週間にわたって一五回のリスニングセッションを受けるあいだ、ホテルでもつねに一緒にいました。私の願いは、彼女が読み方を学び、識字障害を克服して、そしていずれ彼女の抑うつが晴れることでした」とロンは語る。

かく言う彼が驚いたことに、彼女の抑うつは、ただちにほぼ消え去った。一日中眠っていることはなくなり、四、五日経つと、心身に活力がみなぎり始めたエリカは、目に見えて明るくなった。それまでとの最大の相違は、自分の思考や感情をすぐに表現できるようになったことだ。（私の用語で言えば、脳を活性化する中枢、網様賦活系の神経刺激により、睡眠・覚醒サイクルの神経調整が生じて神経リラクセーションの段階に至り、その結果彼女は活力を取り戻せたのである。）こうして彼女は、気分、学習、差異化を調節できるようになった。さらに神経リラクセーションは、副交感神経系の活性化をもたらし、社会参加を可能にする。つまり、彼女は他者とつながりを持てるようになったのだ。ロンは、エリカがはっきりと話すようになったのに気づいた。彼女がかくも単刀直入に話すのを聞いたことは、それまで一度もなかった。彼女の変化の速さと、新たに獲得した開放性に驚嘆して歓喜したロンは、ある夜ホテルで、彼女を助けようとする両親の試みになぜ抵抗し続けてきたのかを尋ねてみると、彼女はこう答えた。「これまで受けたセラピーは、自分に何ができないのかを示して見せるだけだった。だから、自分自身をシャットダウンしたの。まるでどこかよその星にいて、自分はこの世界のメンバーではないような気がしていたから。ただもう、死ぬ日が来るのを待っていたの」

ロンは次のように語る。「彼女が自分の苦悩と絶望を打ち明けるのを聞いて、私は彼女に〈エリカ、ほんとうに済まなかった。私にはわからなかったんだ〉と謝ると、彼女は〈お父さん、いいのよ。わかるはずはなかったんだから〉と答えたのです」

ロンは何年も前の会話を思い出しながら語ってくれたのだが、涙を流していた。「そのときのことを今でも実感できます。娘を助けたかったのに何もできなかった。治ろうとしない彼女に腹さえ立てていました。とにかく私には、彼女を理解できなかったのです。彼女の心のなかがどんなにみじめで、最善を尽くしたと思っていた私の試みが、彼女のみじめさをさらにみじめにしていたことを知ったとき、私たちは初めて理解し合うことができたのです」

エリカも父と同様、率直だ。「子どもの頃、私はつねに怒っていました。自分を傷つけたときには、泣くのではなく、怒りがこみ上げてきました。自分はどこにも居場所がないと感じていたからです」。彼女は、自殺する寸前だったことを話してくれた。しかし、かつては平板だった彼女の声は、今では豊かで暖かく、活力と表現力に満ちている。彼女はヘッドフォンをして、かん高い音楽を初めて聴いたときのことを今でも覚えている。「二、三日経つと、ホテルの部屋にすわって自分の感じていることを父に話せるようになりました」。そのとき彼女は、生まれて初めて自分の話を聴いてもらえたと感じ、それまで一度も覚えたことのなかった、人との強いつながりを実感できたのだという。

エリカが飛躍的な回復を遂げられたのは、セラピーに一緒に参加した父親の無私の愛情に彼女が気づいたからだと考えたくなるかもしれない。しかし実際に起こったことは、それとは異なる。エリカが私に語ってくれたところでは、彼女は最悪の時期にあっても、「父の愛情を一〇〇パーセント感じていた」とのことだった。彼女とロンは、何度も理解し合おうとして失敗している。「以前は、父は私と話しているのではなく、私に向かって話しているだけなんだと感じていました。私の脳は、他の人と同じように音をとらえられなかったからです。ただ理解できなかったのです。センターで治療を受けてからは、父が何を言っているのかがわかるようになりました。そしてフェニックスに行って三、四日経つと、満ち足りて活力にあふれた状態で目覚められるようになったのです。ある日ランチのお会計をするとき、伝票を逆から見て合計金額を計算できたのに気づきました。かつてはスペリングも算数もまったくできなかったのに」

能動フェーズも終えると、彼女の自信はいっそう高まった。その後、彼女はヘアサロンの受付係として生まれて初めて安定した職を手にし、すぐにマネージャーに昇進した。通信教育で高校の卒業証書も手に入れた。やがて銀行に雇われ、そこで毎日数百万ドルの金額を管理しながら、一五年間勤めた。現在でも安定した職に就き、読書にいそしんでいる。識字障害の名残と言えば、疲れたときに文字を逆転させることくらいだ。

ロンにとってまったく予想外だったのは、自分自身の睡眠パターンも変わったことである。四、五時間眠っただけで快適に目覚められるようになったのだ。彼は、よりリラックスし、気持ちをうまく表現できるようになった。そして長年蓄積していた苦痛を開放することができた。三〇年間ずっと胃に感じてきた緊張のかたまりも消えた。この幸福感の高まりは、娘の苦痛が終焉を迎えるのをわが目で確かめることができた父親の安堵によるものと見なせようが、それは単なる安堵なのではない。というのも、変化は数十年間持続したからだ。彼がエリカとともに体験したことのすべては、「精神科医としての私のあらゆる臨床経験とまったく対立するものでした。しかも薬に頼ることなく、彼女は回復したのです」と彼はのちに述べている[*57]。ロン・ミンソンはフランス語を習得し、やがてヨーロッパに行ってトマティスのもとで学んだ。

注意欠如障害と注意欠如・多動性障害

フランスから戻ってきたロン・ミンソンは、何百人もの患者を対象として、抗うつ剤や、注意欠如障害（ADD）の治療に使われているリタリンなどの刺激剤の投与をやめ、代わりにサウンドセラピーを実施することにした。彼の同僚ランドール・レッドフィールドは、ロンと妻のケイト・オブライエン・ミンソンの協力を得て、トマティスの装置をベルトに装着できるほど小さくした、ポールのLiFTに類似する携帯式の装置を開発した。これにより、運動、平衡感覚、視覚の訓練をリスニングに統合し、患者に複数の感覚系からの入力を同時に処理させて脳をさらに刺激し、鍛錬できるようになった。彼らはこのプログラムを、統合リスニングシステム（iLs）と命名した。

ロンの報告では、彼は数年にわたって八〇パーセントのADD患者の症状を改善し、副作用のある薬と縁を切らせることに成功した。罹患者に高度の転導性〔気の散りやすさ〕、衝動性、活動過多のすべての症状をもたらす注意欠如・多動性障害（ADHD）を持つ患者については、およそ半数が症状の改善を見た。残りの半数は、ニューロフィードバックと呼ばれる神経可塑的な治療を受けている（補足説明3参照★）。

ADD患者にサウンドセラピーが有効な理由はいくつかある。ポールが指摘するように、聴覚における「注意持続時間《アテンションスパン》」は、関係のない新たな外部刺激に気を散らされずに長く集中して聴いていられる能力に強く依存する[*58]。ポールは言う。「集中力とは、〈自分の思考を聴く〉ために、寄生的な情報を排除する能力なのです[*59]」。彼が治療した子どものおよそ半数はADDだった。彼らの多くは、聴覚処理の障害、学習障害、音に対する極度の敏感さも同時に抱えていたが、これらはすべて注意力をさらに散漫にする障害であり、精神医学の教科書ではつねに分けて扱われるが、現実世界では併発する場合が多い。

極端に劣悪な生育環境が原因で典型的なADHDを抱えるようになった少年「グレゴリー」は、iLsの恩恵を受けた一人だ。彼の両親はホームレスで、クリスタル・メス〔覚醒剤の一種〕の常用者であった。さらに母親は妊娠中にウォッカを飲んでいた。グレゴリーは生みの親と別れて、いったん州の保護を受けたあと、「クロエ」とその夫のもとに養子に出された。グレゴリーが三歳になったとき、クロエは彼が活動過多であることに気づく。「グレゴリーは衝動的で、プライベートな空間に対する考慮はまったくありませんでした。他の子どものそばに駆け寄っては相手の目の前に立って大声で話し、ちょくちょくドアにぶつかり、テーブルに自分の頭をぶつけたり、目のまわりにあざを作ったりと、次々に面倒を引き起こしていました」。彼はまた、危険な遊びをしたがり、そわそわし、幼稚園では席にすわっていられず、他の園児の邪魔をしたり、質問が終わらないうちから答え始めたり、とにかく静かに遊ぶことができなかった。四歳の頃には幼稚園の先生から、「グレゴリーは手がつけられない」と毎日のように言われた。グレゴリーは転導性の症状を呈し、他人の言うことに耳を貸さず、他のことに気をとられてやりかけたことを途中で投げ出し、つねに何かを紛失していた。このように、ADHDのあらゆる行動症状を示していた彼は、何人かの医師や専門家にその診断を下され、刺激剤のアデラルを処方された。

しかしクロエは、脳が発達途上にある子どもに刺激剤を与えたくなかった。低年齢の動物にリタリンを与えると、長期的にはやがて抑うつに似た症状が現れる[*60]。また、刺激剤の投与は子どもの集中力を養うわけではないので、投薬を中止すれば症状は戻ってくる。

クロエは処方を無視し、別の治療方法を探すことにした。あるとき彼女は、あらゆる種類の子どもの発達障害を扱う、キッズカウントという治療施設のことを耳にする。発話・言語病理学者アンドリア・ポインターと、作業療法セラピストのシャノン・モリスによって創設されたキッズカウントは、iLsを用いて二〇〇〇人の子どもを治療してきた。三か月にわたって週に二回iLsの治療を受ける

★学校の教室には、ADDやADHDを抱えているとして、誤って扱われる子どもが大勢いる。たとえば、心的トラウマを負って情動的に心を奪われている子ども、大いに遊び好きの子ども、創造的かつ知的で授業に飽きている子ども、運動不足の子ども（とりわけ衝動のコントロールを学習するのに「騒々しい遊び」を必要とする男子）、感覚処理障害を持つ子ども（このあとで説明する）、聴覚処理障害を持つ子ども、コンピューターの使いすぎによって引き起こされた「偽ADD」を持つ子ども（『脳は奇跡を起こす』で取り上げた）などである。

と、グレゴリーのＡＤＨＤの症状は改善した。リスニングセラピーは、彼の抱える問題に合わせて調整されていた。まず、低周波音と骨伝導によって前庭器官に刺激が与えられ、副交感神経系を活性化することで彼を落ち着かせたのである。

ポインターは、「ｉＬｓによって、運動、平衡感覚、視覚に働きかけることで、彼の注意力に大きな変化をもたらすことができたのです。運動は、動機づけと注意力に大きな役割を果たすドーパミンの生成を促します。要するに私たちは、投薬の効果として得られる化学反応を、薬を用いることなく可能にしたのです」と語る[*61]。

私はクロエに、どんなことに気づいたかを尋ねた。「落ち着きです。治療を始めてから二週間半が経過すると、彼は落ち着いてきました。大きな違いは、教室でじっとすわって先生の話を聴き、指示に従えるようになったことです。その違いは驚くほどでした。全般的には、衝動性が収束しました。行動する前に、自分のしようとしていることをよく考えるようになったのです」

クロエは、グレゴリーにｉＬｓを用いた治療を受けさせただけではない。彼女はもとより、グレゴリーが、グルテンや糖が添加された食べ物に極端に敏感なことに気づいていた。「彼に糖分を与えることは、麻薬を与えるようなものでした」。それによって活動過多がさらにひどくなったのである。ハーバード大学で二〇一三年に行なわれた研究によれば、糖分を多量に含む食物、とりわけ加工食品は、コカインなどの麻薬を摂取したときに影響を受ける脳の部位を活性化する[*62]。グレゴリーは、脳細胞の全般的な健康を増進させるために、糖分の摂取を絶つ必要があった。それと同時に、ｉＬｓを用いて注意を司る神経回路を刺激し、鍛錬する必要もあった。

「iLsと食事のコントロールによる進歩は、日増しに大きくなっていきました」とクロエは言う。iLsと食事療法の効果の違いは明白だった。食事療法をやめると、すぐに症状がぶり返した。それに対しiLsによる進歩は、ゆっくりながら着実で、使えば使うほど、定期的に使わなくても長く効果が持続するようになった。今では、彼は学校でも問題なく過ごせるようになり、iLsは年に一、二回使えばよく、定期的に使う必要はなくなった。

「学校からの通知によると、グレゴリーはきょうも楽しい一日を送ったそうです」と、クロエは嬉しそうに言う。

サウンドセラピーの作用に関する新説

ロン・ミンソンの最大の貢献の一つは、アルフレッド・トマティスの理論を拡張し、サウンドセラピーの働き、とりわけ注意の働きにまつわる重要な謎を解いたことにある。脳科学者の多くは、注意の働きを「高次の皮質の機能」としてとらえていた。つまり、脳の一番外側の薄い層で処理されると考えていたのだ。脳の「トップ」に位置する前頭葉の働きによって、注意力の維持に必要な目標の設定、課題の遂行、抽象的な思考が実行されることが長いあいだの定説だった。注意力の欠如は、前頭葉の障害によって引き起こされると神経科学者は仮定していた。この仮定は、注意力を十分に備えた健常者に比べ、それを欠くADHD当事者の前頭葉が小さいという事実が、脳画像研究によって示されたことで支持を得ることになった。

ミンソンが解決に貢献した謎とは、次のようなものだ。サウンドセラピーによって引き起こされた信号は、直接前頭葉に届くわけではなく、入力された感覚刺激を処理する皮質下のさまざまな領域に達する。ならば、なぜサウンドセラピーによる音の刺激は、注意力の改善に役立つのだろうか？

サウンドセラピーは、五一一ページの図に示されたすべての皮質下領域を刺激することで、注意力の問題を矯正する。

サウンドセラピーでは、とりわけ運動と結びつけられると、これらすべての皮質下領域が最初に刺激を受ける。最近の脳画像研究が示すところによると、ＡＤＨＤを抱える人は、（思考、運動、バランス維持のタイミングを調整する）小脳の体積が低下している[*63]。小脳の体積はＡＤＨＤが悪化するとさらに減少するが、改善すると増大する[*64]。待つということを知らず、問いが終わる前に答えようとするＡＤＤの子どもは、行動のタイミングをうまく計れない。トマティスのリスニングセラピーとｉＬｓは、小脳と、それに結びついた前庭系に大きな影響を与える。ｉＬｓによる平衡感覚の鍛錬は、小脳をさらに刺激する。

サウンドセラピーの音楽は、報酬を処理する脳領域（何かを達成したときに快感情を生む）と、注意を払うことに関与する皮質の領域、島《とう》皮質の結合を活性化して強化する。神経科学者のヴィノッド・メノンとダニエル・レヴィティンの脳画像研究によってこの事実が発見されたのは、ようやく二〇〇五年になってからのことだ[*65]。

音楽と運動療法による前庭系の刺激は、注意に関与する神経回路の一部を構成する他の皮質化の領域、大脳基底核への信号の送出を引き起こす。ＡＤＨＤ当事者の大脳基底核は通常より小さい[*66]。

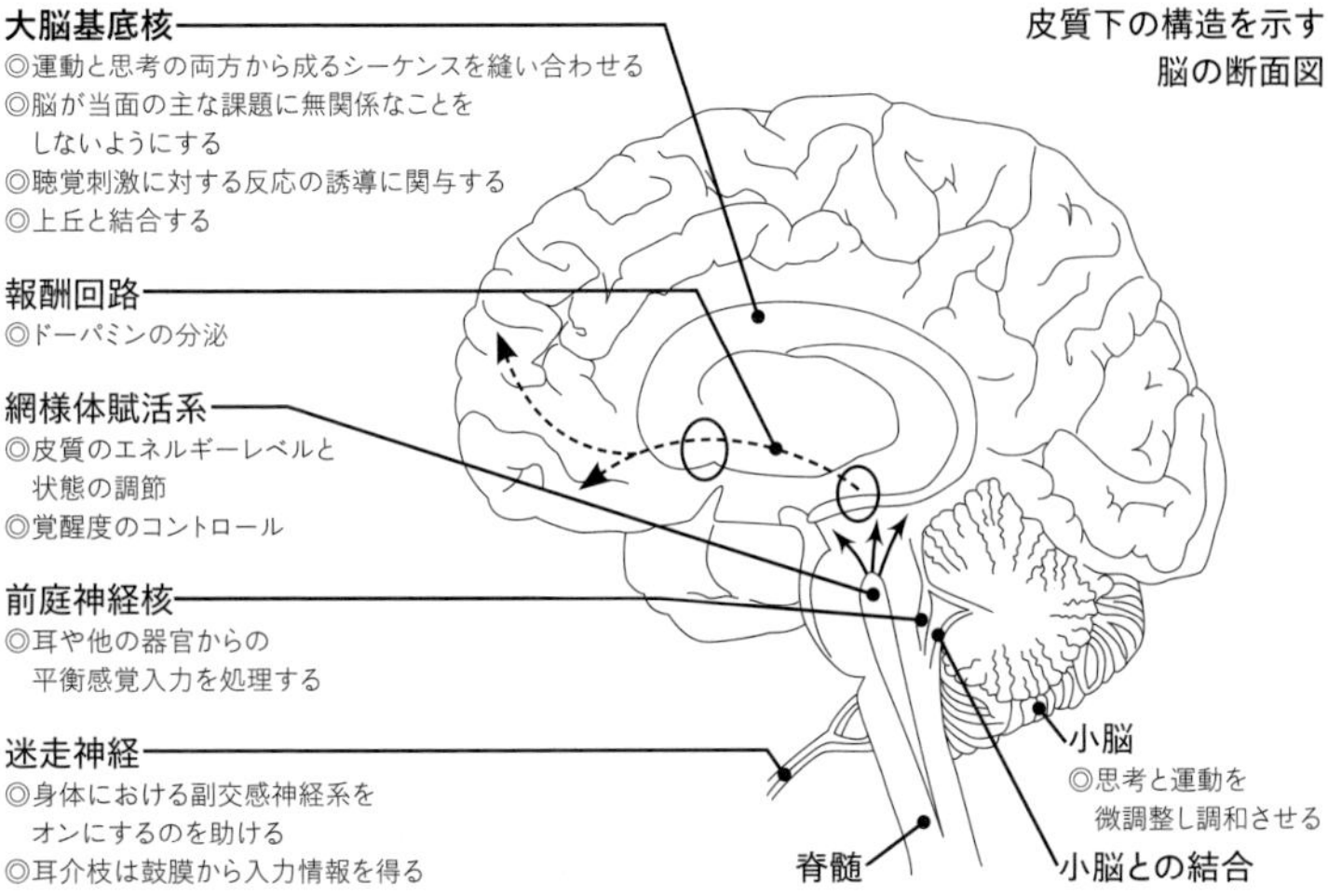

ADDおよびADHDにおいてサウンドセラピーによって調整される皮質下の脳領域

大脳基底核は一般に、主要な課題とは無関係な処理を実行しないよう脳を抑制することで注意力の維持に貢献する[*67]。ある一つのことに注意を集中するためには、何か別のことに注意を向けようとする衝動を抑えなければならない。また、大脳基底核の活動が低下していると、その人はよく確かめずにものごとに飛びつくようになり、活動過多や転導性の兆候を呈することになる[*68]。

耳と迷走神経のあいだには、直接的な結合が存在する。ミンソンとポインターの説明によれば、サウンドセラピーは外耳道と鼓膜につながる感覚性迷走神経を刺激する[*69]。スティーブン・ポージェスは、迷走神経には多数の分枝があることを示した。それによっていかに副交感神経系が活性化され、その人を落ち着かせるかについてはすでに述べた。これは、注意欠如障害やその他の障害を抱える子どもには、特に重要である。なぜなら、彼らは不安を強く感じ、闘争／逃走モードに入ることが多いからだ。しかし迷走神経系には、ポージェスが「賢い迷走神経」と呼ぶ別の側面が存在する。つまりそれは、注意の集中、コミュニケーション、学習の準備を可能にする。正しいサウンドセラピーによって迷走神経を刺激すると、それを受けた人は音楽愛好家がよく知るような、落ち着いて集中した状態に入ることができる。

音楽によって刺激される他の領域に、網様賦活系がある（第3章参照）。網様賦活系のニューロンは互いに短く結びついており、名称のとおり網に似ている。この系は脳幹に存在し、あらゆる感覚刺激を受け取って、覚醒や注意の度合いを調節するために、それらの情報を処理する。たとえば、朝、目覚まし時計が鳴ると、網様賦活系が活性化され、皮質を目覚めさせる。覚醒度が低くぼんやりしていることの多い人（ADDを抱える人の多くはそのような状態にある）の網様賦活系を活性化すると、その人を覚醒させることができる。言ってみれば、網様賦活系は、皮質下から皮質の電源スイッチを入れる役割を果たすのだ。

皮質下の脳領域は、耳から最初に信号を受け取る領域である。皮質下の領域に障害があり、入力される感覚刺激を処理できない人においては、聴覚皮質が、この機能の遂行に必要な、強く明確な信号を受け取ることができていない。しかしミンソンの考えでは、それは注意を払うことによって、ある程度埋め合わせられる。（これに類する、皮質による皮質下領域の活動の代行は第2章ですでに見た。前頭葉に大脳基底核の機能を実行させた、ジョン・ペッパーの意識的歩行テクニックである。）問題は、このプロセスが激しい消耗をもたらすことである。これに関して、ロンは次のように言う。「皮質下に機能の低下した組織が存在すると、皮質のあらゆる資源を動員してその組織の機能を代行しなければなりません。われわれが行なっているのは、皮質下を対象にすることで、脳の組織をボトムアップで改善することなのです」。この革新的な洞察は、ADDやADHDの当事者ばかりでなく、学習障害や感覚不全の子ども、自閉症スペクトラムを抱える子ども（これらの子どもはすべて皮質下の領域に障害を持つ）にも当てはまる。

障害として認められていない障害――感覚処理障害

「タミー」は生後一か月の頃、極度に神経質になり、母乳を拒むようになった。たまに飲もうとするとむせてしまってなかなか飲み下せず、そのうち息が詰まり始めた。ほとんど泣き止むことがなく、ミルクを飲んでも眠らず、うたたねもせず、静かにしていることがなかった。体重は増えず、触られるのをいやがった。

担当の小児科医は、胃逆流が起きていると短絡的に結論した。胃逆流とは、胃から腸へと食物が通らずに、胃酸と混ざって食道に逆流し、酸熱傷を引き起こすことをいう。投薬には効果がなかったので、彼女は入院し、さまざまな侵襲的検査を受けた。小さなはさみを内包したチューブが口から消化管を通して下ろされ、それを用いて食道、胃、小腸の細胞が採取された。検査の結果はすべて正常だった。次に医師は、経鼻栄養チューブを鼻から胃に通したが、タミーは苦痛以外の何ものでもないチューブをすぐに抜き取ってしまった。医師は母親に、「鼻から通したチューブをそのままにしておけないのなら、手術によって腹部から埋め込んで胃に通すしかありません」と告げる。こうして手術の手はずが整えられた。

実際のところ、タミーが抱えていたのは消化管の障害ではなく、感覚処理障害（SPD）であった。この障害を持つ子どもは、（感覚入力に対するボリューム調整が効かないかのごとく）感覚刺激を極端に高い強度で受け取るため、脳がさまざまな感覚器官から入ってくる刺激を統合できないのだ。さしこみを起こす乳児を含め、摂食障害の子どもは、実際にはこの感覚処理障害の場合が多い（感覚処理障害は偏食をもたらす）。この感覚処理の問題は、一八三九年に発表されたエドガー・アラン・ポーの短編小説『アッシャー家の崩壊』でも、簡潔に取り上げられている。

> 彼は自分の病気の性質と考えていることを少し詳しく話しだした。彼のいうところによると、それは生れつきの遺伝的な病であり、治療法を見出すことは絶望だというのであった。（……）彼は感覚の病的な鋭さにひどく悩まされているのだ。もっとも淡白な食物でなければ食べられない。ある種の地質の衣服でなければ着られない。花の香はすべて息ぐるしい。眼は弱い光線にさえ痛みを感じた。彼に恐怖の念を起させない音はある特殊の音ばかりで、それは絃楽器《げんがっき》の音であった。〔佐々木直次郎訳『黒猫・黄金虫』新潮文庫〕

彼（ロデリック）は、「ある特殊の音」には耐えられた点に留意されたい。これについてはあとで触れる。

タミーを診察した医師が診断を間違えたのは、感覚障害の症状が主観的なものだからだ。そしてもちろん、乳児はそもそも自らの経験を語る言葉を持たない。ミルクの摂取は、ミルクのみならず感覚情報を取り込むことでもあり、感覚障害は授乳時の問題として現れる。乳児はまず、母親の乳房が目の前に大きく現れるのを見る。次に、乳を分泌する母親の身体の特徴的な匂いをかぐ。それから触覚によって、口は乳首を、頬は胸を感じる。さらに母乳の舌触りを、そして最後に舌は味覚によってその甘さを感じ、胃は暖かい母乳が流れ込んでくるのを感じる。乳児はこれらすべての感覚を同時に処理しなければならない。しかも発達途上の脳は、この複雑な感覚統合を生まれて初めて実行しなければならないのだ。この、乳児にとっては謎の液体が胃に収まると、満足感と胃腸の収縮が生じ、さらには内部から広がる圧力のかたまりのようにガスが蓄積するにつれて突然のひきつりが起こり、その感覚はガスを放出することでのみ消える。

感覚処理障害を持つ子どもは、これらすべての感覚刺激を、身体の内部と外部双方からの圧倒的な連続攻撃として経験する。教育心理学者のジーン・エアーズは、感覚統合の問題について論じた一九七九年の著書で、「感覚は〈脳の食物〉としてとらえられる。感覚は心と身体を導くのに必要な知識を提供する。(……)食物は乳児に栄養を与えるが、そのためには消化されなければならない。(……)しかし、健全に組織化された感覚処理なくしては、感覚は消化されず、脳を養うことができない」と述べている[*70]。ポール・マドールの言葉を借りれば、貧弱に組織化された感覚処理は、十分に私たちを外界から守ることができないのだ。

ここで、過度に敏感な子どもの経験を考えてみよう。彼は母乳を飲めないため、病院に連れて行かれて、針やチューブを使ったさまざまな外科処置を受ける。タミーのように過敏なSPDの子どもは、消化管に問題を抱えた子どもより多くの検査を受けなければならないだろう。というのも、SPDの子どもの検査結果はつねに陰性なので、さらなる検査を受けさせられるからだ。そもそも過敏な子どもにとって、これほど苦痛に満ち、強烈な心的トラウマを引き起こす恐ろしい経験はないのではないだろうか？

しかし医師はそのことに考えが及ばない。なぜならこの症状は、残念ながら精神医学や医学の診断マニュアルに記載されていないからだ。

タミーは生後七か月の頃に、デンバーにあるルーシー・ミラー博士のSTAR（Sensory Therapies and Research）センターで治療を受けるようになった。この施設はロン・ミンソンの協力を得て、彼女に骨伝導を十分に活用するサウンドセラピーを二〇セッション行なった。また同時に、運動と感覚の能力を喚起する通常の作業療法も行なっている。たとえば、彼女の皮膚をブラシでこすって触覚を刺激したり、関節を穏やかに締めつけて、自分の手足が占める位置を定位する感覚を向上させたりといった療法である。彼女は週に三回、ライクラ〔伸び縮みする化学繊維〕製のブランコで揺らされながら、iLsを通して音楽を聴いた。このような、聴覚、運動感覚、平衡感覚に入力される刺激による適正な「感覚メニュー」の消化を通して、感覚統合能力を身につけることが期待された。ちなみに、同時に入力されるさまざまな感覚入力の統合は、脳幹内のニューロンのかたまり、上丘《じょうきゅう》で生じる。

タミーはブランコを嫌っていたが、「ヘッドフォンをすると彼女の身体はリラックスし、静かにすわってこちらを見上げていました。ときには眠りに落ちることもありました。これは驚くべきことです。というのは、彼女がそれほど簡単に眠ることはなかったからです」と母親は語る。

さらに彼女は、「二週間半後には劇的に改善しました」と語る。授乳は頻繁になり、行動も変化した。彼女は、自分自身を抑えて、落ち着くことができるようになったのだ。彼女は現在、小学校一年生になる。「今日のタミーはほんとうに嬉しそうです。かわいらしくて外向的でとても賢く、三年生の教科書が読めるほどです。状態の改善は劇的で持続しています。今では、彼女はほとんど何でも食べます。舌触りも気にならないようです。あるがままの自分を快く感じているのです」。もはや彼女が、極度に興奮し、粗野で孤独なロデリック・アッシャーのようになることはないだろう。最後につけ加えておくと、私の知る限りでは、タミーは神経可塑的なセラピーを受けた最年少の患者である。

IV. 修道院の謎を解く

音楽はいかにして精神や活力を高揚させるのか

本章の冒頭で紹介したままで未解決の謎が一つ残されている。それは、一八歳のポール・マドールが安寧を求めてアンカルカ修道院を訪ねたその週に、治療のためにアルフレッド・トマティスが呼ばれた、修道僧たちの集団疲労倦怠の一件だ。トマティスが修道院に到着したとき、そこには、彼の言葉を借りれば「濡れたふきんのようにだらりとした姿勢で部屋にこもる[*71]」七〇人の修道僧がいた。彼らを診察したトマティスは、その原因が伝染病ではなく、神学的なできごとによるものであることをつきとめる。一九六二年から六五年にかけて開催された第二バチカン公会議は、現代社会の大きな変化に対応するために、カトリック教会としての新たな方針を打ち出した。そのような時代にあって、アンカルカ修道院に新たに就任した若くて熱心な修道院長は、公会議でグレゴリオ聖歌の詠唱が禁止されたわけでもないのに、六～八時間にもわたって修道僧が歌っていても何の利益もないと、歌うのを禁じたのだ。その結果、集団ノイローゼが発生したのである。

修道僧には、沈黙の誓いを立てる者も多い。聖歌の詠唱が禁じられ、自分のものにせよ同僚のものにせよ、音声による刺激を失った彼らは、肉類やビタミンや睡眠ではなく、音のエネルギーに飢えていたのだ。トマティスは聖歌の詠唱を再開させたが、修道僧の多くは歌うことすらできないほどふさぎこんでいた。そこで彼は一九六七年六月に、彼らに電子耳のマイクロフォンに向かって詠唱させ、活力を与える高周波数帯域の音声を強調するフィルターのかかった彼ら自身の声を聴かせた。すると彼らのだらりとした姿勢はただちに消え、背筋が伸びたのである。一一月になるまでには、ほぼ全員が回復して活力を取り戻し、長い一日と少ない睡眠時間の、本来のベネディクト会修道僧の生活に戻っていった。トマティスの指摘によれば、ベネディクト会修道僧は「〈活力を充填する〉ために詠唱していたのだが、彼らはその意味を理解していなかった[*72]」のだ。

さまざまな伝統のもとで、詠唱がその実践者に活力を与えるものであることが知られてきた。トマティス自身も、一日を通して活力を維持するために詠唱を実践していた。「二杯のコーヒーと同じくらい効果的な音がある」とトマティスは言う。彼は活力にあふれており、夜は四時間しか眠らなかった[*73]。

話し手と聴き手の双方に活力を与えて「充填し」、注意力を喚起する声がある一方、双方のエネルギーを「浪費させ」、吸い取ってしまう声もある。（授業内容自体は刺激的ながら、自身のリスニングの問題のために、活力を奪う抑揚のない声を発して生徒を居眠りさせる教師もいる。）

詠唱が効果的であるためには、詠唱者は高周波数帯域に反応する多数の受容体を備える、渦巻管を刺激する高い声を出さなければならない。チベットの仏教徒が実践する「オーム」の詠唱は、低くて深い音声として知覚されることが多いが、正しく詠唱された場合、実際には高音域の倍音が含まれるので、彼らの発する音声は豊かに聴こえるのだ。ポールは次のように語る。「音に生命を与えるのは高い周波数です。低くても、高周波数帯域の倍音に富んだ（……）生き生きとした声を出すこともできます。逆に言えば、高くても倍音が貧弱で、か細く魅力のない声も出せます。誰でも低音の〈オーム〉は発することができますが、高音なくしては平板に聴こえるのです」。一人の僧が（高音の）倍音に満ちたこの音声を発せられるようになるまでには、数十年かかる場合もある。実際のところ、それは和音なのだ。高周波数帯域の音声を増幅する丸天井を持つ反響効果に富んだ石造りの修道院や中世の教会で、自分の詠唱に聴き入ることは、巨大な電子耳の内部にすわっているのと同じようなものだ。効果は同じなのである。

グレゴリオ聖歌の詠唱は、活力を与えるばかりでなく心を鎮める効果があり、それゆえポールは、リスニングセッションをたいていそれで締めくくる。彼が用いるグレゴリオ聖歌は、高低両周波数帯域の強調をすばやく切り替えるよう調整されているため、中耳のシステムが鍛錬される。とはいえすべての音域がカバーされており、それには聴き手を落ち着かせる効果がある。

ストレスのない落ち着いた人の呼吸のリズムに一致する詠唱のリズムには、引き込み《エントレインメント》によると考えられる即効性の鎮静効果がある。引き込みとは、ある律動的な周波数が、他の周波数に同期する、もしくはそれに近づくまで影響を及ぼす、あるいは影響を及ぼし合う現象を指す。やや異なったあり方ではあるが、水面の波は交差することで影響を及ぼし合っている。★

脳が音楽による刺激を受けると、ニューロンはそれと完全に同期しながら、つまりそれに引き込まれつつ発火することが脳画像研究によって見出されている。この現象が生じる理由は、脳が外界と作用し合い、耳がその変換器として機能するからだ。変換器は、エネルギーをある形態から別の形態に変換する。たとえば、スピーカーは電気エネルギーを音に変換する。内耳の渦巻管は、外界から取り込んだ音のエネルギーのパターンを、脳が用いることのできる電気エネルギーのパターンに変換する。こうしてエネルギーの形態が変わっても、波のパターンによって伝達される情報は概ね保存される。ニューロンが音楽と同期して発火するため、音楽は脳のリズムを変える一つの手段になる。音に基づく神経可塑性の専門家であるノースウェスタン大学のニーナ・クラウス博士らは、モーツァルトのセレナーデの演奏によって発せられる音波を録音した。また、被験者の頭部に電気センサーを装着し、このモーツァルトの音楽を聴かせているあいだの脳波を記録した[*74]。（脳波は、無数のニューロンがともに発火することで生み出される電気的な波である。）そして彼らは、脳波が発火するパターンを再生した。

★「引き込み」という現象は、オランダの物理学者クリスチャン・ホイヘンスによって一六六五年に発見された。ホイヘンスはまた、光が波で構成されると最初に主張した科学者でもある。彼は、同期していない二つの振り子の振動がやがて同期するのを観察し、この現象を「奇妙な共鳴（odd sympathy）」と呼んだ。この現象は、揺れる二つの振り子が、影響を及ぼし合う振動の波を生むために生じる。同様にある音叉を、同一周波数のもう一つの音叉の近くで叩くと、それらが接触していなくても、もう一つの音叉も振動し始める（音を発し始める）。なぜなら、音叉が振動すると圧力波が生じ、空気を媒体にして伝わるからである。

すると驚いたことに、モーツァルトの音楽が発する音波と、それによって引き起こされた脳波は同じだった。さらには、脳幹における脳波すら、音楽が発する音波と同じであることがわかった。★

また、ニューロンは、光や音などの非電気的な刺激によっても引き込まれることがある。その効果はＥＥＧを用いればわかる。さまざまな感覚刺激によって、脳波の周波数を劇的に変えることができるのである。たとえば、光に反応するてんかんのいくつかのケースなど、過剰に興奮する脳では、（一秒間におよそ一〇回瞬く）ストロボの光によって、多数のニューロンが同期した発火を引き起こすことがある。その場合、本人は痙攣を引き起こしたり、意識を失ったり、手がつけられないほど激しく身をよじらせたりする。また、音楽も同様に、痙攣の引き金になることがある。★★

引き込みは非常に顕著に現れる。被験者をＥＥＧにつないで、一分間に一四四拍（二・四ヘルツ）のワルツのリズムを聴かせると、脳の発火の優位周波数はそのリズムに一致する[*75]。であれば、人々が音楽のリズムに合わせて身体を動かすのも当然だ。なにしろ運動皮質を含めた脳の部位のほとんどが、そのリズムに引き込まれるのだから。引き込みは人と人のあいだでも起こる。ミュージシャンが即興演奏をするとき、彼らの優勢脳波は引き込み合う。二〇〇九年、心理学者のウルマン・リンデンバーガーらは、九組のギタリストのペアをＥＥＧにつなぎ、その状態でジャズを演奏させた[*76]。すると各ペアの脳波は引き込み合い、脳内をおもに支配するニューロンの発火速度は同期し始めた。これは、いわゆる「ノリノリの状態」の何たるかを示す。また、その研究によれば、引き込みはミュージシャンのあいだでのみ起こるわけではない。個々のミュージシャンに注目しても、脳のさまざまな領域が同期し合い、脳全体として多くの領域が優位周波数の発火を呈し始めるのだ。プレイヤー同士の音がアンサンブルを生み出すばかりでなく、プレイヤーの脳のニューロン同士も発火のアンサンブルを繰り広げるのである。

脳障害の多くは、脳がリズムを失い、「リズム障害」的な様態で発火するために起こるので、音楽療法はこれらの症状にとりわけ効果が期待できる。音楽療法のリズムは、脳の「ビート」を取り戻す非侵襲的な手段になり得るのだ。このように、クラウスやリンデンバーガーらは、かつては可塑性に欠けると見なされていた皮質下の領域が、実際にはきわめて可塑的であることを示したのである[*77]。

神経活動のリズムの相違は、心的状態の相違を生む。たとえば、睡眠中の優位なリズム（最大の振幅を持つ脳波）は、一秒間に一～三回脳波が生じるリズム（一～三ヘルツ）である。目覚めていて、精神を穏やかに集中している状態では、脳波の周波数はより速い、およそ一二～一五ヘルツになり、何

★音楽に対する脳の反応は、彼らの研究室のウェブサイト（www.soc.northwestern.edu/brainvolts/demonstration.php）で確認できる。クラウスらは、脳波図（EEG）に記録することで、脳波の「音」を聴くことができた。これは、頭部に装着された電気センサーを用いて、脳によって生成された電波を測定し、増幅する装置である。そして彼らはEEG記録を、（MP3プレイヤーやiTunesで音楽を聴くときに用いられるファイルによく似た）「.wav」形式の音声ファイルに再録した。

★★オリバー・サックスは、毎晩八時五九分に痙攣発作を起こす男の事例を取り上げている。それは、毎晩放映される九時のBBCニュースに先立つ教会の鐘の音によって引き起こされていたことがやがて判明する。他の音では発作は起こらないが、その教会の鐘の持つ特定の周波数にのみ反応した。『音楽嗜好症《ミュージコフィリア》――脳神経科医と音楽に憑かれた人々』（大田直子訳、早川書房）を参照されたい。

かの課題に集中して取り組んでいるときには、一五〜一八ヘルツの脳波が支配的になる。また、心配や不安を抱えているときには、脳波は二〇ヘルツに上がる。通常、私たちの脳のリズムは、外部刺激、覚醒度、意識的な意図（たとえば特定の課題に集中しようとする、あるいは眠ろうとする意図）などの種々の要因が結びつくことで決まる。脳内には、指揮者のようにこれらのリズムのタイミングを生み出すいくつかの「ペースメーカー」が存在する。しかし、神経可塑的な訓練を行なえば、脳のリズムのコントロールがある程度可能になる。ニューロフィードバック（補足説明3参照）は、脳のリズムが乱れた人を、それをコントロールできるよう訓練する。それは、注意力や睡眠に障害を持つ人や、ノイズに満ちた脳を抱える人には非常に効果的である。

とはいえ、ニューロフィードバックはサウンドセラピーではない。直接リズムに働きかけるサウンドセラピーに、インタラクティブ・メトロノームと呼ばれるセラピーがある。それを用いて目覚ましい結果が得られた事例を、私は何件か見てきた。脳は独自の内臓クロック、つまりタイムキーパーを備えており、それに狂いが生じた子どもがいる。この内臓クロックの刻みが速すぎると、感覚刺激に早すぎる段階で反応し、他人の邪魔をしたり、衝動的になっていらいらを募らせたり、軽はずみになったりする。これらの問題は、実際のところタイミングの問題なのである。また、やる気がなく、社会的、知的に「遅れている」ように見える子どももいる。これもタイミングの問題であり、彼らの内蔵クロックはあまりにも遅すぎるのだ。音に聴き入って反応することを学び、本人が「ビートに合わせられる」よう内臓クロックを鍛錬すれば、これらの症状を抱えた子どもを変えることができるだろう。すぐに注意力が増し、しゃきっとするはずだ。

＊　＊　＊

トマティスは、皮質に「活力を充填」する耳の能力を、「耳は脳のバッテリーである」とたとえる。彼は、かなり推論的ながら、当時の科学を用いてそれが可能な理由を説明した。私の提案するモデルでは、治癒効果のある音楽によって与えられる神経刺激は、網様賦活系をリセットする。したがってリスニングの最初の段階では、いったん眠り込み、活力を回復して目覚めるクライアントが多い。しかし、音楽が活力を付与する理由は他にもある。ダニエル・レヴィティンとヴィノッド・メノンが示すように、音楽は脳の報酬中枢に働きかけ、それによってドーパミンの生産が増大し、快感情やモチベーションが向上する。レヴィティンは次のように述べる。「音楽を聴くことの報酬的、強化的側面は、（……）ドーパミンレベルの増大に媒介されると考えられる。（……）現在の神経心理学の理論は、ポジティブな気分や感情をドーパミンレベルの増大に関連づける。最新の抗うつ剤の多くが、ドーパミン作動系に働きかける理由の一つはその点にある。音楽は明らかに、気分を改善するための一つの手段になる［＊78］」

これは私の仮説だが、音楽による刺激が脳障害を持つ人に有効なもう一つの理由は次の点にある。（自閉症の例に見たように）そのような人においては、脳領域同士の結合が貧弱であるために、ニューロンの発火が同期していない。私の見るところ、脱同期化した脳はノイズに満ち、ランダムな信号を発し、つねにエネルギーを浪費している。要するに、ほとんど何の仕事も行なわず、本人を消耗させせるだけの活動過多の脳なのである。音楽は、引き込みによってニューロンの発火の同期を取り戻し、脳を効率的に機能するよう導くのだ。

ヨガに心酔していたアルフレッド・トマティスは、正しく聴き、話し、活力を得ることと、まっすぐな姿勢のあいだに密接な関係があると考えていた。活力を感じている人は、概してまっすぐな姿勢をとる。胸をふくらませて深い呼吸をする。この垂直方向を強調する動きは、動物にも見られる。たとえば興奮した犬は精力的になり、より直立姿勢に近づく。また、能動的なリスニングの姿勢で耳をそばだてる。

姿勢に対する音楽の刺激の効果は、生まれつき筋緊張が低く、「フロッピーベビー」（体がだらりとした乳児）と診断されたダウン症候群の子どもにはっきりと見て取れる。筋緊張の低さは、姿勢の悪さや言語障害、さらにはよだれの垂らしやすさにつながる。ポールは、受動リスニングを用いて低緊張の中耳の筋肉に対応する脳の神経回路を鍛錬することで、多くのダウン症候群の子どもを治療し、リスニング能力のみならず全身の筋緊張を高め、さらにはそれを通じて姿勢と呼吸を改善し、より多量の酸素が脳に供給されるようにした。するとよだれは止まり、発話能力も向上した。また、これらの効果によって集中力が高まり、目に見えて元気になった。

胎児性アルコール症候群（母親が妊娠中にアルコール飲料を大量に摂取することで引き起こされる、脳損傷と精神遅滞によって特徴づけられる子どもの障害）の専門家キム・バーセルは、トマティスに啓発されてアレンジした音楽を用い、セラピューティック・リスニングと呼ばれる治療を行なっている。この治療法は、胎児性アルコール症候群を抱える子どもの活力、覚醒度、言語処理、記憶、注意力、そして聴覚感受性の向上に効果がある。

注目すべきことに、トマティスは刺激剤としての音楽の効果を用い、著名な神経外科医ワイルダー・ペンフィールドによって左半球全体を切除された少年を治療し、生命を脅かすてんかん発作を止めている。ペンフィールドの手術後、この少年はかろうじて話をすることができるだけで、右側の身体は麻痺していた。少年は一三歳になったときにトマティスの治療を受けている。彼は何年も言語療法を受けてきたにもかかわらず、苦労しながらゆっくりと話すのがやっとだった。注意力が続かないために、学校の成績は非常に悪かった。トマティスは少年を電子耳につなぎ、残った右半球を音で刺激した。トマティスは次のように書く。「音楽を聴かせた数週間後、右側の身体の活動は効率的になり、その状態で安定した。発話は響きとリズムの質を取り戻した。少年は、よく調節された声で普通に自己表現ができるようになり、当初の鈍くて死んだような声とは見違えるようになった。(……)そして落ち着き、開放性、陽気さを取り戻した[*79]」。トマティスは、サウンドセラピーが残された半球を覚醒させたのだと考えていた。

音はまた、重度の外傷性脳損傷を抱え、常時消耗している患者の活力や、失われた心的能力を回復させることができる。二九歳の女性「ミラベル」は、ある日デンバー近郊の山地を車で走っていた。高架橋の下を通過しようとしたとき、上方の道路を高速で走っていた一八輪トレイラーがコントロールを失い、橋から彼女の車の上に落下してきた。この事故で彼女は、重度の外傷性脳損傷を被る。身体障害者となった彼女は職を失い、いかなる治療や投薬によっても、認知機能の問題と感覚過敏は治癒しなかった。文字を読むことができなくなり、記憶障害、頭痛、抑うつ、そしてとりわけ執拗な疲労に悩まされた。「神経科医に、〈治療は最初の三か月が重要です。その後の治癒はほとんど見込めません〉と言われました」とミラベルは語る。しかし四年が経過しても、何の進歩も見られなかった。そのときたまたま、ロン・ミンソンの講演を聴いた。彼は、発達障害を持つ子どもと同様、脳を損傷した患者が、活力、睡眠、注意力、感覚、認知機能に問題を抱えていることを認識していた。iLsを使い始めてから一か月間、ミラベルは音楽を聴きながら眠っていることが多かったが、それから一か月以内に活力が回復し、認知能力も戻ってきた。大学にも行けるようになり、科学を再び学び始め、発話と言語の障害をテーマとする競争率の高いプログラムに参加することもできた。

なぜモーツァルトなのか？

他の作曲家や他のジャンルの音楽を用いる療法家もいるなかで、トマティスのほとんどの弟子はモーツァルトの、とりわけバイオリン曲にこだわってきた。というのも、バイオリンは高周波数帯域の音に富む楽器で、聴きやすい音を途切れなく出せるからだ。トマティスは、構造が単純で子どもに合った、モーツァルトの初期作品を好んだ。ポールによれば、「トマティスは最初、モーツァルト以外の曲も使っていました。パガニーニ、ヴィヴァルディ、テレマン、ハイドンらの曲も使っていたのです。でも徐々に、いわば自然選択の過程で、モーツァルトだけが残りました。モーツァルトの音楽は誰にも効き目があるらしく、活力を充填し、刺激を与え、リラックスさせ、落ち着かせる効果を持っています。それらすべてがうまく調節されているのだと思います」

「モーツァルトの曲は、他のいかなる作曲家の曲にもまして、神経系の経路を整え、脳に刺激を与えてその配線を促し、言語の習得に必要なリズム、メロディー、流れ、動きを付与します。モーツァルトは幼少の時分から音楽の演奏を始め、五歳の頃にはすでに驚くほど洗練された曲を書いていました。彼は、至って幼い頃から音楽の言語を脳に配線していたために、彼の母国語であるドイツ語のリズムの影響をほとんど受けませんでした。だからトマティスには、モーツァルトの音楽が非常に普遍性を持ったものに思えたのです。ラヴェルにとってのフランス語、ヴィヴァルディにとってのイタリア語のように、特定の言語の強い影響を受けていなかったのです。要するに、モーツァルトは文化や言語のリズムを超越した音楽だということです」

ポールはさらに続ける。「モーツァルトの音楽は、われわれが見つけることのできた最良の前言語的素材でした。彼の音楽は子どもを知的にすると考えている人もいるようですが、われわれにとって、それはまったく無関係です。重要なのは、彼の音楽が、よりやさしくプロソディー（言語の音楽的な部分や情動的な流れ）を表現できるよう導いてくれることです。つまり、モーツァルトは最良の母親なのです。というのも、母親の声は同様の効果を、さらに個人的なレベルでもたらすものだからです。民族音楽学の研究が示すように、モーツァルトの音楽は、あらゆる年齢、民族、社会集団に受け入れられる普遍的な音楽なのです★」

トマティスの治療は当時の医学の常識をはるかに越えていたので、単なる音を使った「非医療行為」で医療の名を汚す、ニセ医者としてしばしば扱われた。彼の療法に啞然とした医者たちは、耳に音を通すことで脳の障害を治癒できるはずなどないと突っぱねた。トマティスはそれにひるむどころか、「事実はその逆で、脳は耳の単なる付属物である」と反論して、トマティス主義を貫徹した。彼の主張は、科学的に言えばまったく正しい。原初の形態の前庭器官（平衡胞）は、脳よりはるか以前に進化したのだから。

アルフレッド・トマティスは、二〇〇一年のクリスマスにこの世を去った。彼の達成した驚嘆すべき成果を明確に説明する、皮質下の脳に関する理解の飛躍的な進歩を彼が知ることはなかった。彼の批判者をあまり強く非難すべきではないだろう。「器楽による治癒」に対する不信は、音楽を美やレジャーに、疾病を痛みや苦しみに結びつける私たちの習慣に由来するのかもしれない。また、芸術形態としての音楽の独自性にも関連するのだろう。一八五四年、エドゥアルト・ハンスリック〔リヒャルト・ワーグナーの批判者として知られる音楽評論家〕はその著書『音楽美論』で、形態と内容の区別が不可能な芸術として器楽を論じている。私たちは、音楽の特定の一節《パッセージ》が何に「関する」ものなのかを明確に語ることはできない。なぜなら、（ハンスリックがメロディーとリズムと呼ぶ）「音楽のアイデア」は、何かに「関する」ものではないからだ。それに対し、ピクニックを描いたマネの絵は、ピクニックに「関する」ものであると言える。器楽の美は、外側ではなく内側から生まれるように思われる。

しかし、まったく実体のないものでありながら、この不可視の芸術は、他の何ものも触れることのできない心の奥深くまで到達できる。音楽療法は、とりわけ聴覚より視覚を優先する、「見ること＝信じること」の文化のもとで育ち、機能の具体的な説明を求めないではいられない人々にとっては、きわめて神秘的な医療に見えるだろう。人々は耳で聴いたことを疑い、声をはかないものと考え、「うわさ（hearsay）」を言下に否定し、「口では何とでも言える（talk is cheap）」とあざける。音は一瞬のあいだの存在にすぎない。それに対し、多くの人々にとって「現実」「真実」「確たる証拠」は、具体的に目に見えるものとして顕現する。可視の図形によって示される幾何学の証明のように、証拠は目に見えるものであってほしいのだ。

そうではあれ、いかなる文化のもとに生まれようが、私たちはその生を暗闇のなかで開始し、かなりの期間そこで成長する。他の存在との最初の接触は、母親の心臓の鼓動、呼吸の満ち引き、（言葉の意味はわからずとも）声による音楽のメロディーとリズムに満たされた、閉ざされた子宮の内部で生じるのだ。そこで生まれる憧憬は、一生消えることはない。

★トマティス、ポール、iLsによって、さらにはのちに個別のセラピーで使われるようになった、フィルターのかかったモーツァルトの音楽は、一九九〇年代にメディアによって喧伝された、「（フィルターのかかっていない）モーツァルトの音楽を短時間聴かせれば子どものIQを向上させることができる」という主張とは区別する必要がある。この主張は、母親と乳児ではなく、大学生を対象に行なわれた実験に基づいている。この実験では、大学生の被験者に一日一〇分間モーツァルトを聴かせ、空間推論テストによるIQの向上が得られている。ただしその効果は一〇～一五分しか続かなかった。この手の宣伝は別として、ゴットフリート・シュラウク、クリスト・パンテフ、ローレル・トレイナー、シルヴァン・モレノ、グレン・シェーレンバーグらの研究では、楽器演奏の学習などの継続的な音楽トレーニングは、脳を変化させ、言語や数学のスキルを強化し、わずかながらIQも向上させることが示されている。

補足説明1

外傷性脳損傷やその他の脳障害への全般的アプローチ

本書で私は、ときに特定の疾病や障害を、特定の治療に結びつけた。しかし原則として、妥当なアプローチは、障害を持つ患者自身、およびその患者にもっともふさわしい神経可塑的治癒の段階を考慮に入れることである。たとえば私は本書を通じて、脳卒中や脳損傷を治療するさまざまなアプローチを取り上げた。頭部損傷に限っても、低強度レーザー、PoNS装置、サウンドセラピーはすべて、患者によって有効に作用する。のちに続く補足説明2と3で紹介する二つのアプローチ、マトリックス・リパターニングとニューロフィードバックも、外傷性脳損傷を抱える人に効果がある。この新しい分野は今後、個々の患者のニーズに合わせた方法で神経可塑的な治癒の段階を導くためには、神経可塑性とそれ以外のアプローチをいかに組み合わせるべきかを探究することに、研究の焦点を合わせるはずだ。たとえば第7章で取り上げた、身心の訓練とPoNSによる電気刺激の組み合わせなどのように。ガビーのリハビリテーション（第4章）では、運動（心的要素も含まれる太極拳）と光療法が統合されていた。第7章で言及したロビン・グリーンは、認知刺激と身体的、社会的刺激の組み合わせによって、外傷性脳損傷後の脳の萎縮を緩和できることを示した[*1]。また、グリーンらによる他の予備的な研究は、外傷性脳損傷の治療において、(マイケル・マーゼニックによって開発されたものに基づく)脳の運動に効果がある可能性を示唆する。エドワード・タウブのグループは、バイオフィードバックと拘束運動療法を用いて、脊髄損傷に起因する完全な四肢麻痺を抱える女性を治療した。同様に、発達障害を持つ子どもは、リスニングセラピー、フェルデンクライス療法、ニューロフィードバック、心理療法など、種々のアプローチの恩恵を受けられる。自閉症者の脳には炎症が顕著に見られるが、自閉症の子どもは過敏なので、低強度レーザーやPoNSが有効に作用する場合がある。認知障害を抱える患者が、ある特定の神経可塑的アプローチに部分的に反応するのなら、他の神経可塑的アプローチにも効果があるか否かを試し、効果があればそれを治療に加えるよう考慮すべきである。私は、可能なら、脳の全般的な健康の向上を心がけるようにしている。定量的脳波検査(QEEG)は、脳が「ノイズに満ちている」か否かを検査できる。これを用いた研究は、熟練のニューロフィードバック療法家によって行なわれる場合が多く、単にコンピューターに情報を分析させるだけでなく、専門家が実際に患者に会ったうえで解釈をする必要がある。

私が取り上げた回復事例では、誰もがすぐに手に入れられる装置ではなく、この分野の主要な貢献者によって設計された装置が使われている。しかしその成果は、厖大な経験を積んだ、代わりのきかない臨床医によって得られている。本書で取り上げた一連の治療法は、多彩なツールを用いる新たな医療規範を形作る。これは利点と考えるべきである。なぜなら、すべてのツールが誰にでも効果があるわけではないからだ。理想を言えば、個々の患者の状態を逐次把握し、いくつかのアプローチが必要なら、適用の順序を適宜決められるだけの知識を持った医者に治療を受けるのがベストであろう。脳の再配線には忍耐が必要であり、改善は概して徐々に得られる。したがって、特定のアプローチを断念する前には、必ず専門家に相談すべきである。ただし、ある一つのアプローチをマスターするのに何年も費やしたニューロプラスティシャンが、他のアプローチにも精通しているとは限らないことを心得ておくべきだろう。

前著『脳は奇跡を起こす』では、脳卒中、疼痛、学習障害、精神的退化、あるいはその他の脳の障害や精神障害を治療するための、本書にはない神経可塑的治療や訓練方法が取り上げられている。自分自身や近親者のために神経可塑的アプローチを検討している読者は、本書と前著を併せて読むことを推奨する。二冊読めば、神経可塑性のあらゆる適用事例を知ることができるだろう。また、私のウェブサイト(normandoidge.com)でも、さらなる情報を得ることができる。

補足説明2

外傷性脳損傷を治療するためのマトリックス・リパターニング

マトリックス・リパターニングは、きわめてクリエイティブなカナダの医師、ジョージ・ロスによって考案された治療法である。この治療法は外傷性脳損傷やその他の頭部損傷を負った人の治療に役立つ。本書で紹介した他の方法を試す前に、第一の介入方法として用いることもできるであろう。この治療によって、脳が神経可塑的な自然治癒を行なう際の妨げになっている障害を、しばしば取り除けるのである。場合によっては、それだけでも外傷性脳損傷の執拗な症状を抱える患者の病状の改善に役立つ。また、他のアプローチと組み合わせることでうまく機能する場合もある。

自然療法医師でカイロプラクター、そしてフランスのオステオパシーを学んだジョージ・ロスは、エネルギーがいかに頭部に到達すると外傷性脳損傷を引き起こすかに関して、いくつかの重要な臨床的発見をしている。

頭部への打撃は、いかなる場合でも身体へのエネルギーの移転が関与する。つまり、頭部に打撃を受けると、力が身体、頭蓋、脳へと拡散される。このエネルギーの移転が生じるには、必ずしも物体との直接的な接触が必要なわけではない。爆発による衝撃波は心臓や脳にエネルギーを伝播して、ダメージを与える[*1]。自動車事故では、このようなエネルギーの移転は皮膚や骨のみならず、体内の液体に満たされた器官にも影響を及ぼす。

骨やコラーゲンやその他の組織の研究によれば、それらは打撃によるエネルギーを吸収する際、構造と電気エネルギーの伝導の様態を変える。形状の変化とともに電気伝導率も変える構造は、圧電構造と呼ばれる。骨が曲げられたり、圧力を加えられたりすると、マイクロチャネル中の帯電した液体が「流動電流」を生む。ロスによれば、打撃を受けた頭部の骨が巨大なエネルギーを吸収し変形する際、脳の電気的環境と機械的環境を変え、脳細胞の機能を妨げるらしい。こうして脳の周囲の組織、とりわけ骨や結合組織は、優良な伝導体から、電気の流れを妨げる抵抗器に変わってしまう。ロスは、それによって、脳損傷のさまざまな症状が発現すると考えている。

一八四〇年代以来、折れた骨に電流や磁場を適用すると治癒が促進されることが知られてきた。カナダの整形外科医は、骨の損傷が著しい場合、もしくは折れた骨の隙間が自己治癒したり接合したりするには離れすぎている場合、この方法を用いることが多い。世界全体では、およそ一〇万件の骨折が、電流の補助を得て治療されてきた。磁場も、損傷した組織を治癒する能力を持ち、理学療法家によって頻繁に利用されている。これらの治療が有効なのは、骨自体によって生成される電流が、通常は骨の自然治癒の一部をなすからだと考えられている。

ロスは、圧電構造と磁場という二つの手段によって、正常な流れを回復させる。

骨に圧力をかけるとその電気伝導が変わることを示す圧電構造の実験をもとに、彼は損傷によって変形した骨を穏やかにつかむだけで、圧電構造による性質を変えられることを発見した。それによって、損傷した骨を電気抵抗器から伝導体に再び変えられるのだ。私はこの現象を何度も見た。穏やかにつかまれた骨は、自然にもとの形状に戻ったのである（これはX線や写真で確認できる）。骨の傷ついた部分は治癒していた。

手は神経と筋肉繊維を備えるがゆえに、測定可能な電場の源泉であることが知られており、ロスはそれを磁場として用いる。また彼は最近、損傷した組織の近くに電磁気パルス生成器を当て、同時に治癒プロセスを促進するために、自分の手で穏やかに圧力をかけるという方法をとるようになった。

私は、この治療を受けた何人かの外傷性脳損傷の患者を数年間追跡した。彼らの長く続く頭痛、ももや、めまい、睡眠障害、並行作業《マルチタスキング》の困難などの、外傷性脳損傷によく見られる症状は、部分的もしくは完全に解消していた。

ロスは繰り返し脳震盪を受けた患者を何人も治療してきた。典型例として、さる政府系の大きな組織の部長を務めるホセ（四四歳）の事例を紹介する。二〇一二年八月、彼は雨の降りしきるなか、ピクニックテーブルの上に立って防水シートをかけようとしていたとき、滑って転倒し、木製のベンチに頭を打ちつけてしまう。これは彼が被った五回の脳震盪のうちの一回にすぎず、過去にホッケーや自動車事故などでも脳震盪を起こしたことがあった。それ以来、彼は、頭痛、疲労、めまい、神経過敏、重度の認知能力の問題、情報処理や並行作業の困難など、典型的な外傷性脳損傷の諸症状を呈し始めたのである。一日に一六時間眠ることもあった。

症状がいつまでも消えなかったので、神経科医は脳振盪後症候群の診断を下した。おかげでホセは半年間仕事ができなかった。さまざまな治療や薬を試してみたがいずれも効果がなく、ついには神経科医に、あとは様子を見ているしかないと告げられる。じっと好転を待っていたことは以前にもあったが、今回は神経科医の言葉を聞いて希望を失い、抑うつ状態に陥る。「永久にこのままだと思っていました。ロス医師の治療を受ける前は、まったく絶望していました」と彼は言う。

ホセの診察をしたロスは、対象物の視覚追跡《ビジュアルトラッキング》の困難、聴覚障害、両足の「過剰な」反射など、頭部損傷の神経学的兆候（運動を調節する脳のニューロンが損なわれている兆候）を数多く見出した。私はホセに会って話をしたことがある。それは、彼が六週間にわたって六回のセッションを受けたあとのことで、そのときには彼は投薬も他の治療もやめ、仕事に復帰していた。もやもやはなくなり、神経学的な兆候は改善していた。その後さらにもう一回セッションを受けると、頭痛は消えたそうだ。「驚いたことに、どこが痛むかについて何も言っていなかったにもかかわらず、ロス医師は激痛を感じていたまさにその頭部の箇所を触ったのです。そもそも私の頭を触ったのは彼が始めてでした。主治医も、神経科医も、理学療法家も、私の頭を触ったことはありませんでした」とホセは言う。

私の仮説は次のとおりである。過敏性やその他の症状を示すホセは、頭部損傷のためにノイズに満ちた脳を抱えるようになり、ロスは独自のテクニックを用いて正常な電気伝導を回復させることで、ホセの脳がそれ自身で神経調整できるよう導いたのである。私は、重度のてんかんを抱える少女を対象に、ロスがニューロンの発火を正常化させる自身の能力をいかんなく発揮するところを見たことがある。原因は不明であったが、この少女は幼い頃に頭部損傷を負い、そのためにてんかんを起こすようになった。彼女のてんかんは、ペースメーカーを埋めなければならないほどひどかった。この装置は、脳に信号を送ることで発作を中断させるよう設計されていた。また、発作が起こると感じたときには、自分でオンにすることができた。しかしこの装置は、部分的に効果があったにすぎない。マトリックス・リパターニングのセッションを何回か受けると、発作の回数は劇的に減った。

私の考えでは、他の治療を受ける前にマトリックス・リパターニングを行なったほうが効果的な患者がいる理由は、全般的なエネルギーの流れが遮断されていると、他の治療が本来の効力を発揮できないからである。頭部損傷は、認知症、てんかん、ある種のパーキンソン病を発症するリスクを高めることが知られており、頭部に打撃を受けたあとはマトリックス・リパターニングの適用を検討したほうが賢明であろう。また私は、ロスが急性の頭部外傷を受けた直後の患者を治療するところを見たことがあるが、この患者は、治療が遅れた場合に比べてはるかに迅速に回復した。このような事例を見るにつけ、病院の緊急病室でマトリックス・リパターニングが常時適用できるようになることを、私は切に望んでいる。

補足説明3

ADD、ADHD、てんかん、不安障害、外傷性脳損傷の治療のためのニューロフィードバック

ニューロフィードバックは、高度な形態のバイオフィードバックであり、本書に記述されているさまざまな症状に有効な、きわめて多面的な治療である。この治療法は最近、米国小児科学会によって、投薬と同程度に有効な、ADDおよびADHDの症状の治療法として認可された。これは一種の脳の訓練であり、副作用はほとんどない。また、ある種のてんかんの治療法としても認められており、さらには、ある種の不安障害、心的外傷後ストレス障害（PTSD）、学習障害、頭部損傷、偏頭痛、自閉症スペクトラムに影響する過敏症などの治療にも有効である。ニューロフィードバックは神経可塑的な治療ではあるが、あまり知られていない。というのも、神経可塑性が広く理解されるようになる以前に開発された治療法だからである。

これまで見てきたように、何百万の単位でニューロンが発火すると脳波が生まれる。二〇世紀の前

半から中盤にかけて測定できるようになった脳波は、一秒間の波の数で計測される。さまざまな脳波が、さまざまな覚醒度と、得られる意識的経験のタイプに相関する。たとえば、眠っているあいだ(あるいは脳を負傷しているとき)は、EEGは非常に遅い脳波を記録する。なかば覚醒し、夢を見ているときの脳波は速度を増し、目が開くと穏やかで集中した状態に入る。また、不安を感じるとさらに速度を増す。

バリー・スターマンは、最初はネコを用いた実験によって、EEGにつながれた動物個体が、脳波の訓練を学習できるという発見を偶然に得た。スターマンがNASAで行なった初期の研究は、この「自己訓練」を用いて、宇宙飛行士をてんかんから守るというものであった。ちなみにてんかん発作を起こしているあいだ、脳は過剰に発火する。(宇宙飛行士はロケット燃料への曝露によっててんかんを起こすことがある。)

通常のニューロフィードバックセッションでは、患者をEEGにつなぎ(脳波を検出する非侵襲的な手段)、コンピューター画面上に脳波を表示させる。

ADDやADHDを持つ人は、低ベータ波と呼ばれる穏やかで集中した脳波が少なく、シータ波と呼ばれる、一般の人々では眠っているときに現れる脳波がより多く見られる。どんよりした目で窓の外を見つめている生徒に向かって、教師が「ジョニー、授業を聞いているの？　それとも居眠りをしているの？」と訊いたとすると、脳の一部がシータ波を生成しつつあるジョニーは、実際に眠りに落ちようとしているのだ。それに抗することは容易ではない。ADDを治療するためのニューロフィードバックセッションにおいて、患者は、画面上に眠気と衝動性に結びついた脳波が現れたときには、それを鎮め、穏やかで集中した脳波を増大させるよう訓練する。ニューロフィードバックは電気装置を用いるが、フェルデンクライス・メソッドと同じ原理によって作用するのだと私は考えている。どちらの方法も、神経の変化と神経差異化をもたらし得る、気づきを高めるからだ。（フェルデンクライスは、自分の行なっている動作の感覚に対する気づきを洗練するよう生徒を訓練するとき、感覚によって提供されるフィードバックをもっと利用するよう鍛錬していたのである。）

ニューロフィードバックや、それに関連する低エネルギー・ニューロフィードバック・システムと呼ばれる介入方法に関する入門的な文献については、巻末の原注[*1]を参照されたい。

謝辞

本書を半分ほど執筆し終えたとき、優秀な担当編集者ジェームズ・H・シルバーマンと私は、その内容に関して、非常に個人的で、思ってもいなかったテストをすることになった。ジムが脳卒中に見舞われ、左の手足に影響が出たのだ。たいていの脳卒中患者と同様、病院のリハビリを終えた後は最低限の再診しか受けられず、神経科医に改善の見込みを尋ねると、「脳卒中後の小さな好転にだまされてはならない。すぐに治癒の限界に達して、以後はそれ以上の回復が見込めなくなるはずだ」という回答を得た。そう言われた彼は、この神経科医に見切りをつけた。そもそも彼は一五年前に『脳は奇跡を起こす』の編集を手がけた際、神経可塑的な治療の未来について知った、最初の一般読者になった一人なのである。

続く一年半をかけて、ジムは本書の残りの章を編集したばかりでなく、各章に記述されている治療法を精力的に試した（タウブ療法などの前著で取り上げたいくつかの手法も試した）。おのおのの章は神経可塑的治癒の別の側面に焦点を絞っているため、ほぼ全部を試してみたらしい。つまりジムは本書を編集しただけでなく、その内容を実践してみたのだ。神経科医の予測はみごとにはずれ、彼は治癒の限界に達することなく、脳の変化と改善の速度は低下するどころか上がった。本書を書き終える頃には、彼は失われた機能のほとんどを取り戻し、誰かの支えがなくても歩けるようになっていた。

このような経緯もあり、本書はジェームズ・H・シルバーマンの本でもある。本書のあらゆるページから、彼の持つ注意力、技術、賢明さ、読者のニーズと関心に対する深い理解が滲み出ている。持ち前の冷徹さと忍耐力を発揮し、何度も草稿を見直し、基盤となる科学的な記述を単純化したり、私の言いたいことを希釈したりせずに、わかりやすさと読みやすさを研ぎ澄ませていった。彼は脳卒中に見舞われたあとでも、仕事に対するアプローチをまったく変えなかった。私はすぐに、彼が学んだことのすべてが、彼を神経可塑的な治療の理想的な実践者にし、現在でも実践している運動と脳の刺激を通じて、脳卒中に見舞われる以前と比べても、彼が知的により堅固に、そして鋭敏になったことに気づいた。本書の執筆に着手したとき、私は神経可塑性の専門家を気取っていたきらいが多少あったのかもしれないが、ジムは私の持つ知識を言葉にする作業を手伝ってくれた。本書を完成させるまでには、私の論ずるところを実際に試すことで、彼は神経可塑性を肌で感じる専門家となり、私はと言えば、彼の通訳者になることもしばしばあった。もちろん私も彼も、脳卒中に見舞われなかったほうがよかったと考えてはいるが、その状況から最善の知恵を引き出したという奇妙で倫理的な美を感じることがあるのも正直なところだ。

ヒポクラテスが言うように(第8章エピグラフ参照)、回復には医師と患者ばかりでなく、患者のそばで支援をする人が必要になる。ジムの場合、それは妻のセルマ・シャピロである。セルマの献身的な行動とサポートがなければ、本書はまだ刊行されていなかったはずだ。本書で私が強調する、患者を支援するにあたっての献身や創造性を例証するかのように、エドワード・タウブとタウブクリニックの理学療法家ジーン・クラゴ、フェルデンクライス療法家のレベッカ・ガーディナー、レーザー療法家のフレッド・カーンとジョアンナ・マリノフスカは、ジムの神経可塑的な回復を促進させた。

すべてのニューロプラスティシャンと、私に自分たちのストーリーを語ってくれた被験者、生徒（とりわけ患者とその家族）に感謝する。紙幅の都合ですべてのストーリーを取り上げることはできなかった。しかしそれらのすべてが、研究に大きく役立っている。また非常に多くのことを教えてくれた私の患者たちにも感謝する。

脳の機能を理解するためには、神経可塑性とエネルギーと身体を結びつけてとらえなければならないという奇妙な考えを私が吹聴していた頃から、アーサー・フィッシュはこの最初は不可能に思われたプロジェクトを支援してくれた。彼は草稿を見て鋭いコメントをくれたばかりか、執筆、研究、熟考が滞りなくできるよう取り計らってくれた。

科学と文学の歴史に対するパトリック・ファレルの情熱は、長い執筆期間の途中まで彼を私のよきアシスタントにした。彼はアシスタントとして、編集作業、資料の検索を手伝い、そしてとりわけ各章の記述について思慮深さに富んだ反応を示した。

私はこれまで、誠実さとオープンな知性、そして私にとって幸いにも、互いに対する暖かいまなざしに満ちた貴重な仲間たちの支援を受けてきた。ここに名前を記しておく。シリル・レヴィット、コリン・レヴィット、ウォデック・センバーグ、ジャクリーン・ニューウェル、ウォラー・ニューウェル、ジョフリー・クラーフィールド、ミラ・クラーフィールド、ボニー・フィッシュ、フィリップ・

キリアコウ、ジョーダン・ピーターソン、タミー・ピーターソン、リン・ラスムッセン、ケネス・ハート・グリーン、シャロン・グリーン、チャールズ・ハンリー、マーガレット・フィッツパトリック・ハンリー、ジョン・モスコヴィッツ、クリフォード・オーウィン、ドナ・オーウィン、トーマス・パングル、ロレイン・スミス・パングル、ローレンス・ソロモン、パトリシア・アダムスの諸氏である。また、キリル・ソコロフとケイト・マクルーア・ソコロフの熱心なサポートにも感謝する。

このおもにカナダ人から成るグループには、さらに何人かの模範的な医師が含まれる。エステラ・ベキア、バリー・サイモン、クレア・ペイン、アレックス・ターノポルスキーの諸氏であり、現在の医療パラダイムの長所、短所について考えるにあたり、それぞれ独自の方法で私を導いてくれた。心、エネルギー、身体、結合組織について私とよく話し合ったアビデ・モトメン＝ファー博士は、これまで可能だとは考えたことのなかった治癒のあり方の理解を可能にしてくれた。さらに同僚のアメリカ人医師、ダニエル・J・シーゲル、メリアムン・シンガー、マーク・ソレンセン、エリック・マーカス、リチャード・ブラウン、ユージン・ゴールドバーグにもお礼の言葉を述べたい。エレン・カトラー博士からは、身体全体の健康と身体のエネルギーシステムに関して多くを学ぶことができた。

草稿を読んだジャクリーン・ニューウェル、マイケル・マズレク、ジェラルド・オーウェン、タミー・ピーターソン、ジョーダン・ピーターソンからは、有益なコメントをいただいた。ジョーダンと私が、神経科学や心について定期的に話し合うようになってからほぼ一〇年が経つ。また私は、アメリカの神経科学者マイケル・マーゼニック、エドワード・タウブ、スティーブン・ポージェスとの会話を享受してきた。神経科医で神経科学者のカール・プリブラムとの会話は、回数こそ少なかったが、数日にわたることもあり集中的できわめて重要なものだった。

バーバラ・ドイジは、言葉を使うことさえなく、癒しの何たるかを教えてくれた。おかげで私は、他の人々の持つ癒しの力を見分けるのが上達した。また、次の人々から、身体を通して神経系に影響を及ぼす方法について教わった。無比の教師であるジェイソン・グロスマン医師は、中国のエネルギー療法と西洋のアプローチを結びつける応用身体運動学《キネジオロジー》を開拓した天才、故ジョージ・グッドハート医師の業績を私に紹介してくれた。私は、グッドハート医師と同僚のデイヴィッド・リーフの治療を、幸運にも実演デモとして受けられた日のことを忘れない。また、オステオパシーや、身体から神経系に働きかけるその他のテクニックの効力を示してくれたことに対して、ジュディス・ニーリィ、ジョージ・ロス、デイヴィッド・スラボツキー、マーラ・ゴールデンに感謝する。シフ・フィリップ・モーは、太極拳がいかに脳と神経系をリセットするかについて、そしてその際のエネルギーの役割について私に教えてくれた。

私は、次に挙げる人々から、おのおの独自のあり方で心身医学を学んだ。アーネスト・ロッシ、ウィリアム・オハンロン、クレア・フレデリック、エリック・バーンヒル、ロバート・キッド、デイヴィッド・グランド、マリオン・ハリス（フェルデンクライスの業績を紹介してくれた）、デイヴィッド・ゼマック＝バーシン、ジュディス・ダック、ホアキン・ファリアス、ロバート・ハリス、モラナ・ペトロフスキー、レスリー・ゲイツ、ヘイケ・ラスクル、フランシーヌ・シャピロ、ニール・シャープ、ジョン・レイティー、アイリーン・バキリタ、フレッド・ガロ、レオン・スローマン、アテス・タニン、ブライアン・シュウォーツ、マーク・ウォルシュ、アネット・グッドマンの諸氏である。

ニューロフィードバックに関しては詳細に述べなかったが、私はその訓練を受け、ニューロフィードバックを研究する以下の科学者、および医師から、訓練、講演、著書などを通じて脳を変えることについて非常に多くのことを学んだ。ジョン・フィニック、モーシェ・パール、セバーン・フィッシャー、エド・ハムリン、リンダ・トンプソン、マイケル・トンプソン、レン・オクス、ジャクリン・ギスバーンの諸氏である。啓発的な著作や研究を通じて新たなトピックに私の目を開かせてくれたイアン・マクギルクライスト、ヤーク・パンクセップ、オリバー・サックス、ロバート・シュライプ、エヴァン・トンプソン、アルヴァ・ノエ、アラン・N・ショア、レナード・F・コジオル、デボラ・エリー・バディング、トーマス・ラウ、エルクホノン・ゴールドバーグの諸氏にも感謝する。

本書の出版に関して、スターリング・ロード・リテリスティックの著作権エージェントに感謝の言葉を述べたい。クリス・カルフーンは、このプロジェクトの開始当初、交渉の手助けをしてくれた。フィリップ・ブロフィー、アイラ・シルバーバーグ、そして現在海外での版権交渉を担当しているシルビア・モルナーにもお礼の言葉を述べたい。ヴァイキング社が本書を取り上げてから、ウェンディー・ウルフは鋭い目で全体を見渡し、数多くのコメントを提供してくれた。また編集に関して、辛抱強く献身的で抜け目のないジャネット・ビールと、非常に聡明なブルース・ギフォーズに感謝する。モーリン・クラーク、ドナルド・ホモルカ、ジーナ・アンダーソンの徹底性には驚かされた。スクライブ社のヘンリー・ローゼンブルームとペンギンUK社のヘレン・コンフォードにもお世話になった。

私は、いくつかの機関から補助金や賞を受けたおかげで、研究や執筆を続けることができた。それには、ワシントンDCの国立精神保健研究所、カナダの「National Health Research and Development Program」などが含まれる。

ジョシュア・ドイジは、研究を手伝い、私の信じるところでは、地球上の誰よりも数多くの神経可塑的学習プログラムをこなし、その効果を見せてくれた。不必要なことに拘泥しないブラウナ・ドイジには、（もちろん肝心な部分を守るためだが）草稿を切り詰めるという苦痛に満ちた課題を遂行する手伝いをしてもらった。

いかなる本もいつまでもだらだらと執筆しているわけにはいかない。本書を完成に導くための時間はすべて費やした。私の持つ知識の限界のゆえに、現在の私には気づけない誤りが含まれていることに間違いはないだろう。あるいは詩人のマーヴェルの言葉を借りれば、「無限の時間と空間がありさえすれば」気づけたかもしれない事実に関する誤りを犯したかもしれない。もしそのような誤りがある場合、読者と、私を手助けしてくれた上記の人々に謝らねばならないだろう。

最後に、私の妻で本書の最初の読者でもある、カレン・リプトン＝ドイジに感謝の言葉を述べたい。つねに知的刺激に満ち、親切でユーモアのある彼女は、一貫してこのプロジェクトにつき合ってくれた。ニューロプラスティシャンを訪問する旅行の際も、私が新たなテクニックの訓練を受けるときにも、彼女はたいがいそばにいてくれた。そして研究を手伝い、本書に関して鋭いコメントを寄せてくれて、あらゆる種類の情動的なサポートを提供してくれた。最初の読者は、これから改善が必要な草稿を読まねばならない。私が彼女にできる最善のことは、本書を彼女に捧げることである。

訳者あとがき

本書は*The Brain's Way of Healing: Remarkable Discoveries and Recoveries from the Frontiers of Neuroplasticity*（Viking, 2015）の全訳である。一九か国で翻訳され、累計一〇〇万部以上を売った前作『脳は奇跡を起こす』（竹迫仁子訳、講談社インターナショナル、二〇〇八年、原書は二〇〇七年刊）以来待望されていた本書も諸方面から絶賛され、早々にニューヨーク・タイムズ・ベストセラー入りを果たした。

著者のノーマン・ドイジはカナダ・トロント在住の著名な精神科医で、テレビやラジオへの出演も多く、国内外で数々の講演を行なっている。ドイジは古典と哲学を専攻したのち、コロンビア大学で精神医学と精神分析学を学んだ。詩人でもあり、『批評の解剖』で知られる文芸評論家ノースロップ・フライに認められた経歴を持ち、彼の文芸的な才能は、ストーリー中心の本書でも遺憾なく発揮されている。

本書『脳はいかに治癒をもたらすか』は前作と同様、「神経可塑性（Neuroplasticity）」という脳の持つ特質を巧みに引き出す治療に関して、ときに理論的な説明を織り交ぜながらさまざまな治癒のエピソードを紹介し、その実像を浮き彫りにしていくという手法をとっている。理論的な説明に終始する短い第3章を除けば、たとえば第1章は視覚化を用いた慢性疼痛の治療などといったように、各章において、特定の形態の神経可塑性を利用した治療が豊富なエピソードを通じて紹介されている。そのため内容がきわめて具体的であり、専門知識を持たない読者にも非常に読みやすい本に仕上がっている。

外部からエネルギーを加えるなどの手段を通じて、脳のニューロンにおける配線の様態を変え、それによって治癒を促進するという神経可塑性を用いた治療は、一般の人々の目には非常に新しく映るはずだ。理論的な基盤はかなり以前から知られていたとはいえ、現実的な治療の手段として主流の医学界からも認められ、注目され始めたのはつい最近のことにすぎない。したがって本書で取り上げられている治療は、まさしく最先端の治療法だと言える。

ただ、最新の治療ではあっても、必ずしも高価な医療機器が必要なわけではなく、たとえば第2章で取り上げられているパーキンソン病の治療の例のように、「歩行」という単純な手段によってもその効力を発揮することができる。つまりその気になれば誰でも実践できるものもある。

さらに言えば、本書で取り上げられている治療の事例は、通常の医療基準からするとかなり新奇なものが多い。たとえば視覚化による慢性疼痛の治療（第1章）、低強度レーザーによる脳損傷の治療（第4章）、PoNSと呼ばれる舌に刺激を与える小さな装置を用いた多発性硬化症、外傷性脳損傷などの治療（第7章）、音、音楽、音声を用いたさまざまな疾病の治療（第8章）などである。

こう書いていると、「この本は、科学的根拠のない代替療法を紹介する怪しげな代物なのではないのか？」と疑う向きもあるかもしれない。しかし本書は、神経可塑性に関する理論的な説明はもちろんのこと、おのおのの治療の基盤となる生理学的理論や、実験の結果に基づく科学的な根拠を逐一説明しており、煽情的な効果を狙ったいわゆるトンデモ科学の本とはまったく異なる。

とはいえ、このような新奇なテーマを扱うにあたっては、伝統的な科学や医学の見方にとらわれない開かれた心が必要になることも確かである。その点に関して言えば、著者のドイジはまさに適任と言えるだろう。彼は基本的には精神分析医であり、実践的な臨床活動を本業にしている。したがって科学者としての視点のみならず、医療の実践者としての視点も十全に備えている。第2章などに見られる、従来の医療のあり方にもの申す姿勢は、硬直した医療のあり方を変えたいと願う彼の心構えの如実な現われであると見なすこともできよう。

著者は東洋医学にも通じているようで、中国の気功への言及なども見られる。とりわけ英米の医学研究者のあいだでは、気功などの東洋医学はプラシーボ効果以上の有効性を持たず、「スネーク・オイル・サイエンス」（インチキ科学）以外の何ものでもないとして片付けられる場合が多いようだ。典型的には、アメリカの生物統計学者R・バーカー・バウセルの書いた*Snake Oil Science: The Truth About Complementary and Alternative Medicine* (Oxford University Press, 2007) などに見られる。しかしドイジは、その種の否定的な態度は取らない。それどころか彼は、次のように述べさえする。「心身医療を実践もしくは研究する臨床医や科学者は、プラシーボ効果の基盤をなす脳の神経回路を系統的に活性化する方法を考案できれば、劇的な医学的進歩を遂げられると主張する（五八頁）」「プラシーボ効果による治癒は、投薬による治癒より〈非現実的〉というわけではない。それは、心が脳の構造を変えるという、神経可塑性の作用の一例なのである（五八頁）」。訳者は気功に関して科学的な見解を述べられる立場にはないが、これらの引用によってわかるのは、著者が従来の医学の枠に拘泥《こうでい》することのない柔軟な思考様式を持っているということである。ではなぜ、神経可塑性治療には、そのような思考様式が必要になるのか？

訳者は昨年、クラーク・エリオット著『脳はすごい――ある人工知能研究者の脳損傷体験記』（青土社、二〇一五年）という、本書と同じく神経可塑性治療をテーマとする本を手掛けた。この本は、AI研究者である著者が交通事故に遭遇して外傷性脳損傷（TBI）を被り（この状況は本書第7章に登場するキャシー・ニコル＝スミスのケースに類似する）、二人の神経可塑性療法家《ニューロプラクティシャン》の治療を受けて回復に至る過程を克明に描く。同書の大きな特徴は、非常にIQの高い著者自身がTBIを経験し、持ち前の分析力を駆使して主観的な視点からこの疾病の発現様態、さらには神経可塑性治療による回復の過程が綿密に描かれている点にある。そこで紹介されている治療は、本書の第5章でも言及されているドナリー・マーカスとデボラ・ゼリンスキーによるもの（行動検眼セラピー）で、プリズムメガネを用いて視覚入力を調節することによって、脳の配線を変えるという方法をとる。クラークの著書の原題は *The Ghost in My Brain* だが、この「Ghost」は「真の自己」すなわち事故の瞬間に流浪を強いられるようになった〈私〉に対する感覚」を意味する。つまり『脳はすごい』に描かれているのは、事故によって失われた真の自己を神経可塑性治療によって取り戻す過程であり、そのことは神経可塑性治療が本質的に全人的《ホリスティック》なものであることを示唆する。これは本書『脳はいかに治癒をもたらすか』

の基本的な立場でもある。やや長くなるが、重要なポイントなのでそれが明確にわかる箇所を第7章から引用しておこう。

ホメオスタシスに依拠する脳の自己制御システムの巨大なネットワークを刺激する装置は、脳の疾病を治療するにはあまりにも非特定的であるように見えるだろう。要するに私たちは、疾病に明確な住所を持っていて欲しいのだ。そのため、巨大なネットワークの迅速なバランスの回復を支援する万能の介入法という考えは、いんちき療法、あるいはプラシーボ効果として簡単に見捨てられる。身体は全体として機能するがゆえに全体として治療されなければならないと考える生気論者と、個々の部位を侵すものとして疾病をとらえる唯物／局所論者は、数千年にわたって論争を繰り返してきた。現在は後者が優勢であるが、実際のところ、どちらの側も重要な洞察を提示している。（……）このようにPoNSは、西洋の科学の概念や方法論を導入しつつ、ホリスティックで東洋的なあり方で、すなわち治癒のプロセスの一部としてホメオスタシスに働きかけ、自己制御を促進することで、身体の自助を支援するのである。（四二四〜四二五頁）

ここでは前述したPoNS装置に焦点が絞られているが、ここに書かれている指針が神経可塑性治療全般の基本的な考え方であることは、本書を読めばわかるはずだ。このように分析的な西洋医学と、ホリスティックな東洋医学のおのおのが持つすぐれた部分を統合するという側面が神経可塑性治療にはある。昨年、漢方を研究してきた中国の科学者がノーベル生理学・医学賞を受賞したが、今後西洋医学と東洋医学の統合は医学の大きな目標の一つになるのかもしれない。

ところで本書では、パーキンソン病、外傷性脳損傷、視覚障害など、神経疾患の治療がおもに取り上げられているが、治療の対象は必ずしもそれに限られるわけではない。たとえば第4章では、冠動脈疾患に低強度レーザーが有効であることが紹介されている。拙訳、ロブ・ダン著の『心臓の科学史――古代の「発見」から現代の最新医療まで』（青土社、二〇一六年）を読むと、冠動脈の閉塞が人類にとってつねに大きな災厄であったことがよくわかる。現在行なわれている冠動脈疾患の治療は、基本的に予防が意図されている投薬（スタチン）を除けば、きわめて侵襲的である。低強度レーザーという非侵襲的な手段を用いて古代から人類を苦しめてきた冠動脈の閉塞を治療できるのなら、それはまさに私たちにとって大きな福音になるだろう。

さらに神経可塑性は、医療以外の分野にも適用できる可能性がある。たとえばジェームズ・R・ドティ著 *Into the Magic Shop* (Avery, 2016) では、神経外科医の著者が子どもの頃に、本書第1章にあるような視覚化のテクニックを、とある老婦人からそれと知らずに教わり、それによって将来の展望を切り開いていった様子が自伝的に描かれている。もちろん視覚化のテクニックが彼を神経外科医にしたと言うだけではオカルトのように響くが、動機づけの強化などさまざまな点で効果があったことには間違いないはずである。この本を読んでいて、神経可塑性の概念は、子どもの発達が関わる教育などの側面でもきわめて有用なのではないかという印象を受けた。

このように神経可塑性の概念は、医療の現場を中心として今後ますます注目を集めることが予想される。重要なのは、たとえば宇宙開発などとは異なり、それが誰にも、そしてすぐにも関係し得るという点である。とりわけ親類縁者に神経性の疾患を抱える人がいる読者には、本書は意義深いはずだ。

最後に、非常に多忙であるにもかかわらず多くの質問に回答していただいた著者のノーマン・ドイジ氏に深く感謝する。また、担当編集者の和泉仁士氏にも感謝の言葉を述べる。

二〇一六年四月

高橋洋

補足説明2　外傷性脳損傷を治療するためのマトリックス・リパターニング

*1　Y. Chen et al., "Concepts and Strategies for Clinical Management of Blast-Induced Traumatic Brain Injury and Posttraumatic Stress Disorder," *Journal of Neuropsychiatry and Clinical Neurosciences* 25 (2013): 103-10.

補足説明3　ADD、ADHD、てんかん、不安障害、外傷性脳損傷の治療のためのニューロフィードバック

*1　J. Robbins, *A Symphony in the Brain: The Evolution of the New Brain Wave Biofeedback* (New York: Grove Press, 2000)［『ニューロフィードバック――シンフォニーインザブレイン』竹内伸監訳、竹内泰之訳、星和書店、2005年］; M. Thompson and L. Thompson, *The Neurofeedback Book: An Introduction to Basic Concepts in Applied Psychophysiology* (Wheat Ridge, CO: Association for Applied Psychophysiology and Biofeedback, 2003); S. Larsen, *The Healing Power of Neurofeedback: The Revolutionary LENS Technique for Restoring Optimal Brain Function* (Rochester, VT: Healing Arts Press, 2006); S. Larsen, *The Neurofeedback Solution: How to Treat Autism, ADHD, Anxiety, Brain Injury, Stroke, PTSD, and More* (Toronto: Healing Arts Press, 2012).

*67 Koziol and Budding, *Subcortical Structures*, pp. 194-97.

*68 D. G. Amen, Healing ADD (New York: Berkley, 2001), pp. 90-92.［『わかっているのにできない脳（全2巻）』ニキリンコ訳、花風社、2001年］

*69 R. Minson and A. W. Pointer, "Integrated Listening Systems: A Multisensory Approach to Auditory Processing Disorders," in D. Geffner and D. Ross-Swain, eds., *Auditory Processing Disorders: Assessment, Management, and Treatment*, 2nd ed. (San Diego: Plural, 2012), pp. 757-71.

*70 J. Ayres, *Sensory Integration and the Child*, 25th anniversary ed. (Los Angeles: Western Psychological Services, 2005), p. 6.［『子どもの発達と感覚統合』佐藤剛監訳、協同医書出版社、1982年］

*71 Tim Wilson, "A l'Ecoute de l'Univers: An Interview with Dr. Alfred Tomatis," in T. M. Gilmor, P. Madaule, and B. Thompson, eds., *About the Tomatis Method* (Toronto: Listening Centre Press, 1989), p. 211.

*72 同上

*73 同上 p. 223.

*74 ◉脳波は、耳からの信号を最初に受け取る領域の1つである脳幹から記録された。これは聴性脳幹反応（ABR）と呼ばれる。N. Kraus, "Listening in on the Listening Brain," *Physics Today* 64 (2011): 40-45. 以下の文献も参照されたい。N. Kraus and B. Chandrasekaran, "Music Training for the Development of Auditory Skills," *Nature Reviews Science* 11 (2010): 599-605; E. Skoe and N. Kraus, "Auditory Brain Stem Response to Complex Sounds: A Tutorial," *Ear and Hearing* 31, no. 3 (2010): 1-23; N. Kraus, "Atypical Brain Oscillations: A Biological Basis for Dyslexia?" *Trends in Cognitive Science* 16, no. 1 (2011): 12-13.

*75 S. Nozaradan et al., "Tagging the Neuronal Entrainment to Beat and Meter," *Journal of Neuroscience* 31, no. 28 (2011): 10234-40.

*76 U. Lindenberger et al., "Brains Swinging in Concert: Cortical Phase Synchronization While Playing Guitar," *BMC Neuroscience* 10, no. 1 (2009): 22.

*77 E. Skoe et al., "Human Brainstem Plasticity: The Interaction of Stimulus Probability and Auditory Learning," *Neurobiology of Learning and Memory* 109, no. 2014 (2013): 82-93.

*78 D. J. Levitin, *This Is Your Brain on Music: The Science of Human Obsession* (Toronto: Dutton, 2006), p. 187.［『音楽好きな脳――人はなぜ音楽に夢中になるのか』西田美緒子訳、白揚社、2010年］

*79 A. A. Tomatis, *La libération d'oedipe, ou de la communication intra-utérine au langage humain* (Paris: Les éditions ESF, 1972), pp. 100-102.（ポール・マドールによる英訳）

補足説明1　外傷性脳損傷やその他の脳障害への全般的アプローチ

*1 L. S. Miller et al., "Environmental Enrichment May Protect Against Hippocampal Atrophy in the Chronic Stages of Traumatic Brain Injury," *Frontiers in Human Neuroscience* 7 (2013): 506.

波数帯を複製する」からだ。Porges, *The Polyvagal Theory: Neurophysiological Foundations of Emotions*, p. 250. 中耳の発達の理論は26～27頁、および250～253頁を参照されたい。

*56 P. Madaule, "The Dyslexified World," originally presented at the "Listening and Learning" conference, Toronto, 1978; published in T. M. Gilmour, P. Madaule, and B. Thompson, eds., *About the Tomatis Method* (Toronto: Listening Centre Press, 1989), p. 46. 以下のサイトも参照。https://www.listeningcentre.com

*57 Ron Minson, "A Sonic Birth," in D. W. Campbell, ed., *Music and Miracles* (Wheaton, IL: Quest Books, 1992).

*58 Madaule, *When Listening Comes Alive*, p. 113.

*59 同上

*60 W. A. Carlezon et al., "Enduring Behavioral Effects of Early Exposure to Methylphenidate in Rats," *Biological Psychiatry* 54, no. 12 (2003): 1330-37.

*61 N. Doidge, *The Brain That Changes Itself* (New York: Viking, 2007), pp. 106-7; J. Ratey, Spark: *The Revolutionary New Science of Exercise and the Brain* (New York: Little, Brown, 2008), p. 136.

*62 B. S. Lennerz et al., "Effects of Dietary Glycemic Index on Brain Regions Related to Reward and Craving in Men," *American Journal of Clinical Nutrition* 98, no. 3 (2013): 641-47; M. R. Lyon, *Healing the Hyperactive Brain: Through the New Science of Functional Medicine* (Calgary, AB: Focused Publishing, 2000).

*63 ◉「解剖学的MRIを用いた研究は、右側前頭前皮質、尾状核、小脳半球、および小脳虫部の下位領域を含む分散された神経回路がADHDの基盤になるという考えを支持する、体積の減少を見出している」。F. X. Castellanos and R. Tannock, "Neuroscience of Attention-Deficit/Hyperactivity Disorder: The Search for Endophenotypes," *Nature Reviews* 3, no. 8 (2002): 617-28, 620. 尾状核は大脳基底核の一部である。また、脳画像データを精査して、ADHDを抱える人は右側前頭前皮質、大脳基底核、小脳の体積が低下していると述べるラッセル・バークレーの業績も参照されたい。R. A. Barkley, *Attention.Deficit Hyperactivity Disorder*, 3rd ed. (New York: Guilford Press, 2006), pp. 222-23.

*64 S. Mackie et al., "Cerebellar Development and Clinical Outcome in Attention Deficit Hyperactivity Disorder," *American Journal of Psychiatry* 164, no. 4 (2007): 647-55.

*65 D. Levitin, "The Rewards of Music Listening: Response and Physiological Connectivity of the Mesolimbic System," *NeuroImage* 28 (2005): 175-84.

*66 ◉「生物が1つの知覚対象に注意を集中すると、他の入力に対する注意は抑制される。たとえば、生物が焦点を切り替えたり、特定の運動反応を選択したりすると、それ以外の可能な選択肢は抑制される。（……）大脳基底核の「ループ」構造の主要な構成要素たる前頭皮質が、抑制制御に重要な役割を果たしているのは明らかである。（……）しかし、大規模な抑制制御メカニズムが見出される第一の領域は、大脳基底核である。（……）皮質/大脳基底核ループは注意と行動を調節する。大脳基底核からさまざまな脳神経核への抑制信号の送出は、（……）生物の目的に従って注意や活動の焦点をコントロールする」。「これは大脳基底核を、認知と実行制御を司る主要な組織にする。大脳基底核の抑制メカニズムは、認知における皮質の優越性を主張する見方に挑戦する。大脳基底核が脳の実行系を構成する主要な組織であり、認知と行動のコントロールに多大な貢献をしている可能性はきわめて高い」。L. F. Koziol and D. E. Budding, *Subcortical Structures and Cognition: Implications for Neuropsychological Assessment* (New York: Springer, 2008), pp. 20, 197. 次の文献も参照されたい。P. C. Berquin et al., "Cerebellum in Attention-Deficit Hyperactivity Disorder: A Morphometric MRI Study," *Neurology* 50, no. 4 (1998): 1087-93.

する。医学では一般に、ワクチンの接種が有害である人もいると考えられており、この理由によっていくつかのワクチンは市場から除去されてきた。自閉症との関係で問われるべきは、「自閉症の素質を持つ子どもに関して禁忌を考慮し予防策を講じるべきか?」「これらの子どもを対象に、特別な研究が行なわれるべきか?」である。ハーバートは著書『*Autism Revolution*』で、これらの子どもがどのような外見かを述べている。また、これらの子どもがワクチン接種との関連で研究されたことはないと言う専門家もいる。自閉症と炎症を研究する世界的な研究所の1つ、カリフォルニア大学デイヴィス校MIND研究所の研究主任デイヴィッド・アマラル博士は、(最近のPBSというテレビ局の特別番組で)自閉症のリスクを抱える子どもについて次のように述べている。「これらの子どもに対するワクチン接種は、実際のところ自閉症を発現する環境要因になり得る。わずかではあれ、特定の子どもに、ある種のワクチンの接種に対するリスクを形成する何らかの脆弱性があるのなら、それを特定することが非常に重要であることは言うまでもない」。個人の遺伝子プロファイルと医療履歴に合った個別化されたワクチンの開発を目標とする、「vaccinomics」と呼ばれる新しい科学は、ワクチンに対する現在の万能的なアプローチが最適とは言えないことを、また現在提供されているワクチンには人によっては効果のないものや、有害なものもあることを認識している。次の文献を参照されたい。M. W. Moyer, "Vaccinomics: Scientists Are Devising Your Personal Vaccine," in *Scientific American* (June 24, 2010), http://www.scientificamerican.com/article/vaccinomics-personal-vaccine/ 本章で取り上げたジョーダン・ローゼンと「ティモシー」は、2人とも、生後18か月の時点でワクチン接種を受けてから1週間以内に自閉症の退行を示すようになった。

*47 R. H. Lee et al., "Neurodevelopmental Effects of Chronic Exposure to Elevated Levels of Pro-Inflammatory Cytokines in a Developing Visual System," *Neural Development* 5, no. 2 (2010): 1-18.

*48 M. A. Just et al., "Cortical Activation and Synchronization During Sentence Comprehension in High-Functioning Autism: Evidence of Underconnectivity," *Brain: A Journal of Neurology* 127, no. 8 (2004): 1811-21.

*49 S. E. Schipul et al., "Inter-regional Brain Communication and Its Disturbance in Autism," *Frontiers in Systems Neuroscience* 5, no. 10 (2011), doi: 10.3389/fnsys.2011.00010.

*50 R. Coben and T. E. Myers, "Connectivity Theory of Autism: Use of Connectivity Measures in Assessing and Treating Autistic Disorders," *Journal of Neurotherapy* 12, no. 2 (2008): 161-79.

*51 D. A. Abrams et al., "Underconnectivity Between Voice-Selective Cortex and Reward Circuitry in Children with Autism," *Proceedings of the National Academy of Sciences* 110, no. 29 (2013): 12060-65.

*52 L. Kanner, "Autistic Disturbances of Affective Contact," *Nervous Child* 2 (1943): 217-50, 231.

*53 L. J. Seltzer et al., "Social Vocalizations Can Release Oxytocin in Humans," *Proceedings of the Royal Society: Biology* 227, no. 1694 (2010): 2661-66.

*54 C. Modahl et al., "Plasma Oxytocin Levels in Autistic Children," *Biological Psychiatry* 43, no. 4 (1998): 270-77.

*55 ◉ S. W. Porges et al., "Reducing Auditory Hypersensitivities in Autistic Spectrum Disorders: Preliminary Findings Evaluating the Listening Project Protocol," *Frontiers in Pediatrics* (in press). 彼の介入法は、脳による中耳の筋肉の調節を鍛錬する。フィルターのかかった音楽を聴いている自閉症の子どもは、表情が豊かになり、他者の前で視線をそらせることがなくなった。半数は音に対する過敏さが緩和し、対照群の1パーセントに比べ、22パーセントに情動の調節の向上が見られた。社会参加システムがオンになったことは明らかである。現在のところ、一般消費者がポージェスのプログラムを利用することはできない。ポージェスによれば、音楽が機能するのは「人間の声の周

*36 M. Herbert and K. Weintraub, *The Autism Revolution* (New York: Ballantine Books, 2012), p. 5. 次の文献も参照されたい。M. R. Herbert, "Translational Implications of a Whole-Body Approach to Brain Health in Autism: How Transduction Between Metabolism and Electrophysiology Points to Mechanisms for Neuroplasticity," in V. W. Hu, ed., *Frontiers in Autism Research: New Horizons for Diagnosis and Treatment* (Hackensack, NJ: World Scientific, 2014).

*37 ◉ M. Herbert, "Autism Revolution," presentation at Autism Research Institute Conference, Fall 2012, with slides. http://www.youtube.com/watch?v=LuMUE5E22AEの23分あたりでプレゼンテーションを見ることができる。次の文献も参照されたい。Herbert and Weintraub, *Autism Revolution*, p. 31.

*38 P. Goines and J. Van de Water, "The Immune System's Role in the Biology of Autism," *Current Opinion in Neurology* 23, no. 2 (2010): 111-17, 115.

*39 ◉ H. M. R. T. Parracho et al., "Differences Between the Gut Microflora of Children with Autistic Spectrum Disorders and That of Healthy Children," *Journal of Medical Microbiology* 54, no. 10 (2005): 987-91. 自閉症の子どもの70パーセントは消化管の症状を抱えた病歴を持つ。これは、正常な子どもの倍の割合に相当する。M. Valicenti-McDermott et al., "Frequency of Gastrointestinal Symptoms in Children with Autistic Spectrum Disorders and Association with Family History of Autoimmune Disease," *Developmental and Behavioral Pediatrics* 27, no. 2 (2006): S128-136.

*40 ◉自閉症の子どもを看護する人のなかには、毒性の化学物質への曝露を最小限に留めると改善が見られることを報告する者も多数いる。Herbert and Weintraub, *Autism Revolution*, pp. 35, 42, 125. 毎年数千におよぶ新たな人工化学物質が環境に放出されており、それらのほとんどは健康に対する長期的な影響がテストされていない。毒素は免疫系に悪影響を及ぼすことが知られている。次の文献を参照されたい。P. Grandjean et al., "Serum Vaccine Antibody Concentrations in Children Exposed to Perfluorinated Compounds," *Journal of the American Medical Association* 307, no. 4 (2012): 391-97; S. Goodman, "Tests Find More Than 200 Chemicals in Newborn Umbilical Cord Blood," *Scientific American* (2009).

*41 D. L. Vargas et al., "Neurological Activation and Neuroinflammation in the Brain of Patients with Autism," *Annals of Neurology* 57, no. 1 (2005): 67-81, 77.

*42 この研究は、ゴインズとファン・デ・ウォーターの「Immune System's Role」でレビューされている。

*43 D. Braunschweig et al., "Autismspecific Maternal Autoantibodies Recognize Critical Proteins in Developing Brain," *Translational Psychiatry* 3 (2013): e277, doi:10.1038/tp.2013.50.

*44 M. D. Bauman et al., "Maternal Antibodies from Mothers of Children with Autism Alter Brain Growth and Social Behavior Development in the Rhesus Monkey," *Translational Psychiatry* 3 (2013): e278, doi:10.1038/tp.2013/47.

*45 A. Enstrom et al., "Increased IgG4 Levels in Children with Autism Disorder," *Brain, Behavior, and Immunity* 23, no. 3 (2009): 389-95.

*46 ◉メディアではよく、ワクチン接種は安全で子どもに害をなすことは絶対にあり得ないとあらゆる医師が考えているかのように吹聴される。それに関する主流医学の立場は、それよりもずっと複雑である。アメリカ疾病予防管理センター（CDC）は、「Guide to Vaccine Contraindications and Precautions」というタイトルの34ページのガイドを刊行している。「Contraindications（禁忌）」とは医学用語であり、たとえば、ワクチンやその成分に、激しい、あるいは生命を危険に陥れる反応を示す人々、異常な免疫系や感染症を持つ人々、さらには特定の状況のもと、もしくは至る前に有害反応を示す人々に対し、介入がなされるべきではないこと、あるいはその方法が変えられるべきことを意味

たちの心臓は左側に位置し、左側の反回神経は心臓につながる主要な血管を迂回しなければならないからである。P. Madaule, *When Listening Comes Alive: A Guide to Effective Learning and Communication* (Norval, ON: Moulin, 1994), p. 42.

*15 Tomatis, *Conscious Ear*, pp. 50-51.

*16 同上 p. 52.

*17 Madaule, *When Listening Comes Alive*, p. 11.

*18 同上 p. 73.

*19 D. W. Winnicott, "Birth Memories, Birth Trauma and Anxiety" (1949), in *Through Paediatrics to Psycho.Analysis: Collected Papers* (New York: Basic Books, 1975), pp. 174-93.［『小児医学から精神分析へ――ウィニコット臨床論文集』北山修監訳、岩崎学術出版社、2005年］

*20 Tomatis, *Conscious Ear*, p. 127.

*21 同上

*22 ◉この事実は1670年以来知られている。G. B. Elliott and K. A. Elliott, "Some Pathological, Radiological and Clinical Implications of the Precocious Development of the Human Ear," *Laryngoscope* 74 (1964): 1160-71.

*23 B. S. Kisilevsky et al., "Effects of Experience on Fetal Voice Recognition," *Psychological Science* 14, no. 3 (2003): 220-24.

*24 A. J. DeCasper et al., "Of Human Bonding: Newborns Prefer Their Mothers' Voices," *Science* 208, no. 4448 (1980): 1174-76.

*25 M. J. Spence, "Prenatal Maternal Speech Influences Newborns' Perception of Speech Sounds," *Infant Behavior and Development* 9, no. 2 (1986): 133-50.

*26 ◉新生児の言語と神経可塑性の専門家であるムーン、ラーゲルクランツ、クールは、子宮内で言語にさらされるとそれを知覚する能力が影響されることを示した。C. Moon et al., "Language Experienced in Utero Affects Vowel Perception After Birth: A Two-Country Study," *Acta Paediatrica* 102, no. 2 (2012): 156-60.

*27 B. S. Kisilevsky et al., "Fetal Sensitivity to Properties of Maternal Speech and Language," *Infant Behavior and Development* 32, no. 1 (2009): 59-71.

*28 Tomatis, *Conscious Ear*, p. 137.

*29 Madaule, *When Listening Comes Alive*, pp. 82-83.

*30 J. M. Dean et al., "Prenatal Cerebral Ischemia Disrupts MRI-Defined Cortical Microstructure Through Disturbances in Neuronal Arborization," *Science Translational Medicine* 5, no. 168 (2013): 1-11(168ra7).

*31 同上

*32 ◉「回転が突然止まると、反対方向に眼震が生じる」現象については、次の文献を参照されたい。A. Fisher et al., *Sensory Integration: Theory and Practice* (Philadelphia: F. A. Davis, 1991), p. 81.

*33 S. Herculano-Houzel, "Coordinated Scaling of Cortical and Cerebellar Numbers of Neurons," *Frontiers in Neuroanatomy* 4, no. 12 (2010): 1-8.

*34 ◉リスニングセンターのウェブサイト(http://listeningcentre.com/)で、ジョーダンのかんしゃくとポールの治療を見ることができる。ページ下部の「The Child That you Do Have, Video」というリンクをクリックしてみてほしい。

*35 E. Gomes et al., "Auditory Hypersensitivity in Autistic Spectrum Disorder," *Pro Fono* 20, no. 4 (2008): 279-84.

J. Tracey, "The Neurology of the Immune System: Neural Reflexes Regulate Immunity," *Neuron* 64 (2009): 28-32; U. Andersson and K. J. Tracey, "A New Approach to Rheumatoid Arthritis: Treating Inflammation with Computerized Nerve Stimulation," *Cerebrum*, Dana Foundation, March 21, 2012, http://www.dana.org/news/cerebrum/detail.aspx?id=36272

第8章　音の橋

＊1　Plato, *The Republic*, trans. Benjamin Jowett (New York: C. Scribner's Sons, 1871), bk. 3, 401d. ［『国家』藤沢令夫訳、岩波文庫、1979年］

＊2　A. A. Tomatis, *The Conscious Ear: My Life of Transformation Through Listening* (Barrytown, NY: Station Hill Press, 1991), p. 2.

＊3　同上 pp. 1-2.

＊4　T. Grandin, "Calming Effects of Deep Touch Pressure in Patients with Autistic Disorder, College Students, and Animals," *Journal of Child and Adolescent Psychopharmacology* 2, no. 1 (1992): 63-72; J. Anderson, "Sensory Intervention with the Preterm Infant in the Neonatal Intensive Care Unit," *American Journal of Occupational Therapy* 40, no. 1 (1986): 9-26; T. M. Field et al., "Tactile-Kinesthetic Stimulation Effects on Preterm Neonates," *Pediatrics* 77, no. 5 (1986): 654-58; S. A. Leib et al., "Effects of Early Intervention and Stimulation on the Preterm Infant," *Pediatrics* 66, no. 1 (1980): 83-89.

＊5　Tomatis, *Conscious Ear*, p. 4.

＊6　同上 p. 12.

＊7　◉トマティスは、カルーソーの3人の友人から、手術のために彼の右耳の聴覚が損なわれていたため彼の左側を歩いていたとのちに聞いたとき、この仮説に確信を持った。またトマティスは、カルーソーに次ぐ偉大なオペラ歌手ベニャミーノ・ジーリを分析し、まったく同じ音域の制限が見られることを発見した。

＊8　Tomatis, *Conscious Ear*, p. 53.

＊9　◉ A. A. Tomatis, "Music, and Its Neuro-Psycho-Physiological Effects. Appendix: 'The Three Integrators,'" translated by Terri Brown, presentation to the thirteenth Conference of the International Society for Music Education, London, Ontario, August 17, 1978.「3つの積算器（three integrators）」理論については、次の文献を参照されたい。A. A. Tomatis, *La Nuit Uterine* (Paris: Stock, 1981), pp. 108-34.

＊10　Tomatis, *Conscious Ear*, p. 55.

＊11　K. Barthel, "The Neurobiology of Sound and Its Effect on Arousal and Regulation," presentation to the Integrated Listening SysteP conference, Denver, CO, September 21, 2011, p. 9.

＊12　S. W. Porges, *The Polyvagal Theory: Neurophysiological Foundations of Emotions, Attachment, Communication, Self-Regulation* (New York: W. W. Norton, 2011), p. 220.

＊13　J. Fritz et al., "Rapid Task-Related Plasticity of Spectrotemporal Receptive Fields in Primary Auditory Cortex," *Nature Neuroscience* 6, no. 11 (2003): 1216-23; J. C. Middlebrooks, "The Acquisitive Auditory Cortex," *Nature Neuroscience* 6, no. 11 (2003): 1122-23.

＊14　◉右耳によるヒアリングの経路が左耳のそれより短くなる理由の1つは、反回神経と呼ばれる、右耳がモニターする喉頭の神経に関係する。この神経は、右側より左側のほうが長い。というのも、私

バックを受け取って、結合する他のニューロンに信号を浴びせ続けないよう、そのニューロンをオフにする能力を持つ。(このような抑制作用がなければ、私たちが見る対象物のイメージは異常に長く維持され続けるだろう。あるいは音を実際より長く聴き続けることになろう。)この機能は、脳が一連のスパイクの末尾にピリオドを打つ方法だとユーリは言う。

*20 N. Mailer, *Advertisements for Myself* (New York: Berkley, 1959), p. 355.[『ぼく自身のための広告』山西英一訳、新潮社、1969年]

*21 M. Tyler et al., "Non-invasive Neuromodulation to Improve Gait in Chronic Multiple Sclerosis: A Randomized Double Blind Controlled Pilot Trial," *Journal of Neuroengineering and Rehabilitation* 11 (2014): 79.

*22 ◉神経炎症性反射は、神経外科医で科学者のケヴィン•トレイシー博士とウルフ•アンダーソン博士によって最近発見された。彼らは、迷走神経を電気刺激することで、関節リウマチを抱えた患者をただちに治癒することができた。ボスニアのモスタルに住むこの患者は、何年ものあいだ、手、手首、腕、足に普段の生活を困難にする痛みを抱えていた。彼らはこの患者に、PoNSのように迷走神経にスパイクを投入する、ペースメーカーに似た小さな装置を外科手術によって埋め込んだ。装置から伸びる電極のついた導線が直接迷走神経に挿入されたのだ。電気刺激を与えると、彼は臨床的寛解に至った。この装置は、大きな副作用のある免疫抑制薬によっては不可能であったことをなし遂げたのである。迷走神経は、放浪者のごとく広く身体をめぐりながら脳幹から胸部、腹部へと通じているのでそう呼ばれており、消化、心臓の鼓動、膀胱のコントロールなど、身体のさまざまな機能を調節する。左側の分枝は主要な器官から感覚刺激を受け取り、また、脳から主要な器官へと信号を伝達する。さらには、最近発見された機能としては、神経炎症性反射を調節する。炎症は、感染を妨げる支援をするサイトカインと呼ばれる分子の生産を引き起こす。しかし炎症が慢性化すると、このサイトカインが生体組織に害を加え始める。関節リウマチは多発性硬化症と同様、免疫系が炎症を生み、外敵であるかのごとく身体の細胞を攻撃し始めると引き起こされる自己免疫疾患の1つである。サイトカインは軟骨や関節に蓄積し、痛みや組織の破壊を引き起こす。ケヴィン•J. トレイシーとマウリシオ•ローサス=バリナらは、神経炎症性反射(およびその神経、免疫系の構成要素)が迷走神経にいかに組み込まれているかを論じている。この反射への入力信号は、炎症のレベルを検知する。レベルが高すぎる場合には、次のようなメカニズムが発動する。迷走神経はT細胞(血中に浮遊する免疫系細胞)に信号を送り、アセチルコリンと呼ばれる神経伝達物質(通常は脳内で信号を送るために用いられる化学物質)を生成して、炎症を促す分子サイトカインの生産を中止するよう指令する。この、神経炎症性反射を通じて脳が免疫系に影響を及ぼすという発見には重要な意味がある。というのは、多発性硬化症、外傷性脳損傷、認知症、自閉症、抑うつ、ある種の学習障害、さらには炎症性腸疾患、さまざまな形態の心臓病、アテローム性動脈硬化、がん、糖尿病、そしてすべての自己免疫疾患など、きわめて多様な脳の障害には、炎症が大きく関与しているからだ。残念ながら、炎症や免疫系を抑制する医薬品はリスクをともない、死をもたらす危険すらあり、効果がない場合も多い。PoNSによる舌の刺激は、(迷走神経が信号を送る)孤束核と呼ばれる脳幹の一群の細胞に達する。PoNSが、迷走神経の身体の調節をサポートする証拠はあまたある。たとえば、患者の血圧が低すぎる場合、PoNSはそれを正常なレベルに戻す。血圧が高すぎれば、それはホメオスタシスを通じて正常レベルまで下がる。ある患者は、装置を使うと必ず腸が動き始めるのが感じられると述べている。これは、装置が迷走神経を通じて、消化管系を調節している兆候であると考えられる。装置によって膀胱のコントロールが改善されたと言う多発性硬化症患者もいる。神経炎症性反射の発見は画期的である。瞑想、催眠、気功、ヨガの呼吸法などの心身療法は、心を神経可塑的に用いて神経炎症性反射を鍛錬し、ある種の炎症性の疾病の治癒を促進するのであろう。次の文献を参照されたい。M. Rosas-Ballina and K.

Substitution by Tactile Image Projection," *Nature* 221, no. 5184 (1969): 963-64.

*10 P. Bach-y-Rita, "Is It Possible to Restore Function with Two-Percent Surviving Neural Tissue?" *Journal of Integrative Neuroscience* 3, no. 1 (2004): 3-6.

*11 ◉ロシアでは、電気睡眠マシンは睡眠薬の代わりに、不眠症のために広く使われていた。ユーリのロシア時代の友人で同僚のヴァレリー•P. レベデフは、睡眠マシンの科学の開拓者の1人であった。この装置は5～25ヘルツの周波数を用いて睡眠を誘導する。また、75～78ヘルツの最大周波数で麻酔に用いられる。レベデフの論文はロシア語で記述されている。次の文献を参照されたい。V. P. Lebedev, *Transcranial Electrical Stimulation, Experimental and Clinical Research: A Collection of Articles* (St. Petersburg: Russian Academy, Pavlov Institute of Physiology, 2005), vol. 2. フィッシャー•ウォレス刺激器などのいくつかの頭蓋電気刺激療法（CES）装置はロシアの技術から発展したものであり、北米でも使用されている。CES装置は、不眠症、抑うつ、不安の治療のために、米国食品医薬品局（FDA）によって認可される予定である。

*12 M. A. McCrea, *Mild Traumatic Brain Injury and Post.Concussion Syndrome: The New Evidence Base of Diagnosis and Treatment* (New York: Oxford University Press, 2008), p. ix.

*13 同上 p. 3.

*14 ◉A. Schwartz, "Dementia Risk Seen in Players in N.F.L. Study," *New York Times*, September 29, 2009; K. M. Guskiewicz et al., "Association Between Recurrent Concussion and Late-Life Cognitive Impairment in Retired Professional Football Players," *Neurosurgery* 57, no. 4 (2005): 719-26. 関連する脳の画像は次を参照されたい。"Images of Brain Injuries in Athletes," *New York Times*, December 3, 2012, http://www.nytimes.com/interac tive/2012/12/03/sports/images-of-brain-injuries-in-athletes.html?ref=sports

*15 C. Till et al., "Postrecovery Cognitive Decline in Adults with Traumatic Brain Injury," *Archives of Physical Medicine and Rehabilitation* 89, no. 12, supp. (2008): S25-34.

*16 J. C. Wildenberg et al., "High-Resolution fMRI Detects Neuromodulation of Individual Brainstem Nuclei by Electrical Tongue Stimulation in Balance-Impaired Individuals," *NeuroImage* 56, no. 4 (2011): 2129-37.

*17 G. Buzáki, *Rhythms of the Brain* (New York: Oxford University Press, 2006), p. 77.

*18 ◉ユーリによれば、視覚神経科学者は私たちが処理する光の範囲を11の対数的な単位の広がりとしてとらえる。しかし、ヒトの光受容体はそのうちの2つの単位を処理できるよう進化したにすぎない。私たちの持つ介在ニューロンは、これら11の単位すべてを検出可能にする。というのも、ホメオスタシスの維持に関与する介在ニューロンは、視覚ネットワークが平均的な視覚環境に適応する範囲を最適化するために、接続する他のニューロンを非常に動的なあり方で興奮させたり抑制したりする能力を持つからだ。次の文献を参照されたい。J. Walraven et al., "The Control of Visual Sensitivity: Receptoral and Postreceptoral Processes," in L. Spillman and J. S. Werner, eds., *Visual Perception: The Neurophysiological Foundations* (Toronto: Academic Press, 1977), pp. 81-82, 88-90; O. Marin, "Interneuron Dysfunction in Psychiatric Disorders," *Nature Reviews Neuroscience* 13 (2012): 107-20; A. Maffei and A. Fontanini, "Network Homeostasis: A Matter of Coordination," *Current Opinion in Neurobiology* 19, no. 2 (2009): 168-73.

*19 ◉介在ニューロンは、信号がネットワーク内に広く伝播しないよう抑制することによって、信号をシャープで明確にしている。側方抑制と呼ばれるプロセスを通して、特定のニューロンが送出する信号が近傍のニューロンに悪影響を及ぼしてそれらが発する信号を攪乱しないよう、前者の信号の拡散を防ぐのである。また、介在ニューロンは、対応するニューロンが信号を送り出したあと、フィード

第7章　脳をリセットする装置

*1　◉この装置は現在、144個の電極を、おのおのが3×3個の電極からなる16の区画に分けて搭載している。最初に各区画の上段左側の電極が発火し、その後波は右へと移っていく。

*2　J. C. Wildenberg et al., "Sustained Cortical and Subcortical Neuromodulation Induced by Electrical Tongue Stimulation," *Brain Imaging and Behavior* 4 (2010): 199.211; Y. Danilov et al., "New Approach to Neurorehabilitation: Cranial Nerve Noninvasive Neuromodulation (CN-NINM) Technology," *Proceedings of SPIE* 9112 (2014): 91120L-1-91120L-10.

*3　◉舌にはいくつかの神経が通っている。ユーリによれば、それぞれの舌神経は（舌の両側におのおの1つずつ存在する）、1万〜3万3000（合計2万〜6万6000）の触覚線維で構成され、その大多数は舌先に位置する。それらとは別の神経、鼓索神経（顔面神経の一分枝）は味覚と痛覚を処理し、それには3000〜5000（両側合わせると6000〜1万）の線維が存在する。したがって舌には、両側合わせて合計で2万6000〜7万6000の線維が存在する。PoNSは、舌の前面1インチ四方〔1インチは2.54センチメートル〕を刺激するにすぎない。したがって、すべての線維を刺激するわけではなく、ユーリの見積もりでは1万5000〜5万の線維を刺激する。ちなみに、聴覚神経は3万の線維から構成される。A. T. Rasmussen, "Studies of the Eighth Cranial Nerve of Man," *Laryngoscope* 50 (1940): 67-83.

*4　◉舌神経は三叉神経の一分枝である。

*5　B. Frantzis, *Opening the Energy Gates of Your Body: Qigong for Lifelong Health* (Berkeley, CA: North Atlantic Books, 2006), p. 100.

*6　J. G. Sun et al., "Randomized Control Trial of Tongue Acupuncture Versus Sham Acupuncture in Improving Functional Outcome in Cerebral Palsy," *Journal of Neurology, Neurosurgery and Psychiatry* 75, no. 7 (2004): 1054-57; V. C. N. Wong et al., "Pilot Study of Positron Emission Tomography (PET) Brain Glucose Metabolism to Assess the Efficacy of Tongue and Body Acupuncture in Cerebral Palsy," *Journal of Child Neurology* 21, no. 6 (2006): 455-61; V. C. N. Wong et al., "Pilot Study of Efficacy of Tongue and Body Acupuncture in Children with Visual Impairment," *Journal of Child Neurology* 21, no. 6 (2006): 455-61.

*7　F. Borisoff et al., "The Development of a Sensory Substitution System for the Sexual Rehabilitation of Men with Chronic Spinal Cord Injury," *Journal of Sexual Medicine* 7, no. 11 (2010): 3647-58.

*8　◉波は、一連の電極が発火するタイミングを調節することで生み出せる。たとえば、装置は150個の電極から構成されていたとしよう。また、これらの電極は25個（5×5）の電極から成る6つの区画に分かれていたとする。その場合、個々の電極の発火タイミングを次のように調節することができる。たとえば、25個の区画中の中央の電極をまず発火させ、続いてその周囲の電極を、さらにその周囲の電極を発火させれば中央から外側に拡大する波を生成できる。あるいはその逆に、外側から内側に向かう波を生成することも可能である。

*9　◉Y. P. Danilov et al., "Efficacy of Electrotactile Vestibular Substitution in Patients with Peripheral and Central Vestibular Loss," *Journal of Vestibular Research* 17 (2007): 119-30; B. S. Robinson et al., "Use of an Electrotactile Vestibular Substitution System to Facilitate Balance and Gait of an Individual with Gentamicin-Induced Bilateral Vestibular Hypo-function and Bilateral Transtibial Amputation," *Journal of Neurologic Physical Therapy* 33, no. 3 (2009): 150-59; Y. Danilov and M. Tyler, "Brainport: An Alternative Input to the Brain," *Journal of Integrative Neuroscience* 4, no. 4 (2005): 537-50. 視覚装置に関しては、次の文献を参照されたい。P. Bach-y-Rita et al., "Vision

*2 W. H. Bates, *The Bates Method for Better Eyesight Without Glasses* (New York: Henry Holt, 1981); T. R. Quackenbush, ed., *Better Eyesight: The Complete Magazines of William H. Bates* (Berkeley, CA: North Atlantic Books, 2001); L. Angart. *Improve Your Eyesight Naturally* (Carmarthen, Wales, and Bethel, CT: Crown House Publishing, 2012); A. Huxley, *The Art of Seeing* (Toronto: Macmillan of Canada, 1943).

*3 ◉W. H. Bates, *Perfect Sight Without Glasses* (New York: Press of Thos B. Brooks, 1920). これに関する詳細な議論は次の文献を参照されたい。T. R. Quackenbush, *Relearning to See* (Berkeley, CA: North Atlantic Books, 1997), pp. 50-56.

*4 ◉ R. W. Darwin and E. Darwin, "New Experiments on the Ocular Spectra of Light and Colours," *Philosophical Transactions of the Royal Society* 76 (January 1786): 313-48. マイクロサッケード研究の歴史に関しては次の文献を参照されたい。M. Rolfs, "Microsaccades: Small Steps on a Long Way," *Vision Research* 49, no. 20 (2009): 2415-41, 2416.

*5 J. K. Stevens et al., "Paralysis of the Awake Human: Visual Perceptions," *Vision Research* 16, no. 1 (1976): 93-98.

*6 S. Martinez-Conde et al., "Microsaccades: A Neurophysiological Analysis," *Trends in Neurosciences* 32, no. 9 (2009): 463-75.

*7 K. Rose et al., "The Increasing Prevalence of Myopia: Implications for Australia," *Clinical and Experimental Ophthalmology* 29, no. 3 (2001): 116-20.

*8 T. L. Young, "The Molecular Genetics of Human Myopia: An Update," *Optometry and Vision Science* 86, no. 1 (2009): E8-22.

*9 N. Doidge, *The Brain That Changes Itself* (New York: Viking, 2007), pp. 58-59.

*10 同上 pp. 203, 268.

*11 D. Webber, "What Does It Mean to See Clearly: The Inside View," *Feldenkrais Journal* no. 23 (2009): 23.

*12 K. K. Ball et al., "Cognitive Training Decreases Motor Vehicle Collision Involvement of Older Drivers," *Journal of the American Geriatrics Society* 58, no. 11 (2010): 2107-13; J. D. Edwards et al., "Cognitive Speed of Processing Training Delays Driving Cessation," *Journals of Gerontology, Series A, Biological Sciences and Medical Sciences* 64, no. 12 (2009): 1262-67.

*13 I. Mueller et al., "Recovery of Visual Field Defects: A Large Clinical Observational Study Using Vision Restoration Therapy," *Restorative Neurology and Neuroscience* 25 (2007): 563-72; J. G. Romano et al., "Visual Field Changes After a Rehabilitation Intervention: Vision Restoration Therapy," *Journal of the Neurological Sciences* 273 (2008): 70-74.

*14 S. R. Barry, *Fixing My Gaze: A Scientist's Journey into Seeing in Three Dimensions* (New York: Basic Books, 2009).［『視覚はよみがえる――三次元のクオリア』宇丹貴代実訳、筑摩書房、2010年］次の文献も参照されたい。O. Sacks, "Stereo Sue," *New Yorker*, June 19, 2006; O. Sacks, *The Mind's Eye* (New York: Alfred A. Knopf, 2010).［『心の視力――脳神経科医と失われた知覚の世界』大田直子訳、早川書房、2011年］

*15 S. Sugiyama et al., "Experience-Dependent Transfer of Otx2 Homeoprotein into the Visual Cortex Activates Postnatal Plasticity," *Cell* 134 (2008): 508-20.

*16 T. Hensch, "Interview: Trigger for Brain Plasticity Identified: Signal Comes, Surprisingly, from Outside the Brain," Children's Hospital Boston news release, August 7, 2008; reposted in *ScienceDaily*, August 9, 2008.

*23 Esther Thelen, "A Dynamic Systems Approach and the Feldenkrais Method," 2012, http://www.youtube.com/watch?v=Le_tFDMB7ds&feature=c4-overview-vl&list=PLrCtcgNcNdtbGbmu6soNs2Toohod3Kox3
*24 M. Feldenkrais, *Higher Judo: Groundwork* (1952; reprinted Berkeley, CA: Blue Snake Books, 2010), pp. 32-36.
*25 M. Feldenkrais, *Body Awareness as Healing Therapy*, p. xiv.
*26 M. Feldenkrais and H. von Foerster, "A Conversation," *Feldenkrais Journal* 8 (1993): 17-30, 18.
*27 Feldenkrais, *Body Awareness as Healing Therapy*, p. 9.
*28 同上 p. 71.
*29 同上 p. 30.
*30 同上 p. 31.
*31 同上 p. 45.
*32 Feldenkrais, *Elusive Obvious*, pp. 3-4.
*33 同上 p. 9.
*34 Feldenkrais, *Body Awareness as Healing Therapy*, p. 48.
*35 同上 p. 37.
*36 C. Ginsburg, introductory comments to M. Feldenkrais, *The Master Moves* (Cupertino, CA: Meta Publications, 1984), p. 7. [『心をひらく体のレッスン――フェルデンクライスの自己開発法』安井武訳、新潮社、1988年]
*37 A. Rosenfeld, "Teaching the Body How to Program the Brain Is Moshe's 'Miracle,'" *Smithsonian* 1, no. 10 (1981): 52-58, 54.
*38 J. Stephens et al., "Lengthening the Hamstring Muscles Without Stretching Using 'Awareness Through Movement,'" *Physical Therapy* 86 (2006): 1641-50.
*39 S. Herculano-Houzel, "Coordinated Scaling of Cortical and Cerebellar Numbers of Neurons," *Frontiers in Neuroanatomy* 4, no. 12 (2010): 1-8, 5.
*40 L. F. Koziol and D. E. Budding, *Subcortical Structures and Cognition* (New York: Springer, 2009); D. Riva and C. Giorgi, "The Contribution of the Cerebellum to Mental and Social Functions in Developmental Age," *Fiziologiia Cheloveka* 26, no. 1 (2000): 27-31.
*41 A. Baniel, *Kids Beyond Limits: The Anat Baniel Method for Awakening the Brain and Transforming the Life of Your Child with Special Needs* (New York: Perigee, 2012), p. 25.
*42 Feldenkrais, *Embodied Wisdom*, p. 154.
*43 Feldenkrais, *Higher Judo*, p. 94.
*44 同上 p. 55.
*45 ◉フェルデンクライスの臨終の場面の描写は、エイブラハム・バニエルとの私信に基づく。

第6章　視覚障害者が視覚を学ぶ

*1 ◉ M. Andreas Laurentius, *A Discourse of the Preservation of the Sight: Of Melancholike Diseases; of Rheumes, and of Old Age*, trans. R. Surphlet, Shakespeare Association Facsimiles no. 15 (1599; London: Humphrey Milford/Oxford University Press, 1938). ラウレンティウスは、フランス国王アンリⅣ世の医師であった。

Rafael, CA: Feldenkrais Press, forthcoming) として刊行される予定である。機密情報の入ったスーツケースをイギリスに運んだ話はこの本に書かれている。他には以下の資料を参考にした。フェルデンクライス自身の手になる履歴書。彼の著書*The Elusive Obvious*の自伝的なコメント。柔道に関する著書(*Higher Judo: Groundwork*など)。カール・プリブラムとのテープによる会話記録。カール・ギンスブルクの論文 "Berstein and Feldenkrais: The Fathers of Movement Science," *Feldenkrais Journal*, no. 12 (1997. 98). デニス・レリの論文 "Feldenkrais and Judo," Newsletter of the Feldenkrais Guild, *In Touch*, 2004. フェルデンクライス理論の概要を紹介する入門書としては、*Embodied Wisdom: The Collected Papers of Moshe Feldenkrais*, ed. E. Beringer (Berkeley, CA: North Atlantic Books, 2010) を推奨する。

*2 M. Reese, *Moshe Feldenkrais: A Life in Movement*の第3章を参照されたい。

*3 M. Feldenkrais, "Image, Movement, and Actor: Restoration of Potentiality: A Discussion of the Feldenkrais Method and Acting, Self-Expression and the Theater" (1966), in Feldenkrais, *Embodied Wisdom*, pp. 93-111, 95.

*4 M. Feldenkrais, *The Elusive Obvious, or Basic Feldenkrais* (Capitola, CA: Meta Publications, 1981), p. 45.

*5 M. Reese, "Moshe Feldenkrais's Work with Movement: A Parallel Approach to Milton Erickson's Hypnotherapy," in Jeffrey K. Zeig, ed., *Ericksonian Psychotherapy*, vol. 1, *Structures* (New York: Brunner/Mazel, 1985), p. 415.

*6 M. Feldenkrais, *Body and Mature Behavior: A Study of Anxiety, Sex, Gravitation and Learning* (1949; reprinted Berkeley, CA: Frog Ltd., 2005), p. 76.

*7 Feldenkrais, *Elusive Obvious*, p. 90.

*8 M. Feldenkrais, "Mind and Body" (1964), in *Embodied Wisdom*, p. 28.

*9 Feldenkrais, *Body and Mature Behavior*, p. 191.

*10 著者のインタビューによる、アナット・バニエルのコメント。

*11 Feldenkrais, *Elusive Obvious*, p. 24.

*12 M. Feldenkrais, *Body Awareness as Healing Therapy: The Case of Nora* (Berkeley, CA: Somatic Resources and Frog, 1977), p.63. [『脳の迷路の冒険――フェルデンクライスの治療の実際』安井武訳、壮神社、1991年]

*13 Feldenkrais, *Elusive Obvious*, p. 26.

*14 同上 p. 25.

*15 Feldenkrais, *Embodied Wisdom*, p. 94.

*16 N. Doidge, *The Brain That Changes Itself* (New York: Viking, 2007), pp. 68, 337. [『脳は奇跡を起こす』竹迫仁子訳、講談社インターナショナル、2008年]

*17 M. Feldenkrais, *Awareness Through Movement: Health Exercises for Personal Growth* (1972; reprinted New York: HarperCollins, 1990), p. 59. [『フェルデンクライス身体訓練法――からだからこころをひらく』安井武訳、大和書房、1993年]

*18 Feldenkrais, *Embodied Wisdom*, p. 7.

*19 Feldenkrais, *Awareness Through Movement*, p. 45.

*20 Feldenkrais, *Elusive Obvious*, p. 94.

*21 Reese, "Feldenkrais's Work with Movement," p. 418.

*22 E. Thelen and L. B. Smith, *A Dynamic Systems Approach to the Development of Cognition and Action* (Cambridge, MA: MIT Press, 1994).

Therapy," *IEEE Journal of Quantum Electronics* QE-23, no. 10 (1987): 1703-17.

*29 G. W. Lambert et al., "Effect of Sunlight and Season on Serotonin Turnover in the Brain," *Lancet* 360, no. 9348 (2002): 1840-42.

*30 Chung et al., "Nuts and Bolts of Low-Level Laser (Light) Therapy."

*31 S. Rochkind, "Photoengineering of Neural Tissue Repair Processes in Peripheral Nerves and the Spinal Cord: Research Development with Clinical Applications," *Photomedicine and Laser Surgery* 24, no. 2 (2006): 151-57.

*32 J. J. Anders et al., "Phototherapy Promotes Regeneration and Functional Recovery of Injured Peripheral Nerve," *Neurological Research* 26 (2004): 233-39.

*33 S. Rochkind, "Phototherapy in Peripheral Nerve Regeneration: From Basic Science to Clinical Study," *Neurosurgical Focus* 26, no. 2 (2009): 1-6.

*34 U. Oron et al., "GaAs (808 nm) Laser Irradiation Enhances ATP Production in Human Neuronal Cells in Culture," *Photomedicine and Laser Surgery* 25, no. 3 (2007): 180-82.

*35 A. Oron et al., "Low-Level Laser Therapy Applied Transcranially to Mice Following Traumatic Brain Injury Significantly Reduces Long-Term Neurological Deficits," *Journal of Neurotrauma* 24 (2007): 651-56.

*36 A. Oron et al., "Low-Level Laser Therapy Applied Transcranially to Rats After Induction of Stroke Significantly Reduces Long-Term Neurological Deficits," *Stroke* 37 (2006): 2620-24.

*37 U. Oron et al., "Low Energy Laser Irradiation Reduces Formation of Scar Tissue Following Myocardial Infarction in Rats and Dogs," *Circulation* 103 (2001): 296-301.

*38 E. N. Meshalkin and V. S. Sergievskii, *Primenenie pryamogo lazernogo izlucheniya v eksperimental'noi i klinicheskoi meditsine* (Application of Direct Laser Radiation in Experimental and Clinical Medicine) (Novosibirsk: Nauka, 1981).

*39 D. W. Barrett and F. Gonzalez-Lima, "Transcranial Infrared Laser Stimulation Produces Beneficial Cognitive and Emotional Effects in Humans," *Neuroscience* 230 (2014): 13-23.

*40 S. Purushothuman et al., "Photobiomodulation with Near Infrared Light Mitigates Alzheimer's Disease.Related Pathology in Cerebral Cortex.Evidence from Two Transgenic Mouse Models," *Alzheimer's Research and Therapy* 6, no. 1 (2014): 1-13.

*41 B. T. Ivansic and T. Ivandic, "Low-Level Laser Therapy Improves Vision in a Patient with Retinitis Pigmentosa," *Photomedicine and Laser Surgery* 32, no. 3 (2014): 1-4.

*42 C. Meng, et al., "Low-Level Laser Therapy Rescues Dendrite Atrophy via Upregulating BDNF Expression: Implications for Alzheimer's Disease," *Journal of Neuroscience* 33, no. 33 (2013): 13505-17.

第5章　モーシェ・フェルデンクライス　物理学者、黒帯柔道家、そして療法家

*1 ◉フェルデンクライスの個人的な経歴に関するおもな情報は、彼の親友エイブラハム・バニエル（現在は90歳代になる）、および生徒のアナット・バニエル、マリオン・ハリス、デイヴィッド・ゼマック＝バーシンとのインタビューや会話から得た。Garet Newell, "A Biographical Moshe Feldenkrais," *Feldenkrais Journal*, no. 7 (Winter 1992)も役に立った。マーク・リースの簡潔ながら見事な「モーシェ・フェルデンクライスの伝記」は拡張されて、*Moshe Feldenkrais: A Life in Movement* (San

Photochemistry and Photobiology B: Biology 27 (1995): 219-23, 219.

*16 B. B. Laud, *Lasers and Non.Linear Optics* (New Delhi, India: Wiley Eastern, 1991), p. 4.

*17 ◉そのような写真はカーンの著書3巻に豊富に収録されている。F. Kahn, *Low Intensity Laser Therapy in Clinical Practice*, 3 vols. (Toronto: Meditech International, 2008).

*18 ◉M. D. C. Cressoni et al., "Effect of GaAIAs Laser Irradiation on the Epiphyseal Cartilage of Rats," *Photomedicine and Laser Surgery* 28, no. 4 (2010): 527-32. クレソニらは、レーザーが軟骨の厚さ、および軟骨細胞、つまり軟骨を形成する細胞の数を増大させることを示した。Y.-S. Lin et al., "Effects of Helium-Neon Laser on the Mucopolysaccharide Induction in Experimental Osteoarthritic Cartilage," *Osteoarthritis and Cartilage* 14, no. 4 (2006): 377-83.

*19 P. P. Alfredo et al., "Efficacy of Low Level Laser Therapy Associated with Exercises in Knee Osteoarthritis: A Randomized Double-Blind Study," *Clinical Rehabilitation* 26, no. 6 (2011): 523-33; A. Gur et al., "Efficacy of Different Therapy Regimes of Low-Power Laser in Painful Osteoarthritis of the Knee: A Double-Blind and Randomized-Controlled Trial," *Lasers in Medicine and Surgery* 33 (2003): 330-38.

*20 M. A. Naeser et al., "Acupuncture in the Treatment of Paralysis in Chronic and Acute Stroke Patients. Improvement Correlated with Specific CT Scan Lesion Sites," *International Journal of Acupuncture and Electrotherapeutics Research* 19 (1994): 227-49; M. A. Naeser et al., "Acupuncture in the Treatment of Hand Paresis in Chronic and Acute Stroke Patients: Improvement Observed in All Cases," *Clinical Rehabilitation* 8 (1994): 127-41; M. A. Naeser et al., "Improved Cognitive Function After Transcranial, Light-Emitting Diode Treatments in Chronic, Traumatic Brain Injury: Two Case Reports," *Photomedicine and Laser Surgery* 29, no. 5 (2010): 351-58; M. A. Naeser and M. R. Hamblin, "Potential for Transcranial Laser or LED Therapy to Treat Stroke, Traumatic Brain Injury, and Neurodegenerative Disease," *Photomedicine and Laser Surgery* 29, no. 7 (2011): 443-46.

*21 M. A. Naeser et al., "Laser Acupuncture in the Treatment of Paralysis in Stroke Patients: A CT Scan Lesions Site Study," *American Journal of Acupuncture* 23, no. 1 (1995): 13-28.

*22 ◉これはコヒーレンスと呼ばれる。つまり、レーザーから射出される光の周波数は「入力された光信号の凝集性の複製である」。A. E. Siegman, *Lasers* (Mill Valley, CA: University Science Books, 1986), p. 4.

*23 S. A. Carney et al., "Effect of the Radiation on Skin Biochemistry," *British Journal of Industrial Medicine* 25, no. 3 (1968): 229-34.

*24 ◉ATPの生産を増大させる光の波長は限られる。ロシアの科学者ティーナ・カルが指摘するように、ATPの生産は415、602、633、650ナノメートルの波長の光によって促進される。しかし、477、511、554ナノメートルの光では促進されない。Karu, "Irradiation with He-Ne Laser."

*25 ◉細胞は、365もしくは436ナノメートルの波長の光を浴びると酸素の消費が増大する。同上

*26 H. Chung et al., "The Nuts and Bolts of Low-Level Laser (Light) Therapy," *Annals of Biomedical Engineering* 40, no. 2 (2012): 516-33.

*27 J. Tafur and P. J. Mills, "Low-Intensity Light Therapy: Exploring the Role of Redox Mechanisms," *Photomedicine and Laser Surgery* 26, no. 4 (2008): 323-28, 324.

*28 ◉ヒトの細胞は、404、620、680、760、830ナノメートルの光の波長に反応してDNAを合成する。大腸菌は404、454、570、620、750ナノメートルの、また、イースト菌は404、570、620、680、760ナノメートルの波長に反応して成長する。T. I. Karu, "Photobiological Fundamentals of Low-Powered Laser

第4章　光で脳を再配線する

＊1　F. Nightingale, *Notes on Nursing: What It Is and Is Not* (London: Harrison, 1860). [『看護覚え書き――本当の看護とそうでない看護』小玉香津子・尾田葉子訳、日本看護協会出版会、2004年]

＊2　F. H. Crick, "Thinking About the Brain," *Scientific American* 241 (1979): 219-32. 次の文献も参照されたい。G. Stix, "A Light in the Brain," *Scientific American* 302 (2010): 18-20.

＊3　◉ダイセロスは最近、「光学を直接治療に適用」することを支持しているのではないと述べている。光ファイバーの挿入は、「異質のタンパク質の投入を意味する。したがってどのような免疫反応が生じるかはわからない。治療の効果より科学的な基本作用のほうが大きな問題になるだろう」。2013年1月11日に行なわれた、トロント大学精神医学部マウントサイナイ病院で行なわれたプレゼンテーションでのコメント。

＊4　R. H. Dobbs and R. J. Cremer, "Phototherapy," *Archives of Disease in Childhood* 50, no. 11 (1975): 833-36; R. J. Cremer et al., "Influence of Light on the Hyperbilirubinaemia," *Lancet* 1, no. 7030 (1958): 1094-97.

＊5　R. Hobday, *The Light Revolution: Health, Architecture and the Sun* (Findhorn, Scotland: Findhorn Press, 2006).

＊6　◉二酸化炭素($6CO_2$)＋水($6H_2O$)＋光エネルギー ＝ グルコース(糖、$C_6H_{12}O_6$)＋酸素($6O_2$)

＊7　H. Györy, "Medicine in Ancient Egypt," in H. Selin, ed., *Encyclopedia of the History of Science, Technology, and Medicine in Non.Western Cultures*, 2nd ed. (New York: Springer, 2008), pp. 1508-18, 1513.

＊8　J. M. Walch et al., "The Effect of Sunlight on Postoperative Analgesic Medication Use: A Prospective Study of Patients Undergoing Surgery," *Psychosomatic Medicine* 67 (2005): 157-63.

＊9　Aretaeus, "On the Therapeutics of Acute Diseases," in F. Adams, ed., *The Extant Works of Aretaeus, the Cappadocian* (London: Sydenham Society, 1856), p. 387.

＊10　D. M. Berson et al., "Phototransduction by Retinal Ganglion Cells That Set the Circadian Clock," *Science* 295, no. 5557 (2002): 1070-73; S. Hattar et al., "Melanopsin-Containing Retinal Ganglion Cells: Architecture, Projections, and Intrinsic Photosensitivity," *Science* 295, no. 5557 (2002): 1065-70.

＊11　Y. Isobe and H. Nishino, "Signal Transmission from the Suprachiasmatic Nucleus to the Pineal Gland Via the Paraventricular Nucleus: Analysed from Arg-Vasopressin Peptide, rPer2 mRNA and AVP mRNA Changes and Pineal AA-NAT mRNA After the Melatonin Injection During Light and Dark Periods," *Brain Research* 1013 (2004): 204-11.

＊12　J. Spudich, "Color-Sensing in the Archaea: A Eukaryotic-Like Receptor Coupled to a Prokaryotic Transducer," *Journal of Bacteriology* 175 (1993): 7755-61; J. M. Allman, *Evolving Brains* (New York: Scientific American Library, 1999), p. 7. [『進化する脳』養老孟司訳、日経サイエンス、2001年]

＊13　K. Martinek and I. V. Berezin, "Artificial Light-Sensitive Enzymatic Systems as Chemical Amplifiers of Weak Light Signals," *Photochemistry and Photobiology* 29 (1979): 637-50.

＊14　A. Szent-Györgyi, *Introduction to a Submolecular Biology* (New York: Academic Press, 1960), pp. 54, 80-81. [『分子生物学入門――電子レベルからみた生物学』平野康一訳、廣川書店、1964年]; A. Szent-Györgyi, *Bioelectronics: A Study in Cellular Regulations, Defense, and Cancer* (New York: Academic Press, 1968), pp. 19, 26-27, 43.

＊15　T. I. Karu, "Irradiation with He-Ne Laser Increases ATP Level in Cells Cultivated in Vitro," *Journal of*

なく、酒を浴びるほど飲み、体重のコントロールもしたことのない人が認知症になったことが示されたからといって、どうして科学者は「これらの悪習」が認知症を引き起こしたと確言できるのだろうか? もしかするとこの人はすでに軽い認知症にかかっていたために、悪習に染まっていたのかもしれない。科学では、これは逆の因果関係と呼ばれる。科学者は悪習が疾病を引き起こしたと考える。しかしそれは逆かもしれない。医師に気づかれない初期の認知症を持つ人は、運動をしようとせず、食習慣が乱れていることが多い。被験者の数が少なく追跡調査も短期間しか行なわれない研究の場合、この誤りを犯しやすい。カーディフの研究が行なわれる以前、11のうちの10の研究が、中年時の運動と認知症発症の低下のあいだに相関関係があることを報告しているが、それらは長期研究ではなかった。それに対し、カーディフの研究は30年間患者を追跡調査しており、その点は問題にならない。研究が始まったときの患者の年齢で、認知症にすでにかかっていることはきわめてまれであり、また、この研究は開始時に、各患者に対して認知レベルの厳格なテストを実施している。

*75 T. Chow, *The Memory Clinic* (Toronto: Penguin, 2013), p. 69.

*76 同上 p. 70.

*77 同上 p. 72.

*78 J. Ahlskog et al., "Physical Exercise as a Preventive or Disease-Modifying Treatment of Dementia and Brain Aging," *Mayo Clinic Proceedings* 86, no. 9 (2011): 876-84.

*79 K. I. Erickson et al., "Exercise Training Increases Size of Hippocampus and Improves Memory," *Proceedings of the National Academy of Sciences* 108, no. 7 (2011): 3017-22.

*80 K. I. Erickson et al., "Aerobic Fitness Is Associated with Hippocampal Volume in Elderly Humans," *Hippocampus* 19 (2009): 1030-39.

*81 M. D. Hurd et al., "Monetary Costs of Dementia in the United States," *New England Journal of Medicine* 368, no. 14 (2013): 1326-34.

*82 M. M. Corrada et al., "Prevalence of Dementia After Age 90: Results from the 90+ Study," *Neurology* 71, no. 5 (2008): 337-43.

第3章　神経可塑的治癒の四段階

*1 L. V. Gauthier et al., "Atrophy of Spared Gray Matter Tissue Predicts Poorer Motor Recovery and Rehabilitation Response in Chronic Stroke," *Stroke* 43, no. 2 (2012): 453-57.

*2 K. H. Pribram, *The Form Within: My Point of View* (Westport, CT: Prospecta Press, 2013).

*3 R. D. Fields, *The Other Brain* (New York: Simon & Schuster, 2009), p. 42.

*4 R. M. Sapolsky, *Why Zebras Don't Get Ulcers*, 3rd ed. (New York: St. Martin's Griffin, 2004), p. 23.［『なぜシマウマは胃潰瘍にならないか――ストレスと上手につきあう方法』栗田昌裕監修、森平慶司訳、シュプリンガー・フェアラーク東京、1998年］

*5 M. E. Hasselmo et al., "Noradrenergic Suppression of Synaptic Transmission May Influence Cortical Signal-to-Noise Ratio," *Journal of Neurophysiology* 77, no. 6 (1997): 3326-39.

*6 L. Xie et al., "Sleep Drives Metabolite Clearance from the Adult Brain," *Science* 342, no. 6156 (2013): 373-77.

Representation, Predicts Events, and Makes Decisions (Cambridge, MA: MIT Press, 2012), pp. 291-93.

*64 P. Mazzoni et al., "Why Don't We Move Faster? Parkinson's Disease, Movement Vigor, and Implicit Motivation," *Journal of Neuroscience* 27, no. 27 (2007): 7105-16, 7115.

*65 Y. Niv and M. Rivlin-Etzion, "Parkinson's Disease: Fighting the Will?" *Journal of Neuroscience* 27, no. 44 (2007): 11777-79.

*66 Mazzoni et al., "Why Don't We Move Faster?," 7115.

*67 ◉Y. Niv et al., "A Normative Perspective on Motivation," *Trends in Cognitive Sciences* 10, no. 8 (2006): 375-81, 377. ニヴ、ジョエル、ダヤンの指摘によれば、通常の歩行など習慣化した動作は、線条体の側面の部位と、それに接続するドーパミン依存ニューロンによって処理される。非習慣的で意図された動作は、前頭葉や線条体の中央部など、別の神経回路によって処理される。ジョン・ペッパーが、おのおの動作とその目的に多大な注意を払う意識的歩行テクニックを用いる際に依拠していたのは後者であると私は考える。

*68 Sacks, *Awakenings*, p. 6.

*69 ◉同上 pp. 7-8. サックスの指摘によれば、運動緩慢を抱える患者は、何かを考えるとき、精神緩慢と呼ばれる緩慢でねばつく思考の流れを持つ (p. 8)。しかし傍 (はた) からは硬直しているように見えるこのタイプの患者でさえ、単に受動的な状態にあるわけではない。サックスによれば、彼らは「攻囲されている (embattled)」と言ったほうがよい。サックスは次のように述べる。「受動性や惰性の発現はことの本質を隠蔽する。この種の閉塞された無動症を持つ人は、決して待機したり休んだりしているのではなく、(クインシーの言葉を借りれば) (……) 惰性の産物ではなく、(……) 2つの強大な力の拮抗、無限の活動と休息から生じる〉」。さらにサックスは、意志には〈閉塞的な意志〉と〈爆発的な意志〉があるとするウィリアム・ジェイムズの概念が、パーキンソン病患者の心的経験にも当てはまると主張する。「前者の意志が支配権を握ると、通常の活動は困難、もしくは不可能になる。後者が優勢になると、異常な行動を抑えられなくなる。ジェイムズは意志の神経症的な逸脱に言及してこれらの言葉を用いているが、それらはパーキンソン病による意志の逸脱と呼べる現象にも等しく適用できる (p. 7)」。ジョンは、たいていのパーキンソン病患者よりも激烈な「爆発的な意志」をときに発露したのではないだろうか。それによって独自の歩行療法を考案して、実践できたのかもしれない。家族の報告によれば、ジョンはつねに活発に行動する人なのだそうだ。かくも長くパーキンソン病を抱えている人に関して、尋常ならざる活発さがこの疾病の推移に関係しているのかどうかを知ることは非常に困難であろう。

*70 J. E. Ahlskog, "Does Vigorous Exercise Have a Neuroprotective Effect in Parkinson's?" *Neurology* 77, no. 3 (2011): 288-94.

*71 L. M. Shulman et al., "Randomized Clinical Trial of 3 Types of Physical Exercise for Patients with Parkinson Disease," *Journal of the American Medical Association: Neurology* (formerly *Archives of Neurology*), 70, no. 2 (2013): 183-90.

*72 Ergun Y. Uc et al., "Phase I/II Randomized Trial of Aerobic Exercise in Parkinson Disease in a Community Setting," *Neurology* 83 (2014): published online.

*73 P. Elwood et al., "Healthy Lifestyles Reduce the Incidence of Chronic Disease and Dementia: Evidence from the Caerphilly Cohort Study," *PLoS ONE* 8, no. 12 (2013).

*74 ◉他の研究も運動によって認知症のリスクが減らせることを示してはいるが、この研究が画期的なのは、それ以前に行なわれた認知症研究が抱えていた問題の克服に成功しているからだ。認知症は、臨床診断を下されるはるか以前から脳内で発達する場合がある。研究で、たとえば運動したことが

*49 Oliff et al., "Exercise-Induced Regulation."

*50 C. W. Cotman and N. C. Berchtold, "Exercise: A Behavioral Intervention to Enhance Brain Health and Plasticity," *Trends in Neurosciences* 25, no. 6 (2002): 295-301, 296 box 1.

*51 L. Marais et al., "Exercise Increases BDNF Levels in the Striatum and Decreases Depressive-Like Behavior in Chronically Stressed Rats," *Metabolic Brain Disease* 24, no. 4 (2009): 587-97.

*52 S. Vaynman et al., "Hippocampal BDNF Mediates the Efficacy of Exercise on Synaptic Plasticity and Cognition," *European Journal of Neuroscience* 20, no. 10 (2004): 2580-90.

*53 S. Vaynman and F. Gomez-Pinilla, "License to Run: Exercise Impacts Functional Plasticity in the Intact and Injured Central Nervous System by Using Neurotrophins," *Neurorehabilitation and Neural Repair* 19, no. 4 (2005): 283-95, 290.

*54 ◉「機能解離（diaschisis）」は、「徹底的な分裂」を意味するギリシア語に起源を有し、臨床医によって「徹底的なショック」という意味で用いられている。ちなみにこの用語は、ロシア系スイス人の神経病理学者コンスタンティン・フォン・モナコフによって1914年に造語された。また彼は、「脳損傷はほとんどの人が考えているほどには局所化されない」と論じた。

*55 C. C. Giza and D. A. Hovda, "The Neurometabolic Cascade of Concussion," *Journal of Athletic Training* 36, no. 3 (2001): 228-35, 232.

*56 同上 p. 232.

*57 J. L. Tillerson and G. W. Miller, "Forced Limb-Use and Recovery Following Brain Injury," *Neuroscientist* 8, no. 6 (2002): 574-85.

*58 J. L. Tillerson et al., "Forced Limb-Use Effects on the Behavioral and Neurochemical Effects of 6-Hydroxydopamine," *Journal of Neuroscience* 21, no. 12 (2001): 4427-35.

*59 ◉ J. L. Tillerson et al., "Forced Nonuse in Unilateral Parkinsonian Rats Exacerbates Injury," *Journal of Neuroscience* 22, no. 15 (2002): 6790-99. ティラーソン、ジグモンド、ミラーは、ラットの脳の一方の半球のみに、ドーパミンの20パーセントが失われるよう（これはラットが症状を発現するには十分ではない）、少量の6-OHDAを注射することでこれを実証した。彼らは注射したあとで、一部の個体の正常な四肢にギプスをはめた。7日後にギプスを取り除くと、奇妙な現象が起こった。6-OHDAを注射された半球における20パーセントのドーパミンの喪失は、60パーセントの喪失へと劇的に増大していたのである。つまり短期間の運動の制限は、疾病の発現を著しく早めたのだ。ドーパミンの生産はこのように非常に動的である。

*60 Sacks, *Awakenings*, p. 10.

*61 A. H. Snijders and B. R. Bloem, "Images in Clinical Medicine: Cycling for Freezing of Gait," *New England Journal of Medicine* 1, no. 362 (2010): e46. フィルムはdoi: 10.1056/NEJMicm0810287を参照されたい。

*62 ◉現在54歳で40代のときにパーキンソン病の診断を下された、オレゴン州コーバリスの麻酔科医デイヴィッド・ブラットは、この疾病の兆候をほとんど示さず、熟達したスキーの滑りを見せてくれる。彼は症状が良性のまま推移している要因を、平衡系を鍛錬する運動プログラムに帰し、神経成長因子に働きかけることでこのプログラムが良好に作用していると考えている。彼は、片足で立ちながら体を曲げてバランスをとる、あるいは「ボスボール（空気で膨らませた柔らかく不安定なボール。平衡感覚増強のためにジムで使われる）」の上に立ってお手玉をするなどのバランス運動を実践している。D. Blatt, "Physician, Heal Thyself: A Corvallis Doctor with Parkinson's Disease Finds Help in Exercise.for Himself and His Patients," *Corvallis Gazette Times*, July 10, 2010.

*63 R. Shadmerh and S. Mussa-Ivaldi, *Biological Learning and Control: How the Brain Builds*

Transgenic Mice," *Neurobiology of Disease* 29, no. 3 (2008): 490-504.

*37 T. Renoir et al., "Treatment of Depressive-Like Behaviour in Huntington's Disease Mice by Chronic Sertraline and Exercise," *British Journal of Pharmacology* 165, no. 5 (2012): 1375-89; J. J. Ratey and E. Hagerman, *Spark: The Revolutionary New Science of Exercise and the Brain* (New York: Little Brown, 2008). [『脳を鍛えるには運動しかない！――最新科学でわかった脳細胞の増やし方』野中香方子訳、日本放送出版協会、2009年]

*38 M. Kondo et al., "Environmental Enrichment Ameliorates a Motor Coordination Deficit in a Mouse Model of Rett Syndrome—Mecp2 Gene Dosage Effects and BDNF Expression," *European Journal of Neuroscience* 27, no. 12 (2008): 3341-50.

*39 C. E. McOmish et al., "Phospholipase C-b1 Knockout Mice Exhibit Endophenotypes Modeling Schizophrenia Which Are Rescued by Environmental Enrichment and Clozapine Administration," *Molecular Psychiatry* 13, no. 7 (2008): 661-72.

*40 Nithianantharajah and Hannan, "Neurobiology of Brain and Cognitive Reserve."

*41 D. S. Bilowit, "Establishing Physical Objectives in the Rehabilitation of Patients with Parkinson's Disease (Gymnasium Activities)," *Physical Therapy Review* 36, no. 3 (1956): 176-78.

*42 ◉ K. Jellinger et al., "Chemical Evidence for 6-Hydroxydopamine to Be an Endogenous Toxic Factor in the Pathogenesis of Parkinson's Disease," *Journal of Neural Transmission Supplement* 46 (1995): 297-314. これらのパーキンソン病の動物モデルは、この疾病を完全に複製するとは言えない。というのも、これらの薬物は一時的なドーパミンの喪失を引き起こすのみであり、パーキンソン病は本来進行性のものだからである。6-OHDAは、脳がニューロン間の信号のやり取りに用いる化学物質に似ており、ドーパミンを生産する細胞を含め、酸化による脳細胞の死をもたらす。A. D. Smith and M. J. Zigmond, "Can the Brain Be Protected Through Exercise? Lessons from an Animal Model of Parkinsonism," *Experimental Neurology* 184, no. 1 (2003): 31-39.

*43 ◉ J. L. Tillerson et al., "Exercise Induces Behavioral Recovery and Attenuates Neurochemical Deficits in Rodent Models of Parkinson's Disease," *Neuroscience* 119, no. 3 (2003): 899-911. これらのラットは、1分間に15メートル（時速1キロメートル弱）のペースで、1日に450メートル走った。各走行セッションは3時間ごとに行なわれている。シャイラ・ムン＝ブライスは、神経可塑性とパーキンソン病に関する注目すべきレビューで、上記の研究を次のようにまとめている。「運動が治療の一部に組み込まれている場合、6-OHDAグループでも、MPTPグループでも、完全な行動の回復が見られた。それに比べ、ドーパミンが枯渇し運動をしなかった個体では、行動の欠陥が存続した。活発な運動をしたパーキンソン病の個体は、1日に2度の運動期間が確保される限り、行動の欠陥をまったく示さなかった」。S. Mun-Bryce, "Neuroplasticity: Implications for Parkinson's Disease," in Trail et al., *Neurorehabilitation in Parkinson's Disease*, p. 46.

*44 Zigmond et al., "Triggering Endogenous Neuroprotective Processes, S42-45, S43.

*45 同上

*46 N. B. Chauhan et al., "Depletion of Glial Cell Line.Derived Neurotrophic Factor in Substantia Nigra Neurons of Parkinson's Disease Brain," *Journal of Chemical Neuroanatomy* 21, no. 4 (2001): 277-88.

*47 H. S. Oliff et al., "Exercise-Induced Regulation of Brain-Derived Neurotrophic Factor (BDNF) Transcripts in the Rat Hippocampus," *Molecular Brain Research* 61, no. 1.2 (1998): 147-53.

*48 J. Widenfalk et al., "Deprived of Habitual Running, Rats Downregulate BDNF and TrkB Messages in the Brain," *Neuroscience Research* 34 (1999): 125-32.

そして必然的に衰退していく機能レベルにうまく適応できるよう支援することにある」。M. Trail et al., *Neurorehabilitation in Parkinson's Disease: An Evidence.Based Treatment Model* (Thorofare, NJ: Slack, 2008), p. 24.

*19 L. F. Koziol and D. E. Budding, *Subcortical Structures and Cognition: Implications for Neuropsychological Assessment* (New York: Springer, 2008), p. 99.

*20 O. Nagy et al., "Dopaminergic Contribution to Cognitive Sequence Learning," *Journal of Neural Transmission* 114, no. 5 (2007): 607-12.

*21 Koziol and Budding, *Subcortical Structures and Cognition*, p. 43.

*22 O. Sacks, *Awakenings* (New York: Vintage Books, 1999; repr. of 1990 edition; originally published 1973), p. 10. [『レナードの朝 新版』春日井晶子訳、ハヤカワ文庫NF、2015年]

*23 同上 p. 345.

*24 Zigmond et al., "Triggering Endogenous Neuroprotective Processes."

*25 「ある研究では、16パーセントが特発性パーキンソン病とされるに至ると報告されている。これらの人々は、どのみちいずれパーキンソン病を発症するに至ったと考えられるが、副作用のある薬物が基盤となるドーパミンの欠乏を〈顕在化(アンマスク)〉させたのである」。*Drug-Induced Parkinsonism information sheet*, Parkinson's Disease Society of the United Kingdom, https://www.parkinsons.org.uk/sites/default/files/2018-09/FS38%20Drug%20induced%20parkinsonism_0.pdf

*26 K. Ray Chaudhuri and J. Nott, "Drug-Induced Parkinsonism," in K. D. Sethi, ed., *Drug-Induced Movement Disorders* (New York: Marcel Dekker, 2004), 61-75.

*27 M. A. Hirsch and B. G. Farely, "Exercise and Neuroplasticity in Persons Living with Parkinson's Disease," *European Journal of Physical and Rehabilitation Medicine* 45, no. 2 (2009): 215-29.

*28 同上 p. 219.

*29 同上 pp. 215-29.

*30 N. C. Stam et al., "Sexspecific Behavioural Effects of Environmental Enrichment in a Transgenic Mouse Model of Amyotrophic Lateral Sclerosis," *European Journal of Neuroscience* 28, no. 4 (2008): 717-23.

*31 D. O. Hebb, "The Effects of Early Experience on Problem Solving at Maturity," *American Psychologist* 2 (1947): 306-7.

*32 H. van Praag et al., "Running Increases Cell Proliferation and Neurogenesis in the Adult Mouse Dentate Gyrus," *Nature Neuroscience* 2, no. 3 (1999): 266-70.

*33 A. van Dellen et al., "Delaying the Onset of Huntington's in Mice," *Nature* 404 (2000): 721-22.

*34 T. Y. C. Pang et al., "Differential Effects of Voluntary Physical Exercise on Behavioral and BDNF Expression Deficits in Huntington's Disease Transgenic Mice," *Neuroscience* 141, no. 2 (2006): 569-84.

*35 E. Goldberg, *The New Executive Brain* (New York: Oxford University Press, 2009), pp. 254-55.

*36 J. Nithianantharajah and A. J. Hannan, "Enriched Environments, Experience-Dependent Plasticity and Disorders of the Nervous System," *Nature Review: Neuroscience* 7, no. 9 (2006): 697-709; J. Nithianantharajah and A. J. Hannan, "The Neurobiology of Brain and Cognitive Reserve: Mental and Physical Activity as Modulators of Brain Disorders," *Progress in Neurobiology* 89, no. 4 (2009): 369-82. 次の一次調査論文は、環境エンリッチメントによっていかにハンチントン病による認知症を遅らせられるかを論じている。J. Nithianantharajah et al., "Gene-Environment Interactions Modulating Cognitive Function and Molecular Correlates of Synaptic Plasticity in Huntington's Disease

*6　Poewe, "Natural History of Parkinson's."

*7　M. M. Hoehn and M. D. Yahr, "Parkinsonism: Onset, Progression and Mortality," *Neurology* 17 (1967): 427-42.

*8　◉黒質は大脳基底核と呼ばれる一群の構造（尾状核、被殻、淡蒼球、黒質、視床下核などから成る）の一部をなす。大脳基底核は、自発的な運動制御、ルーチン化した行動や習慣の処理に関与する。また、ブレーキのように作用し、運動を抑制する能力を持つ。この「ブレーキ」が解除されると、運動系は活性化する。さらに言えば、大脳基底核の活性化は、行動の変化をもたらす。パーキンソン病患者は、新たな行動に移ろうとすると「すくむ」ことがよくある。彼らは、歩いているときに歩道に線や小さな障害物を見つけると、歩幅を変えなければならないために跨ぎ越すことができず、「その場に立ち尽くす」のである。

*9　Kandel et al., Principles of Neural Science, p. 862.

*10　◉ B. Picconi et al., "Loss of Bidirectional Striatal Synaptic Plasticity in L-DOPA-Induced Dyskinesia," *Nature Neuroscience* 6, no. 5 (2003): 501-6. 著者らは、パーキンソン病に罹患したラットに長期間レボドパを投与している。ジスキネジアを発症したラットからは、「変化した形態のシナプスの神経可塑性」「皮質線条体系シナプスにおける異常な情報の蓄積」および化学物質の異常が検出された。健康な脳はシナプスを強められも、弱められもする。おそらく忘却には、言い換えるとネットワークに新たな機能を実行させるために不必要になった結合を抹消するには、シナプスを弱める必要があるはずだ。シナプスを弱める形態の一つに、シナプス脱増強がある。著者らは次のように述べる。「ジスキネジアを発症したラットは脱増強の能力の欠如を示す。皮質線条体系シナプスにおける双方向の神経可塑性の喪失は、通常は抹消される不要な運動情報の病的な蓄積を引き起こし、異常な運動パターンの発達や発現を招く」(p. 504)

*11　Poewe, "Natural History of Parkinson's."

*12　J. Bugaysen et al., "The Impact of Stimulation Induced Short-Term Synaptic Plasticity on Firing Patterns in the Globus Pallidus of the Rat," *Frontiers in Systems Neuroscience* 5 (article 16) (2011): 1-8.

*13　T. Y. C. Pang et al., "Differential Effects of Voluntary Physical Exercise on Behavioral and BDNF Expression Deficits in Huntington's Disease Transgenic Mice," *Neuroscience* 141, no. 2 (2006): 569-84.

*14　J. Pepper, *There Is Life After Being Diagnosed with Parkinson's Disease* (South Africa: John Pepper and Associates CC, 2003). 彼はのちにタイトルを次のように改めている。*Reverse Parkinson's Disease* (Pittsburgh: Rose Dog Books, 2011).

*15　ほぼすべての神経学の教科書が、パーキンソン病を4つの主要な兆候を持つ疾病として扱っている。ただし、4つの主要な兆候に何を含めるかは、教科書間で一致を見ていない場合が多い。どうやらそれに何を含めるかよりも、主要な兆候を4つとする伝統を尊重することのほうが簡単らしい。これは、何がパーキンソン病の核心的な要件であるかを決定することのむずかしさを示唆する。

*16　I. Litvan, "Parkinsonian Features: When Are They Parkinson Disease," *Journal of the American Medical Association* 280, no. 19 (1998): 1654-55.

*17　同上

*18　◉当時の理学療法の教科書は、患者の歩き方の分析が重要であると論じることが多かった。『パーキンソン病における神経リハビリテーション (*Neurorehabilitation in Parkinson's Disease*)』のような、もっとも前向きな現在の教科書でさえ、理学療法が運動機能の衰退を逆転できるとは見なしていない。「セラピーのおもな目的は、患者が現在保っている運動能力をできるだけ長く維持できるよう、

*8 G. L. Moseley et al., "Visual Distortion of a Limb Modulates the Pain and Swelling Evoked by Movement," *Current Biology* 18, no. 22 (2008): R1047-48.

*9 C. Preston and R. Newport, "Analgesic Effects of Multi-Sensory Illusions in Osteoarthritis," *Rheumatology* (Oxford) 50, no. 12 (2011): 2314-15.

*10 A. K. Shapiro and E. Shapiro, *The Powerful Placebo: From Ancient Priest to Modern Physician* (Baltimore: Johns Hopkins University Press, 1997), p. 39.［『パワフル・プラシーボ——古代の祈祷師から現代の医師まで』赤居正美・滝川一興・藤谷順子訳、協同医書出版社、2003年］

*11 ◉ T. D. Wager et al., "Placebo-Induced Changes in fMRI in the Anticipation and Experience of Pain," *Science* 303 (2004): 1162-67; T. D. Wager et al., "Placebo Effects in Human Opioid Activity During Pain," *Proceedings of the National Academy of Sciences* 104, no. 26 (2007): 11056-61; T. D. Wager, "The Neural Bases of Placebo Effects in Pain," *Current Directions in Psychological Science* 14, no. 4 (2005): 175-79. トール・ウェイジャーの個人的なストーリーは次の文献を参照されたい。I. Kirsch, *The Emperor's New Drugs: Exploding the Antidepressant Myth* (New York: Basic Books, 2010).［『抗うつ薬は本当に効くのか』石黒千秋訳、エクスナレッジ、2010年］

*12 F. M. Quitkin et al., "Heterogeneity of Clinical Response During Placebo Treatment," *American Journal of Psychiatry* 148, no. 2 (1991): 193-96.

*13 T. J. Kaptchuk et al., "Components of Placebo Effect: Randomized Controlled Trial in Patients with Irritable Bowel Syndrome," *British Medical Journal* 336, no. 7651 (2008): 999-1003.

*14 F. M. Quitkin et al., "Different Types of Placebo Response in Patients Receiving Antidepressants," *American Journal of Psychiatry* 148, no. 2 (1991): 197-203; F. M. Quitkin et al., "Placebo Run-In Period in Studies of Depressive Disorders," *British Journal of Psychiatry* 173 (1998): 242-48.

*15 G. Montgomery and I. Kirsch, "Mechanisms of Placebo Pain Reduction: An Empirical Investigation," *Psychological Science* 7, no. 3 (1996): 174-76.

第2章　歩くことでパーキンソン病の症状をつっぱねた男

*1 R. D. Fields, *The Other Brain* (New York: Simon & Schuster, 2009), p. 24.

*2 L-F. H. Lin et al., "GDNF: A Glial Line-Derived Neurotrophic Factor for Midbrain Dopaminergic Neurons," *Science* 260, no. 5111 (1993): 1130-32; Fields, *Other Brain*, p. 180.

*3 M. J. Zigmond et al., "Triggering Endogenous Neuroprotective Processes Through Exercise in Models of Dopamine Deficiency," *Parkinsonism and Related Disorders* 15, supp. 3 (2009): S42-45.

*4 ◉ W. Poewe, "The Natural History of Parkinson's Disease," *Journal of Neurology* 253, supp. 7 (2006): vii2-vii16. 現在ではほとんどの患者を対象に実施されている薬物治療が行なわれるようになって以来、「薬物治療を受けていない」パーキンソン病がいかなるものかを知ることは困難になった。ポウは、患者が投薬を受けているケースと受けていないケース（代わりにプラシーボを与えられた）を比較する研究を取り上げている。彼は症状の悪化の進度から、パーキンソン病は投薬を受けていないと「10年以内に」重度の障害に至ると結論している。彼によれば、この見積もりは19世紀と20世紀前半の医師による記録に合致する。

*5 E. R. Kandel et al., eds., *Principles of Neural Science*, 4th ed. (New York: McGraw-Hill, 2000), p. 862.［『カンデル神経科学』金澤一郎・宮下保司監修、メディカルサイエンスインターナショナル、2014年］

原注と参考文献

＊注番号のあとに◉が付加されている注は、詳細説明、例外事項、歴史的な注釈、学術的なコメントなど、特に興味深い記述が含まれている。

エピグラフ

＊1 C. Stern, ed., *Gates of Repentance: The New Union Prayerbook for the Days of Awe* (New York: Central Conference of American Rabbis, 1978), p. 3.

＊2 私の同僚で友人のウォラー•R. ニューウェルによる英訳。

はじめに

＊1 A. Fuks, "The Military Metaphors of Modern Medicine," in Z. Li and T. L. Long, eds., *The Meaning Management Challenge* (Oxford, UK: Inter-Disciplinary Press, 2010), pp. 57-68.

＊2 ◉17世紀半ば、「イングランドのヒポクラテス」と称されたトーマス•サイデンハムは、疾病について次のように記している。「私は下剤や解熱剤、そして食餌療法を駆使して内部の敵を攻撃する」「一連の凶悪な疾病に立ち向かわねばならない。この戦いは怠け者でも戦えるほど楽なものではない」「私はじっくりと疾病を観察する。そしてその性質を把握できたら、その殲滅に向け、自信をもってただちに突撃する」。*The Works of Thomas Sydenham*, trans. R. G. Latham (London: Sydenham Society, 1848-50), 1: 267, 1: 33, 2: 43.

第1章　ある医師の負傷と治癒

＊1 R. Melzack and P. Wall, "Pain Mechanisms: A New Theory," *Science* 150, no. 3699 (1965): 971-79.

＊2 ◉このツィマーマンの見解は、1978年にモントリオールで開催された、第2回目の痛みに関する国際会議で提起された。M. Zimmermann and T. Herdegen, "Plasticity of the Nervous System at the Systemic, Cellular and Molecular Levels: A Mechanism of Chronic Pain and Hyperalgesia," in G. Carli and M. Zimmermann, eds., *Towards the Neurobiology of Chronic Pain* (Amsterdam: Elsevier, 1996), pp. 233-59, 233.

＊3 M. H. Moskowitz, "Central Influences on Pain," in C. W. Slipman et al., eds., *Interventional Spine: An Algorithmic Approach* (Philadelphia: Saunders Elsevier, 2008), pp. 39-52.

＊4 同上 p. 40.

＊5 G. L. Moseley, "A Pain Neuromatrix Approach to Patients with Chronic Pain," *Manual Therapy* 8, no. 3 (2003): 130-40; G. L. Moseley, "Reconceptualising Pain According to Modern Pain Science," *Physical Therapy Reviews* 12 (2007): 169-78, 172.

＊6 Moseley, "Reconceptualising Pain," 172.

＊7 Moskowitz, "Central Influences," p. 44.

[や行]

[ら行]

[ま行]

[は行]

［な行］

[た行]

[さ行]

［か行］

索引

著者

ノーマン・ドイジ　Norman Doidge

精神科医・精神分析医。コロンビア大学精神分析研究センターおよびトロント大学精神医学部に所属。古典と哲学を専攻後、コロンビア大学で精神医学と精神分析学を学ぶ。作家・エッセイスト・詩人でもあり、高名な文芸評論家ノースロップ・フライにも認められた経歴を持つ。カナダのNational Magazine Gold Awardを四度受賞。テレビやラジオ等へも頻繁に出演し、国内外で精力的に講演を行なう。二〇〇八年に翻訳が刊行された前作『脳は奇跡を起こす』（講談社インターナショナル）の原書 *The Brain That Changes Itself*（Viking, 2007）はミリオンセラーとなり、一九か国語に翻訳されている。

訳者

高橋 洋（たかはし・ひろし）

翻訳家。同志社大学文学部文化学科卒（哲学及び倫理学専攻）。訳書にドゥアンヌ『意識と脳』、レイン『暴力の解剖学』、ハイト『社会はなぜ左と右にわかれるのか』（以上、紀伊國屋書店）、クルツバン『だれもが偽善者になる本当の理由』（柏書房）、ダン『心臓の科学史』、エリオット『脳はすごい』、ベコフ『動物たちの心の科学』（以上、青土社）ほかがある。

脳はいかに治癒をもたらすか
神経可塑性研究の最前線

二〇一六年　七月一五日　第一刷発行
二〇一九年　七月　八日　第七刷発行

発行所　株式会社　紀伊國屋書店
東京都新宿区新宿三－一七－七
出版部（編集）
電話　〇三－六九一〇－〇五〇八
ホールセール部（営業）
電話　〇三－六九一〇－〇五一九
〒一五三－八五〇四
東京都目黒区下目黒三－七－一〇

索引編集協力　有限会社プロログ
装丁　木庭貴信＋川名亜実（オクターヴ）
印刷・製本　中央精版印刷

ISBN978-4-314-01137-2 C0040 Printed in Japan

定価は外装に表示してあります